AF464761

C. Dufles fecit 1730.

# HISTOIRE
# DE
# L'ACADEMIE
# ROYALE
# DES SCIENCES.

Depuis son établissement en 1666.
jusqu'à 1686.

*TOME I.*

A PARIS,

Chez { GABRIEL MARTIN, JEAN-BAPTISTE COIGNARD, Fils, HIPPOLYTE-LOUIS GUERIN, } Ruë St. Jacques.

MDCCXXXIII.

*AVEC PRIVILEGE DU ROY.*

# *TABLE DE CE QUI EST CONTENU DANS les Volumes du Recueil des Mémoires de l'Académie Royale des Sciences depuis 1666. jusqu'à 1699.*

## TOME I.



## TOME II.



## TOME III.



### *PREMIERE PARTIE CONTENANT*



### TOME III. *Seconde Partie.*



### TOME III. *Troisiéme Partie.*



 De-

## TOME IV.



## TOME V.

### Divers Ouvrages de Mr. FRENICLE DE BESSY, savoir.



## TOME VI.

### Divers Ouvrages de Mr. DE ROBERVAL, savoir.



## TOME VII. *Première Partie.*

### Divers Ouvrages de Mr. PICARD, savoir.



Obser-

## TABLE.



### TOME VII. *Seconde Partie.*

## TABLE.

### TOME VIII.

#### Oeuvres diverses de Mr. CASSINI, favoir.



### TOME IX.

#### Oeuvres diverses de Mr. DE LA HIRE, favoir.



### TOME X.



### TOME XI.



AVER-

# AVERTISSEMENT.

L'HISTOIRE *de l'Académie Royale des Sciences que nous publions aujourd'hui, a été faite en partie sur les Régistres de cette Compagnie, & en partie sur l'Histoire Latine de Mr. du Hamel Mr. de Fontenelle Secretaire perpétuel de l'Académie, avoit conduit cette Histoire depuis l'origine de l'Académie, jusques vers la fin de l'année 1679. les autres années jusqu'à 1699. où commence la grande suite de l'Histoire & des Mémoires, ont été mises en François, à peu près suivant le même ordre que Mr. de Fontenelle avoit gardé dans les précédentes. On trouvera dans les unes & les autres des choses qui ont été omises par Mr. du Hamel; & réciproquement Mr. Du Hamel a inséré des morceaux qu'on ne trouvera pas ici, soit parce qu'ils ont été entiérement repris, ou seulement traités plus amplement dans la suite par les Académiciens, soit parce que les premiéres Années n'étant pas absolument semblables à celles de l'Histoire Latine, on n'a pas cru que les suivantes dussent y être plus conformes.*

*L'Histoire Latine des Années* 1699. & 1700. *que Mr. du Hamel a ajoûtée dans la derniére Edition de son Ouvrage, a été faite d'après les Volumes d'Histoire pour les mêmes Années, écrits en François par Mr. de Fontenelle; c'est ce que Mr. du Hamel dit lui-même au commencement de son sixiéme Livre. Nous faisons ici cette Remarque, à cause qu'on a avancé le contraire, & même l'*inverse, *dans un Abrégé de la vie de Mr. du Hamel, inséré dans les Mémoires pour servir à l'Histoire des Hommes Illustres dans la République des Lettres, &c.*

*On a publié depuis peu en Hollande en 5 Volumes* in-4°. Mémoires de l'Académie Royale des Sciences, contenant les Ouvrages adoptés par cette Académie avant son renouvellement en 1699. *Cette Edition revuë par deux Professeurs célébres de Leyde, est cependant beaucoup inférieure à la nôtre.*

*Dans*

*Dans celle-là les Mémoires pour servir à l'Histoire des Animaux ont été copiés trop exactement sur l'ancien Imprimé, & l'on n'y trouve aucune des Corrections que nous avons eu le bonheur d'avoir, ainsi que nous l'avons exposé dans un Avertissement mis à la tête du 3e. Tome de notre Recueil. Par cette raison les nôtres sont fort différens de ceux de Hollande; & il suffit pour s'en convaincre de comparer les Planches du* Lion, *de la* Lionne, *du* Chameau, *de la* Civette, *de l'*Autruche, *du* Coati-Mondi, *&c.*

*Ce que nous avons ajouté à ce même Volume de l'Histoire des Animaux, comme les Descriptions des Crocodiles, du Tockaïe, &c. manquent dans l'Edition d'Hollande.*

*Le Tome IV. entier de notre Collection manque absolument dans la Collection Hollandoise, à la réserve du Projet ou des Mémoires pour servir à l'Histoire des Plantes, dressés par Mr. Dodart. Les Descriptions & les Figures de ces Plantes ont été omises, quoiqu'elles soient l'Ouvrage de l'Académie entière.*

*Enfin il n'y a pas un seul de nos Volumes qui ne contienne des Traités que les Editeurs Hollandois, ou ont omis, ou n'ont pas connu. Il n'y a que notre cinquième Volume qui se trouve absolument semblable au second de la Collection Hollandoise.*

*Nous donnons cette fois le Traité d'Analyse de Mr. de Lagny, publié par les soins de Mr. l'Abbé Richer, à la place du Volume de la Table des Matiéres contenuës dans les Tomes de cette Collection: la raison principale que nous avons de différer la publication de cette Table, est qu'elle contiendra aussi les Matiéres de la* suite, ou troisiéme Partie des Mémoires pour servir à l'Histoire des Animaux, *qui est actuellement sous presse, & dont on ne peut faire la Table qu'après que cette troisiéme Partie aura été entiérement imprimée.*

HIS-

# HISTOIRE DE L'ACADEMIE ROYALE DES SCIENCES.

## 1666 — 1699.

LORSQU'APRÉS une longue barbarie les Sciences & les Arts commencérent à renaître en Europe, l'Eloquence, la Poësie, la Peinture, l'Architecture, sortirent les premiéres des ténébres, & dès le siécle passé elles reparurent avec éclat. Mais les Sciences d'une méditation plus profonde, telles que les Mathématiques & la Physique, ne revinrent au monde que plus tard, du-moins avec quelque sorte de perfection; & l'agréable qui a presque toujours l'avantage sur le solide, eut alors celui de le précéder.

Ce n'est guére que de ce siécle-ci, que l'on peut compter le renouvellement des Mathématiques & de la Physique. Mr. Descartes & d'autres grands Hommes y ont travaillé avec tant de succès, que dans ce genre de Littérature, tout a changé de face. On a quitté une Physique stérile, & qui depuis plusieurs siécles en étoit toujours au même point; le régne des mots & des termes est passé; on veut des choses; on établit des Principes que l'on entend, on les suit, & de-là vient qu'on avance. L'autorité a cessé d'avoir plus de poids que la raison, ce qui étoit reçu sans contradiction, parce qu'il l'étoit depuis longtems, est présentement examiné, & souvent rejetté: & comme on s'est avisé de consulter sur les choses naturelles la Nature elle-même, plutôt que les Anciens, elle se laisse plus aisément découvrir, & assez souvent pressée par les nouvelles Expériences que l'on fait pour la sonder, elle accorde la connoissance de quelqu'un de ses secrets. D'un autre côté les Mathématiques n'ont pas fait un progrès moins considérable. Celles qui sont mêlées avec la Physique, ont avancé avec elle, & les Mathématiques pures sont aujourd'hui plus fécondes, plus universelles, plus sublimes, &, pour ainsi dire, plus intellectuelles qu'elles n'ont jamais été. A mesure que ces Sciences ont acquis plus d'étenduë, les méthodes ſont devenuës plus ſimples & plus faciles. Enfin les Mathématiques n'ont pas ſeulement donné depuis quelque tems une infinité de vérités de l'eſpéce qui leur appartient, elles ont encore produit aſſez généralement dans les eſprits une juſteſſe plus précieuſe peut-être que toutes ces vérités.

En Italie, Galilée, Mathématicien du Grand-Duc, obſerva le premier au commencement de ce ſiécle des Taches ſur le Soleil. Il découvrit les Satellites de Jupiter, les Phaſes de Vénus, les petites Etoiles qui compoſent la Voye de Lait, & ce qui eſt encore plus conſidérable, l'inſtrument dont il s'étoit ſervi pour les découvrir. Torricelli ſon diſciple & ſon ſucceſſeur imagina la fameuſe Expérience du Vuide, qui a donné naiſſance à une infinité de Phénoménes tout nouveaux. Cavallerius trouva l'ingénieuſe & ſubtile Géométrie des Indiviſibles, que l'on pouſſe maintenant ſi loin, & qui à tout moment embraſſe l'Infini. En France le fameux Mr. Deſcartes a enſeigné aux Géométres des routes qu'ils ne connoiſſoient point encore, & a donné aux Phyſiciens une infinité de vuës, ou qui peuvent ſuffire, ou qui ſervent à en faire naître d'autres. En Angleterre le Baron Neper s'eſt rendu célébre par l'invention des Logarithmes; & Harvé par la découverte, ou du-moins par les preuves inconteſtables de la Circulation du ſang. L'honneur qui eſt revenu à toute la Nation Angloiſe de ce nouveau ſyſtême de Harvé, ſemble avoir attaché les Anglois à l'Anatomie. Pluſieurs d'entre eux ont pris certaines parties du corps en particulier pour le ſujet de leurs recherches, comme Warthon les Glandes, Gliſſon le Foye, Willis le Cerveau & les Nerfs, Lower le Cœur & ſes mouvemens. Dans ce tems-là le Reſervoir du Chile & le Canal Thorachique ont été découverts par Pecquet, François; & les Vaiſſeaux Limphatiques par Thomas Bartholin, Danois; ſans parler ni des Conduits Salivaires que Stenon, auſſi Danois, nous fit connoître plus exactement ſur les premiéres idées de Warthon, ni de tout ce que Marcel Malpighi, Italien, qui eſt mort premier Médecin du Pape Innocent XII. a obſervé dans l'Epiploon, dans le Cœur, & dans le Cerveau; découvertes anatomiques, qui, quelque importantes qu'elles ſoient, lui feront encore moins d'honneur que l'heureuſe idée qu'il a eue le premier d'étendre l'anatomie juſqu'aux Plantes. Enfin toutes les Sciences & tous les Arts, dont le progrès étoit preſque entiérement arrêté depuis pluſieurs ſiécles, ont repris dans celui-ci de nouvelles forces, & ont commencé, pour ainſi dire, une nouvelle carriére.

Ce goût de Philoſophie, aſſez univerſellement répandu, devoit produire entre les Savans l'envie de ſe communiquer mutuellement leurs lumiéres.

res. Il y a déjà plus de 50 ans que ceux qui étoient à Paris se voyoient chez le P. Mersenne, qui étant ami des plus habiles gens de l'Europe, se faisoit un plaisir d'être le lien de leur commerce. MM. Gassendi, Descartes, Hobbes, Roberval, les deux Pascal pére & fils, Blondel, & quelques autres, s'assembloient chez lui. Il leur proposoit des Problêmes de Mathématique, ou les prioit de faire quelques expériences par rapport à de certaines vuës, & jamais on n'avoit cultivé avec plus de soin les Sciences qui naissent de l'union de la Géométrie & de la Physique.

Il se fit des assemblées plus réguliéres chez Mr. de Monmor Maître des Requêtes, & ensuite chez Mr. Thevenot. On y examinoit les expériences, & les découvertes nouvelles, l'usage ou les conséquences qu'on en pouvoit tirer. Il y venoit des Etrangers qui se trouvoient alors à Paris, & qui étoient dans le goût de ces sortes de Sciences ; & pour ne rien dire de tous les autres, c'est-là que l'illustre Stenon, Danois, qui a été depuis Evêque, donna dans sa jeunesse les premiéres preuves de sa capacité, & de sa dextérité en fait d'Anatomie.

Peut-être ces assemblées de Paris ont-elles donné occasion à la naissance de plusieurs Académies dans le reste de l'Europe. Il est toujours certain que les Gentilshommes Anglois qui ont jetté les premiers fondemens de la Société Royale de Londres, avoient voyagé en France, & s'étoient trouvés chez MM. de Monmor & Thevenot. Quand ils furent de retour en Angleterre, ils s'assemblérent à Oxford, & continuérent les exercices auxquels ils s'étoient accoutumés en France. La domination de Cromwel contribua même à cet établissement. Ces Anglois attachés en secret au Roi légitime, & résolus de ne point prendre part aux affaires présentes, furent bien-aises d'avoir une occupation qui leur donnât lieu de se retirer de Londres, sans se rendre suspects au Protecteur. Leur Société demeura en cet état, jusqu'à ce que Charles II. étant remonté sur le Trône, la fit venir à Londres, la confirma par l'Autorité Royale, & lui donna des priviléges, récompensant ainsi les Sciences d'avoir servi de prétexte à la fidélité qu'on lui gardoit.

Enfin le renouvellement de la vraye Philosophie a rendu les Académies de Mathématique & de Physique si nécessaires, qu'il s'en est établi aussi en Italie, quoique d'ailleurs ces sortes de Sciences ne régnent guére en ce Païs-là, soit à cause de la délicatesse des Italiens, qui s'accommode peu de ces épines, soit à cause du Gouvernement Ecclésiastique, qui rend ces études absolument inutiles pour la fortune, & quelquefois même dangereuses. La principale Académie de cette espéce qui soit en Italie, est celle de Florence, fondée par le Grand-Duc. Elle a pro-

produit Galilée, Torricelli, Borelli, Redi, Bellini, noms à jamais illustres, & qui rendent témoignage des talens de la Nation.

La France devoit par toutes sortes de titres avoir une Académie des Sciences, & déjà cette Compagnie y naissoit d'elle-même, comme dans un terroir naturellement bien disposé. Aussi, après que la Paix des Pirenées eut été concluë, le Roi jugea que son Royaume, fortifié par les conquêtes qui venoient de lui être assurées, n'avoit plus besoin que d'être embelli par les Arts & par les Sciences, & il ordonna à Mr. Colbert de travailler à leur avancement.

Ce Ministre porté de lui-même à favoriser les Lettres, & propre à concevoir de grands desseins, forma d'abord le projet d'une Académie composée de tout ce qu'il y auroit de gens les plus habiles en toutes sortes de Littérature. Les Savans en Histoire, les Grammairiens, les Mathématiciens, les Philosophes, les Poëtes, les Orateurs, devoient être également de ce grand Corps, où se réunissoient & se concilioient tous les talens les plus opposés. La Bibliothéque du Roi étoit destinée à être le rendez-vous commun. Ceux qui s'appliquoient à l'Histoire s'y devoient assembler les Lundis & les Jeudis; ceux qui étoient dans les Belles-Lettres, les Mardis & les Vendredis; les Mathématiciens & les Physiciens, les Mécredis & les Samedis; ainsi aucun jour de la semaine ne demeuroit oisif: & afin qu'il y eût quelque chose de commun qui liât ces différentes Compagnies, on avoit résolu d'en faire tous les premiers Jeudis du mois une assemblée générale, où les Sécretaires auroient rapporté les jugemens & les décisions de leurs assemblées particuliéres, & où chacun auroit pu demander l'éclaircissement de ses difficultés: car sur quelle matiére ces Etats généraux de la Littérature n'eussent-ils pas été prêts à répondre? Si cependant les difficultés eussent été trop considérables pour être résoluës sur le champ, on les eût données par écrit, on y eût répondu de même, & toutes les décisions auroient été censées partir de l'Académie entiére.

Ce projet n'eut point d'exécution. D'abord on retrancha du corps de cette grande Académie le membre qui appartenoit à l'Histoire. On n'eut pas pu s'empêcher de tomber dans des questions, où les faits deviennent trop importans & trop chatouilleux par la liaison inévitable qu'ils ont avec le droit.

Ceux qui avoient les Belles-Lettres en partage, ne furent pas plus longtems compris dans l'Académie universelle. Comme ils étoient presque tous de l'Académie Françoise établie par le Cardinal de Richelieu, ils représentérent à Mr. Colbert qu'il n'étoit point besoin de faire deux Compagnies différentes qui n'auroient que le même objet, les mêmes oc-

cu-

cupations, & presque tous les mêmes membres; & qu'il valoit mieux faire refleurir l'ancienne Académie, en lui donnant l'attention & les marques de bonté qu'il destinoit à une Compagnie nouvelle. Ce conseil fut suivi, & Mr. Colbert entreprit de rendre à l'Académie Françoise son premier éclat. Le Roi fit l'honneur à cette Compagnie de s'en déclarer Protecteur, le Ministre devint un de ses membres, & ce fut alors qu'elle prit une nouvelle naissance.

Il ne resta donc du débris de cette grande Académie qu'on avoit projettée, que les Mathématiciens au nombre de six ou sept, MM. Carcavy, Huyguens, Roberval, Frenicle, Auzout, Picard & Buot. Ils s'assemblérent dès-lors à la Bibliothéque de Mr. Colbert, & commencérent quelques exercices Académiques au mois de Juin de l'année 1666.

Il sembla que le Ciel voulût favoriser cette Compagnie naissante de 1666.
Mathématiciens par deux Eclipses qui devoient arriver à quinze jours l'une de l'autre, ce qui est le tems le plus court où l'on en puisse avoir deux, & l'on sait assez combien les Eclipses sont précieuses aux Astronômes par tous les usages qu'ils en tirent. De-plus, la premiére qui étoit Lunaire devoit être horizontale, phénoméne extraordinaire, où le Soleil & la Lune se voyent en même tems sur l'Horizon, quoique dans l'opposition où ils sont alors, l'un étant au-dessus de ce Cercle, l'autre dût être réellement au-dessous. Aussi n'a-t-on encore observé jusqu'à présent que trois Eclipses horizontales: non que ce phénomene soit si rare, mais parce qu'il ne peut durer que très-peu de tems, & que les deux astres touchans à l'Horizon, ils sont presque toujours pendant ce peu de tems enveloppés dans les nuages, ou dans les vapeurs. Ce qui fait que ce phénoméne dure si peu, c'est qu'il est l'effet d'une refraction qui éléve sur le bord de l'Horizon l'image de la Lune, dont réellement le corps est encore au-dessous. Aussitôt après le corps de la Lune monte lui-même, & prend la place de son image, & pendant ce peu de tems le Soleil tombe nécessairement sous l'Horizon.

Cette Eclipse de Lune qui devoit arriver le 16 Juin 1666, fut dérobée par les nuages aux Mathématiciens qui l'attendoient avec tous les préparatifs nécessaires. On n'en a eu qu'une seule relation un peu exacte par les Mathématiciens que le Prince Léopold de Florence avoit envoyés dans la petite Ile de Gorgone. Ceux qui étoient allés aussi par son ordre en deux autres endroits ne la purent voir, ce qui marque combien il est important de poster des Observateurs en différens lieux, afin que ce qui échappe aux uns, n'échappe pas aux autres.

L'autre Eclipse qui étoit de Soleil, & qui arriva le 2 Juillet, fut heu-

1666. reusement observée chez Mr. Colbert par les Mathématiciens que nous avons nommés. Elle commença à 5. heures 43′, 20″ du matin, & finit à 7. heures 42′ 20″; elle fut dans son milieu de 7. doigts 56′, & l'on remarqua que le tems qu'on appelle d'incidence ou d'immersion, qui est depuis le commencement de l'Eclipse jusqu'à ce point du milieu où elle est la plus grande, fut de quelques minutes plus court que le tems de l'émersion, par où l'on s'apperçut que l'on ne prenoit pas assez exactement le milieu d'une Eclipse, en coupant par la moitié le tems de sa durée entière.

Ceux qui dans ce même tems prenoient la hauteur du Soleil dans le Jardin de la Bibliothéque du Roi, trouvérent vers le milieu de l'Eclipse que l'air étoit plus froid; & ce qui ne peut être sujet à erreur, c'est que les Miroirs ardens avoient en ce tems-là beaucoup moins de force qu'au commencement & à la fin de l'Eclipse. Ils brûloient encore le bois, mais sans flamme, & ils ne pouvoient brûler le papier blanc. C'étoit la même chose que si la moitié du miroir eût été couverte, & qu'il n'eût reçu que la moitié des rayons qu'il peut recevoir; car un peu plus de la moitié du disque du Soleil étoit cachée par celui de la Lune. Cependant les yeux ne s'appercevoient pas beaucoup de l'affoiblissement de la lumiére, & ceux qui n'étoient pas avertis de l'Eclipse, pouvoient bien ne se pas douter qu'il y en eût une. Le petit froid que l'on sentit, répond à la diminution de clarté qui pouvoit devenir sensible en y faisant attention; mais tout cela prouve bien que les sens sont fort éloignés d'aller jusqu'aux fines différences, puisqu'il leur en échappe même d'assez grossiéres.

Dans tout le tems de l'Eclipse, le disque de la Lune interposé entre le Soleil & la Terre parut avec le Télescope également noir dans toutes ses parties, d'où l'on jugea que la Lune n'étoit point enveloppée d'un Atmosphére, parce que dans la situation où elle est lorsqu'elle cache le Soleil à nos yeux, cette Atmosphére seroit traversée de quelques rayons du Soleil qui la feroient paroître comme une bordure moins noire que le reste du disque de la Lune.

Le diamétre de la Lune parut un peu plus petit que celui du Soleil, ou tout au plus il parut lui être égal, & l'on remarqua l'erreur des Tables de Kepler & des autres, qui faisoient le diamétre du Soleil plus petit, & celui de la Lune plus grand qu'ils n'étoient effectivement.

On commençoit alors à connoître mieux que jamais de quelle importance il étoit d'avoir dans la derniére précision les diamétres apparens des Planétes dans toutes les différentes élevations où elles se peuvent trouver, soit par les mouvemens annuels, soit par les diurnes. De-là dépend toute la justesse du calcul des Eclipses solaires & lunaires: car on ne ne peut juger ni de la quantité de doigts qu'elles occuperont, ni du tems qu'elles dureront, que par la grandeur que l'on ſuppoſe aux diamétres apparens du Soleil & de la Lune à l'égard l'un de l'autre, & quelque peu qu'on s'y méprenne, l'erreur tire fort à conſéquence. 1666.

Pour meſurer donc les diamétres apparens avec une exactitude inconnuë à toute l'ancienne Aſtronomie, Mr. Huyguens avoit eu la premiére idée d'une Machine très ingénieuſe que tout le monde connoît préſentement. C'eſt ce petit Treillis diviſé en un certain nombre de quarrés égaux que forment des fils de ſoye ou de métal très-déliés. On le place dans le foyer du verre objectif, & là les petits quarrés ſont vus très-diſtinctement. On ſait d'ailleurs, & même aſſez facilement, à quelle quantité d'un degré céleſte répond le côté de chacun de ces quarrés, & par conſéquent on ſait la grandeur apparente d'un objet compris dans un ou pluſieurs de ces intervalles. Mais il y avoit un inconvénient conſidérable, l'objet n'étoit pas toujours compris juſte dans un ou dans pluſieurs quarrés, & le plus ou le moins ne s'eſtimoit qu'à peu près. MM. Auzout & Picard réparérent parfaitement ce défaut par le moyen de deux fils qu'ils rendirent mobiles, & même Mr. Picard rendit encore le tout plus parfait par une régle d'un pied diviſée en 400 parties avec le ſecours du Microſcope, & qui faiſoit connoître ce que valoient les diſtances inſenſibles des deux fils. Nous ne ferons pas une deſcription plus exacte de cette Machine, parce qu'elle eſt dans le Recueil de quelques Ouvrages d'Académiciens que Mr. de la Hire a fait imprimer en 1693: elle y eſt nommée Micrométre.

Voyez les Mémoires Tom. 7. pag. 118.

On s'appliqua à profiter de cette nouvelle invention, & pendant toute la Lunaiſon qui ſuivit cette Eclipſe du 2 Juillet, on s'attacha à la meſure des différens diamétres apparens de la Lune. On fut étonné de voir tomber auſſitôt les hypothéſes que les nouveaux Aſtronômes même avoient faites ſur cette Planéte; & l'on s'aſſûra que pour être ſi proche de nous, & pour appartenir en quelque façon à notre Terre, elle ne nous en étoit pas mieux connuë.

Outre la nouvelle juſteſſe que produiſoit l'invention du Micrométre, on avoit égard aux refractions dont juſque-là on ne s'étoit pas trop mis en peine; l'Aſtronomie devenoit de jour en jour plus ſcrupuleuſe, & plus circonſpecte.

Mr. Picard conjectura que les refractions devoient être plus grandes en Hyver qu'en Eté, parce que meſurant le diamétre, ou du Soleil, ou de la Lune, à la même hauteur horizontale, il trouvoit en Hyver le diamétre vertical plus petit. Il faut ſuppoſer que les refractions en même

1666. me tems qu'elles haussent ces astres sur l'horizon, accourcissent leurs diamétres verticaux, parce que comme leur plus grande force est à l'horizon, & que de-là elles vont toujours en diminuant, elles élévent plus la moitié inférieure du diamétre vertical du Soleil ou de la Lune qu'elles ne font la moitié supérieure; & par conséquent c'est la même chose que si une partie de la moitié inférieure du diamétre se cachoit derriére la supérieure, ce qui diminueroit nécessairement la grandeur apparente de ce diamétre, & plus les refractions sont grandes, plus cet effet est sensible.

Vers la fin de la même année, Mr. Auzout écrivit sur toute cette matiére des diamétres apparens à Mr. Oldembourg Sécretaire de la Société Royale d'Angleterre. Il lui rendoit compte de tout ce qu'ils avoient fait, Mr. Picard & lui, pour parvenir au point de précision où ils en étoient; il lui apprenoit qu'ils savoient diviser un pied en 3000 parties avec tant de sûreté, qu'à peine se pouvoient-ils tromper d'une seule; que par-là ils mesuroient les diamétres du Soleil & de la Lune jusqu'aux secondes, & que tout au plus ils se tromperoient de 3 ou 4. Il ajoûtoit que par ce moyen ils avoient trouvé que le diamétre du Soleil dans son Apogée, n'avoit guére été plus petit que 31' 37", ni dans son Périgée plus grand que 32' 45"; que de-même celui de la Lune n'avoit encore guére passé 33', & n'avoit pas eu moins de 29' 40" ou 35". Il apportoit la raison pour laquelle à l'Eclipse du 2 Juillet, Mr. Hevelius avoit trouvé le diamétre de la Lune plus grand de 8 ou 9" à la fin qu'au commencement: c'est que comme elle arriva le matin, la Lune étoit à la fin plus élevée sur l'horizon, & plus les astres s'élévent vers le Méridien, plus leurs diamétres apparens augmentent, quoique les yeux jugent tout le contraire. Si l'Eclipse étoit arrivée le soir, il est clair que le diamétre de la Lune eût été plus petit à la fin, parce qu'elle eût été plus basse. Cela vient de ce que les Astres sont plus près de l'Observateur au Méridien qu'à l'Horizon de près d'un demi diamétre de la Terre, & cette différence est quelque chose principalement par rapport à la petite distance de la Lune, qui n'est que de 50 demi-diamétres terrestres environ.

C'est ainsi que l'Académie qui se formoit à Paris entroit déjà en commerce de découvertes avec les Académies étrangéres. Rien ne peut être plus utile que cette communication, non seulement parce que les esprits ont besoin de s'enrichir des vuës les uns des autres, mais encore parce que différens Païs ont différentes commodités & différens avantages pour les Sciences. La Nature se montre diversement aux divers habitans

bitans du Monde; elle fournit aux uns des sujets de réflexion qui manquent aux autres, elle se déclare quelquefois plus ou moins, selon les lieux, & enfin pour la découvrir, il n'y a point trop de tout ce qui peut nous être connu. 1666.

La Compagnie des Mathématiciens étant déjà dans l'état qu'on la pouvoit souhaiter, on songea à leur joindre des Physiciens, dont le Roi laissa le choix à Mr. Colbert. Ceux qu'il nomma furent Mr. de la Chambre Médecin ordinaire du Roi, fameux par ses Ouvrages, & Mr. Perraut aussi Médecin, en qui brilloit le génie qui fait les découvertes, MM. du Clos & Bourdelin, habiles Chimistes, MM. Pecquet & Gayant, savans Anatomistes, & Mr. Marchand, qui avoit une grande connoissance de la Botanique. Le Ministre joignit à ces Géométres & à ces Physiciens consommés de jeunes gens propres à les aider dans leurs travaux, & à leur succéder un jour. Ce furent MM. Niquet, Couplet, Richer, Pivert, de la Voye. Peu de mois auparavant Mr. du Hamel Prêtre avoit été choisi pour être Sécretaire de cette Académie, comme étant d'une assez vaste érudition pour entendre les différentes langues de tant de savans hommes, & recueillir tout ce qui sortiroit de leur bouche. Il semble que l'ordre dans lequel se forma l'Académie des Sciences, représente celui que les Sciences même doivent garder entre elles; les Mathématicens furent les premiers, & les Physiciens vinrent ensuite.

Le Roi pour assurer aux Académiciens le repos & le loisir dont ils avoient besoin, leur établit des pensions, que les guerres même n'ont jamais fait cesser, en quoi sa bonté pour l'Académie des Sciences a surpassé celle du Cardinal de Richelieu pour l'Académie Françoise, qui lui étoit néanmoins si chére, & celle de Charles II. Roi d'Angleterre pour la Société Royale de Londres.

Le Roi voulut même qu'il y eût toujours un fonds pour les Expériences, si nécessaires dans toute la Physique, & dont la dépense est quelquefois au-dessus des forces du Physicien. La Chimie la plus raisonnable n'opére qu'avec assez de frais, & les Mathématiques mêmes, hors-mis la Géométrie pure, & l'Algébre, demandent un grand attirail d'Instrumens, faits avec un extrême soin. D'ailleurs, il se propose quelquefois de nouvelles inventions, que leurs Auteurs, séduits par le charme de la production, ont renduës si spécieuses, qu'à peine en peut-on appercevoir les inconvéniens, ou les impossibilités; & il est de l'intérêt public qu'il y ait une Compagnie toujours en état de les examiner, & d'en faire l'épreuve, après quoi les défauts seront découverts, & peut-être même réparés.

Le 22 Décembre, les Mathématiciens & les Physiciens que nous a-

1666. vons nommés, s'assemblérent pour la premiére fois à la Bibliothéque du Roi. Mr. de Carcavy leur exposa le dessein qu'avoit le Roi d'avancer & de favoriser les Sciences, & ce qu'il attendoit d'eux pour l'utilité publique, & pour la gloire de son Régne.

On mit d'abord en délibération si les deux Sociétés des Géométres & des Physiciens demeureroient séparées, ou si elles n'en feroient qu'une. Presque toutes les voix allérent à les mettre ensemble. La Géometrie & la Physique sont trop unies par elle-mêmes, & trop dépendantes du secours l'une de l'autre. La Géométrie n'a presque aucune utilité si elle n'est appliquée à la Physique, & la Physique n'a de solidité qu'autant qu'elle est fondée sur la Géometrie. Il faut que les subtiles spéculations de l'une prennent un corps, pour ainsi dire, en se liant avec les expériences de l'autre; & que les expériences naturellement bornées à des cas particuliers, prennent par le moyen de la spéculation un esprit universel, & se changent en Principes. En un mot, si toute la Nature consiste dans les combinaisons innombrables des figures & des mouvemens, la Géométrie qui seule peut calculer des mouvemens, & déterminer des figures, devient indispensablement nécessaire à la Physique; & c'est ce qui paroît visiblement dans les systêmes des Corps Célestes, dans les Loix du Mouvement, dans la Chute accélérée des Corps pesans, dans les Réflexions & les Réfractions de la Lumiére, dans l'Equilibre des Liqueurs, dans la Méchanique des Organes des Animaux, enfin dans toutes les matiéres de Physique, qui sont susceptibles de précision: car pour celles qu'on ne peut amener à ce degré de clarté, comme les Fermentations des Liqueurs, les Maladies des Animaux, &c. ce n'est pas que la même Géométrie n'y domine, mais c'est qu'elle y devient obscure & presque impénétrable par la trop grande complication des mouvemens & des figures. Les plus grands Physiciens de notre siécle, Galilée, Descartes, Gassendi, le P. Fabry, ont été aussi de grands Géométres: & sans-doute une des principales causes qui avoit si longtems empêché la Physique de rien produire que des termes, c'est qu'on l'avoit séparée de la Géométrie.

Cependant pour mettre quelque distinction entre ces deux Sciences, il fut arrêté que les Mécredis on traiteroit des Mathématiques, & que les Samedis appartiendroient à la Physique.

Il fut résolu aussi que l'on ne révéleroit rien de ce qui se diroit dans l'Académie, à-moins que la Compagnie n'y consentît. Mais comme il est difficile que dans un assez grand nombre d'Académiciens il n'y ait quelqu'un qui confie à quelque ami des vuës ou des découvertes nouvelles qui auront été proposées dans l'Assemblée, il est arrivé assez

assez souvent que ce qui avoit été trouvé par l'Académie, & gardé pour 1666.
être publié dans un certain tems, lui a été enlevé par des étrangers qui s'en sont fait honneur. Car quelquefois à des gens versés dans certaine matiére, il ne faut qu'un mot pour leur faire comprendre toute la finesse d'une invention, & peut-être ensuite la pousseront-ils plus loin que les premiers auteurs. C'est ce que fit Galilée à l'égard des Lunettes. On lui apprit qu'un Hollandois qui ne savoit point de Mathématique, ajustoit deux verres de façon qu'il voyoit les objets plus grands & plus distincts. Galilée fut suffisamment instruit en apprenant la possibilité d'une chose si nouvelle & si étonnante; il se mit à chercher par voye de Mathématique comment des objets pouvoient paroître plus distincts & plus grands; & enfin le raisonnement lui fit trouver ce que le hazard seul avoit donné au Hollandois. Aussitôt se découvrirent à ses yeux les Satellites de Jupiter, les Taches du Soleil, les Phases de Vénus, cette innombrable multitude de petites Etoiles qui font la Voye Lactée: & il ne s'en est pas falu beaucoup que le même qui a trouvé les Lunettes, n'ait fait le miracle de les porter à leur derniére perfection. Le Télescope dont Galilée s'est servi est conservé dans le Cabinet de l'Académie, à qui un savant Italien en a fait présent.

Ce n'est pas qu'il importe extrêmement au Public de savoir qui est l'auteur d'une nouvelle invention, pourvu qu'elle soit utile; mais comme il lui importe qu'il y ait des inventions nouvelles, il en faut conserver la gloire à leurs auteurs, qui sont excités au travail par cette recompense.

Rien ne peut plus contribuer à l'avancement des Sciences, que l'émulation entre les Savans, mais renfermée dans de certaines bornes. C'est pourquoi l'on convint de donner aux Conférences Académiques une forme bien différente des exercices publics de Philosophie, où il n'est pas question d'éclaircir la vérité, mais seulement de n'être pas réduit à se taire. Ici, l'on voulut que tout fût simple, tranquille, sans ostentation d'esprit ni de science, que personne ne se crût engagé à avoir raison, & que l'on fût toujours en état de céder sans honte: surtout qu'aucun systême ne dominât dans l'Académie à l'exclusion des autres, & qu'on laissât toujours toutes les portes ouvertes à la Vérité.

Enfin il fut résolu dans l'Académie que l'on examineroit avec soin les Livres, ou de Mathématique, ou de Physique qui paroîtroient au jour, & que l'on feroit toutes les expériences considérables qui y seroient rapportées: ce que l'on jugea devoir être d'une grande utilité, surtout dans la Chimie, & dans l'Anatomie, qui sont de toutes les parties de la Physique les plus fécondes en découvertes, & celles aussi dont les découvertes veulent être examinées de plus près.

## ANNÉE MDCLXVII.

1667. L'ANNÉE 1667. ouvrit proprement les Exercices Académiques. L'Histoire de l'Académie n'est presque plus que celle de ses occupations & de ses travaux. Pour en rendre compte exactement, il faudroit copier ici tous ses Régistres, ce qui feroit plusieurs gros Volumes, & des Traités entiers de Chimie, de Méchanique, d'Astronomie, de Géométrie, &c. Mais il suffira de rapporter en abrégé les principales choses qui ont été dites dans cette Compagnie, les desseins qu'elle a eus, la maniére dont elle les a exécutés, les progrès qu'elle a faits dans les Sciences, les obligations que lui a le Monde Savant.

Pour mettre de l'ordre dans une matiére composée de tant de matiéres différentes, nous séparerons d'abord la Physique des Mathématiques; nous rangerons sous chacune de ces deux espéces les differens sujets qui lui appartiendront, & nous rapporterons toujours de suite ce qui aura été dit sur le même sujet dans le cours d'une année, quoiqu'en effet il y ait eu souvent beaucoup d'interruption. Nous commencerons par la Physique, parce qu'elle est plus facile & moins abstraite.

## P H Y S I Q U E.

### *PRELIMINAIRES.*

AU commencement de cette année, Mr. Perraut donna un plan du travail que la Compagnie pouvoit faire sur la Physique. Il représenta que les deux parties les plus utiles & les plus curieuses de la Philosophie Naturelle, & d'ailleurs les plus propres à occuper l'Académie en commun, étoient l'Anatomie, & la Connoissance des Plantes.

Il fit remarquer que les Observations Anatomiques étoient de deux espéces; les unes sur la construction des organes qui composent le corps des Animaux, les autres, sur l'usage de ces organes; que quelquefois certains organes fort connus, comme la Ratte, le Pancréas, les Glandules Atrabilaires, avoient des fonctions assez cachées, & que quelquefois aussi des effets visibles & manifestes, tels que la génération du Lait, & la confection du Sang, dépendoient de quelques organes que l'on ne connoissoit pas bien; que par conséquent en fait d'Anatomie on devoit employer également ses yeux & sa raison, en conservant toujours néanmoins quelque avantage aux yeux sur la raison même, qu'il ne faloit ni se ſe tourmenter trop à chercher des parties & des diſpoſitions méchaniques, dont on pourroit prouver l'inutilité par raiſonnement, comme celle des Conduits particuliers qui euſſent porté la bile au cerveau des Phrénétiques, & dont Démocrite avoit fait une ſi longue & ſi vaine recherche, ni auſſi négliger de s'aſſûrer des choſes, autant qu'il étoit poſſible, par toutes les expériences que l'Art pouvoit imaginer: car ſi l'on s'en fût tenu au raiſonnement, peut-être n'eût-on pas trop vu la néceſſité des Vaiſſeaux Limphatiques & Salivaires. Il apportoit pour exemple d'une matiére où toute l'induſtrie de l'Anatomie peut s'exercer, cette Question, S'il ne paſſe point une partie du Chile dans le Foye par les Veines Méſaraïques, & il tiroit de la Chimie des moyens de reconnoître s'il s'eſt fait dans ces Vaiſſeaux un mélange du chile avec le ſang. 1667.

Sur la Botanique, Mr. Perraut dit qu'on la pouvoit traiter, ou d'une maniére purement Botanique, en ne faiſant que l'Hiſtoire & la Deſcription ſimple des Plantes, ou d'une maniére Philoſophique, en examinant leur naiſſance, leur accroiſſement, les différens changemens qui leur arrivent. Par-là on pourroit vérifier ce que tant d'Auteurs anciens & modernes en ont écrit: on verroit s'il y en a, par exemple, qui ſe puiſſent reproduire par les ſels tirés de leurs cendres; ſi les mêmes plantes peuvent venir dans des terres apportées des Pays éloignés; ſi elles naiſſent d'elles-mêmes dans de la terre tirée d'un endroit fort profond, & qu'on ne pourra ſoupçonner d'avoir reçu des ſemences de dehors. Surtout il faudroit examiner ſi elles n'auroient point cela de commun avec les Animaux, qu'il y eût en elles une partie principale qui donnât l'ame & le mouvement à toutes les autres, telle qu'eſt peut-être la racine, qui ſuçant les ſucs de la terre, les prépare la premiére, & les diſtribue dans toute la Plante. Mais comme il ne ſeroit pas poſſible que ces ſucs, qui ne font que couler dans la racine, & qui en ſont continuellement chaſſés par d'autres qui y montent & leur ſuccédent, y reçuſſent une coction ſuffiſante pour être propres à nourrir les parties de la Plante, peut-être faut-il qu'ils retournent pluſieurs fois dans cette même racine pour y être mieux cuits, mieux digérés qu'ils n'avoient été d'abord, & cette circulation qui répondroit à celle du ſang des Animaux, ſe feroit par le moyen des fibres, dont les unes ſeroient diſpoſées à laiſſer monter les ſucs, & les autres à les faire redeſcendre. Enfin l'avis de Mr. Perraut étoit, que ſur toute cette matiére des Plantes on fît un aſſez grand nombre d'expériences, pour en tirer quelque choſe d'univerſel & de conſtant qui pût devenir Principe; car il eſt certain que des expériences faites avec deſſein, & dans une certaine ſuite, diverſifiées & combinées avec art, en un mot conduites par le raiſonnement, font naître

 des

1667. des vérités générales, dont ensuite la raison fait voir la nécessité, ou du-moins la liaison avec d'autres vérités.

Sur ce plan présenté par Mr. Perraut, l'Académie choisit pour principaux sujets des Exercices Physiques, l'Histoire des Plantes, & celle des Animaux. Elle y joignit aussi la Chimie, sur laquelle Mr. du Clos donna de son côté beaucoup de vuës dignes d'être suivies.

Il prétendit qu'on devoit commencer par rechercher scrupuleusement quels étoient les véritables principes des Mixtes ; ce que l'on pouvoit exécuter par deux voyes générales, ou par la desunion actuelle des parties intégrantes d'un mixte, ou par les observations mêmes que l'on pouvoit faire sur la génération & sur ses propriétés les plus apparentes. Il ne convenoit pas que l'on dût prendre pour de véritables principes, le Sel, le Souffre, & le Mercure, puisqu'on pouvoit les résoudre en d'autres substances plus simples encore. Mr. du Clos appuyoit son sentiment sur un grand nombre de raisons qu'il ne nous est pas possible de rapporter ici.

En même tems cependant il fut arrêté que l'on ne négligeroit pas la Physique générale, & que l'on n'examineroit pas seulement les Phénomenes rares & merveilleux, mais aussi ceux qui sont les plus communs, comme le Mouvement, le Chaud, le Froid, la Pesanteur, &c. qui tous étant une fois approfondis deviennent aussi merveilleux que les plus rares.

## *EXPERIENCE SUR LE FROID.*

ON profita de la rigueur de l'hyver pour éprouver la force dont l'eau s'étend en se gelant. Mr. Huyguens ayant rempli d'eau deux moitiés d'un canon de pistolet, & les ayant très-exactement fermées avec des vis & du plomb fondu, les laissa exposer à l'air. Toutes deux crévérent par la dilatation de l'eau ; la plus foible, en dix heures de tems qu'elle fut à une fenêtre pendant la nuit. De celle-ci, il en étoit sorti par la fente quelque peu de glace ; de l'autre, rien du tout ; seulement la glace s'étoit poussée dans la fente. Quelle que soit la cause d'un effet si violent, elle n'y paroît d'abord guére proportionnée, & c'est-là une de ces choses dont on ne peut recevoir d'autre garant que l'expérience.

## *EXPERIENCES DE L'AUGMENTATION du poids de certaines matiéres par la calcination.*

IL seroit assez naturel de croire qu'un corps ne peut devenir plus pesant, à-moins qu'il ne s'y joigne quelque matiére sensible. Mais Mr. du Clos fit voir à l'Académie qu'une livre de Régule d'Antimoine, si bien

broyé

broyé qu'il étoit réduit en poussiére impalpable, ayant été exposée au foyer d'un miroir ardent, & réduite en cendres au bout d'une heure, en étoit devenuë plus pesante d'une dixiéme partie, quoique pendant tout le tems qu'elle avoit brûlé, elle eût jetté une fumée blanche assez épaisse. Tandis que cette matiére étoit allumée, sa surface se couvroit de grande quantité de petits filamens blanchâtres. Le feu du charbon feroit le même effet que celui du Soleil. L'expérience étant réitérée, on trouva que plus la poudre d'Antimoine étoit fine, plus elle s'échauffoit promptement, plus elle augmentoit de poids. On trouva aussi que les minéraux sulphurés, comme l'étain & le plomb, prennent, lorsqu'ils sont calcinés, cette augmentation de pesanteur. Tout le monde sait que la brique est plus pesante après avoir été cuite, & il est certain que l'argille dont elle est faite est sulphurée. 1667.

Mr. du Clos conjecturoit que l'air qui coule incessamment vers les endroits où il y a du feu, laisse sur ces matiéres embrasées pleines de souffres terrestres, des particules sulphurées plus volatiles, qui s'unissent avec eux, s'y fixent, & forment ces filamens dont nous avons parlé, qui font apparemment toute l'augmentation du poids. Et en effet, si on met de l'esprit de vin déflegmé sur cet Antimoine devenu plus pesant, on voit, après quelque digestion au bain, cet esprit de vin se charger d'une haute teinture rouge, qui étant toute séparée, l'Antimoine reste avec son premier poids; & il faut remarquer que l'esprit de vin ne tire point de pareille teinture d'un semblable régule calciné d'une autre maniére sans augmentation de pesanteur. Il paroît par la couleur de l'esprit de vin, que les particules dont il s'est chargé sont sulphurées; & l'on voit que ce sont aussi celles qui étoient étrangéres à l'Antimoine, & qu'il avoit acquises par cette espéce particuliére de calcination.

Cependant il ne faut pas entiérement se fier à cette explication, quoiqu'assez spécieuse. Peut-être l'augmentation de poids vient-elle de ce que ces matiéres ayant été mises dans des vaisseaux de fer ou de cuivre, les ont rongés par l'activité de leurs sels, & en ont levé des corpuscules. Mr. Boulduc a trouvé depuis que l'Antimoine cru calciné dans un vaisseau de terre, a diminué de poids. Peut-être aussi les faits n'ont-ils pas encore été tournés en assez de maniéres différentes.

---

## EXPERIENCE D'UN SEL DOUX *tiré de matières fort âcres.*

L'Illustre Mr. Boyle, dans son Livre *De formarum origine*, avoit proposé à tous les Chymistes une espéce d'Enigme; c'étoit de trouver un

1667. un sel qu'il appelle *anomal*, & qui mérite bien ce nom, pour la nature irréguliére dont il eſt. La ſaveur en eſt douce, quoiqu'il ſoit composé d'ingrédiens, ou plus ſalés & plus âcres que de la Saumure, ou plus aigres que le plus fort Vinaigre. Il ne peut être ni détruit, ni changé par aucun autre ſel; mais il ſe mêle doucement, facilement, & ſans ébullition, avec l'huile de Tartre faite par défaillance, avec l'huile de Vitriol, avec l'eſprit de Sel Ammoniac, ou de fort eſprit de Sel commun. Il ne teint le Sirop violat, ni en rouge, comme font les ſels acides, ni en verd, comme les alkali; & mêlé avec les uns & les autres, il ne les empêche point de faire leur effet ordinaire. Ce n'eſt pas cependant qu'il ſoit foible & ſans efficace; il fait des diſſolutions que l'Eau forte & l'Eſprit de vitriol, tout agiſſans & furieux qu'ils ſont, ne feroient pas.

Mr. du Clos entreprit de découvrir ce ſel ſi bizarre, & il conjectura que c'étoit celui dont parle Schroëder dans ſon *Quercetanus redivivus T. II. p.* 693. c'eſt-à-dire, un ſel composé de criſtaux doux de ſel commun, préparés avec du Vinaigre de miel. Il a toutes les qualités que demande Mr. Boyle; & de-plus Schroëder lui donne la vertu de guérir pluſieurs maladies, & même de diſſoudre radicalement l'or. Mr. du Clos trouva encore d'autres ſels doux qui ſe tirent de choſes âcres, tel que celui qu'on tire de l'Eau forte miſe ſur du plomb minéral, ou de l'Eſprit de nitre mis ſur de la ceruſe, &c.

Cette Enigme de Mr. Boyle avoit quelque rapport à celle que Samſon propoſa aux Philiſtins, *de forti egreſſa eſt dulcedo.* Seulement elle étoit un peu plus difficile.

Le même Mr. du Clos fit une autre expérience ſur une eau inſipide tirée par la diſtillation à une chaleur lente & douce d'un certain mucilage nommé par quelques-uns *Fleur de la Terre*, & par d'autres *Fleur du Ciel:* on le trouve entre les herbes & la mouſſe le matin vers le tems des Equinoxes, après une pluye. C'eſt le *Noſtoch* de Paracelſe. L'eau qu'on en tire par diſtillation au Bain-marie, eſt abſolument inſipide au goût; mais ſi on en verſe ſur du Mercure ſublimé diſſout dans de l'eau commune, ce mêlange devient laiteux comme pour former un précipité.

## *AUTRES EXPERIENCES DE CHIMIE.*

MOnſieur du Clos ſavoit bien que le Sel marin étoit ſulphuré, puiſqu'il ſert à diſſoudre l'Or, l'Etain, l'Antimoine, & les autres Minéraux ſulphurés, & qu'il précipite le Mercure, l'Argent, le Plomb, &c. diſſous dans les Eaux-fortes; mais il apprit par ſes expériences que ce sel contient aussi des principes acides, qui se découvrent plus difficilement, & se manifestent plus tard dans les opérations. La saveur du sel marin, tempérée, comme elle est, & agréable au goût, est un effet de l'union des principes acides, & âcres, ou sulphurés. 1667.

Un de ces heureux hazards, qui ne sont pas rares dans la Chimie, & qui ont produit tant de miracles de l'Art, apprit aussi à Mr. du Clos qu'il y a dans l'eau de la Mer deux sels différens; l'un plus sulphuré, qui se condense aisément lorsque l'eau s'évapore au Soleil dans les Marais sallans, & qui est celui dont l'usage est si commun; l'autre plus acide, piquant plus la langue, & qui ne se sépare de l'eau qu'en achevant de l'évaporer toute entiére au feu. Le premier mis sur de l'huile de tartre ne fait point de caillé; mais le second en fait un blanc & épais, marque certaine de son acidité qui agit sur l'huile de tartre, reconnuë par tous les Chimistes pour un puissant alkali, ou sel âcre & sulphuré.

C'est une chose présentement trop connuë, que de certaines matiéres dépouillées de leurs sels, autant qu'il avoit été possible, en reprennent de nouveaux, après avoir été exposées à l'air pendant un tems convenable, soit que l'air par son mouvement continuel leur apporte ce nouveau sel, dont elles étoient, pour ainsi dire, affamées, comme le prétendoit Mr. du Clos, soit, comme d'autres Chimistes le prétendent, que l'air ne fasse qu'ouvrir de petites prisons où ces sels étoient renfermés, & qui avoient été impénétrables à d'autres agens. Ce qui favorise la premiére opinion, c'est que quelques-unes de ces matiéres augmentent un peu de poids: mais d'un autre côté, ne peuvent-elles pas s'être chargées de cette même humidité de l'air, qui en a fait une espéce de dissolution, & qui a dégagé leurs sels?

Quoi qu'il en soit, Mr. du Clos poussa ces expériences plus loin. Ayant pris des terres argilleuses de Vaugirard & d'Auteuil proche de Paris, qui produisent certaines marcassites ferrugineuses très-dures, & les ayant plusieurs fois lavées pour les priver de leurs sels, & puis exposées à l'air, non seulement il trouva qu'elles se chargeoient toujours de nouveaux sels de nature vitriolique, même avec augmentation de poids, mais il observa que les marcassites, qui avant que d'avoir été exposées à l'air plusieurs fois, ne donnoient que du fer, lorsqu'on les fondoit à force de feu, donnoient, après avoir été empreintes d'air pendant six ou sept années, premiérement du cuivre, ensuite de l'argent, & enfin un peu d'or, selon que l'air les avoit différemment meuries & perfectionnées.

Le hazard fit naître une autre expérience assez curieuse sur ces mêmes marcassites, qui avoient été longtems à l'air. Mr. du Clos en avoit mis dans sa cave une grande quantité, sur quoi on jetta sans dessein des

 pierres

1667. pierres de talc noir. Trois ou quatre ans après il trouva que les pierres de talc étoient presque toutes converties en sel vitriolique, & qu'en quelques-unes il n'étoit rien resté qui ne fût réduit en sel totalement dissoluble dans l'eau commune, quoiqu'il y eût eu auparavant quelques parties de ces pierres aussi dures que des cailloux. Peut-être tout cela peut-il donner quelques ouvertures pour découvrir la génération des Minéraux, aussi-bien que l'expérience suivante pour la formation des pierres.

Mr. du Clos avoit fait prendre à du sel de tartre autant de sel volatil de vinaigre distillé qu'il en avoit pu porter. Ensuite il y avoit mêlé deux fois autant de sable d'Etampes, pour un dessein qu'il avoit. Le tout ensemble poussé à un grand feu de reverbére, ne donna qu'un peu de flegme; car le sable retint tous les esprits, & cette matiére s'étant réduite en masse, il y surversa beaucoup d'eau bouillante, pour en retirer les sels. Cette eau bien filtrée se trouva n'avoir guére d'acrimonie; & Mr. du Clos jugeant par-là qu'elle n'avoit presque pas pris de sel, la laissa comme inutile. Mais il fut assez surpris de la voir le lendemain coagulée. Il la mit sur un feu qu'il continua tout un jour pour voir ce qui en arriveroit; & toute cette eau, loin de s'évaporer, se réduisit en pierre semblable à du moëllon nouvellement tiré de sa carriére. Il faloit que le sel de tartre empreint du sel volatil de vinaigre distillé eût tiré du sable d'Etampes quelque ferment pierreux, comme disoit Mr. du Clos, dont cette eau s'étoit si bien chargée, quoiqu'insensiblement, qu'elle se pétrifia presque d'elle-même. Par-là se pourroient expliquer facilement les pétrifications d'eau les plus surprenantes. Par exemple, celle d'une Grotte de Savonniére en Touraine, dont la voûte distille des gouttes d'eau très-pures & très-claires, qui aussitôt qu'elles sont tombées se changent en petits grains de marbre blanc.

## *ANALYSE DE PLUSIEURS EAUX Minérales.*

L'UTILITE' des Eaux Minérales fit que l'on tourna de ce côté-là les recherches de Chimie.

Les Eaux Minérales, au sentiment de Mr. du Clos, qui traita cette matiére fort amplement, tirent toutes leurs qualités, soit bonnes, soit mauvaises, ou des corpuscules qu'elles ont enlevés, & entraînés avec elles en passant par leurs conduits souterrains, ou des vapeurs & des fumées qui s'élevant de lieux plus bas que ceux où coulent ces eaux, les ont rencontrées en leur chemin, & se sont mêlées avec elles. Comme les vapeurs s'exhalent facilement, il est malaisé d'en reconnoître le mélange avec les eaux où il s'en trouve; on ne peut donc guére travailler que

que sur celles qui se sont chargées de corpuscules qu'elles ont détachés 1667.
des terres dans leur cours, encore faut-il que ces corpuscules soient d'une certaine grossiéreté, autrement ils échapperoient à tous les moyens dont l'Art se peut servir, comme font ceux qui composent ce que les Chimistes appellent *Teintures spirituelles*, & qui ne se reconnoissent qu'à certains effets particuliers. C'est ainsi que l'infusion de l'antimoine réduit en régule, en verre ou en fleurs, & mis dans du vin, contracte une qualité purgative assez violente, sans rien retenir sensiblement de la substance de l'antimoine, qui se trouve toujours, suivant quelques-uns, en son premier poids, après mille infusions; quoique, suivant des expériences faites depuis par Mr. Dodart, la diminution du verre d'antimoine soit sensible, non seulement au poids, mais à la vuë simple.

Les corpuscules entraînés par les eaux minérales, ont pu être également détachés de tous les corps que la terre renferme dans son sein, pierres, marcassites, minéraux, métaux; & comme chacune de ces espéces reçoit une infinité de différences, & qu'il est encore très-possible que dans une même eau il se fasse un mélange de corpuscules de différentes espéces, & cela dans une infinité de différentes doses, il s'ensuit qu'il peut y avoir une infinité de différentes eaux minérales, & que leur véritable nature ne doit pas être aisée à découvrir. Il est même plus que vraisemblable qu'une grande partie des matiéres que la terre contient, nous sont inconnuës; & en effet de certaines eaux, dont on a fait l'analyse, ont donné des sels nouveaux, & uniques.

Toutes ces difficultés de l'examen des eaux ne doivent pas faire désespérer d'y réussir, mais seulement augmenter l'exactitude de la recherche. On ne laisse pas de découvrir des principes assez universels. Ce sont des sels ou vitrioliques, ou sulphurés, ou une troisiéme espéce de ces deux-là, qui dominent dans les eaux minérales les plus utiles à la santé. Les vitriols, & les souffres sont assez opposés. Les uns ont des parties longues, roides, propres à pénétrer, & à incifer; les autres en ont de molles, pliantes, branchuës, peut-être & capable d'être agitées & écartées par ce qui les pénétreroit. Les eaux impregnées d'un esprit vitriolique, ou, ce qui est la même chose, acide, se reconnoissent, ou à une couleur rouge qu'elles tirent de la poudre de noix-de-galle, ou à une précipitation qui s'y fait d'une matiére blanche, lorsqu'on y verse quelques gouttes d'esprit de sel ammoniac. Les sels qu'on a tirés d'une eau minérale sont reconnus pour sulphurés ou alkali, lorsqu'ils teignent en rouge une solution de sublimé, comme fait le sel de tartre, ou qu'ils donnent une couleur verte à la teinture de fleurs de Mauve & de Violette, &c. ou qu'ils font effervescence avec l'huile de vitriol. C'est ainsi

 que

1667. que les principes cachés dans les mixtes, se déclarent ordinairement par de certains indices qu'ils donnent de leur nature.

Quoique les souffres & les vitriols paroissent contraires, il y a cependant un esprit sulphuré de vitriol: car les principes ne sont jamais purs dans les mixtes; & selon que le mêlange se fait, il arrive quelquefois que l'un participe aux qualités de celui qui lui est le plus opposé. Mr. du Clos disoit qu'après avoir tiré du vitriol toute sa liqueur, il recommençoit la distillation à un feu lent, & faisoit sortir un esprit volatil, qui avoit une odeur de souffre, qui n'étoit point corrosif, & qui se dissipoit facilement en l'air. Les eaux vitrioliques, & impregnées de fer qui sont les plus communes, doivent, selon Mr. du Clos, toute leur force à cet esprit; & c'est pourquoi il croyoit qu'on le pourroit tirer du vitriol, & en verser quelques gouttes dans de l'eau commune ou préparée; ce qui épargneroit aux malades la peine d'aller à des eaux éloignées, ou que du-moins cela vaudroit mieux que de faire apporter l'eau minérale de loin, parce que son esprit sulphuré s'évapore trop, & qu'elle reste chargée d'une matiére terrestre & nuisible.

MM. du Clos & Bourdelin examinérent dans l'Assemblée différentes eaux minérales, & l'on commença par celles qui sont près de Paris. Les eaux de *Passi* furent les premiéres. On jugea par l'épreuve de la noix de galle, qu'elles avoient quelque esprit vitriolique, car elles se teignirent en rouge; mais on jugea aussi que cet esprit devoit être bien léger, parce que dès qu'on les eût mises sur le feu, la couleur rouge disparut. On distilla au Bain-marie 7 livres de cette eau, & de la matiére qui demeura au fond de la cucurbite, la plus grande partie mise sur un fer chaud devint comme du plâtre calciné, & se détrempa à l'eau comme du plâtre. Il n'y eût qu'un peu de poudre jaune qui étant mise sur un fer rouge se changea en une espéce de rouille de fer, ce qui fit voir qu'il y a dans ces eaux très-peu de fer par rapport à la quantité de plâtre qu'elles contiennent, & de-là vient le peu de vertu qu'elles ont.

Celles d'*Auteuil*, quoiqu'insipides au goût, sont bonnes pour quelques maladies, & principalement pour les intempéries chaudes des viscéres, selon le témoignage qu'en rendoit Mr. du Clos. Après qu'on eût distillé 4 Livres de cette eau, il resta dans le fond de la cucurbite 10 grains d'une espéce de cendre, dont le tiers fut dissout dans de l'eau commune, le reste étoit comme un sable fort fin. Mr. du Clos conjecturoit que c'étoit-là du sel nitreux que l'eau avoit emporté des Carriéres qui sont vers Auteuil, & que peut-être la plus subtile partie de ce sel avoit été distillée avec l'eau; car ce qui restoit dans la cucurbite ne paroissoit pas être en assez grande quantité pour donner à l'eau toute la vertu qu'elle avoit.

Par

Par le mot de Nitre, on n'entend pas ici du Salpêtre, mais un certain ſuc ſalin contenu dans les pierres, qui ne fulmine point, & dont il ſe peut faire, par le moyen de l'air, un Salpêtre qui fulmine. Il y a pluſieurs eaux nitreuſes, mais il n'y a jamais de Salpêtre dans les conduits par où l'eau coule dans la terre. L'air forme le Salpêtre en s'attachant à la terre ou aux pierres, & en y laiſſant certains corpuſcules qui s'y fixent; & l'air ne peut s'attacher à ce qui eſt trop humide, nonplus qu'à ce qui eſt trop ſec. Les mêmes pierres qui n'ont produit aucun Salpêtre tant qu'elles ont été enfermées dans la terre, en produiſent beaucoup après avoir été expoſées à l'air. Les corpuſcules des pierres qui ont arrêté ceux de l'air pour former ce mêlange qu'on nomme Salpêtre, ſont ce que nous avons appellé ſel nitreux. 1667.

Les Eaux de *Forges* en Normandie, examinées avec tout l'art des Chymiſtes, parurent impregnées de mine de fer encore tendre, ou, comme on parle en Chymie, du premier être du fer. Elles donnérent peu de ſel ſulphureux par la diſtillation.

De-même, on trouva que ce qui dominoit dans les Eaux de *Spa*, étoit un ſel ferrugineux.

Les fameuſes Eaux de *Vichi* s'attirérent une attention particuliére. Il y a dans cette petite Ville pluſieurs Sources chaudes, mais qui ne le ſont pas au même degré. L'eau de la Fontaine qu'on appelle *la Grille* a un goût aigret, & une odeur réſineuſe. Deux livres de cet eau donnérent une dragme & 12 grains d'une matiére qui n'étoit preſque que du ſel pur. Ce ſel étant filtré, parut âcre & lixivieux comme du ſel de tartre; il ſe fondoit à un air humide; il faiſoit efferveſcence avec l'huile de vitriol; il précipitoit le Mercure ſublimé diſſout dans de l'eau, & le teignoit en rouge, toutes marques d'un ſel ſulphuré.

On porta preſque le même jugement des Eaux *du grand Boulet*, & des deux petits Boulets, deux autres Fontaines du même lieu, & de celles du Bourg de *St. Myon*, qui donnérent tous les ſignes d'eaux ſulphureuſes, hormis qu'elles ſe teignirent en rouge par la noix de galle. Mais on conçut que cet effet pouvoit venir d'un Vitriol bitumineux, tel que celui qui eſt dans le charbon de terre.

Les Eaux de *Vic-le-Comte* paroiſſoient au goût fort acides, cependant la noix de galle ne les faiſoit point devenir rouges, & d'ailleurs on y remarquoit tout ce qui appartient aux eaux ſulphureuſes. Auſſi quand on eut tiré leur ſel, qui ſe trouva en aſſez grande quantité, il fit avec l'huile de vitriol la même efferveſcence qu'auroit faite du ſel de tartre. On n'a vu nul autre ſel minéral qui en fît une pareille, & l'on a cru qu'il devoit être fort bitumineux, & fort approchant du ſel des végétaux.

1667. taux. Par le goût seul on eût jugé de ces eaux-là bien différemment. C'étoit ce qui entroit le moins dans leur composition, qui se faisoit le plus sentir au goût.

Peut-être est-ce un mêlange trop égal de principes contraires, qui fait que de certaines eaux minérales ne donnent aucun signe d'être ni vitrioliques, ni sulphurées. Telles sont celles de la Fontaine d'*Eves* à *Vichi*. On en tira par la distillation assez peu de sel, qui avoit le goût de cristal minéral, & qui ne ressembloit au sel d'aucune autre eau. Il avoit assez d'affinité avec le salpêtre, à cela près qu'il ne fulminoit pas. Il étoit rafraîchissant sur la langue; & quoiqu'il n'eût aucun rapport au bitume ni au souffre, il se trouvoit dans une eau dont la source est chaude.

On éprouva encore, & par la noix de galle, & par l'Esprit de sel ammoniac, & par le sel de tartre, différentes eaux qui n'en reçûrent aucun changement, & qui cependant passent pour minérales, comme les Eaux de *Belesme* dans le Perche, dont huit livres ne donnérent que six grains d'un sel âcre; celles de *Verberie* auprès de Compiégne, qui ne laissérent presque aucun sel; celles d'*Ouarsy* dans le Beauvoisis, qui en laissérent une fort petite quantité mêlée avec de la terre; celles de *Balagni* auprès de Senlis, dont il ne demeura dans le fond du vaisseau qu'un peu de terre insipide.

De deux livres d'Eau de *Sainte Reine*, telle qu'on la vend à Paris, il ne sortit que six grains d'un sel âcre, qui étant dissout dans de l'eau commune, & mêlé avec quelques goûtes d'huile de vitriol, fit un caillé, presque sans aucune effervescence, mais avec une fumée puante, semblable à celle que jette un mêlange d'huile de vitriol, & d'une dissolution de souffre ou d'antimoine faite par des sels sulphurés. On vit donc par-là que ce sel avoit du rapport au sel d'antimoine; ce qui convenoit avec ce qu'on savoit d'ailleurs, que le sel d'antimoine, & l'Eau de *Sainte Reine* ont les mêmes effets. Mais parce que cette eau a peu de sel, Mr. du Clos conjectura, que 5 ou 6 grains de sel d'antimoine pris dans un bouillon, auroient bien autant de vertu pour purger le sang, & empêcher la corruption des humeurs, qu'une grande quantité d'Eau de Sainte Reine, qui charge trop l'estomac, ou que du-moins il en faudroit faire évaporer une bonne partie, & n'en prendre qu'un ou deux verres, qui auroient conservé tout le sel de l'eau évaporée, parce qu'il est assez fixe.

Mr. du Clos parla aussi des Eaux de *Provins*, à l'occasion d'un Traité sur ces mêmes Eaux, publié en ce tems-là par Mr. Givre savant Médecin.

On ne put pas examiner les différentes propriétés des Eaux Minérales, sans rechercher pourquoi il y en a plusieurs de chaudes, comme *les Eaux de Bourbon*.

H

Il ne seroit pas aisé de comprendre que des feux souterrains, tels que ceux qui sortent par l'Etna ou par le Vésuve, imprimassent cette chaleur aux eaux. Car la chaleur des eaux est perpétuelle, & ces feux, ni ne sont perpétuels, ni ne peuvent l'être, enfermés, comme ils sont, dans la terre, & manquant d'air, & consumant assez vite, comme tous les autres feux, la matiére dont ils sont formés; ce qui paroît par les embrasemens de l'Etna & du Vésuve, qui finissent en peu de tems, & ne reviennent que longtems après. D'ailleurs s'il y avoit en France de ces feux souterrains, il seroit difficile qu'ils n'eussent aussi des soupiraux, comme ils en ont en Sicile, & dans le Royaume de Naples. Enfin, ce qui prouve assez clairement, que la chaleur des eaux minérales ne vient pas d'un feu véritable & actuel, c'est qu'elles ne brûlent pas la langue, & ne ramollissent pas l'Oseille, comme feroit de l'eau commune échauffée au même degré, & que quand on les met sur le feu, elles n'en bouillent pas plus vite, pour être déja chaudes. 1667.

Il vaut donc mieux, à ce que soutenoit Mr. du Clos, rapporter cet effet à des fumées qui s'élévent du fond de la terre, & qui se font sentir dans quelques mines profondes, comme celles de Hongrie. Cette chaleur de la terre peut se répandre inégalement dans ses parties, selon le plus ou le moins de facilité qu'elles ont à en être pénétrées. Elle peut en s'élevant vers la superficie rencontrer des eaux, se mêler avec elles, & comme après avoir été filtrée par une grande profondeur, elle ne peut consister qu'en une vapeur fort déliée; il n'est pas étonnant qu'elle n'agisse presque point sur les corps un peu grossiers, comme la langue, qu'elle ne cuise point l'Oseille, & que même elle se dissipe facilement par l'agitation que le feu donne à l'eau. Peut-être aussi cette même cause fait-elle encore, du moins en partie, que les eaux minérales sont assez souvent plus chaudes la nuit que le jour; c'est que ces vapeurs, étant aussi foibles qu'elles sont, ne peuvent pas aisément forcer la résistance de l'air épais de la nuit, & par conséquent elles demeurent comme emprisonnées dans leur eau.

Il semble qu'il y auroit trop de hardiesse à pousser plus loin ses conjectures sur cette chaleur de la terre. Il faut cependant qu'elle ait une cause, soit un feu actuel, soit des fermentations qui poussent des fumées chaudes. Mais le feu actuel est difficile à concevoir dans le centre de la terre, où il ne peut attirer l'air qui lui est nécessaire; il y a plus d'apparence aux fermentations, quoiqu'il faille les imaginer durables & constantes; car on peut supposer qu'aux matiéres qui s'usent assez vite, & qui demeurent hors d'état de fermenter, il en succéde toujours de nou-

1666. nouvelles, ſoit par une vraye génération, ſoit par un mouvement qui les porte en certains endroits.

Il eſt même poſſible qu'au-lieu des fumées produites par des fermentations, ce ſoient quelquefois des fermentations actuelles qui échauffent les eaux minérales. La chaux vive, la limaille d'acier avec du ſouffre, l'étain pur avec du mercure ſublimé, toutes ces différentes matiéres mêlées dans de l'eau commune, fermentent avec elle, & y produiſent de la chaleur. Il eſt vrai qu'elles ne ſe trouvent pas dans le ſein de la terre, pour aller échauffer les eaux qui y coulent; mais il s'y trouvera des matiéres qui auront quelque rapport à celles-là, & qui ſeront propres aux mêmes effets. Il ſe peut calciner dans la terre, par exemple, des pierres, qui ſeront une eſpéce de chaux vive. Si l'on trouve encore dans tout ceci quelque obſcurité, on peut ſe ſouvenir que la Terre nous eſt juſqu'à-préſent plus inconnuë que le Ciel même.

## ANATOMIE.

Le corps d'une femme de 25 ans fut diſſequé au commencement de Février dans l'Académie par Mr. Gayant; on y remarqua les deux belles valvules qui ſont à l'endroit où la veine crurale ſe partage en deux, celles de la veine axillaire, enfin celles du canal thorachique qui ſont en aſſez grand nombre. Ces choſes-là, quoique déjà aſſez connuës, n'étoient pourtant pas encore reçuës de tout le monde, tant une vérité nouvelle a de peine à s'établir, même quand elle peut être apperçuë par les yeux.

On ſeringua du lait dans l'artére pulmonaire, & on le vit entrer par la veine pulmonaire dans le ventricule gauche du cœur, route qui eſt manifeſtement la même que celle que tient le ſang. Mais ce que l'on n'eût pas deviné, c'eſt que de l'air ſouflé par un chalumeau dans la même artére, n'entra point par la veine dans le ventricule gauche. Il ne put paſſer par où le ſang & le lait, quoique plus groſſiers, paſſent facilement; mais apparemment c'eſt cette groſſiéreté même qui les rend plus propres à forcer de certains paſſages. La Nature a tout fait avec des proportions ſi juſtes, que le chemin d'une liqueur ne peut pas toujours être celui d'une autre.

Quelque tems après on fit auſſi la diſſection de la tête d'un homme, & l'on examina avec un extrême ſoin la ſtructure du cerveau; mais cela nous méneroit dans un trop grand détail. Cette partie deſtinée à des filtrations très-délicates du ſang, & à la formation des eſprits qui ſont les

les moteurs de toute la machine, & *les instrumens de la pensée*, est d'une 1667.
si fine méchanique, que tout l'art des Anatomistes n'y peut presque rien démêler. C'est toujours par les endroits les plus importans, que nous nous connoissons le moins.

MM. Pecquet, Gayant & Perrault firent aussi au mois de Mars la dissection du corps d'une femme morte peu de jours après être accouchée ; ils découvrirent alors une communication du canal thorachique avec la veine émulgente. Les expériences qu'ils firent à ce sujet, furent communiquées à l'Académie & publiées *.

Vers ce tems-là on faisoit beaucoup de bruit d'une nouvelle découverte, dont les Anglois avoient toute la gloire, mais que les François perfectionnoient de jour en jour; c'est la fameuse Transfusion du sang, fondée sur la circulation, qui sembloit promettre avec une infinité d'expériences curieuses, la guérison de toutes les maladies qui sont dans le sang, & un renouvellement presque entier de la Médecine. Cette opération qui n'avoit été d'abord tentée que sur des chiens, devenoit si facile, que l'on commençoit à l'exécuter hardiment sur des hommes: quelques Philosophes portoient déjà leurs idées jusqu'à croire que par la transfusion on changeroit les caractéres vicieux, & que le sang d'un lion, par exemple, guériroit de la poltronnerie ; mais ce qui touchoit encore plus tout le monde, c'étoit l'espérance de rajeunir.

On examina dans l'Académie une matiére si importante. L'opération y fut faite sur des chiens jusqu'à sept fois, & elle ne réussit pas comme elle faisoit en Angleterre, & même en France chez les partisans de la Transfusion. Dans la premiére expérience, le chien qui recevoit dans une de ses veines le sang qui sortoit d'une des artéres de l'autre, mourut, & le ventricule droit du cœur, & la veine-cave supérieure furent trouvés pleins de sang caillé. Dans les autres expériences, celui qui recevoit le sang étoit presque toujours fort affoibli, au-lieu que celui qui le donnoit se portoit fort bien, ce qui est encore directement contraire à l'intention de la Transfusion. Il parut toujours que le sang qui passoit de l'un dans l'autre, se cailloit dans la veine de celui qui le recevoit, & de-là on jugea qu'il en passoit peu.

Lorsqu'on en vint au raisonnement, Mr. Perrault desapprouva fort cette méthode, fondé principalement sur ce qu'il est bien difficile qu'un animal s'accommode d'un sang qui n'a pas été cuit & préparé chez lui-même. Il faut que celui qui est propre à le nourrir, ce sang dont il tire ses esprits, ait passé par les conduits & par les filtres de son corps, d'autres

* Voyez les Mémoires, Tom. 10. Extrait d'une Lettre de Mr. Pecquet à Mr. Carcavi.

1667. tres filtres & d'autres conduits changeroient une proportion qui doit être exacte; & si l'on opposé l'exemple des greffes, où le suc d'un arbre en nourrit un autre de différente espéce, il est aisé de répondre que la végétation ne dépend ni d'un si grand appareil de méchanique, ni d'une méchanique si fine que la nutrition des animaux, & qu'on peut bâtir une cabane avec toutes sortes de pierres prises au hazard, au-lieu que pour un palais il faut des pierres taillées exprès, desorte qu'une pierre destinée à une voûte, ne peut servir, ni à un mur, ni même à une autre voûte. Il seroit étrange, disoit Mr. Perrault, que l'on pût changer de sang, comme de chemise.

Une marque qu'un sang étranger ne convient pas à un animal, c'est que celui qui étoit reçu par les chiens étoit trouvé ordinairement caillé dans leur cœur, ou dans leurs veines, ce qui causoit l'affoiblissement où ils tomboient; car rien ne s'altére & ne se corrompt si facilement & si promptement que le sang; & s'il y a eu des animaux qui ayent mieux soutenu, il faut qu'ils ayent reçu peu de sang étranger, à cause de la coagulation qui s'est incontinent faite dans les siphons, ou même dans leurs veines, ou enfin ils ont été d'un assez bon tempérament pour souffrir sans peine un mêlange considérable de leur sang avec celui qu'ils recevoient, ce qui ne peut tirer à conséquence pour d'autres animaux.

Si le sang d'un animal passe aisément dans un autre, ce mouvement violent d'un sang nouveau qui vient à inonder subitement toutes les veines de l'animal qui le reçoit, fait du-moins dans son corps le même ravage qu'une grande passion; & il est certain que les passions extrêmes ne sont dangereuses, & quelquefois mortelles, que par le déréglement qu'elles causent tout à coup & avec impétuosité dans toute l'économie du corps.

Peut-être les défenseurs de la Transfusion ne fussent-ils pas demeurés sans réponse, & il faut avouer même que quelques expériences leur étoient fort favorables; cependant aux raisonnemens de leurs adversaires se joignit l'autorité du Parlement de Paris, qui défendit la Transfusion par Arrêt, comme un remede inutile & dangereux. Mr. du Hamel rapporte qu'étant à Londres Mr. Blondel & lui en 1669. ils virent un homme très-robuste, sur qui on avoit fait la Transfusion, pour le guérir de la folie. Il n'en étoit pas moins fou, & n'en couroit pas moins les ruës qu'auparavant; & ce qu'il avoit de plus raisonnable, c'est qu'il se nommoit lui-même le Martyr de la Société Royale. Ainsi s'est évanouïe la découverte de la Transfusion, qui avoit tenu assez longtems les esprits des Philosophes en mouvement, & leur avoit donné des espérances assez flatteuses.

MA-

# MATHEMATIQUES.

## ASTRONOMIE.

DÈs le mois de Janvier 1667. on travailla à l'Aſtronomie. 1667.

Cette Science, qui, quand elle ſeroit inutile, tireroit toujours de ſon objet une aſſez grande dignité, eſt outre cela une des parties les plus néceſſaires des Mathématiques. D'elle dépendent la Chronologie, la Géographie, & la Navigation; c'eſt-à-dire, qu'on ne peut que par ſon ſecours pénétrer dans les Païs éloignés, connoître ceux même que l'on habite, & régler les dates des ſiécles paſſés. L'Aſtronomie a encore une plus grande utilité; elle ouvre le chemin au Chriſtianiſme chez les Nations de l'Orient, qui ſemblent avoir pour elle une paſſion héréditaire tranſmiſe des anciens Perſes, Arabes, & Caldéens.

Le but de toute l'Aſtronomie eſt d'avoir des Tables exactes des Mouvemens Céleſtes, & l'Académie ſe propoſa d'en faire de nouvelles, excitée à un travail ſi néceſſaire par les défectuoſités de tout ce qui s'eſt fait juſqu'à-préſent dans ce genre.

Hipparque jetta les premiers fondemens d'une Aſtronomie méthodique 147. avant J. C. lorſqu'à l'occaſion d'une nouvelle Etoile fixe qui paroiſſoit, il fit le dénombrement de ces Étoiles, afin que dans les ſiécles ſuivans on pût reconnoître s'il en paroiſſoit encore de nouvelles. Ptolomée 240. ans après, ajoûta ſes Obſervations à celles d'Hipparque; c'eſt-à-dire, que par l'avantage naturel que les derniers ont toujours en ces matiéres, il rectifia beaucoup celles d'Hipparque. Enſuite l'Aſtronomie, par la révolution générale qui arriva dans les Sciences, fut fort négligée juſqu'au milieu du treiziéme ſiécle, qu'Alphonſe Roi de Caſtille fit faire des Tables plus exactes que toutes les précédentes; & cependant elles l'étoient ſi peu, qu'un grand Aſtronôme de ce ſiécle ayant eu le bonheur de voir toutes les Planétes en une ſeule nuit l'an 1660. n'en trouva pas une dans le lieu où elle eût dû être ſelon les Tables Alphonſines; Saturne en étoit éloigné de plus d'un demi degré; Jupiter de plus d'un degré & demi; Mars d'un degré 20′; Vénus de 9′ ſeulement; Mercure de 2. degrés; la Lune de 19′.

Dans le ſiécle paſſé on s'appliqua à rétablir l'Aſtronomie. Copernic brilla entre tous les autres, par ſon nouveau ſyſtême, ſi hardi & ſi vraiſemblable; il commença à dreſſer des Tables ſur ſes principes, mais il mourut, & elles furent calculées après ſa mort par Eraſme Rhinold, qui les nomma Pruthéniques, parce qu'elles avoient été faites en Pruſſe.

1667. Elles avoient leurs défauts auſſi-bien que les autres; & en 1625. Kepler y trouva une erreur de 5 degrés ſur le lieu de Mars. Il entreprit donc de nouvelles Tables, & il tira un grand ſecours des Obſervations de Ticho Brahé, qui étoient en grand nombre, & importantes, & faites avec un extrême ſoin. Ces Tables furent nommées Rodolphines, du nom de l'Empereur Rodolphe, à qui Kepler les dédia. L'erreur s'y gliſſa encore. L'Eclipſe de Soleil du 14 Novembre 1659, arriva une demi-heure plutôt qu'elle n'étoit prédite par ces Tables. Mercure le 3 Mai 1660 entra dans le Soleil à 2 heures 20' après-midi, une heure 1' plutôt qu'il ne faloit, ſelon Kepler. La fameuſe Conjonction de Vénus avec le Soleil du 24 Novembre 1639. phénoméne d'autant-plus remarquable, qu'il n'arriva qu'une fois en 235 ans, ſe fit 9 heures 40' trop tard.

Les défauts des Tables Rodolphines ont engagé divers Aſtronômes à en faire d'autres; Lamber, Duret, Bouillaud; mais les Rodolphines ſont encore les meilleurs.

Par-là on ne voit que trop la difficulté de faire des Tables. Cependant l'Académie ne laiſſa pas de concevoir de grandes eſpérances. On a des Obſervations en plus grand nombre, & faites en plus de lieux différens que l'on n'en a jamais eu. On a des inſtrumens inconnus aux Anciens, & on les a plus parfaits qu'ils n'ont encore été; car du tems de Kepler les Téleſcopes de 6 ou 7 pieds étoient rares, & on en fait préſentement de 60 pieds, de 100 pieds, & davantage. La Pendule de Mr. Huyguens marque les ſecondes avec plus d'exactitude que les Horloges communes ne marquoient les demi-heures. Elles peut même ſervir d'inſtrument pour avoir les lieux des Etoiles, & elle donne aſſez ſouvent ce que les inſtrumens ne donneroient pas. Enfin à tout cela ſe joint cet eſprit de préciſion répandu depuis peu dans toutes les Sciences, ſi propre à profiter des avantages étrangers, & même à en faire naître de nouveaux.

Pour poſer de bons fondemens d'Aſtronomie, on ne dédaigna point de commencer par la hauteur du Pole, & par la Ligne Méridienne. Il ne faut point s'imaginer que ces deux opérations, pour être fort communes, ſoient fort faciles. Toute opération Aſtronomique devient délicate, dès qu'on la veut porter à une certaine préciſion. Peut-être que rien n'eſt trop régulier dans les Cieux, du-moins rien ne l'eſt par rapport à nous. Nous ne ſommes point au centre des mouvemens, & par-là ce qui feroit égal en ſoi, nous paroît inégal. Il n'y a point de mouvement ſimple, & qui ne ſoit compoſé de quelques autres mouvemens inégaux entr'eux, & qui ſe compliquent différemment en différens tems. A peine dans la plupart des corps céleſtes peut-on ſuppoſer de l'uniformité

mité pour un jour. Tantôt la Parallaxe fait paroître un Aſtre plus bas 1667.
qu'il n'eſt, tantôt la réfraction le fait paroître plus haut, & les deux ſe mettent ſouvent enſemble, ſans ſe détruire entiérement l'une l'autre. Enfin à chaque pas qu'on fait en Aſtronomie, on a, pour ainſi dire, à ſe donner de garde d'une infinité d'ennemis, & même ce n'eſt que depuis peu que l'on ſait tous ceux dont il faut ſe défier.

Entre toutes les différentes maniéres qui peuvent donner la Méridienne, & l'Elevation du Pole, on choiſit celles qui ne ſuppoſoient point d'opérations précédentes, où l'on eût été en péril de ſe tromper. Ainſi l'on tira la Méridienne par deux hauteurs égales d'une Etoile ſur l'Horizon, avant & après ſa plus grande hauteur, pourvu que les deux hauteurs de l'Etoile fuſſent toujours hors de la portée des réfractions, & on trouva l'élevation du Pole par la plus grande & la plus petite hauteur méridienne d'une des étoiles qui ne ſe couchent point pour nous.

Mais ſi une eſpéce de pompe & de cérémonie peut être comptée pour quelque choſe en ces matiéres, rien ne fut plus ſolemnel que les obſervations qui ſe firent le 21 Juin, jour du Solſtice. Le Roi pour favoriſer pleinement les Sciences, & particuliérement l'Aſtronomie, avoit réſolu de faire bâtir un Obſervatoire, & la place en étoit déjà marquée au Fauxbourg St. Jaques. Comme ce bâtiment devoit être tout ſavant, & qu'il étoit principalement deſtiné aux Obſervations Aſtronomiques, on voulut qu'il fût poſé ſur une ligne méridienne, & que tous ſes angles répondiſſent à certains Azimuths. Les Mathématiciens ſe tranſportérent donc ſur le lieu le 21 Juin. Ils tirérent une Méridienne & huit Azimuths, avec tout le ſoin que leur pouvoient inſpirer des conjectures ſi particuliéres. Ils trouvérent la hauteur méridienne du Soleil de 64° 41' au moins, ce qui donne pour la hauteur du Pole à l'Obſervatoire 48° 49' 30'', en ſuppoſant que la vraye déclinaiſon du Soleil fût de 23° 30', & la réfraction à cette hauteur d'une demie minute ſeulement. On trouva que la déclinaiſon de l'Eguille aimantée étoit de 15' à Occident. Toutes ces Obſervations furent la conſécration du lieu.

Les fondemens de l'Edifice furent auſſi jettés cette année, & l'on en frappa une Médaille avec ces mots, SIC ITUR AD ASTRA.

L'Académie fit encore pendant tout le cours de l'année pluſieurs obſervations ou raiſonnemens Aſtronomiques, toujours en vuë du grand deſſein que l'on avoit formé; mais les bornes de cette Hiſtoire nous défendent tout ce qui auroit trop l'air d'un Traité ſur quelque Science, & nous renferment dans ce qui appartient le plus particuliérement à l'Académie, & dans ce qui peut être le plus ſingulier.

Par les mêmes raiſons nous paſſerons ſous ſilence tout ce qui fut dit

1667. fur les Centres de gravité, fur les Tangentes des Lignes Courbes, fur les Queftions où il s'agit de trouver les plus Grands & les plus Petits; toutes ces matiéres font trop géométriques: & d'ailleurs comme elles fe traitent aujourd'hui par des méthodes encore plus fimples, il n'eft plus guére queftion de rappeller les anciennes méthodes, dont toute la gloire eft d'avoir fervi de degré pour paffer à d'autres plus aifées & plus générales.

## ANNE'E MDCLXVIII.

# P H Y S I Q U E.

## *EXPERIENCE DU VUIDE.*

1668. LA fameufe Expérience de Torricelli ayant donné l'idée qu'il pouvoit y avoir un efpace vuide d'air, Mr. Gericke de Magdebourg inventa une Machine qui avoit un récipient d'où l'air fortoit entiérement. Là fe voyoient plufieurs effets nouveaux, & imprévus, produits par l'abfence de l'air, qui n'avoit jamais été éprouvé, & les corps mis dans ce récipient étoient comme tranfportés dans un Monde différent de celui-ci. Chaque jour la Phyfique s'enrichiffoit de quelque obfervation nouvelle fur les effets de l'Air; car rien ne le fait fi bien connoître que ce qui arrive dans les lieux où il n'eft pas. L'extinction du fon dans le vuide, & le bouillonnement des liqueurs, font des phénoménes trop connus préfentement pour être rapportés ici; nous ne parlerons que de quelques Expériences plus particuliéres.

1. Un Goujon mis dans un vaiffeau plein d'eau, ne mourut point quand on eut tiré l'air du récipient; mais dès qu'on l'y eut laiffé rentrer, il tomba au fond de l'eau, & y demeura toujours. Il étoit impoffible qu'il en fortît, parce que quand on avoit pompé l'air, fa veffie s'en étoit vuidée, ainfi qu'on le reconnut enfuite par la diffection; & l'on fait que les poiffons ne peuvent monter dans l'eau, que quand leur veffie prenant plus d'air qu'elle n'en avoit, leur corps entier devient tant foit peu plus léger qu'un volume égal d'eau.

2. On voulut voir fi la chaleur paffoit dans le vuide. On mit du beurre fous le récipient, & l'air étant pompé, on mit au-deffus du récipient une cloche de fer bien chaude, & au bout de 5 ou 6 minutes le beurre n'étoit point fondu, quoique le récipient lui-même fût devenu fort chaud. Il eft vrai qu'en approchant davantage le beurre du haut du réci-

cipient, desorte qu'il n'en étoit plus qu'à 3 doigts, il commença à se fondre ; mais il se fondit bien plus vite, lorsqu'on laissa rentrer l'air, quoiqu'en même tems on ôtât la cloche. C'est que l'air alla s'échauffer contre le récipient, & comme il est d'une certaine grossiéreté, il étoit bien plus propre à agir sur le beurre que cette matiére fine & déliée, qui tenoit la place de l'air dans tout cet espace. 1668.

3. On renferma dans le récipient un petit vaisseau plein de terre, où l'on avoit semé des graines de plantes, qui commençoient à lever, & un autre petit vaisseau plein d'eau, où trempoit une petite branche d'une plante avec ses fleurs. On pompa l'air, & au bout de 24 heures rien n'étoit changé en aucune façon. Le récipient ayant été exposé au Soleil, les fleurs qui en furent frappées, sechérent aussitôt. Il s'étoit élevé de la terre d'un des vaisseaux, des vapeurs qui s'étoient attachées aux parois du verre, en forme de petites goûtes d'eau. Au bout de huit jours il y avoit au fond du récipient une grande quantité d'eau assez considérable. Il parut d'abord étonnant que les vapeurs pussent s'élever dans le vuide, où les choses les plus légéres, comme de très-petites plumes, tombent aussi pesamment que du plomb, ce qui marque l'extrême délicatesse de la matiére contenuë dans le récipient. Mais il est certain d'ailleurs qu'il s'y forme de l'air, quand on y enferme quelques corps; car tous les corps contiennent de l'air, qui n'en peut sortir, pressé, comme il est, par le poids de l'air extérieur ; mais dès qu'il en est déchargé dans le vuide, il s'exhale peu à peu, & forme dans le récipient un air qu'on appelle *artificiel*, & qui a différentes qualités selon les différens corps d'où il est sorti. Son poids fait remonter dans le vuide le Mercure, qui étoit entiérement tombé, lorsqu'on avoit tiré l'air.

## OBSERVATIONS SUR LA CHAUX.

AU commencement de cette année, un Homme habile* en Physique & en Architecture, pria l'Académie d'examiner un Livre qu'il avoit fait sur la préparation de la Chaux; matiére importante pour l'Architecture, & qui en même tems donne lieu à plusieurs observations de Physique. MM. Perrault & du Clos furent chargés de faire leurs remarques sur cet Ouvrage : & voici ce qui résulte, tant de l'Ouvrage que des remarques.

La Chaux est une pierre que l'on a mise en fusion, afin qu'elle serve à joindre & à souder ensemble d'autres pierres le plus fortement qu'il est possible, & par conséquent toute la préparation de la chaux se rapporte à en faire un tout bien lié.

D'abord,

1668. D'abord, la meilleure chaux eſt celle qui ſe fait d'une pierre fort dure. Une pierre eſt compoſée de terre, de ſel & de phlegme. La terre eſt d'elle-même ſéche, friable, & légére; le ſel eſt compacte, & peſant; le phlegme eſt fluïde, & ſert à introduire le ſel dans la terre, & à l'y attacher. Ainſi la dureté d'une pierre dépend d'avoir beaucoup de ſel fixe, & ſeulement autant de terre qu'il faut pour recevoir le ſel, & autant d'humidité qu'il eſt néceſſaire pour lier le ſel & la terre. Ce qui rend le plâtre ſi peu propre à faire de la chaux, c'eſt qu'il contient beaucoup plus de terre que de ſel fixe, & que même ce ſel eſt mal lié par un flegme trop groſſier. De-là vient que le ſel du plâtre eſt ſi aiſément diſſout par l'eau ou par l'humidité qui eſt dans l'air, après quoi les parties du mixte n'ont plus de lien commun. Et peut-être eſt-ce par la même raiſon qu'un enduit de plâtre réſiſtera mieux à une chaleur modérée que celui qui ſera de chaux; car il ſe peut que cette chaleur ne fera que diſſiper l'humeur ſuperfluë du plâtre, au-lieu que comme il n'y en a point de ſuperfluë dans la chaux, dès que le feu la raréfie un peu trop, il ruine la liaiſon des parties du mixte.

La chaux des pierres de roche, & même celle du marbre eſt excellente, & l'Auteur du Livre rapportoit qu'à Lyon, les enduits des murailles de clôture, qui ſont faits de chaux de marbre, deviennent comme une eſpéce de maſtic, quoiqu'ils ne ſoient appliqués que ſur de la maſſonnerie de terre. Il diſoit auſſi qu'il avoit trouvé dans un Village auprès de Fontainebleau, nommé Champagne, une pierre dont on faiſoit la meilleure chaux qu'il eût encore vuë.

Il eſt bon que les pierres qu'on veut calciner demeurent, pendant quelques années, expoſées à l'air, ſoit pour y exhaler quelque humidité trop terreſtre qui peut nuire à l'union des principes, ſoit pour recevoir quelques ſels volatils de l'air qui s'uniſſent volontiers avec des ſels fixes, & augmentent leur ſolidité.

Quand on cuit la pierre dans le four, il faut donner d'abord un feu modéré, de peur que l'humeur groſſiére qui s'envole, n'enléve avec elle les ſels volatils. Mais cette humeur une fois évaporée, il n'y a plus aucun inconvénient à craindre d'un grand feu; au-contraire il rend les particules de ſel & de terre plus déliées & plus ſubtiles, & par-là les diſpoſe à s'unir plus étroitement: car plus les parties d'un compoſé ſont petites, plus ce compoſé eſt ſolide & plein. Il eſt très-vraiſemblable que les ſels volatils du bois ſe joignent aux ſels fixes de la chaux, ce qui fait encore à la ſolidité du tout. Puiſque les pierres ſe déchargent par la calcination de toute leur humeur groſſiére, elles doivent perdre de leur poids; mais elles n'en doivent perdre qu'un quart, ou tout au plus un tiers,

tiers, autrement ce feroit une marque qu'elles auroient beaucoup de cette humeur, & peu de fel fixe mêlé avec une terre trop légére. 1668.

Après que la chaux eft cuite, elle fe gâte à l'air; non qu'elle perde de fes fels, au contraire, Mr. du Clos affuroit qu'elle en acquiert de nouveaux; mais parce que l'air réfout les fels fulphurés, deforte qu'en fe relâchant ils abandonnent les parties terreftres qu'ils tenoient embraffées, & les laiffent aller en pouffiére.

Pour prévenir cet inconvénient, l'Auteur du Traité propofoit qu'on fît apporter à Paris les pierres dont on fait la chaux, & qu'on les y fît cuire pour les éteindre dans le moment, au-lieu qu'en apportant la chaux de loin on lui fait perdre beaucoup de fa force.

Le meilleur eft donc de l'éteindre, dès qu'elle eft cuite. Eteindre la chaux, c'eft y exciter par le moyen de l'eau une effervefcence, qui ne fépare fes particules les unes des autres, que pour les mêler enfuite plus exactement. Ainfi il faut continuellement remuer la chaux, tandis qu'on l'éteint, afin que l'effervefcence foit égale par-tout; & outre l'eau qui y a été verfée d'abord, il faut encore y en verfer beaucoup, tant pour empêcher l'évaporation des fels qui font dans un grand mouvement, que pour reprimer la violence de leur action, qui eft tel que fans ce frein ils entreroient en trop grande quantité dans quelques parties de terre, s'y fixeroient, & formeroient de-nouveau de petites pierres affez dures, & trop groffes pour fe joindre bien étroitement.

Quelquefois de très-bonne pierre réduite en chaux, comme celle de ce Village de Champagne, a été un jour entier dans de l'eau froide fans qu'il fe fît aucune effervefcence, & il s'en faifoit auffitôt avec de l'eau chaude; apparemment parce que la feule calcination avoit déjà fi bien lié les principes, que l'eau froide n'avoit pas la force de les pénétrer.

Quand la chaux eft éteinte, il la faut couvrir de terre, & la préferver de l'action de l'air. Celle qui a été le plus longtems gardée dans cet état, eft la meilleure. Il fe fait alors une fermentation lente & infenfible des parties les plus délicates, qui achéve ce que la premiére avoit commencé. Auffi les Romains n'employoient-ils à leurs bâtimens que de la chaux éteinte trois ans auparavant pour le moins. Il faut pourtant excepter les bâtimens qui fe font dans l'eau; la chaux nouvellement éteinte y eft la meilleure, parce qu'ayant encore un refte de chaleur, elle prend promptement ce qu'il lui faut d'humidité, après quoi elle n'en reçoit plus.

Sur la maniére de faire le mortier ou le ciment, nous n'avons rien d'affez particulier à remarquer.

## *EXPERIENCE POUR DESSALER L'EAU de la Mer.*

1668. UN homme qui prétendoit avoir trouvé le ſecret de deſſaler l'Eau de la Mer, & de la rendre bonne à boire, vint en faire l'épreuve à l'Académie, & lui demander une approbation, qui l'eût fort autoriſé. Il mit de l'eau de la mer dans des cucurbites de plomb, & par le moyen d'un feu de lampe allumé ſous les cucurbites, il tiroit effectivement une eau preſque douce, où il jettoit un peu d'un certain ſel. C'étoit dans ce ſel que conſiſtoit le plus grand myſtére, c'étoit ce qui rendoit l'eau ſalubre. Le Chimiſte preſſé par l'Académie d'en déclarer la nature, après avoir uſé de quelques détours, & parlé quelque tems en Chimiſte, dit enfin que ſon ſel étoit tiré d'eau de riviére. L'Académie, en ſuppoſant même la vérité d'un aveu fort ſuſpect, jugea que la maniére dont il deſſaloit l'eau de la mer, ſeroit d'un trop grand embarras dans un vaisſeau, par rapport à la petite quantité d'eau douce qui en venoit; car en cette matiére, la commodité des Mariniers, & la facilité de la pratique, eſt préférable à l'expérience du monde la plus curieuſe. On lui objecta d'ailleurs une autre méthode propoſée par Mr. Othon de Caën, qui étoit plus courte, & qui fourniſſoit en même tems une plus grande quantité d'eau. Celle qu'on venoit de faire conduiſit à des raiſonnemens. Mr. du Clos fit remarquer qu'on ne peut ôter à l'eau de la mer ſa ſalure, que par diſtillation, tranſcolation, ou précipitation. Les deux premiers moyens imitent la Nature qui deſſale l'eau de la mer, ou en l'élevant en vapeurs dans les airs, ou en la faiſant paſſer dans certains endroits de la terre, à travers des ſables qui la filtrent, & arrêtent ſon ſel. Quant à la précipitation, il n'eſt guére poſſible qu'elle faſſe un bon effet; car le ſel de la mer ne ſe précipiteroit que par un autre ſel qui lui donneroit un autre mauvais goût, & ce ſeroit toujours ſel pour ſel.

Il ajoûtoit que l'eau de la mer ſeroit très-ſaine, ſi elle étoit deſſalée; que même ſans l'être, elle avoit guéri, ſelon le rapport de Lacut Portuguais, l'hydropiſie d'un homme qui avoit été obligé d'en boire dans un Vaiſſeau où l'eau douce manquoit: que cela revient à ce que Fioravanti aſſure qu'elle eſt très-bonne pour les hydropiques étant diſtillée, & qu'il n'en faut que très-peu pour empêcher l'eau commune de ſe corrompre.

## ANATOMIE.

L'HISTOIRE des Animaux, auſſi-bien que celle des Plantes, eſt d'une étenduë preſque immenſe, & ce ſont proprement ces ſortes d'ouvrages qui n'appartiennent qu'à des Compagnies, parce qu'elles ſont im-

immortelles, & qu'elles peuvent disposer d'autant de siécles qu'il leur en faut. 1668.

On fit cette année l'anatomie d'un Renard, de deux Hérissons, & de plusieurs Porc-épics, d'une Chouëtte, d'un Blereau, d'un Ours, d'une Fouïne, d'un Castor, d'un Caméléon, d'un Dromadaire, &c. Le premier Animal étranger disséqué par l'Académie, fut le Castor. Mr. Marchant, qui étoit aussi grand Anatomiste, en monta le squeléte, & ce fut le premier de la Salle des Squeletes : dans la suite on instruisit un particulier qui se rendit adroit pour ces sortes d'ouvrages.

Les Descriptions des plus considérables de ces Animaux, & celles en même tems qui étoient les plus exactes & les plus sûres, ayant été données au Public, nous ne rapporterons point un détail d'Anatomie qui seroit infini. Seulement pour en donner quelque idée, nous remarquerons ce qu'il y a de plus singulier, & de plus propre à chaque Animal.

1. Quoique le Porc-épic & le Hérisson ayent été compris par les Anciens sous le même genre, on a trouvé entre eux des différences fort essentielles, & par les parties de dehors, & par celles de dedans. Ils n'ont rien de commun que les éguillons dont ils sont armés. Mais ceux du Porc-épic sont beaucoup plus longs à proportion de son corps que ceux du Hérisson ; aussi quelques-uns crurent-ils que le Porc-épic pouvoit lancer les siens, ce que le Hérisson ne fait pas. Le Porc-épic n'a pas seulement, comme la plupart des autres Brutes, des muscles qui servent à remuer & à secouer toute sa peau, il en a de plus quatre pour remuer séparément différens endroits de la peau. Le Hérisson n'a qu'un muscle qui fait approcher sa tête du derriére, & ramasse tout son corps en une boule. Dans cet état il est couvert de ses éguillons de tous côtés, & les Chiens ne sauroient le prendre sans se piquer.

2. On trouva à l'Ours 56. petits reins, actuellement divisés, & dont chacun avoit sa veine émulgente, son artére émulgente, & son urétére. Peut-être ce grand nombre de reins, qui doivent évacuer beaucoup de sérosités, réparent-ils le peu de transpiration qui se fait dans l'Ours, à cause de l'épaisseur de l'habitude de son corps, ou de la grande quantité de poil dont il est couvert. L'estomac de cet animal est fort petit, ses intestins fort étroits, son foye & sa ratte ont peu de capacité ; ainsi voilà bien des choses qui manquent à la structure méchanique pour une parfaite coction des alimens : cependant l'Ours mange de tout, & digére tout avec une égale facilité ; & d'ailleurs il ne seroit pas si vigoureux & si agile qu'il est, à moins que ses esprits animaux ne fussent fort abondans & fort subtils. De-là on jugea que le tempérament de cet animal est excellent, & que les différentes liqueurs, nécessaires à la vuë, doivent se former en lui avec une facilité, & dans un perfection,

1668. qui ont dispensé la Nature d'apporter plus de soin à la méchanique des parties. Peut-être aussi la petitesse des organes de la coction dans l'Ours sont-ils aidés par le défaut de transpiration : car on observe qu'en hyver & dans les pays froids où l'on transpire peu, on digére beaucoup mieux.

3. Le Castor semble être par-devant un Animal de terre, & par-derriére un Animal aquatique; car les cinq doigts de ses deux pieds de derriére sont joints par une membrane, comme aux pieds d'une Oye, & sa queuë est couverte d'écailles, & d'une chair assez semblable à celle des gros Poissons. Aussi le Castor aime-t-il à avoir ses pieds de derriére & sa queuë dans l'eau, partageant en même tems son séjour entre l'eau & la terre. Il n'est point vrai, comme l'ont dit les Anciens, que le Castor poursuivi par les Chasseurs, s'arrache & leur abandonne les parties où est contenu le *Castoreum*, matiére si utile dans la Médecine, & pour laquelle il fait qu'on le poursuit. Elle est renfermée dans des espéces de poches situées au-bas des os-pubis, & qu'il ne peut s'arracher. Elles sont au nombre de quatre, & une liqueur passe apparemment de l'une dans l'autre pour se perfectionner par différentes filtrations. On a mandé du Canada, que les Castors font sortir de cette liqueur, en pressant avec la patte, les vesicules qui la contiennent, qu'elle leur redonne de l'appétit lorsqu'ils sont dégoûtés, & que les Sauvages en frottent les piéges qu'ils leur tendent, pour les y attirer.

4. L'Histoire Naturelle des Anciens, assez sujette à être fabuleuse, l'est singuliérement sur le Caméléon. Il seroit ridicule de réfuter ce qu'ils ont dit, qu'on excite des orages avec la tête de ce petit animal, qu'on gagne des procès avec sa langue, qu'on arrête des riviéres avec sa queuë; mais il n'est pas plus vrai, quoique plus probable & plus établi, que le Caméléon prenne toutes les couleurs dont il approche, hormis le blanc, & qu'il ne vive que d'air. Le Caméléon change de couleur à-la-vérité, mais c'est selon ses différentes passions, car il abonde en bile; c'est selon qu'il est, ou à l'ombre, ou au grand jour, ou au soleil; enfin ce n'est qu'en certaines petites éminences semées sur sa peau; mais pour les couleurs des objets voisins, le Caméléon qu'on observa à l'Académie, ne prit jamais celles des différentes étoffes où il fut enveloppé exprès; seulement il se teignit une fois de blanc dans un linge où il avoit été deux ou trois minutes; mais comme cela n'arriva plus dans la suite, & qu'il faisoit assez de froid ce jour-là, on jugea plus vraisemblable que le froid l'avoit fait pâlir. Au-lieu de se nourrir de l'air & des rayons du soleil, il est très-certain qu'il avale des mouches & des vers; & pour les attraper, il darde avec une vitesse étonnante sa langue hors de sa gueule, jusqu'à un espace de sept pouces, & la retire avec la même promptitude, ce qui lui

lui étoit néceſſaire pour récompenſer l'extrême lenteur de ſon allure, qui ne lui eût pas permis de pourvoir ſuffiſamment à ſa ſubſiſtance. Il ſemble auſſi que par la même raiſon, & par une ſuite de cette récompenſe qui lui étoit dûë, il a des yeux qui l'avertiſſent de ce qui eſt autour de lui, plus fidellement que ne font ceux de tous les autres animaux. Car ils ont un mouvement tout-à-fait indépendant l'un de l'autre; l'un ſe tourne en devant, pendant que l'autre eſt tourné en arriére; l'un regarde en haut, pendant que l'autre regarde en bas, & ces mouvemens oppoſés, ſont extrêmes en même tems; deſorte que rien n'échappe ni à ſes yeux, ni à ſa langue. Le Caméléon a encore cela de particulier, que par un mouvement différent de la reſpiration, il s'enfle & ſe deſenfle, juſqu'à avoir quelquefois deux pouces depuis le dos juſqu'au deſſous du ventre, & quelquefois un. Cette enflure n'eſt pas ſeulement de la poitrine & du ventre, elle va juſqu'aux jambes & à la queuë. C'eſt ce qui a fait dire à Théophraſte, que le poûmon du Caméléon s'étend par tout ſon corps; & en effet quand on ſouffla dans l'âpre-artére du Caméléon mort, une aſſez grande quantité de membranes, qui ne ſe diſcernoient point auparavant, parurent, & formérent des veſſies enflées de vent, qui n'étoient autre choſe que des productions du poûmon. 1668.

5. La boſſe que le Dromadaire a ſur le dos, ne parut preſque formée que par le poil, qui en cet endroit ſe tient élevé, quoiqu'il ſoit fort doux & fort mol. Cet animal a quatre ventricules, diſtingués par quelques retreciſſemens, comme ceux des autres animaux qui ruminent; on trouva au haut du ſecond ventricule pluſieurs ouvertures qui étoient l'entrée d'environ vingt cavités placées entre les deux membranes dont ce ventricule eſt formé: & s'il eſt vrai que les Chameaux mettent de l'eau en reſerve dans leur corps, parce qu'ils ſont ſujets à en manquer dans les Déſerts arides de l'Aſie, c'eſt apparemment dans ces ſacs qu'ils la gardent. Peut-être encore ont-ils l'inſtinct de troubler toujours l'eau avant que de la boire, afin qu'étant plus fangeuſe & plus peſante, elle ſe garde plus longtems dans ces reſervoirs, & paſſe plus tard dans l'eſtomac.

## BOTANIQUE.

L'Academie ayant réſolu de faire une Hiſtoire des Plantes, Mr. du Clos donna un Mémoire ſur la maniére dont il croyoit qu'on y devoit travailler.

Après avoir rapporté toutes les choſes purement Botaniques auxquelles, il faloit faire attention, la figure de la Plante, ſon genre, ſon eſpéce,

1668. péce, sa culture, &c. il venoit aux moyens d'en découvrir les propriétés.

Le plus simple & le plus facile de tous, est d'en tirer la décoction. On la mêle avec une dissolution de Vitriol de Mars, ou de Sel de Saturne, &c. & par ce mêlange on juge du sel de la plante. La maxime générale est que les Plantes dont les sels sulphurés sont plus terrestres, teignent ces dissolutions d'une couleur plus noire, & quelquefois même précipitent la matiére dissoute. Par-là on reconnoît que les sels de l'Ortie, de la Sauge, de l'Ecorce de Grenade, de la Noix de Galle, sont des souffres fort terrestres, que ceux de la Bétoine, de la Véronique, de l'Alchimille, & de quelques autres herbes vulneraires, sont plus subtils, mais non pas tant que ceux du Romarin & de la Lavende, qui n'altérent point du tout la dissolution de sel de plomb. En faisant ces Expériences, on trouve quelquefois en son chemin les causes évidentes des vertus de quelques herbes; par exemple, quand on voit les Vulneraires précipiter le plomb dissout dans du Vinaigre, il est clair que c'est qu'elles absorbent les pointes du Vinaigre, & elles doivent absorber de la même façon les Acides qui feroient dégénérer les playes en ulcéres. Voilà tout le mystére de leur action découvert.

Un second moyen, & encore fort naturel de connoître la constitution des Plantes, c'est de clarifier, & d'évaporer en partie leurs sucs, & de les laisser ensuite dans un lieu frais, où ils se mettent d'eux-mêmes en petits cristaux, qui sont les véritables sels de la Plante; car on ne peut les soupçonner d'être altérés, puisque ni le feu, ni aucun autre agent violent n'a pris part à leur formation. Aussi a-t-on donné au sel qui vient de cette maniére, le nom d'*essentiel*. Dans les herbes améres, comme la Fumeterre, le Chardon-benit, &c. ce sel ressemble au salpêtre, & fulmine sur les charbons. Dans les herbes ou fruits acides, comme l'Oseille, l'Epine-vinette, les Groseilles rouges, il est aigre, & ressemble au tartre du Vin.

Enfin si on veut connoître la Plante plus à fond, il faut user d'une plus grande violence, & aller jusqu'à défaire entiérement le composé. Mais le même agent, qui est assez fort pour séparer les Principes, l'est trop pour ne les altérer pas un peu en les séparant, & on ne peut guére s'assurer de les avoir tels que la Nature les avoit employés. Ceux que l'on peut croire qui ont reçu le plus grand changement, sont les sels fixes qu'on ne tire que par lessives après la calcination. Il se peut même que ce ne soient pas des principes différens des autres, & que ces sels si opiniâtrement attachés à leur mixte, ne soient que des particules terrestres, auxquelles l'huile s'est liée plus fortement par la chaleur, & où elle a engagé des sels volatils qui n'en peuvent plus sortir. Quoi qu'il qu'il en soit, Mr. du Clos jugeoit de ces sels fixes, ou alkali par les teintures qu'ils donnent à certaines dissolutions. Ceux de ces sels qui produisent des couleurs plus obscures, il les prenoit pour être plus terrestres. 1668.

Il fut arrêté que dans l'Histoire des Plantes, Mr. Marchant qui en étoit particuliérement chargé, suivroit les vuës de Mr. du Clos.

Après qu'on eut traité les Plantes d'une maniére Botanique, & Chimique, on vint à les considérer Physiquement, & l'on tomba sur une matiére dont Mr. Perrault avoit fait la premiére ouverture dès l'année précédente. C'est la Circulation de la Sêve. Mr. Mariotte reçu depuis ce tems-là dans l'Académie, avoit eu la même idée, & s'y étoit confirmé par plusieurs expériences, & plusieurs raisonnemens. Tous les deux proposérent à la Compagnie leurs vuës, que nous rapporterons sans distinguer ce qui appartient à l'un, d'avec ce qui appartient à l'autre. De quoi serviroient ces partages si exacts, entre deux hommes de la même Société, &, qui plus est, de la même opinion?

D'abord l'Analogie de la Circulation de la Sêve à celle du sang a quelque chose de si naturel, qu'elle en est presque séduisante, & il semble qu'on ait à prendre garde d'en être plus touché qu'il ne faut. Mais quoique ce ne soit-là qu'un préjugé, il faut avouer que c'est un préjugé digne de prévenir les Philosophes jusqu'à un certain point. Puisque la Nature nourrit les Animaux par le moyen d'un suc qui circule, elle pourroit bien en user de-même à l'égard des Plantes: plus une maniére d'agir est générale, plus elle est de son génie; & ceux qui l'ont suivie longtems dans ses opérations & dans ses démarches, peuvent distinguer avec quelque sorte de certitude ce qui est de son caractére, ou ce qui n'en est pas, à peu près comme l'on juge de ce qu'un homme que l'on connoît bien est capable, ou incapable de faire. Il est vrai que pour juger ainsi de la Nature, il faut avoir acquis avec elle une familiarité que tout le monde n'a pas.

A parler plus philosophiquement, il ne paroît pas que des sucs, qui ont besoin d'une préparation & d'une coction assez parfaite, la puissent recevoir à-moins qu'ils ne circulent; & en effet quantité d'expériences persuadent cette circulation, ou du-moins s'y accordent.

Si on coupe une petite branche qui ait une branchette à côté, & qu'on trempe la branche dans l'eau par l'extrémité de ses feuilles seulement, la branchette qui ne touche point à l'eau, se conservera verte trois ou quatre jours; elle pourra même croître & pousser des feuilles. Cela fait juger que l'eau qui entre par les extrémités des feuilles coule jusqu'au bout de la tige: & voilà déja le mouvement d'une liqueur qui va des feuilles vers la racine, au-lieu que l'on ne conçoit ordinairement le mouve-

1668. vement de la séve que de la racine vers les feuilles. De-plus, il faut que cette même eau remonte du bas de la tige pour entrer dans la branchette qui est à côté de la branche, & c'est une espéce de circulation.

On peut obſerver ſur de jeunes plants de Melon couverts d'une cloche de verre très-clair, que lorsque le Soleil eſt fort ardent, il s'attache des goûtes de roſée à leurs feuilles, qui demeurent très-vertes, & très-fermes; mais il ne s'y attachera plus de roſée, ſi on léve la cloche, & les feuilles ſe flétriront un peu. Ce n'eſt pas qu'elles ſoient plus échauffées qu'auparavant; au-contraire, elles n'ont plus les vapeurs chaudes du fumier, & le vent les rafraîchit; mais elles manquent de cette roſée qu'elles recevoient, & qui les nourriſſoit en paſſant dans leurs petits canaux. Le ſuc attiré par la racine ne ſuffit donc pas aux Plantes, il leur faut encore celui qu'elles tirent par leurs feuilles, & ces deux ſucs doivent avoir des mouvemens contraires, l'un du bas de la Plante vers le haut, l'autre du haut vers le bas.

On ne découvre rien de nouveau dans la Nature, ſans découvrir en même tems pluſieurs traits de la ſageſſe de ſon Auteur. Dès que l'on s'apperçoit que les fueilles tirent de la nourriture pour la Plante, on voit que celui qui les a faites plattes & minces, a voulu qu'elles euſſent beaucoup de ſuperficie pour tirer plus de ſuc. On voit encore que celles qui paroiſſent veluës, & armées de petites pointes, ont effectivement une infinité de petits tuyaux, qui leur ont été donnés pour mieux ſucer la pluye & la roſée. Et ce qui confirme beaucoup cette conjecture, c'eſt que les herbes aquatiques, comme le Creſſon & le Nénuphar, qui tirent aſſez d'eau par leur racine ſeule, ont leurs feuilles polies & luiſantes. Enfin on comprend pourquoi les roſées ſont ſi abondantes dans des Païs où les pluyes ſont rares. Au défaut de la pluye qui entrant dans la terre, nourriroit les plantes par la racine, la roſée nourrit la plante par les feuilles, & va par cette route juſqu'à la racine.

S'il y a dans les Plantes deux ſucs qui ayent des mouvemens contraires, comme le ſang artériel, & le ſang véneux dans les Animaux, il pourra arriver quand on coupera une plante par la tige, qu'il ne ſortira du côté du tronc que le ſuc qui va de bas en-haut, de la racine vers les feuilles, & que de la partie ſéparée il ne ſortira que le ſuc qui va de haut en-bas, des feuilles vers la racine, de même façon que quand on coupe une partie d'un animal, il ne ſort du côté du tronc du corps que le ſang artériel pouſſé par le cœur vers les extrémités, & de la partie ſéparée du tronc il ne ſort que le véneux, qui alloit des extrémités au cœur.

C'eſt ce qu'on a vu par expérience dans les Plantes qui étant coupées rendent beaucoup de ſuc, comme le Tithimales, la Chélidoine, la Dent de de Lion, &c. le suc qui coule de la partie séparée où sont les feuilles, est plus aqueux, & en même tems plus abondant, que celui qui sort du côté du tronc. 1668.

Il est plus aqueux, tant parce que le suc qui retourne des feuilles vers la racine, est celui qui ne s'est pas trouvé assez cuit pour nourrir la plante, que parce qu'il se mêle avec le suc étranger que la plante a sucé par ses feuilles; & l'on voit assez qu'il n'est plus abondant que par cette derniére raison. Ce suc aqueux qui descend des feuilles vers la racine pour y être cuit & digéré, est le Chile de la Plante.

Si une plante étant déjà coupée, on coupe encore sa tige un doigt au-dessous de la premiére incision, il y aura encore du suc qui montera; mais il n'en descendra que très-peu, puisqu'il n'y aura plus de branches ni de feuilles pour en fournir. Ce sera tout le contraire, si on fait une nouvelle incision un peu au-dessus de la premiére.

Mais les canaux où coule le suc qui monte, & celui qui descend, sont-ils différens comme les veines & les artéres? Il y a plus d'apparence qu'ils le sont. L'écorce qui conduit la nourriture dans les plantes, est visiblement double dans la plupart, & même les deux écorces ont des saveurs fort différentes, marques presque infaillibles de deux sucs de qualité différente, & par conséquent de deux sortes de canaux. Mais il y a plus que des conjectures; un Pavot à fleur double coupé 3 ou 4 doigts au-dessous de la tête lorsqu'il commence à meurir, jette un suc fort blanc de bas en haut, & un jaunâtre de haut en bas.

Il faut pour la circulation que les tuyaux différens ayent ensemble quelque communication, ensorte que le suc des tuyaux *montans* puisse passer dans les *descendans*: & pour parler encore plus hardiment, des artéres de la plante dans ses veines. Mais la structure de ces tuyaux dépend d'une connoissance plus exacte & plus particuliére.

La Circulation de la Sêve devoit bien essuyer quelque contradiction, après que celle du sang en avoit tant essuyé: il est assez naturel de ne pas croire aisément ce qu'on n'a pas encore cru, & qui a été trouvé par un autre. Mr. du Clos opposa au sentiment de MM. Perrault & Mariotte des difficultés qui n'étoient pas invincibles: l'Académie étoit naturellement juge entre les deux parties; mais comme une grande partie de la sagesse consiste à ne point juger, elle prononça que la matiére n'étoit pas encore assez éclaircie. Il faut attendre qu'on ait un assez grand nombre d'expériences & de faits, pour en tirer quelque chose de général; on est pressé communément d'établir des Principes, & l'esprit court au sistême; mais on n'en doit pas croire entiérement cette ardeur.

Depuis ce tems-là MM. Perrault & Mariotte, dans leurs Essais de

1668. de Physique, ont appuyé leur opinion par des raisons nouvelles.

Une plante ayant été arrachée de terre avec toutes ses racines, dont une partie trempoit dans un vaisseau plein d'eau, celles qui ne touchoient point à l'eau ne laissoient pas de croître comme les autres, & de pousser de nouvelles fibres; ce qui prouve que les racines même croissent en partie par un suc aqueux qui leur vient du haut de la plante.

Quand on courbe jusqu'en terre une branche de Vigne ou de Saule, & qu'elle y prend racine, il faut bien qu'il y ait un suc qui parte de la nouvelle racine, & qui se meuve à contre sens de celui qui coule du tronc de l'arbre dans cette branche courbée.

On fait mourir les Meuriers blancs, quand on les laisse trop dépouiller de leurs feuilles par les vers à soye. Le raisin ne meurit point si on ôte les fueilles de la Vigne. C'est que le suc qui vient des feuilles n'est pas moins nécessaire que celui qui vient de la racine. Il a déjà reçu une premiére coction par le soleil, & il s'est filtré dans la feuille.

Quand les bêtes ont mordu une branche d'arbre encore tendre, l'arbre meurt, ou ne profite plus, à-moins que l'on ne coupe la branche qui a été morduë. C'est-là visiblement une gangréne, qui sans la circulation, ni ne se communiqueroit à tout l'arbre, ni ne cesseroit par le retranchement de la branche.

Toute cette question de la Circulation de la Sêve ne fut dans l'Académie, que le Préliminaire du grand travail qu'on avoit entrepris sur les Plantes. C'étoit d'en faire l'Histoire; & pour cela Mr. Marchand apportoit chaque jour quelque description qu'il avoit faite, que l'Académie comparoit avec la Plante même.

# MATHEMATIQUES.

ON travailloit en même tems aux Mathématiques. On proposoit des vuës; on imaginoit des méthodes; on examinoit les Livres nouveaux qui traitoient de ces matiéres; on examinoit même les Anciens, & les plus autorisés; par exemple, le Traité d'Archiméde, *De æquiponderantibus*. Mais cette Histoire ne peut souffrir le détail épineux où il faudroit entrer pour expliquer les nouvelles Démonstrations de ces habiles Géométres sur les Triangles rectilignes & sphériques, sur les Logarithmes, sur les Tangentes des Lignes Courbes, sur les plus Grands & les plus Petits. De-plus, l'Académie a déjà fait imprimer une partie de ces Traités. Ainsi nous ne rapporterons ici que ce qu'elle n'a pas encore publié, & ce qui est en fait de Mathématique le plus utile & le plus intelligible.

# ASTRONOMIE.

LE Samedi 26 jour de Mai fur les deux heures du matin, il devoit arriver une Eclipfe de Lune, & les Aftronômes fe tranfportérent le foir du Vendredi fur le haut de Montmartre, à un lieu qui avoit été auparavant préparé pour l'obfervation. 1668.

On trouva d'abord que ce lieu étoit de 2' de degré plus haut que l'horizon oriental, & plus bas que l'occidental d'environ 5'.

Le Soleil parut fe coucher à 7 h 47' 35", mais comme l'horizon étoit plus haut que le lieu de l'obfervation, il cacha trop tôt le Soleil, qui ne fe coucha en effet qu'à 7 h 48' 20". Il fut 4' 48" à fe coucher. Son diamétre horizontal étoit de 31' 40", comme il avoit été obfervé à midi, & le vertical n'étoit que de 27'. Le Soleil étoit donc ovale; mais l'ovale étoit irréguliére, un peu plus courbée par le haut que par le bas, parce que la refraction qui faifoit plus d'effet fur la partie inférieure du difque, la hauffoit plus que l'autre, & par conféquent en diminuoit la courbure.

Le vrai commencement de l'Eclipfe fut à 2 h 12' 47". Après minuit l'ombre entra par l'endroit du bord oriental de la Lune, qui eft proche du point brillant nommé *Ariftarque*, & continuant de couvrir la Lune jufqu'à dix doigts, alla jufqu'auprès de la partie lumineufe nommée *Ticho*. Il eft vrai que l'Eclipfe parut plus grande que de dix doigts; mais cette apparence étoit trompeufe, parce que la partie éclairée de la Lune étant la plus proche de l'horizon, & en étant effectivement fort proche, elle étoit beaucoup plus retrecie par la refraction que ne l'étoit à proportion la partie éclipfée.

Le diamétre de la Lune exactement mefuré, fe trouva de 33' 28". Si elle eût été plus élevée fur l'horizon, il eût pu aller jufqu'à 34'. Ces 34' font le plus grand diametre qu'elle puiffe avoir, & elle ne l'a qu'étant périgée, & en même tems oppofée ou conjointe; car fi étant auffi périgée elle eft dans les quadratures, fon diametre ne va tout au plus qu'à 32' 30", remarque qu'avoit faite Mr. Picard, & qui découvre l'erreur où avoient été jufque-là tous les Aftronômes, en fuppofant le contraire.

La Pénombre devança toujours l'ombre d'environ un doigt, & l'on jugea que l'ombre de la Terre, dans l'endroit où la Lune la traverfoit, avoit un diamétre un peu plus que double de celui de la Lune.

Le Soleil commença à paroître à 4 h 6' 32", ce qui ne fut arrivé qu'à 4 h 6' 50", fi l'horizon n'eût point été trop bas.

Au lever du Soleil, la Lune n'étoit encore guére au-deffous de l'horizon, & le milieu de l'Eclipfe n'étoit paffé que d'environ 20'. Il s'en

1668. falut donc affez peu qu'elle ne fût horizontale. Elle ne fut pas centrale non plus, car la Lune avoit quelque latitude du côté du midi.

Le Soleil étant entiérement levé parut plus étroit que le foir précédent, non feulement parce que les refractions, qui font ordinairement plus grandes le matin, accourciffoient davantage le diamétre vertical; mais encore parce qu'on étoit dans un lieu trop haut, ce qui agrandiffoit encore les refractions.

Ce n'étoit pas feulement dans ces grandes occafions que les Aftronômes fe donnoient le foin d'obferver, il fe faifoit des obfervations journaliéres fur les hauteurs méridiennes du Soleil, & fur fon diamétre apparent, auffi-bien que fur celui de la Lune.

## SUR LA HAUTEUR DU POLE DE PARIS.

Monfieur Buot rendit compte à l'Académie le 5 Janvier de plufieurs Obfervations très-exactes qu'il avoit faites auffi au commencement de cette année fur la hauteur du Pole. Il prit plufieurs nuits de fuite la plus grande & la plus petite hauteur méridienne de l'Etoile Polaire, avec un Sextant de fix pieds de rayon, & il trouva toujours fans nulle variation la plus grande de 51° 22', & la plus petite de 46° 24', deforte que la différence des hauteurs eft 4° 58', dont la moitié ajoûtée à la plus petite, ou ôtée de la plus grande, donne précifément pour la hauteur du Pole 48° 53'.

Pour plus de fûreté, & par excès de précaution, on obferva de-nouveau dans le commencement de Septembre la plus grande hauteur de l'Etoile Polaire, & on la trouva un peu moindre que 51° 22' d'environ ¼ de minute, à peu près comme il devoit arriver.

Mais dans la nouvelle rigueur de précifion dont on fe piquoit, il y eût eu trop de négligence à prendre pour la hauteur du Pole de Paris, celle de la Bibliothéque du Roi, où ces Obfervations avoient été faites. On mefura donc de combien la porte St. Jaques eft plus méridionale que celle de St. Martin, & l'on trouva que leur diftance prife fur une Méridienne, étoit de 1190. toifes; & comme Mr. Picard avoit trouvé par une mefure actuelle de près de 10000. toifes de chemin, que pour changer la hauteur du Pole d'une minute de degré, il faloit avancer Nord & Sud 950. toifes, on conclut qu'il y avoit une minute ¼ de différence aux hauteurs de Pole des Portes de St. Jaques & St. Martin. On trouva d'ailleurs que la Porte St. Martin étoit plus feptentrionale d'environ 150. toifes que la Bibliothéque du Roi, & par conféquent qu'elle avoit de hauteur du Pole 10″ de plus.

Ayant

Ayant égard auſſi aux Réfractions pour chaque hauteur de l'Etoile Polaire, on trouve la hauteur exacte du Pole à la Bibliothéque du Roi de 48° 51′ 56″, & par conſéquent celle de la Porte St. Martin de 48° 52′ 6″: d'où l'on conclud qu'elle eſt à l'Obſervatoire Royal de 48° 50′ 51″, & la hauteur de l'Equateur de 41° 9′ 9″. 1668.

Une preuve que ces Obſervations furent faites avec exactitude, c'eſt qu'on n'a preſque pas touché dans la ſuite à ces déterminations.

Mr. Picard obſerva auſſi cette année à la Bibliothéque du Roi pluſieurs Eclipſes des Satellites de Jupiter *, dont Mr. Caſſini avoit publié des Ephémérides à Bologne pour l'année 1668.

# LONGITUDES.

LA découverte des Longitudes ſeroit la choſe du monde la plus utile au Public, & en même tems à celui qui en ſeroit l'Auteur; car il y a de grandes récompenſes propoſées à qui pourra réſoudre ce Problême. Si tant de gens ſe ſont tourmentés à celui de la Quadrature du Cercle, qui ne leur pouvoit valoir que de la gloire, on ne doit pas avoir négligé de chercher les Longitudes, qui avec autant de gloire rapporteroient ſans comparaiſon plus de profit. Un Allemand crut les avoir trouvées, & jugea qu'il n'en pouvoit être mieux récompenſé par aucun Prince de l'Europe, que par le Roi. Il s'adreſſa donc à lui, & en obtint un Brevet, par lequel Sa Majeſté payant ſeule un ſecret dont toutes les Nations devoient jouir, donnoit à l'Inventeur 60000 livres comptant, & un droit de quatre ſous pour chaque tonneau du port de tous les Vaiſſeaux qui ſe ſerviroient de ce ſecret. Le Roi s'obligeoit encore à lui faire valoir ce droit 8000 livres par an, & ſe réſervoit ſeulement la faculté de le retirer moyennant 100000 livres.

A toutes ces promeſſes ſi magnifiques il n'y avoit qu'une ſeule condition; c'étoit que l'Inventeur fît la démonſtration de ſon Secret devant Mr. Colbert, Mr. du Queſne, Lieutenant-Général de Sa Majeſté en ſes Armées Navales, & MM. Huyguens, Carcavy, Roberval, Picard, & Auzout de l'Académie des Sciences.

L'invention conſiſtoit à percer dans la quille du Vaiſſeau un trou, qui ſans laiſſer entrer l'eau, recevoit un Odométre ou *Conte-pas* aſſez bien imaginé. Le nombre des tours d'une rouë, que l'eau faiſoit tourner comme

* Voyez les Mémoires, Tom. 10. Immerſions & émerſions des Satellites de Jupiter obſervées à Paris en 1688.

1668. me celle d'un moulin, donnoit précisément la longueur du chemin que faisoit le Navire, au-lieu qu'on ne la pouvoit avoir auparavant que par le calcul incertain de l'Estime. La Machine ne marquoit pas seulement combien le Vaisseau avançoit en droite ligne, mais encore de combien il en sortoit, quand il dérivoit par le vent ou par un courant, & de quel côté venoit le courant, quand c'étoit-là ce qui le faisoit dériver. Enfin on savoit tout ce qu'on pouvoit désirer de savoir sur le chemin du Vaisseau, & par conséquent les Longitudes étoient trouvées.

Les Commissaires nommés par le Brevet s'assemblérent chez Mr. Colbert. Mr. l'Abbé Galloys, qui faisoit dans l'Académie la fonction de Sécretaire, en l'absence de Mr. du Hamel, les y accompagna; & après quelques louanges inutiles de la Machine, ils donnérent ces objections par écrit à l'Auteur.

1. Puisque l'eau donne tout le mouvement à cet Odométre de Mer, comme elle fait à une Rouë de moulin, elle ne lui donnera aucun mouvement, lorsqu'elle sera immobile à l'égard du Vaisseau, ce qui arrive dans un calme lorsque le Vaisseau est emporté par un courant avec une vitesse égale à celle du courant. Alors il avancera, & la Machine n'en marquera rien, parce qu'elle ne sera point frappée par l'eau. Et si la Machine ne marque rien, quand le Vaisseau & le courant vont de la même vitesse, elle marquera moins qu'il ne faut, toutes les fois que le Vaisseau ira avec le courant, quoiqu'il aille plus ou moins vite. En un mot, ce que la vitesse du Vaisseau & celle du courant auront d'égal & de commun, ne fera nulle impression sur la Machine; elle n'en recevra que par le plus de mouvement qui sera de part ou d'autre.

2. A prendre la chose de l'autre sens, lorsque le Vaisseau sera immobile à l'égard de l'eau, ainsi qu'il arrive quand le vent est opposé au courant avec une force égale, l'Odométre sera mis en mouvement par l'eau, & le Vaisseau n'avancera pourtant pas. Et si en ce cas-là l'Odométre marque un mouvement que le Vaisseau n'a point du tout, il en marquera plus que le Vaisseau n'en a en effet, toutes les fois que le vent sera plus fort que le courant. Car le Vaisseau ne sera poussé que par la force dont le vent surpassera le courant, & l'Odométre ne sera pas seulement remué par cette cause autant que le Vaisseau, il le sera encore par toute la force dont le courant vient frapper contre les Vaisseau, ce qui ne lui donne aucun mouvement dans la supposition présente.

L'Allemand étoit obligé de répondre par écrit aux difficultés de l'Académie; il y répondit en effet, mais les 160000 livres auxquelles il touchoit déjà, ne purent lui faire trouver des réponses qui détruisissent les objections.

ME-

# MECHANIQUE.

L'UTILITE' visible & palpable de la Méchanique méritoit que l'Académie cultivât cette Science avec un soin particulier, ne fût-ce que pour éviter le reproche de donner trop aux spéculations. On en fit quelques-unes d'abord sur la Méchanique même; mais aussitôt après on en vint à une pratique, & à des choses de fait, qu'on ne pouvoit jamais traiter de vaines curiosités. 1668.

L'Académie chargea MM. Niquet & Couplet de faire faire des modéles de diverses Machines les plus en usage. Elle crut qu'en les examinant avec attention, elle trouveroit peut-être des moyens de les perfectionner, ou de les simplifier. Mr. Niquet détailla plus particuliérement la *Gruë* & l'*Engin*; il en décrivit toutes les parties, il en fit remarquer les défauts, & donna des moyens de les éviter. On fit usage ensuite de la premiére de ces Machines, pour voir quelle étoit la proportion de la force d'un homme à celle d'un cheval. On s'assembla pour cet effet extraordinairement à l'Observatoire le 10 Juillet. On fit enlever à un cheval assez fort, & accoutumé à tirer des bateaux, 401 livres pesant. Ensuite pour enlever le même poids il falût 7 hommes, qui y eurent la même peine qu'avoit eu le cheval; mais il y a de l'apparence qu'ils n'auroient pas résisté si longtems dans cette action. Les 401 livres partagées entre les 7 hommes, font à chacun 57 livres $\frac{2}{7}$. Il y a de-plus les frottemens de la Machine, & la pesanteur de ses parties qu'il faloit élever.

On voulut voir si un homme peut lever plus qu'il ne pése. On attacha à une poulie un poids de 130 livres, & un homme, à-la-vérité assez foible, & assez maigre, quoiqu'il y employât toutes ses forces, ne le put seulement lever de terre. Il se fit ensuite attacher au cou un poids de 25 livres, & leva celui de 130 jusqu'à la hauteur d'un pied & demi; & ayant ajoûté au premier poids de 25 un autre égal, il leva facilement les 103 livres jusqu'à la hauteur de 8 pieds. Comme il tenoit ce poids élevé en l'air, quelques-uns de la Compagnie, sans lui en rien dire, soulevérent les poids qu'il avoit pendus au cou, & aussitôt il perdit terre, vaincu par le poids de 130, & il eût été élevé plus haut, si l'on n'eût cessé de soulever les poids qu'il s'étoit attachés.

Pour tirer de bas en-haut une corde à laquelle est attaché un poids, un homme a plus de force debout qu'assis; parce que quand il est assis, il n'y a que les reins & les muscles des bras qui agissent; & que quand il est debout, les muscles des jarrêts agissent aussi.

Un homme a autant de force en tirant sur soi un barreau, qu'en le poussant devant soi.

En-

1668. Enſuite dans les Aſſemblées on traita du *Charroi*, & l'on examina leſquelles avoient le plus d'avantage des grandes rouës ou des petites.

Il fut démontré en diverſes façons par MM. de Roberval, Huygues & Buot, qu'avec des charges égales les grandes rouës ſont préférables aux petites, ſoit pour marcher dans un terrain où l'on enfonce, ſoit pour ſurmonter les inégalités d'un chemin raboteux.

S'il eſt queſtion d'une rouë enfoncée dans un terrain gras & fangeux, il faut regarder le rayon de la rouë comme un levier, dont l'appui eſt l'extrémité de ce même rayon qui poſe ſur la terre, la puiſſance eſt appliquée à l'autre extrémité, c'eſt-à-dire, au centre de la rouë, & le poids où l'obſtacle qu'il faut ſurmonter eſt appliqué à l'endroit où le rayon commence à s'enfoncer dans la terre, ou, pour parler plus juſte, au milieu de la profondeur de l'enfoncement; car c'eſt-là où ſe réunit toute la force de la réſiſtance que fait le terrain. Or ſi l'on ſuppoſe une grande rouë & une petite également enfoncées dans le même terrain, il eſt clair que l'obſtacle ſera appliqué dans toutes les deux à un point également diſtant de l'appui; mais quant à la puiſſance qui tire, elle ſera appliquée dans la grande rouë à un point plus éloigné de ce même appui, & par conſéquent la même force agira avec plus d'avantage.

On pourroit ajoûter quelques conſidérations en faveur des grandes rouës, qu'elles touchent la terre par un plus grand eſpace, & ſont plus ſoutenuës que les petites, qui par leur figure ſont plus propres à enfoncer; que les petites rouës allant plus vite que les grandes, pour ne faire que le même chemin, frottent davantage contre leur aiſſieu, &c.

S'il s'agit des obſtacles qui viennent de l'inégalité du terrain, & qui cauſent les *cahots*, ſuppoſons une pierre dont la face qui eſt rencontrée par la rouë ſoit élevée perpendiculairement ſur un plan horizontal. La rouë par ſon mouvement horizontal va choquer l'extrémité ſupérieure de cette pierre; mais pour la facilité de la démonſtration, concevons une choſe équivalente, qui eſt, que la pierre où l'obſtacle va choquer la rouë avec une direction horizontale. La force du choc de l'obſtacle contre la rouë dépend de l'angle d'une ligne horizontale, qui eſt la direction de l'obſtacle, avec une tangente tirée ſur la rouë au point du choc. Or cette tangente ſera d'autant plus éloignée d'être perpendiculaire à une ligne horizontale, que la rouë ſera plus grande, parce qu'alors l'arc de la rouë compris entre le point où elle touche la terre, & celui où ſe fait le choc, eſt plus grand, plus couché, plus approchant d'une ligne droite oblique à l'horizon; deſorte même que la rouë étant infiniment grande, cet arc ſeroit pris pour une ligne horizontale. Plus l'angle par lequel ſe fait un choc eſt éloigné d'être droit, plus le choc

eſt

eſt foible: donc l'obſtacle choque la rouë d'autant plus foiblement qu'elle eſt plus grande. 1668.

En un mot, & ſans employer tant de Géométrie, on conçoit aiſément qu'un terrain très-uni & très-commode pour nos chariots, feroit très-rabotteux & très-difficile pour des chariots qui ne pourroient traîner que des cirons, & qu'une rouë qui auroit pour rayon la diſtance du Soleil à la Terre ne feroit point de *cahos* à la rencontre de nos plus grandes montagnes. La choſe étant conçuë dans ces deux idées extrêmes & impoſſibles, il n'y a plus qu'à la prendre dans les milieux, où les mêmes principes ſubſiſtent toujours.

# HYDROSTATIQUE.

LES Mathématiques n'ont pas ſeulement le malheur d'être épineuſes, elles ont encore celui de n'être pas ordinairement d'une utilité bien ſenſible. Les Méchaniques ſont utiles ſans conteſtation; mais l'Hydroſtatique, qui en fait partie, va juſqu'à des choſes de plaiſir & d'agrément, & c'eſt ce qui lui eſt aſſez particulier. Elle fait jouer les Eaux dans les Jardins, elle en tire mille ſpectacles différens.

Pour découvrir plus certainement les principes de cette Science, on réſolut de ne rien hazarder ſur la foi des raiſonnemens, & de ne s'en fier qu'à l'expérience. Ce fut par-là qu'on s'aſſûra de ces trois choſes.

1. Que deux vaſes cylindriques de même hauteur & de largeur différente, dont le fond eſt percé d'ouvertures égales, & que l'on entretient toujours plein d'eau, en rendent une égale quantité en des tems égaux.

2. Qu'il n'importe en quel endroit le fond ſoit percé.

3. Que la ſurface de l'eau qui s'écoule d'un vaiſſeau cilindrique deſcend en des parties égales de tems par des eſpaces inégaux, qui ſont dans un ordre renverſé les mêmes que parcourt un corps peſant par ſa chûte accélérée. Mais pour entendre cela, il faut ſavoir la Théorie de Galilée ſur la Chûte des Corps peſans.

La viteſſe d'un corps peſant qui tombe, augmente inceſſamment: on le fait par l'expérience; mais pour ſavoir dans quelle proportion elle augmente, Galilée a ſuppoſé qu'un Corps qui tombe acquiert en chaque tems égal un degré égal de viteſſe. De cette ſeule ſuppoſition, ſi ſimple, ſi conforme au génie de la Nature, ſi propre à ſe faire recevoir ſans preuve, il en tire une infinité de conſéquences merveilleuſes, & l'explication de tous les Phénoménes de la Chûte des Corps.

Qu'un Corps qui par l'action de ſa peſanteur eſt tombé d'un certain eſpace,

1668. eſpace, pendant une ſeconde, par exemple, ceſſe de ſe mouvoir par ſa peſanteur, & ne ſe meuve plus que par la viteſſe qu'il vient d'acquérir, on démontre que l'eſpace qu'il parcourra d'un mouvement égal dans une autre ſeconde par cette viteſſe acquiſe, ſera double de celui qu'il a parcouru d'un mouvement accéléré par l'action de ſa peſanteur. Et ſans entrer dans la preuve Géométrique, il eſt bien clair qu'à la fin de cette ſeconde ce degré de viteſſe étant entiérement acquis, doit être plus fort qu'en tout autre inſtant de la ſeconde, où le corps tombant ne faiſoit encore que l'acquérir ſucceſſivement; & par conſéquent qu'un corps avec un degré de viteſſe tout acquis, doit parcourir un plus grand eſpace que celui qu'il a parcouru en acquérant ce même degré de viteſſe. Mais que cet eſpace ſoit précisément double, c'eſt ce qui ne pourroit être démontré que par une autre voye un peu moins aiſée.

Maintenant ſi l'on veut que ce Corps, qui dans le ſecond inſtant de ſon mouvement parcourroit par ſa ſeule viteſſe acquiſe, & indépendamment de la peſanteur, un eſpace double de celui du premier inſtant, reçoive encore dans ce ſecond inſtant l'impreſſion de la peſanteur, il eſt viſible que par la ſuppoſition de Galilée, outre l'eſpace double du premier, il en parcourra encore un égal à ce premier; car la peſanteur agira également dans ces deux inſtans, & par conſéquent l'eſpace du ſecond inſtant, à y conſidérer, & la viteſſe acquiſe dans le premier, & la peſanteur qui agit toujours, ſera triple de l'eſpace du ſecond inſtant.

Il eſt manifeſte que par le même raiſonnement l'eſpace du 3. inſtant ſera 5. fois plus grand que celui du 1. & ainſi de ſuite ſelon la progreſſion naturelle des nombres impairs.

| Nom. de la chûte. | 1. | 2. | 3. | 4. | 5. | 6. | 7. | 8. | &c. |
|---|---|---|---|---|---|---|---|---|---|
| Eſpac. parcourus. | 1. | 3. | 5. | 7. | 9. | 11. | 13. | 15. | &c. |

Les nombres impairs, qui dans leur progreſſion naturelle repréſentent les eſpaces inégaux parcourus à chaque inſtant par le mobile, ont une propriété remarquable; c'eſt qu'ajoûtés de ſuite les uns aux autres, ils forment la ſuite naturelle des nombres quarrés. 1. eſt le premier impair, & le premier quarré. 1. & 3. font 4. ſecond quarré, 4. & 5. font 9. troiſiéme quarré, &c.

Par conſéquent, ſi on met enſemble pluſieurs eſpaces parcourus par le mobile depuis le commencement de ſa chûte, on aura toujours des nombres quarrés. Le mobile à la fin du 4. moment a parcouru 16. à la fin du 7. 49. &c. Et ces quarrés ont toujours pour racines les tems de la chûte, ou, ce qui eſt la même choſe, les viteſſes qui ſont comme les tems dans l'hypothéſe de Galilée.

Par-là il eſt facile de comparer la hauteur ou la durée de deux chûtes diffé-

différentes, soit d'un même corps, soit de deux. Si on sait le tems qu'elles ont duré, ou le degré de vitesse de la fin de la chûte, les quarrés de ces deux tems, ou de ces deux vitesses, sont les hauteurs. Si on sait les hauteurs, les racines quarrées sont les tems que les corps ont mis à tomber, ou les vitesses qu'ils avoient à la fin de leur chûte. Si l'un des deux corps a été 5. minutes à tomber, & l'autre 10. ou si l'un à la fin de sa chûte avoit 5. degrés de vitesse, l'autre 10. les hauteurs sont 25. & 100. & réciproquement, &c. 1668.

Il faut toujours se souvenir que si un corps pris à quelqu'instant qu'on voudra de sa chûte, continuoit de se mouvoir avec la vitesse acquise à la fin de cet instant, sans en acquérir de nouvelle, il parcourroit un espace double de celui de sa chûte dans un tems égal. Ainsi si on le prenoit à la fin du 5. moment, où il a parcouru 25. il parcouroit en 5. momens 50.

Ce ne sont-là que des conséquences tirées de la supposition de Galilée; mais les expériences s'y accordent si juste, que cette supposition peut passer pour le principe même que la Nature a suivi. Par exemple, que l'on fasse tomber d'une certaine hauteur, un balle de plomb dans un bassin d'une balance, elle élévera un certain poids mis dans l'autre bassin; si on veut qu'elle éléve le double de ce poids, il la faudra faire tomber d'une hauteur 4. fois plus grande, parce qu'elle n'éléve un plus grand poids qu'en vertu d'une plus grande vitesse, & que pour avoir une vitesse double, il faut être tombé d'une hauteur quadruple.

Pour revenir à la 3. expérience qui fut faite sur le mouvement des eaux, & y appliquer tout ceci, on vit que la surface de l'eau contenuë dans un vase cilindrique, qui se vuide par exemple en 5', descend de sorte que dans la 1' elle parcourt 9, dans la 2', 7, &c. ce qui est l'ordre renversé des espaces que parcourroit un corps tombant en même tems de la même hauteur.

Ce renversement vient de ce que l'eau inférieure qui sort la premiére, sort pressée par tout le poids de l'eau supérieure, & avec l'impression de toute la vitesse que l'eau la plus haute auroit acquise si elle étoit tombée de la hauteur du cilindre.

Mr. Huyguens, qui croyoit que cette propriété du mouvement de l'eau ne se pouvoit guére prouver par raisonnement, la prouvoit ainsi par l'expérience. Un corps qui tombe, disoit-il, acquiert par sa chûte la vitesse qu'il faut pour remonter de lui-même à une hauteur égale, comme il paroît par l'exemple d'un Pendule; & une goûte d'eau qui tomberoit, acquerroit cette même vitesse. Or on voit par les Jets-d'eau que l'eau qui sort, & qui n'est pourtant pas tombée, remonte à la hauteur du

1668. du refervoir: donc elle fort avec la même viteffe que fi elle étoit tombée de cette hauteur.

Ces principes établis, il n'y a qu'à tranfporter au mouvement des eaux, tout ce qui appartient à la chûte des corps pefans. Les viteffes font comme les tems: les hauteurs font les quarrés des tems ou des viteffes. Si un vafe cilindrique fe vuide en un certain tems par l'écoulement inégal de l'eau, ce même vafe qu'on entretiendroit toujours plein, donneroit autant d'eau dans la moitié de ce tems, parce qu'alors l'écoulement de l'eau feroit égal & uniforme.

Lorsque le vafe n'eft pas cylindrique, les viteffes des furfaces d'eau qui tombent, ne font pas feulement comme les racines quarrées des hauteurs, elles font encore en raifon réciproque des furfaces; car il eft vifible que la plus grande furface eft plus de tems à s'écouler en même raifon qu'elle eft plus grande, & par conféquent a moins de viteffe.

Donc les viteffes des furfaces de l'eau qui coule d'un vafe qui n'eft pas cylindrique, font en raifon compofée des racines quarrées des hauteurs, & de la raifon réciproque des furfaces, qui eft celle des quarrés de leurs diamétres.

De-là il eft très-facile à un Géométre de conclure que les viteffes feront égales, lorsque les racines quarrées des hauteurs feront entr'elles comme les quarrés des diamétres des furfaces, & que l'eau s'écouleroit toujours d'une même viteffe, fi elle fortoit d'un vafe formé par la circonvolution d'une ligne courbe telle que les portions de l'axe feroient en raifon quadruplées des appliquées correfpondantes.

Selon ce que nous avons dit, l'eau qui coule d'un Refervoir devroit remonter à une hauteur égale à celle du Refervoir, mais la Nature n'exécute rien avec la précifion que les Géométres imaginent: & dans le paffage des Mathématiques à la Phyfique, il y a toujours quelque déchet fur la jufteffe & la régularité. Plufieurs caufes, fur quoi les Géométres ne comptent point, & qui ne laiffent pas d'être, empêchent le Jet-d'eau de monter précifément jufqu'à la hauteur de fon Refervoir. Quand le Jet eft perpendiculaire, l'eau retombe par fon poids fur celle qui eft au-deffous d'elle, & qui la fuit, & diminue d'autant l'effort qu'elle fait pour s'élever. Plus l'ajutage eft étroit, plus l'eau a de viteffe; mais auffi plus l'air lui réfifte, & s'oppofe à fon mouvement; & d'ailleurs cette réfiftance de l'air, plus grande, fait que l'eau fe divife plutôt & en plus petites goûtes; & il eft certain que de petites goûtes ayant plus de furface à proportion que les grandes, elles ont plus de difficulté à fendre l'air.

A N.

## ANNE'E MDCLXIX.

# PHYSIQUE.

## CHIMIE.

C'Etoit une des occupations de l'Académie, & ce n'étoit pas la moins utile, que d'examiner les Livres qui paroissoient sur les matiéres qu'elle avoit embrassées, surtout ceux qui par la réputation de leurs Auteurs méritoient une attention particuliére. Soit qu'on suivît leurs vuës, soit qu'on relevât leurs fautes, on en profitoit toujours. 1669.

Mr. du Clos continua cette année l'examen qu'il avoit commencé des Essais de Chimie de Mr. Boyle. Ce savant Anglois avoit entrepris de rendre raison de tous les Phénoménes Chimiques par la Philosophie Corpusculaire, c'est-à-dire, par les seuls mouvemens & les seules configurations des petits corps. Mr. du Clos, grand Chimiste, aussi-bien que Mr. Boyle, mais ayant peut-être un tour d'esprit plus Chimiste, ne trouvoit pas qu'il fût nécessaire, ni même possible, de réduire cette Science à des principes aussi clairs que les figures & les mouvemens, & il s'accommodoit sans peine d'une certaine obscurité spécieuse qui s'y est assez établie. Par exemple, si du bois de Brésil bouilli dans quelques lessives de sels sulphurés produit une haute couleur pourprée, qui se perd, & dégénére subitement en jaunâtre par le mêlange de l'eau-forte, de l'esprit de salpêtre, ou de quelque autre liqueur acide minérale; Mr. du Clos attribuoit ce beau rouge à l'exaltation des sels sulphurés, & Mr. Boyle au nouveau tissu des particules qui formoient la surface de la liqueur. Quand on met du Mercure dans une dissolution d'argent fait en eau-forte, & affoiblie par l'addition d'eau commune, & qu'il se fait des concrétions argentines en forme de rameaux, qui végétent, s'étendent, & se multiplient par toute la liqueur, comme des buissons. Mr. Boyle prétendoit que les particules de l'argent dissout étoient en mouvement avant qu'on y versât du Mercure, & que quand il y étoit versé, elles le rencontroient par une espéce de hazard, & s'y attachoient; Mr. du Clos aimoit mieux que ces matiéres symbolisassent, & se cherchassent mutuellement; & pour preuve de l'immobilité des particules de l'argent dissout avant l'addition du Mercure, il apportoit l'exemple de certaines dissolutions d'or, où il paroît divisé en très-petites paillettes luisantes, dispersées par toute la liqueur, ce que Mr. Boyle auroit pu cependant expliquer selon son systême.

1668. La Chimie par des opérations viſibles réſout les corps en certains principes groſſiers & palpables, ſels, ſouffres, &c. Mais la Phyſique par des ſpéculations délicates agit ſur ces principes, comme la Chimie a fait ſur les corps; elle les réſout eux-mêmes en d'autres principes encore plus ſimples, en petits corps mus & figurés d'une infinité de façons: voilà la principale différence de la Phyſique & de la Chimie, & preſque la même qui étoit entre Mr. Boyle & Mr. du Clos. L'eſprit de Chimie eſt plus confus, plus enveloppé; il reſſemble plus aux mixtes où les principes ſont embarraſſés les uns avec les autres; l'eſprit de Phyſique eſt plus net, plus ſimple, plus dégagé; enfin il remonte juſqu'aux premiéres origines, & l'autre ne va pas juſqu'au bout.

L'examen que fit Mr. du Clos du Livre de Mr. Boyle fut aſſez long, & d'une diſcuſſion fort profonde. Mais comme ce ſont différentes remarques qui ont peu de liaiſon enſemble, il ſeroit difficile de les rapporter ici. Nous en donnerons ſeulement une des plus curieuſes pour échantillon des autres. Mr. Boyle avoit parlé d'une maniére déjà traitée par d'autres Chimiſtes, de rendre le ſel inſipide, c'eſt-à-dire, de lui ôter en quelque ſorte ſon eſſence. On prend du ſel marin diſſout en eau commune chaude, filtré par le papier gris, ou autrement purifié par la réſidence de ſes féces, & coagulé au feu. On le fait calciner dans un pot à un feu aſſez fort pendant cinq heures, puis on le met réſoudre à l'air humide; & quand il eſt réſout, & que les terres en ſont ſéparées, on le fait diſtiller par la cornuë, en pouſſant toute l'humidité aqueuſe dans le récipient. On expoſe de-nouveau à l'air ce qui étoit reſté dans la cornuë, & on le fait réſoudre; & ainſi réïtérant ces réſolutions à l'air, & ces diſtillations au feu, preſque tout le ſel à la huitiéme fois eſt paſſé dans le récipient en eau inſipide, & il n'en reſte que peu de féces terreſtres ſans ſaveur, peut-être deux onces ſur dix livres.

Mr. du Clos obſerva qu'il étoit échappé à Mr. Boyle, & aux autres Chimiſtes, que la liqueur inſipide de ces ſels ainſi réſouts par le moyen de l'air, contient un ſel ſubtil, qui reprend corps viſible & palpable de ſel par une lente & longue digeſtion à l'aide du feu externe, & que ce ſel a contracté de nouvelles qualités, qui le rendent propre à de grands effets dans la Chimie & dans la Médecine.

## ANATOMIE.

I. DEUX Civettes étant mortes dans la Ménagerie de Verſailles, elles furent envoyées à l'Académie par ordre du Roi; & l'on fut bien

bien aise de pouvoir les comparer au Castor de l'année précédente, par rapport à la matiére que ces deux espéces d'animaux renferment dans des reservoirs qui leur sont particuliers. Le *Castoreum* est d'une odeur forte & peu agréable, & celle de la liqueur qui vient de la Civette est extrêmement douce; & l'on jugea que cette différence peut venir de l'humidité froide du Castor, qui est un demi-poisson, au-lieu que la Civette est d'un tempérament chaud & sec, boit peu, & habite ordinairement les sables de l'Afrique: le reservoir qui contient la liqueur odorante de la Civette est au-dessous de l'anus, & au-dessus d'un autre orifice si semblable dans les deux sexes, que sans la dissection toutes les Civettes paroîtroient femelles. Ce reservoir est percé dans le fond par deux trous, qui vont aboutir chacun à une espéce de sac semé en dedans d'une infinité de petites éminences, d'où l'on fait sortir la liqueur en les pressant. Il n'y a point d'apparence qu'elle soit portée en ces endroits par des conduits particuliers; elle n'est que filtrée par des glandes qui prennent ce qui leur est propre dans les artéres qui leur portent le sang, de-même que les mammelles & les reins, sans avoir de conduits qui leur portent le lait ou l'urine, savent former ces deux liqueurs par la seule filtration que leurs glandes font du sang des artéres. Comme on a remarqué que les Civettes sont incommodées de cette liqueur, quand les vaisseaux qui la contiennent en sont trop pleins, on leur a trouvé aussi des muscles dont elles se servent pour comprimer ces vaisseaux, & la faire sortir. Quoiqu'elle soit en plus grande quantité dans ces reservoirs, & s'y perfectionne mieux, il y a lieu de croire qu'elle se répand aussi en sueurs par toute la peau. En effet, le poil des deux Civettes sentoit bon, & surtout celui du mâle étoit si parfumé, que quand on avoit passé la main dessus, elle en conservoit longtems une odeur agréable. Marmol assûre qu'on recueille la sueur des Civettes, après les avoir fait longtems courir dans leur cage. On trouva que la Civette avoit assez les marques de l'Hyéne des Anciens, si l'on en excepte les rêveries que les Anciens ont débitées de l'Hyéne, comme de la plupart des animaux peu connus. 1669.

2. On remarqua dans un Elan, qui est un Animal Septentrional, & qui, tout bien considéré, passa pour l'Alcé des Anciens, que comme il a l'odorat exquis, jusque-là que Pausanias dit qu'il ne se laisse jamais approcher des hommes, parce qu'il les sent de fort loin; aussi a-t-il les apophyses mammillaires, que l'on croit être l'organe de ce sens, plus grandes qu'aucun autre animal que l'on eût encore disséqué à l'Académie. On trouva de-plus une raison vraisemblable de son extrême timidité dans la grandeur extraordinaire de sa glande pinéale; car au-contraire

1669. traire les animaux courageux & cruels, l'ont fort petite, & presque imperceptible. Quant à la vertu qu'a l'ongle de l'Elan contre l'Epilepsie, & au secret qu'il a de se guérir lui-même de cette maladie, en portant son pied dans son oreille, on n'y ajoûta pas de foi. L'Elan n'a pas les jointures des jambes de la souplesse qu'il faudroit pour ce mouvement qu'on lui attribuë, au-contraire il les a extrêmement roides, & serrés par des ligamens durs & épais, en vuë apparemment de ce qu'il doit courir sur la glace. De-là vient aussi la force extraordinaire des coups qu'il ruë.

3. La structure des quatre pieds d'un Veau Marin, que l'on dissequa, rendit raison de ce que cet animal, qui peut vivre à terre aussi-bien que dans l'eau, est cependant plus rarement à terre; car ses pieds peu propres pour marcher, le sont davantage pour nager, surtout ceux de derriére, qui ressemblent plus à une queuë de poisson qu'à des pieds. Mais enfin ces animaux marchent, & ce sont les *Phocæ* des Anciens, que Protée menoit paître à terre. Comme ils sont destinés à être longtems dans l'eau, & que le passage du sang par le poûmon ne se peut faire sans la respiration, ils ont le trou ovalaire, tel qu'il est dans le fœtus, qui ne respire pas non plus. C'est une ouverture placée au-dessous de la veine-cave, & une communication du ventricule droit du cœur avec le gauche, qui fait passer directement le sang de la veine-cave dans l'aorte, & lui épargne le long chemin qu'il auroit à prendre par le poûmon. On trouva beaucoup de cervelle au Veau Marin, contre l'ordinaire des Poissons; aussi, loin qu'il en ait la stupidité, on raconte des merveilles de son esprit; & Pline assûre qu'on en faisoit voir à Rome qui répondoient quand on les appelloit, & qui de la voix & du geste saluoient le peuple sur les théatres. Si l'on avoit trouvé quelque vérité dans ce que dit le même Pline, qu'après que cet animal a été écorché, son poil, assez semblable à celui d'un Veau terrestre, conserve une telle sympathie avec la Mer, qu'il se hérisse, ou s'applattit, selon le flux ou le reflux, le Veau Marin seroit encore beaucoup plus admirable.

---

## *SUR LES INSECTES.*

MOnsieur Frenicle fit part à la Compagnie de ses Observations sur quelques Insectes.

Il avoit examiné avec soin une espéce de Chenille qui s'attache aux Pruniers. Il l'avoit suivie dans sa métamorphose, & il décrivit, & la Chenille en elle-même, & le Papillon qui en étoit issu.

Il observa avec le même soin diverses autres Chenilles de l'Arroche, de de l'Ortie, de la Poirée, du Rosier, &c. mais nous ne pouvons pas le suivre dans les détails de ces Observations; non que le sujet, quoique petit en apparence, ne fournisse autant de vuës & de réflexions pour qui sait voir & réfléchir que d'autres sujets qui pourroient en paroître plus susceptibles; mais cette Histoire, comme nous l'avons déja dit, n'auroit point de bornes, & d'ailleurs nous aurons dans la suite occasion d'en parler encore. 1669.

## BOTANIQUE.

MOnsieur du Clos rendit compte d'un Livre de Jardinage dédié à la Compagnie. L'Auteur proposoit un plan de Jardin assez nouveau. C'étoit un quarré long, posé sur une ligne qui alloit du Nord-Ouëst au Sud-Est. Du côté du Nord-Ouëst la muraille avoit 36 pieds de haut, elle n'en avoit que 6 du côté du Sud-Est, & les deux autres murailles opposées alloient toujours en diminuant depuis la grande jusqu'à la petite. Par le moyen de grandes toiles que l'on tendoit sur ce Jardin, on n'avoit qu'autant d'hyver & d'été que l'on vouloit. Là devoient croître en toute saison les fruits de tous les climats.

Le Livre contenoit beaucoup de bonnes observations, ou de vuës qui méritoient d'être examinées: par exemple, Que l'exposition la plus favorable pour les Plantes, est celle qui leur donne le soleil depuis le matin jusqu'à deux ou trois heures après midi, parce que le matin elles ouvrent doucement leurs pores pour recevoir les vapeurs nitreuses qui voltigent alors dans l'air, & qu'étant abandonnées du soleil sur les trois heures, elles referment peu à peu leurs pores jusqu'au soir, & ne sont plus si susceptibles du froid de la nuit: Que la terre du Jardin ne doit pas être humectée par des sources qui en soient proche, parce que leur fraîcheur est trop grande: Que pour augmenter le sel spécifique de chaque Plante, il la faut arroser avec des lessives faites des cendres de pareilles plantes: Qu'en hyver il faut un arrosement plein d'esprits, & que pour cela il seroit bon de garder dans des citernes des eaux de pluyes tombées après le tonnerre, des rosées du printems, des neiges fonduës: Qu'en toute saison il vaut mieux arroser le matin que le soir, pour donner aux plantes une provision d'humidité contre la chaleur du jour, & n'augmenter pas le refroidissement que la nuit leur causera, &c.

Mais quand de ces réflexions ou expériences particuliéres, l'Auteur s'élevoit aux raisonnemens généraux, il s'élevoit trop. Il posoit trois prémiers Principes, l'Agent universel tiré de l'Essence Divine, c'étoit le

1669. le Soleil, la Matiére, autrement la Lune, où le Soleil avec ſes rayons alloit puiſer de quoi faire ici-bas toutes ſes productions, à peu près comme un Peintre prend avec le pinceau ſes couleurs ſur la palette; enfin le Milieu, ou la Terre, corps compoſé de tout ce que le Soleil avoit tiré de la Lune. Il ne paroît pas qu'il ſoit beſoin d'un ſyſtême ſi magnifique pour élever des Tulipes, & des Orangers.

## *SUR LA COAGULATION.*

IL n'appartient pas à tout le monde d'être étonné de ce que le Lait ſe caille. Ce n'eſt point une expérience curieuſe, & connuë de peu de gens, c'eſt une choſe ſi ordinaire qu'elle en eſt preſque mépriſable. Cependant un Philoſophe y peut trouver beaucoup de matiére à réflexion; plus la choſe eſt examinée, plus elle devient merveilleuſe, & c'eſt la ſcience qui eſt alors la mére de l'admiration.

L'Académie ne jugea donc pas indigne d'elle d'étudier comment la Coagulation ſe fait; mais elle en voulut embraſſer toutes les différentes eſpéces, pour tirer plus de lumiéres de la comparaiſon des unes aux autres. On fit un très-grand nombre d'expériences ſur du lait, ſur du ſang tant veineux qu'artériel, ſur du fiel de Bœuf, ſur de l'eau trouvée dans le péricarde d'un Cheval, &c. Dans ces différentes liqueurs on mêla ſucceſſivement différens ſels, différens ſucs d'herbes, pour voir quelles étoient les matiéres qui cauſoient la coagulation ou qui l'empêchoient, ou ſimplement qui la hâtoient ou la retardoient, ou enfin qui n'y faiſoient aucun effet. On ne manqua pas de conſidérer auſſi les différens degrés de fermeté, & d'autres accidens de diverſes coagulations.

Quand on fut ſuffiſamment fourni de faits, on raiſonna.

Mr. du Clos dit, que la concrétion des liquides étoit différente, ſelon les différens liquides, & les différentes cauſes qui la produiſoient. Si le liquide eſt homogéne, ou à peu près, comme l'eau, les graiſſes, & les métaux fondus, il devient ſolide ſans être altéré dnas ſon eſſence. Cette concrétion n'eſt qu'une ſimple congélation.

Si le liquide n'eſt pas homogéne, c'eſt-à-dire, s'il a des particules ſolides diſperſées, & délayées dans la liqueur, la concrétion ſe fait lorſque les parties ſolides ſe ſéparent de la liqueur où elles nageoient, & ſe mettent toutes enſemble; & alors il ne ſe fait pas ſeulement un changement de conſiſtance, mais auſſi de compoſition. Quand le lait ſe caille, les parties fromageuſes ſe ſéparent de la liqueur ſéreuſe. Quand la ſéve des arbres devient bois, & que le chile prend dans les animaux la ſolidité de leurs membres, c'eſt par cette eſpéce de coagulation. Elle eſt la plus éten-

étenduë de toutes, & peut, selon Mr. du Clos, s'appeller transmutative. 1669.

A ces différentes espéces répondent différentes causes. La coagulation, lorsqu'elle n'est qu'une simple congélation, se fait toujours au froid. L'eau glacée, les sels cristallisés, reprennent aisément par le chaud leur première liquidité, & redeviennent précisément tels qu'ils étoient. Il en va de même des métaux, des graisses, de la cire, &c.

Il y a des matiéres qui se raréfient par la congélation, comme l'eau; & d'autres qui se condensent, comme les métaux fondus. Celles qui se raréfient sont purement aqueuses, & sont pénétrées par l'air qui les étend & les dilate lorsqu'elles se congélent, & celles qui se resserrent sont grasses & sulphurées, & peu pénétrables à l'air.

Pour mieux reconnoître les causes des congélations naturelles, il est bon d'en considérer quelques-unes qui se fassent par art.

Glauber, selon ce que rapportoit Mr. du Clos, qui apparemment ne s'en rendoit pas garant, parle d'un certain sel, qui a la vertu de congeler en forme de glace, non seulement l'eau commune, mais les aquosités des huiles, du vin, de la biére, de l'eau-de-vie, du vinaigre, &c. Il fait ce que ne peut jamais faire le froid extrême de l'air, il congéle les liqueurs âcres distillées, telles que sont les eaux fortes, l'esprit de sel commun, l'esprit d'alun, l'esprit de vitriol, &c. il réduit même le bois en pierre.

Si l'on remplit un caraffon de cette matiére saline préparée comme il faut, & qu'on le suspende sur le milieu d'une table, autour de laquelle plusieurs personnes soient assises, leur haleine se glacera sur le caraffon, & le couvrira entiérement par dehors d'une neige, qui s'augmentant toujours viendra à tomber sur la table. Que l'on plonge le caraffon dans du vin, les parties aqueuses du vin se congéleront autour de ce vaisseau, & se mettront en glaçons insipides, qui étant ôtés augmenteront la force du vin, & par ce moyen on continuera de le rendre encore plus fort, si l'on veut. On pourra faire la même chose sur de la biére, ou du vinaigre.

Pour mettre en glace de l'eau, du vin, de la biére, & autres liqueurs semblables, il ne faut que dissoudre cette matiére saline en trois fois autant de la liqueur qu'on veut congéler.

Ceux qui voudront savoir comment on fait ce sel, pourront s'en instruire dans la seconde Centurie de l'Appendice général de Glauber.

Cette matiére ne peut guére agir que par sa froideur, lorsqu'elle agit enfermée dans le caraffon; mais quand elle est dissoute dans des liqueurs qui se congélent ensuite, Mr. du Clos imaginoit que sa sécheresse pouvoit aussi avoir part à cet effet.

Sa grande froideur vient de ses sels, & de l'exaltation de leur acrimo-

 nie.

1669. nie. L'eau simple n'est point si froide que celle où l'on a dissout quelque sel; & plus ce sel est âcre, plus l'eau est froide. Par-là le sel ammoniac la rend plus froide que les autres. Les esprits recorporifiés augmentent plus la froideur de l'eau, que les sels dont ils sont tirés, parce qu'ils sont plus âcres.

La sécheresse vient des esprits acides & mercuriels, ou des particules terrestres, c'est pourquoi le verjus & le vinaigre se glacent facilement. Au-contraire les liqueurs empreintes d'esprits ignés & sulphurés, comme l'eau-de-vie, ou ne se gélent point, ou ne se gélent qu'avec peine.

Quand Mr. du Clos vint à la coagulation, qu'il appelloit transmutative, il commença par l'exemple de l'eau qui se pétrifie en tombant des voûtes de certaines Grottes, ce qui n'est pas fort rare. Il remarqua même qu'au rapport du Docteur Banc, dans son Livre des Eaux Minérales, l'eau de la Fontaine de St. Alyre proche de Clermont en Auvergne se pétrifiant peu à peu, s'est fait avec le tems un pont de pierre.

Tout le monde sait la fameuse expérience de Van Helmont, par laquelle il demeura constant que plus de 164 livres de bois avoient été formées de la seule eau qui avoit arrosé pendant cinq ans la terre où étoit planté un Saule.

Le Docteur Rondelet a écrit qu'un Poisson gardé trois mois dans un vaisseau où il n'y avoit que de l'eau commune, étoit crû considérablement.

Pour juger de ces coagulations naturelles par les artificielles, où les causes sont plus manifestes, Mr. du Clos rappelloit l'expérience dont nous avons parlé, par laquelle il avoit vu que le sel fixe & sulphuré du tartre, aidé du sel acide & volatile du vinaigre ayant pénétré le sable d'Estampes, avoit dégagé son souffre pierreux, & que ce souffre ainsi exalté par ce sel avoit pu coaguler l'eau & la réduire en pierre.

*Voyez ci-dessus, p. 18.*

Il rapportoit donc en général les coagulations transmutatives aux souffres & aux sels sulphurés, qui agissoient par leur chaleur dessechante.

On peut encore marquer pour une espéce de coagulation transmutative, celle qui se fait par le mêlange de deux liqueurs. Ainsi les esprits salins se condensent & se coagulent, ou par d'autres esprits salins, comme l'esprit de vin par l'esprit de salpêtre & par celui d'urine, ou par des sels sulphurés, comme l'esprit de vin par le sel de tartre, ou par des souffres terrestres, comme le vinaigre distillé par le plomb, le corail, les perles, &c.

Après Mr. du Clos, MM. Mariotte, Huyguens & Perrault, envisagérent ce sujet d'une maniére plus physique. Voici à quoi se peuvent réduire les pensées qu'ils proposérent tous trois, car elles ne sont pas assez différentes pour les séparer.

Les

Les liqueurs ne font liqueurs que parce que leurs parties font petites, 1669.
détachées les unes des autres, entretenuës en mouvement par une matiére très-fubtile qui coule inceffamment dans les intervalles qu'elles laiffent.

Sans ce mouvement imprimé aux parties des liqueurs par cette matiére fubtile & étrangére, il n'y auroit que des corps durs. L'Atmofphére, à ce que difoit Mr. Mariotte, fe pétrifieroit, & fe colleroit à la Terre, comme une croûte, tous les liquides feroient comme des tas de blé, à qui il ne manque rien pour être liquides, finon que leurs parties fuffent affez déliées pour recevoir l'impreffion de la matiére fubtile, & pour être muës féparément les unes des autres.

Si le mouvement de cette matiére eft affoibli jufqu'à un certain point, les parties des liquides s'arrêtent, & fe fixent auffitôt; c'eft-à-dire, que les liquides fe congélent; non pas que cet effet s'étende en même tems fur toutes les efpéces de liquides, la matiére fubtile devenuë incapable d'agiter fuffifamment de certaines liqueurs, ne l'eft pas pour cela d'en agiter d'autres, qui feront plus déliées, plus aifées à pénétrer, enfin plus fufceptibles de mouvement.

A ne regarder la chofe que du côté de la matiére fubtile, le froid, qui felon toutes les apparences vient de la diminution de fon mouvement, feroit la feule caufe de la coagulation, auffi eft-ce la plus générale; mais il y a dans les liqueurs mêmes des difpofitions qui les rendent propres à être coagulées indépendamment de la matiére fubtile.

Les liqueurs ne font pas des compofés fimples, dont toutes les parties foient égales; ce font au-contraire des mêlanges des parties affez différentes en groffeur & en figure, qui cependant font toujours dans les termes de la petiteffe, & du peu de liaifon, néceffaires pour faire une liqueur. Le lait a des parties tant foit peu hériffées & branchuës, qui font la crême & la graiffe, & d'autres plus rondes, plus unies, & apparemment plus déliées, qui font le petit-lait. Tant que le lait eft dans fon état naturel, elles font confonduës les unes avec les autres, & ce font les parties graffes qui flottent dans le petit-lait, à qui appartient plus proprement la qualité de liqueur. Ces parties graffes ont affez de difpofition à s'accrocher; mais par le feul mouvement qui eft dans le lait, comme en tout autre liquide, elles ne fe rencontrent pas avec affez de force. Qu'il furvienne un certain degré de chaleur qui augmentera ce mouvement, elles s'iront chercher les unes les autres, fe lieront enfemble, & fe fépareront du petit-lait. Alors voilà du lait caillé. Si ce même mouvement qui fait cailler le lait étoit trop fort, le lait ne fe cailleroit plus. Par exemple, fi on le remuë pendant qu'on le fait bouillir, il peut arriver que les liaifons qui commençoient à fe former, fe rompent.

 Que

1669. Que la chaleur fasse évaporer les parties les plus volatiles d'une liqueur, qui communiquoient la liquidité aux autres, celles-ci restent seules, pesantes & grossiéres, & ne font plus qu'une masse immobile.

Il peut arriver même qu'une liqueur produise à l'égard d'une autre l'effet de la chaleur, soit en y causant une effervescence qui fasse exhaler les parties les plus subtiles, soit en y excitant un mouvement qui rapproche & unisse celles qui sont grossiéres & branchuës. C'est de la premiére maniére que l'huile de vitriol, & l'esprit de salpêtre coagulent le sang, la sérosité du sang, l'eau du péricarde, le blanc d'œuf, &c. & c'est de la seconde que toutes les liqueurs âcres & corrosives font cailler le lait.

On peut encore imaginer d'autres causes de la coagulation d'une liqueur par une autre. Par exemple, si l'extrait de noix de galle, qui est fort astringent, coagule le lait, il faut concevoir que cette liqueur, pour être astringente, doit être composée de petits corps âpres & hérissés, qui servent de lien commun aux parties grasses du lait.

Les causes de la coagulation une fois conçuës, on voit aussitôt celles qui peuvent, ou la retarder, ou l'affoiblir.

En général, il n'y a point de corps plus contraire à la coagulation, que le sel. L'eau salée se géle difficilement, parce que les petites particules de sel se mettent entre deux particules d'eau qui se seroient jointes, & s'y mettent de façon qu'elles ne s'y lient point. Et si l'on séme du sel sur un morceau de glace, cette glace fond en très-peu de tems.

Chaque corps coagulé a son tissu particulier; & selon chaque différent tissu il faut aussi quelque chose de différent, ou pour le rompre, ou pour l'empêcher de se former. Cette proportion consiste quelquefois dans un point presque indivisible. Deux corps que l'on croiroit de la même nature, ne font point le même effet, ou ne reçoivent point la même impression. L'esprit d'urine n'empêche point la coagulation du sang; & l'esprit de sel ammoniac l'empêche, quoique le sel ammoniac soit extrait de sel d'urine. Qu'y-a-t-il de plus semblable que le lait & le sang? Cependant l'esprit de souffre & celui de miel font coaguler le lait, & empêchent le sang de se coaguler. Les plus Pirrhoniens sur la Physique ne se fussent peut-être pas avisés de douter que le sang & le lait ne dussent éprouver les mêmes effets de la même cause.

Il est pourtant vrai que quelque rapport qu'ils ayent par un grand nombre de qualités communes, il suffit qu'ils différent en une seule, pourvu que ce soit justement celle-là qui agisse, & qui jouë dans le fait de la coagulation.

De déterminer quelle est cette qualité, c'est un détail, & une précision, où l'on ne peut guére entrer. Les diverses combinaisons des figu-

res

res & des mouvemens font un païs d'une étenduë infinie. Il est si vaste, que l'on y peut être dans une bonne voye, & n'être pas dans la vraye, c'est-à-dire, qu'on peut imaginer des figures qui satisferont au phénoméne, & qui ne seront pourtant pas celles que la Nature y a employées. 1662.

Dans une si prodigieuse multitude, ce qui produit un certain effet, n'est pas toujours unique, peut-être même est-il quelquefois assez divers.

## SUR LA PESANTEUR.

APRE'S la coagulation, on mit sur le tapis un sujet encore plus simple, plus exposé aux yeux de tout le monde, plus connu en apparence, & beaucoup plus difficile. C'est la Pesanteur. Rien n'en sauroit mieux prouver la difficulté que l'extrême différence des opinions qui furent proposées.

Mr. de Roberval crut que pour connoître la Pesanteur, il nous faudroit quelque sens particulier & spécifique, dont nous manquons; & ne voulant point s'embarrasser dans une recherche inutile des causes, il fut d'avis que l'on s'en tînt au fait. Comme il étoit grand Géométre, il regarda les incertitudes de la Physique avec un mépris de Géométre.

MM. Frenicle & Mariotte supposérent une inclination naturelle que les parties d'un corps ont à se tenir jointes ensemble, & une attraction par laquelle la terre rappelle les siennes, quand elles s'éloignent, & s'égarent: qualités que l'on ne peut guére attribuer à la matiére, sans l'honorer de quelque intelligence.

Toutes les anciennes attractions & sympathies revinrent dans leur systême, l'Aiman, les petites goûtes d'eau qui s'arrondissent posées sur un lieu sec, quoiqu'elles dussent s'applatir par leur poids, le mouvement par lequel de petites aiguilles très-légéres, & qui nagent sur l'eau, se vont chercher les unes les autres, l'eau qui monte jusqu'à un pouce ou deux dans un très-petit tuyau de verre un peu humide, ce qui n'arrive pas au vif-argent, à-moins que le tuyau ne fût de quelque métal, excepté de fer, une goûte de syrop qui descendant du bout d'un bâton, & ayant filé quelque tems, vient enfin à se rompre en deux, & tombe du côté d'embas en goûte ronde, tandis qu'elle remonte du côté d'enhaut vers le bâton, &c.

Mr. du Hamel, Sécretaire, leur donna un fait de sympathie assez curieux. Il dit qu'il avoit vu entre les mains de Mr. Boyle deux phioles chacune à demi pleine de sa liqueur, qui étant approchées l'une de l'autre sans se toucher, paroissoient jetter une fumée assez épaisse.

L'ex-

1669. L'explication de ce ſyſtême de la Peſanteur, fut accompagnée de quelques remarques importantes.

Mr. Frenicle avoit obſervé très-exactement qu'une bale de moëlle de ſureau, qui avoit environ quatre lignes de diamétre, étant tombée de vingt pieds de haut, n'augmentoit plus ſa viteſſe ; qu'un autre corps encore plus léger ceſſoit de l'augmenter à douze pieds ; & que la bale de moëlle de ſureau, & une de plomb de même volume, tomboient également vite, quand elles ne tomboient que de quatre ou cinq pieds. Ces expériences avoient été faites dans un lieu fermé.

Mr. Mariotte prouva que la premiére viteſſe dont un corps peſant commence à tomber, n'eſt point infiniment petite, mais d'une grandeur déterminée.

Qu'un jet-d'eau vertical choque directement un corps peſant ſuſpendu à un fil. Si le premier mouvement de ce corps vers le centre de la Terre étoit infiniment petit, il ſeroit ſurmonté par les premiéres parties de l'eau jailliſſante, quelque petite que fût leur viteſſe; car elle ſeroit toujours d'une grandeur déterminée. Donc ſi on coupoit le fil qui ſoutient ce corps, il ne deſcendroit point, & ſeroit ſoutenu par le jet. Cela ſeroit ſans exception pour tous les cas poſſibles. Cependant c'eſt ce qui n'arrive que dans un ſeul, lorſque la viteſſe des premiéres parties du jet ſurpaſſe autant la premiére viteſſe dont le corps tend à tomber, que ſa peſanteur ſurpaſſe celle des goûtes d'eau qui ſont les premiéres parties du jet ; & en ce cas il eſt clair que la premiére viteſſe dont ce corps tend à tomber eſt déterminée, puiſque toutes ces grandeurs avec leſquelles elle entre en proportion, le ſont auſſi.

Mr. Buot peu ſatisfait des déſirs d'union, & des attractions, les expliqua par des impulſions, & par de ſemblables principes qui ſe conçoivent.

Mr. Perrault fit même dans la ſuite des objections poſitives contre l'attraction de la Terre. Si elle avoit lieu, une groſſe pierre penduë à un endroit élevé, attireroit un petit grain de pouſſiére qui ſeroit bien proche ; les corps qui tombent dans un puits fort profond diminueroient ſenſiblement leur viteſſe en deſcendant, parce qu'étant proche du fond, ils ſeroient retenus par la force de la terre qui eſt au-deſſus ; un plomb le long d'une muraille qui ſeroit au pied d'une montagne, inclineroit vers le pied de la montagne.

Les attractions détruites, il ſemble ne reſter plus qu'un parti, l'impulſion de quelques corps qui pouſſent vers le centre de la Terre ceux qu'on nomme peſans. C'a été l'idée de Mr. Deſcartes, que Mr. Huygens ſe rendit propre en la rectifiant ſur quelques points.

Les Corps qui ont un mouvement circulaire, tendent à s'éloigner du cen-

centre de leur mouvement, & cela avec d'autant plus de force, que leur mouvement eſt plus vite. Ainſi quand on tourne une fronde où eſt une pierre, on ſent que la pierre tire d'autant plus la main, que l'on tourne la fronde avec plus de viteſſe. 1669.

Mr. Huyguens détermina par ce Théorême la force d'un corps à s'éloigner du centre de ſon mouvement. Un corps qui tourne horizontalement au bout d'une corde attachée à un centre, la tirera avec autant de force que ſi elle le ſoutenoit ſuſpendu en l'air, pourvu que ce corps faſſe un tour de ſon mouvement horizontal, dans le même tems que la corde, ſi elle étoit ſuſpenduë, feroit deux vibrations.

La matiére fluïde qui tourne autour de la Terre, & avec elle, doit donc tendre toujours à s'éloigner du centre de ſon mouvement; & comme tout eſt plein, elle y doit repouſſer les corps qui ſe trouveroient mêlés avec elle, s'ils ſont moins propres qu'elle à ſuivre ce mouvement.

Que l'on faſſe tourner de l'eau dans un vaiſſeau qui ait le fond plat, après y avoir mis de petites parcelles de quelque matiére un peu plus peſante que l'eau, on verra qu'au commencement ces petits corps flottans dans l'eau à cauſe de ſon agitation, ſuivront ſon mouvement circulaire, & ne s'approcheront point du centre du vaiſſeau. Mais ſitôt qu'ils commenceront à toucher au fond, & que leur mouvement circulaire ſera par-là interrompu ou diminué, ils iront vers le centre par des lignes ſpirales, & s'y amaſſeront. Mais que l'on mette dans ce vaiſſeau un corps qui ne puiſſe du tout ſuivre le mouvement circulaire de l'eau, parce qu'il ſera arrêté entre deux filets; alors ſi après avoir fait tourner le vaiſſeau quelque tems, on l'arrête ſubitement, l'eau conſervera encore ſon mouvement circulaire, & ce corps ira au centre, non par une ligne ſpirale, car il ne peut prendre de mouvement en rond, mais par une ligne droite; & là il ſe tiendra arrêté. L'expérience ſera encore plus parfaite, ſi ce corps eſt préciſément de la même peſanteur que l'eau; car alors la peſanteur ne ſera à compter pour rien, & l'on verra que le ſeul mouvement en produit l'effet, car ce corps ne pouvant pas ſuivre le mouvement du fluïde, il en eſt néceſſairement choqué dans tous les points de ſa ſurface expoſés au courant; mais ce choc eſt inégal; il eſt plus grand dans la partie de la ſurface du corps la plus proche de la circonférence du vaiſſeau, & moindre dans celle qui eſt plus proche du centre; car les filets ont d'autant plus de viteſſe, qu'ils approchent plus de la circonférence. Le corps doit donc être chaſſé vers le centre, outre que les parties du fluïde mu en rond tendantes à s'échapper par la tangente de leurs révolutions, elles ſont réfléchies vers le centre par la cir-

1669. circonférence du vaiſſeau, & par conſéquent elles doivent y chaſſer le corps qui eſt plongé dans ce fluïde.

Une pierre jettée dans l'air eſt moins propre que la matiére fluïde à tourner autour de la Terre, parce que, ſelon Mr. Huyguens, cette pierre fût elle-même réduite à un atôme de pouſſiére, eſt encore extrêmement groſſe à l'égard de la matiére ſubtile; & par conſéquent elle en reçoit dans ſes diverſes parties des impreſſions contraires, qui ſe détruiſent. Les unes la portent à tourner d'Orient en Occident, les autres à tourner d'Occident en Orient, &c. Et par conſéquent elle demeure ſans mouvement circulaire, & ne peut plus qu'aller vers le centre.

Car la matiére ſubtile ne tourne pas toute du même ſens que la Terre; elle a trop de mouvement pour ne ſuivre qu'une ſeule détermination toujours uniforme; il faut qu'elle employe cette force à décrire autour de la Terre une infinité de cercles, ou de ſurfaces ſphériques, toutes différemment entrelaſſées les unes dans les autres, dont la plus grande partie a pour centre celui de la Terre.

Et de-là vient que les corps ſont pouſſés vers le centre de la Terre. Si la matiére ſubtile ne tournoit que dans le ſens du mouvement journalier de l'Equateur, elle ne pouſſeroit les corps que vers le centre du cercle parallèle à l'Equateur, dans lequel ils ſe trouveroient; & l'on verroit toutes les chûtes perpendiculaires à l'axe du Monde, & non pas à l'horizon, ce qui eſt contre l'expérience.

Il eſt vrai que la matiére ſubtile doit avoir dans ce ſyſtême un mouvement prodigieux; mais quelque rapide qu'il puiſſe être, il ne doit point effrayer notre imagination, puiſque la viteſſe du mouvement n'a point de limites; & même Mr. Huyguens alloit ſur cela juſqu'à la démonſtration, en ſuppoſant le Théorême que nous avons rapporté.

Puiſque, par ce ſyſtême de la Peſanteur, l'effort dont une maſſe de plomb tend au centre de la Terre, eſt égal à celui dont la matiére ſubtile tend à s'en éloigner, il faut, par le Théorême de Mr. Huyguens, que la matiére ſubtile qui eſt vers la ſurface de la Terre, en faſſe le tour dans le tems qu'une corde égale au demi-diamétre de la Terre, feroit deux vibrations. Or, par la propriété connuë des Pendules, une corde de la longueur du demi-diamétre de la Terre, ſeroit une heure 25' à faire deux vibrations, donc la matiére ſubtile qui eſt près de la ſurface de la Terre, en fait le tour, c'eſt-à-dire, environ 9000 lieuës en moins d'une heure & demie.

Si un corps tomboit d'une ſi grande hauteur, que par l'accélération continuelle de ſa chûte, il vînt enfin à faire 9000 lieuës en une heure 25', ſa chûte ne s'accéléreroit plus, la matiére ſubtile n'auroit plus de viteſſe à lui donner; & avant cela, elle lui en auroit donné d'autant moins,

moins, qu'il auroit plus approché de l'égalité. Mais toutes les chûtes qui sont à la portée de nos sens, & de notre expérience, sont si courtes, & la vitesse de la matiére subtile y excéde toujours à tel point celle des corps qui tombent, que l'on peut supposer son action sur eux toujours égale, & ne compter pour rien la diminution qui y arrive par l'augmentation de la vitesse des corps. Ainsi Galilée a eu raison de supposer l'augmentation des vitesses égale en tems égaux. 1669.

A l'extrême vitesse de la matiére subtile, il faut joindre une subtilité proportionnée. Par-là, elle pénétre tout; par-là, aucun corps interposé ne l'empêche d'agir, non plus que le verre n'empêche l'aiman d'attirer le fer; par-là, toutes les parties intérieures du corps pesant contribuent à sa pesanteur, puisqu'elles éprouvent l'action de cette matiére, aussi-bien que les extérieures; & quoiqu'en passant si facilement partout, on pût croire qu'elle n'agit sur rien, il en va comme d'une riviére qui rencontre des roseaux dans son cours. Il est certain qu'une infinité de parties d'eau choquent les roseaux, & s'y réfléchissent, quoique la riviére ne se détourne pas.

Mr. Perrault proposa ensuite un systême, à peu près du même caractére. Il supposoit les cercles de la matiére éthérée qui se meut autour de la Terre, moins rapides, & plus foibles, à mesure qu'ils approchoient plus de la surface de la Terre, comme l'eau d'une riviére coule moins vite, selon qu'elle approche plus du fond. Le plus petit corps terrestre mis en l'air, étoit toujours assez grand pour être frappé par plusieurs de ces cercles, & pour éprouver l'inégalité de leurs forces. Il déclinoit donc du côté du plus foible, c'est-à-dire, vers le centre de la Terre, & tomboit de cercle en cercle par une ligne courbe que le mouvement de la Terre nous faisoit paroître droite.

Mais sur ce principe tous les cercles de la matiére éthérée ne doivent pousser que vers le centre de leur plan, perpendiculairement à l'axe du Monde, & non pas vers le centre de la Terre, perpendiculairement à l'horizon.

Pour résoudre cette difficulté, Mr. Perrault ajoûtoit au Tourbillon de la matiére éthérée qui va d'Occident en Orient, un autre Tourbillon qui le croisoit à angles droits du Septentrion au Midi.

Il tiroit de ce second Tourbillon, égal en force au premier, un mouvement, qui du plan de chaque cercle paralléle à l'Equateur, ramenoit les corps vers le plan de l'Equateur, & les faisoit tendre au centre de la Terre. Il prétendoit cela plus simple que le nombre infini des cercles ou surfaces sphériques de Mr. Huyguens. Il est vrai que le nombre de deux est plus simple; mais deux Tourbillons seuls, posés si heureusément à angles droits, paroissent plus ajustés au besoin.

## SUR L'ORGANE DE LA VISION.

1669. MOnfieur Mariotte avoit fait fur la Vuë une découverte très-étonnante par elle-même, & qu'il étoit encore plus étonnant que perfonne n'eût faite jufque-là. Un objet éclairé, raifonnablement grand, peu éloigné, environné de toutes parts d'objets que l'on voyoit clairement, échappoit abfolument à la vuë; ce défaut de vifion arrivoit tous les jours à tout le monde, & l'on ne s'en étoit point apperçu. Le fecret de cette Enigme eft préfentement trop public pour s'arrêter à l'expliquer; on fait que les objets dont l'image tombe précifément fur l'endroit où le nerf optique entre dans l'œil, difparoiffent entiérement, & ce qui empêche qu'on ne s'en apperçoive, c'eft que l'objet qui échappe à un œil, n'échappe pas à l'autre, ou que la mobilité extrême d'un feul œil fait que l'image change de place dans un inftant imperceptible. Auffi pour l'expérience de Mr. Mariotte, il faut ne fe fervir que d'un œil, & l'arrêter fur un point fixe fitué à la hauteur de cet œil, & éloigné de 9. ou 10. pieds. Alors on perd de vuë un objet qui fera à 2. ou 3. pieds plus bas que le point fixe, & à côté vers la droite, fi on voit avec l'œil droit, ou vers la gauche, fi on voit avec le gauche. Ce n'eft point l'obliquité de l'objet qui le fait perdre; car on en voit d'autres encore plus obliques; c'eft qu'il va frapper juftement la bafe du nerf optique, qui eft au-deffus du milieu de l'œil, & un peu à côté tirant vers le nez.

Sans aller plus avant, on reconnoît déja pourquoi la Nature a placé ainfi le nerf optique. La vifion qui fe fait par l'axe & par le milieu de l'œil, eft plus nette & plus diftincte que celle des côtés; & fi le nerf optique fût entré dans l'œil par le milieu, la place la plus avantageufe pour la vifion, eût été perduë. Nous découvrons une nouvelle induftrie dans l'organe, dès que nous apprenons un nouveau fait fur le fens.

Comme la rétine couvre le nerf optique, auffi-bien que le refte du fond de l'œil, Mr. Mariotte crut qu'elle ne pouvoit plus être l'organe de la Vifion, puifque la vifion manque où la rétine ne manque pas; mais immédiatement derriére cette membrane il y en a une autre, nommée la choroïde, qui manque précifément à l'endroit du nerf optique: celle-là parut donc évidemment à Mr. Mariotte être l'organe de la vifion.

Rien n'avoit plus l'air d'une Démonftration Phyfique, cependant MM. Pecquet & Perrault ne s'y rendirent pas. Leurs objections à Mr. Mariotte, & fes réponfes ont été imprimées en 1676. avec plufieurs autres Ouvrages d'Académiciens. Il faut voir cette difpute dans toute fon étenduë, pour la voir dans toute fa beauté. Un Extrait fupprimeroit une infinité de réflexions fines & ingénieufes, & un détail très-délicat, en quoi

quoi consiste toute la subtilité de la contestation. Il ne s'agit que de décider entre deux membranes attachées l'une à l'autre, épaisses chacune comme une feuille de papier fin, laquelle est l'organe principal de la vision; il semble que la différence des deux avis soit aussi petite & aussi peu considérable, que la distance des deux membranes: car enfin laquelle que ce soit qu'on prenne, on ne se trompe guére; mais les Lecteurs seront d'autant plus surpris de voir sur un sujet si mince en apparence, des sentimens si essentiellement opposés, & un combat si raisonnablement opiniâtre. 1669.

# MATHEMATIQUES.

## HYDROSTATIQUE.

ON n'avoit pas épuisé l'année derniére les principes de l'Hydrostatique. Mr. Mariotte en fit un Traité, où il fondoit, selon sa coutume, ses principaux raisonnemens sur des expériences, qu'il faisoit avec une dextérité particuliére.

Tout ce que nous avons rapporté d'Hydrostatique sur l'année 1668. ne regarde que l'effet de la pression de l'eau, qui sort avec d'autant plus de vitesse, qu'elle est plus haute, & par-là imite l'accélération des corps pesans, mais renversée.

Pour ne pas embarrasser la chose de trop d'idées différentes à la fois, nous n'avons pas remarqué que la pression de l'eau ne peut agir, que quand l'ouverture du tuyau est fort petite par rapport à la base. Alors la surface supérieure de l'eau, qui tend à descendre toute à la fois, & qui ne le peut à cause de la petitesse de l'ouverture, pése & fait effort sur l'eau inférieure, & lui imprime toute la vitesse qu'auroit une chûte de pareille hauteur. Mais si l'ouverture est égale à la base, la surface de l'eau supérieure descend toute à la fois; & comme elle n'a, pour ainsi dire, aucune inclination qui ne soit satisfaite, elle ne fait point d'effort sur l'eau inférieure, & ne lui imprime point de vitesse.

De-là précisément on ne pourroit tirer de jet-d'eau, mais Mr. Mariotte ajoûtoit une observation importante. Il prétendoit que la chûte de l'eau se faisant librement par une ouverture égale à la base, s'accélére comme celle d'une pierre dans l'air, & passe en tems égaux par les mêmes espaces, 1, 3, 5, &c. car enfin la surface supérieure de l'eau est un corps pesant qui tombe.

 En

1669. En ce cas-là, l'eau ne jaillit qu'environ à la moitié de la hauteur d'où elle est descendue. Car l'eau qui sort à chaque instant n'a que la vitesse de la surface supérieure de l'eau qui descend dans ce même instant-là; & par conséquent la premiére eau qui sort, a par elle-même très-peu de vitesse. Il est vrai qu'elle est poussée par celle qui la suit, dont la vitesse est déjà un peu plus grande; mais aussi cette seconde eau consume une partie de son mouvement à pousser devant elle la premiére, & cela l'empêche de remonter à la hauteur d'où elle est descendue. Quand la vitesse de l'eau qui sort commence à être assez grande, la hauteur de celle qui descend dans le tuyau est fort diminuée; & l'on sait que l'eau ne peut jamais remonter plus haut que le niveau. Ainsi la hauteur du jet doit être à peu près la moitié de la hauteur de la chûte.

Mr. Mariotte confirmoit encore par d'autres expériences l'accélération de la chûte de l'eau qui descend librement.

1. Dans un tuyau recourbé, s'il y a un robinet entre les deux branches, qui ait été fermé pendant qu'on en a rempli une d'eau, on voit lorsqu'on vient à l'ouvrir, que l'eau qui monte dans la seconde branche, monte d'abord plus haut que le niveau où elle doit s'arrêter, ensuite descend plus bas, & ne s'y met enfin qu'après plusieurs balancemens pareils à ceux d'un Pendule qu'on a tiré de sa ligne perpendiculaire. Cet effet ne se peut guére attribuer qu'à l'accélération de la chûte de l'eau, qui est dans la premiére branche, comme les balancemens du Pendule sont causés par l'accélération de la vitesse qu'il acquiert en retournant à son point de repos.

2. Que l'on entretienne un tuyau toujours plein d'eau, l'ouverture étant égale à la base, & qu'on prenne garde que l'eau y tombe doucement, l'eau ne jaillira presque point à la sortie, faute d'accélération.

Voilà donc dans deux cas différens deux mouvemens de l'eau contraires l'un à l'autre; l'un accéléré, l'autre retardé, tous deux dans la même proportion. Quand l'ouverture par où l'eau sort du tuyau est égale à la base, le mouvement est accéléré depuis le commencement de la sortie jusqu'à la fin; quand l'ouverture n'est qu'une fort petite partie de la base, le mouvement va toujours diminuant depuis le commencement jusqu'à la fin; & l'on ne compte pour rien le peu de grandeur qu'a l'ouverture par rapport à la base, car la surface supérieure de l'eau descend si lentement, qu'il ne se peut faire nulle accélération sensible.

Il est aisé de conclure qu'il n'y a qu'un de ces principes qui puisse servir à faire des jets-d'eau, tels qu'on les veut ordinairement: il ne faut faire agir que la pression de l'eau, & par conséquent ne donner au tuyau que la moindre ouverture qu'il se puisse, par rapport à la base, pourvu néan-

néanmoins que cette ouverture ne soit pas si petite, que le frottement de l'eau contre les bords devînt considérable, & que l'eau en sortant se divisât en trop petites goûtes. 1669.

Si on a d'autres desseins: si on veut, par exemple, que l'eau sorte toujours d'un tuyau avec une vitesse à peu près égale, on pourra faire l'ouverture d'une grandeur moyenne, par rapport à la base, trop grande pour laisser beaucoup agir la pression de l'eau au commencement de l'écoulement, trop petite pour laisser beaucoup agir l'accélération de la chûte à la fin.

Les impressions de l'eau à sa sortie, ou sur l'ouverture du tuyau, sont comme ses hauteurs, c'est-à-dire, comme les poids qui pressent sur l'ouverture du tuyau.

Quand la vitesse de l'eau est différente, ses impressions sont en raison doublée des vitesses; car quand elle coule plus vite, non seulement elle frappe un corps opposé avec plus de force, parce qu'elle va plus vite, mais il y a plus de parties d'eau qui le frappent, & le nombre en est d'autant plus grand, que la vitesse est plus grande, ce qui fait nécessairement une raison doublée ou des quarrés.

On auroit pu deviner que l'air suit les mêmes loix que l'eau; mais on aima mieux n'en croire que l'expérience, ou du-moins se fortifier dans son témoignage. Mr. Huyguens imagina une machine dans laquelle l'air étoit successivement pressé par différens poids, & s'échappoit par un tuyau ouvert. On faisoit avec cette machine deux sortes d'observations: en y faisant rentrer autant d'air, qu'il en sortoit, on voyoit quels poids l'air pouvoit contrebalancer à sa sortie, quelle étoit la force de son impression sur les corps qu'il rencontroit: & en ne faisant point rentrer d'air dans la machine, on voyoit combien il étoit de tems à en sortir entiérement, suivant les différentes vitesses que lui donnoient les différens poids dont il étoit chargé.

Par toutes les expériences qui furent faites, il parut qu'il en est de l'air comme de l'eau. L'air sort plus vite de son tuyau, quand il est pressé par de plus grands poids; quand sa vitesse est 2 fois, 3 fois, &c. plus grande, les impressions qu'il fait à sa sortie sur les corps opposés, ou les poids qu'il soutient, sont 4 fois, 9 fois plus grands toujours en raison doublée des vitesses, par la raison que nous venons de dire: les poids qui le font sortir, & qui lui impriment ces différentes vitesses, sont entre eux comme les poids qu'il soutient à sa sortie, & par conséquent comme les quarrés des vitesses: un poids qui fait sortir l'air 2 fois, 3 fois plus vite, est 4 fois, 9 fois plus grand.

Enfin on compara les forces de l'air & de l'eau, quand ils sont tous deux

1669. deux la même impression, quand ils élévent le même poids; il faut que l'air aille 23 ou 24 fois plus vite que l'eau, selon Mr. Mariotte; car Mr. Huyguens ne mettoit que $22\frac{1}{7}$, puisque les forces ou les impressions de l'air sont comme les quarrés de ses vitesses; quand il a 24 degrés de vitesse il a 576 fois plus de force que s'il n'avoit qu'un degré de vitesse. Donc si l'air étoit un corps solide dont la force augmentât selon la vitesse, & non selon le quarré de la vitesse, il faudroit qu'il allât 576 fois plus vite que l'eau pour faire une impression égale. Donc quand l'air & l'eau vont également vite, l'eau a 576 fois plus de force; car c'est comme si on comparoit deux corps solides, dont l'un fût 576 fois plus léger que l'autre. En un mot, les forces de l'air & de l'eau, lorsqu'ils vont également vite, sont comme les quarrés de 1 & de 24 que l'on suppose être les vitesses qui rendroient leurs forces égales; & quand leurs forces sont égales, leurs vitesses sont comme 24 & 1.

Tout cela supposé, pour faire tous les calculs qu'on peut souhaiter sur les machines dont l'air ou l'eau seront les premiers moteurs, il ne faut plus qu'avoir sur la force de l'un & de l'autre, quelque mesure actuelle qui serve de pied à toutes les proportions dont on aura besoin.

On trouva donc par expérience qu'une eau qui coule avec la vitesse d'un pied dans une seconde, & qui frappe directement un plan quarré d'un pied, le frappe avec la force de 44. $\frac{1}{2}$ onces, & que l'air coulant avec la vitesse de 20 pieds dans une seconde, qui est celle d'un vent médiocre, frappe un pied quarré avec la force de 36 onces.

Par-là on peut aisément mesurer la vitesse des vents, même dans les plus violentes tempêtes; on peut déterminer en combien de tems l'air est transporté d'un Païs dans un autre; on peut évaluer si juste la force dont se meuvent les aîles d'un moulin à vent, que l'on saura combien d'hommes ou de chevaux précisément seroient nécessaires pour le même effet.

## ASTRONOMIE.

SUR la fin de l'année, Mr. Picard rendit compte à la Compagnie, d'un grand nombre d'Observations Astronomiques, qu'il avoit faites avec un soin extraordinaire dans le Jardin de la Bibliothéque du Roi. Il avoit remarqué que toutes les Tables du Soleil étoient défectueuses; & pour y rémédier, il s'étoit attaché à prendre très-exactement jour par jour les hauteurs méridiennes de cet Astre.

Comme le Soleil n'est pas toujours à midi hors de la portée des réfractions, & que de-plus il est très-utile de les connoître dans toutes les au-

tres

très obſervations où elles ſe peuvent mêler, Mr. Picard propoſa qu'on en fît une Table exprès pour Paris, ſuivant les différentes ſaiſons, & même ſuivant les différens changemens de tems; ſi l'on trouvoit par l'expérience que les refractions euſſent quelque liaiſon avec les Vents, & la conſtitution du Thermométre. 1669.

Il avoit fait auſſi un grand nombre d'obſervations ſur les hauteurs méridiennes des fixes. Il prenoit le moment de cette hauteur, c'eſt-à-dire, le moment de leur paſſage par le méridien ſur une Pendule, qui marquoit à l'ordinaire le tems moyen. Il réduiſoit ce tems moyen au mouvement des fixes; de-là il concluoit la différence aſcenſionnelle de l'étoile obſervée au Soleil, & enfin l'aſcenſion droite de l'étoile, c'eſt-à-dire, ſa diſtance du premier degré d'Aries. Le 3 Mai de cette année à $7^h$ $5'$ du ſoir près de 13' avant le coucher du Soleil, il fut étonné de pouvoir obſerver la hauteur méridienne du cœur du Lion. Non ſeulement on n'avoit pas obſervé juſque-là les fixes en plein Soleil; mais on n'y ſongeoit pas même dans la force du Crépuſcule. Mr. Picard alla encore plus loin. Le 23 Juillet il obſerva Arcturus au Méridien, le Soleil étant encore haut de 16°. 59' 35". Cette importante commodité de voir les fixes en plein Soleil, nouveau fruit des Lunettes d'approche, flatta extrêmement les Aſtronômes. Ils comprirent auſſi-tôt qu'ils n'auroient pas ſeulement les Aſcenſions droites des fixes par les Pendules, & par la réduction du tems moyen au mouvement des fixes; mais encore plus immédiatement & plus ſûrement par l'obſervation du Vertical du Soleil, faite dans le même tems qu'on obſerveroit la hauteur méridienne d'une étoile. Ils alloient voir de leurs yeux ce qu'ils n'avoient fait auparavant que deviner par un aſſez long circuit de raiſonnemens & de calculs. Par-là on alloit déterminer les Solſtices auſſi facilement que les Equinoxes, & trouver journellement les Equations du tems. Enfin c'étoit en quelque ſorte avoir un nouveau Ciel.

Mr. Picard dans le cours de ſes Obſervations Aſtronomiques fit deux remarques importantes ſur les Pendules.

1. Il eſt facile de tenir aſſez longtems deux Pendules parfaitement d'accord entre elles, pourvu que le tems demeure dans une même température; mais quand il change, elles varient diverſement.

2. Les Pendules retardent en Eté, & avancent en Hiver, ce qu'on n'eût pas trop ſoupçonné; & cela arrive par la même raiſon qui auroit aſſez naturellement fait juger le contraire. La chaleur donne un plus grand mouvement aux Pendules; mais auſſi elle leur fait faire de plus grandes vibrations, qu'elles ſont plus longtems à faire. Les vibrations des Pendules à ſecondes ſont plus grandes d'un grand pouce de chaque

 côté,

1669. côté, ce qui oblige à les racourcir, pour entretenir l'égalité.

Mr. Caffini arriva à Paris au commencement de cette année appellé d'Italie par le Roi, à la follicitation de Mr. Colbert. Il fut reçu dans l'Académie avec des marques d'une joye fincère de la part de tous les Membres, defquels il étoit déjà très-connu, & par fes grands talens pour l'Aftronomie, & par une correfpondance que Mr. Colbert avoit défiré qu'il eût avec l'Académie dès le tems que ce Miniftre fongea à la former.

Cette Correfpondance nous autoriferoit à compter Mr. Caffini dans le nombre des premiers Académiciens, & à donner ici une idée des différens Traités qu'il avoit publiés, ou des vuës & des recherches dont il avoit enrichi le Monde favant.

Mais il fuffira de rendre compte de ce qu'il donna dans la fuite; nous trouverons peut-être occafion de rappeller une grande partie de ce qui avoit précédé.

Voyez les Mémoires, Tom. 10.

Peu de tems après fon arrivée il fit part à l'Académie de fa méthode géométrique & directe de trouver l'Apogée & l'excentricité des Planétes: Problême fondamental pour toute l'Aftronomie, déjà tenté fans fuccès, & jugé même impoffible par deux grands Aftronômes modernes, Kepler & Mr. Bouillaud.

# LONGITUDES.

LA difficulté des Longitudes ne décourageoit pas tout le monde. Mr. Colbert renvoya encore cette année à l'Académie un Aftronôme habile Obfervateur, qui prétendoit les avoir trouvées. Il fuppofoit que la Lune, par fon mouvement en afcenfion droite ou en longitude, s'éloignoit tous les jours du Soleil de $12^{\circ}\ 11'\ 26''\ 41'''$, & d'une Etoile fixe, de $13^{\circ}\ 10'\ 35''$. Que l'on calculât pour le premier Méridien, par exemple, une Table du mouvement de la Lune comparée au Soleil ou à une Etoile fixe, on favoit de combien précifément la Lune étoit éloignée en longitude du Soleil, ou de cette Etoile, à tel jour, & à tel moment que l'on vouloit, par rapport au Méridien de la Table. Mais qu'en quelqu'autre lieu du Monde on fît une obfervation de la diftance en longitude qui étoit entre la Lune & le Soleil, ou l'Etoile, l'un des trois étant au Méridien, & que l'on comparât cette diftance à celle que donnoient les Tables pour leur Méridien ce même jour-là, on voyoit de combien la Lune avoit plus ou moins marché en longitude pour un de ces lieux-là que pour l'autre, par conféquent de combien l'un étoit plus Oriental, ou Occidental, par conféquent la longitude du lieu de l'obfervation.

Tou-

Toutes ces conféquences étoient bien tirées ; il n'y avoit que le principe qui fût défectueux. Le mouvement de la Lune en longitude, ou en afcenfion droite, n'eft pas égal chaque jour, il y a fouvent plufieurs degrés de différence ; & en fait de longitudes l'erreur d'un feul degré eft exorbitante. 1669.

Un Aftronôme devoit bien s'appercevoir d'un défaut fi fenfible dans fon hypothéfe ; mais une efpérance très-flateufe, l'amour d'une idée que l'on a conçuë, & les autres paffions, peuvent quelquefois obfcurcir dans notre efprit jufqu'aux Vérités Mathématiques.

Il y auroit peut-être lieu de douter fi le férieux de cette Hiftoire pourra fouffrir un autre trouveur de Longitudes, qui vînt fe préfenter à l'Académie ; mais nous le donnerons du-moins pour exemple de ce que peut l'efprit humain dans les chofes mêmes où il eft le moins facile de s'égarer. C'étoit un Curé de Campagne, venu du fond d'une Province pour propofer fon fecret. Il avoit paffé plus de 35 ans dans une application continuelle à l'Aftronomie, & les Longitudes n'étoient pas dignes d'être tout le fruit d'un fi long travail ; il les avoit découvertes, mais accompagnées de beaucoup d'autres chofes, qui n'étoient pas d'un moindre prix, car les vérités ne vont pas feules. Il favoit la véritable caufe du flux & du reflux, & des autres mouvemens de la Mer ; pourquoi chaque jour un vent fouffle plutôt qu'un autre ; fi c'eft le Soleil qui tourne, ou fi c'eft la Terre, & il décidoit pour le Soleil. Ce fut en fe parant de toutes ces connoiffances, qu'il vint communiquer fon fyftême à l'Académie, qui fut étonnée d'un fi grand favoir. Ce fyftême étoit un étrange édifice de fuppofitions & d'idées. Il diftribuoit à toutes les Planétes des qualités & des vertus, qu'elles exerçoient différemment fur ce Bas-monde fuivant leurs afpects, & cela n'alloit qu'aux changemens de l'Air, tels que les Vents, les Pluyes, le Chaud, & le Froid, &c. Le franc-arbitre ne couroit aucun péril. Le Soleil avoit les Vents dans fon partage, à l'exclufion de toute autre Planéte. Afin qu'un afpect eût fon effet, il falloit qu'il y eût une des deux Planétes dans le plan d'un certain Méridien fixe, immuable & réel, qui avoit jufque-là échappé à tous les Aftronômes. Celle qui n'étoit pas dans ce plan n'avoit de pouvoir que fur la partie inférieure de l'air, au-lieu que l'autre commandoit à la fupérieure. Pour trouver ce premier Méridien, l'Auteur avoit remarqué que la Terre a deux centres, l'un de grandeur, l'autre de gravité. Le Méridien fur lequel tomboit à angles droits la ligne qui joignoit ces deux centres, étoit celui qui tenoit une place fi importante dans ce fyftême. Par le vent, par le degré de chaud ou de froid, on jugeoit quel afpect de Planétes dominoit dans le moment de l'obfervation.

1669. tion. Le vent ſurtout étoit à conſidérer, à cauſe de ſa liaiſon étroite avec le Soleil. C'étoit par le vent qu'on ſavoit à quelle diſtance le Soleil étoit du premier Méridien ; on obſervoit dans le même moment à quelle diſtance on étoit du Soleil en longitude ; on ſavoit donc combien il y avoit de degrés de longitude entre le lieu de l'obſervation & le premier Méridien. En un mot, c'étoit l'Aſtrologie qui régloit l'Aſtronomie.

L'Académie fit quelques difficultés à l'Auteur, peut-être trop ſérieuſes. Il répondit d'abord en général, qu'il n'étoit pas venu pour conteſter ; enſuite deſcendant davantage dans le détail des objections ſur les unes, il renvoyoit à ſon expérience de 35 ans ſur les autres, il apportoit pour réponſe la répétition de ce qu'il avoit déjà dit.

## ANNE'E MDCLXX.

## PHYSIQUE.

### *EXPERIENCE SUR LE FROID.*

1670. TOUT ſert aux Contemplateurs de la Nature. Le froid qui fut fort rude pendant l'Hyver de 1670, ne fut pas perdu pour les Phyſiciens de l'Académie.

1. Mr. Buot réïtéra une expérience que Mr. Huyguens avoit déjà faite, de la force qu'a la dilatation de l'eau qui ſe congéle. Un canon de fer, épais d'un doigt, rempli d'eau, & bien fermé, fut caſſé en deux endroits au bout de 12 heures. Les huiles ne font pas le même effet que l'eau, peut-être parce qu'elles ne ſont pas, comme l'eau, incapables de compreſſion. Car l'air qui ſe dilate dans l'eau quand elle ſe géle, & qui en ſe dilatant caſſe le vaiſſeau, ne le caſſeroit pas ſi l'eau pouvoit obéir à ſa dilatation, & ſe reſſerrer à meſure qu'il s'étend.

2. Mr. Perrault ayant expoſé à l'air froid 4 livres d'eau, il les trouva diminuées en 18 jours de près du poids d'une livre ; ce qui eſt une évaporation étonnante pour cette ſaiſon.

3. Différentes ſortes d'huiles ayant été expoſées à l'air froid pendant 24 heures, il y en eut qui ne ſe gelérent ni ne diminuérent de poids, comme l'huile de lin, & celle d'amendes douces. Il y en eut qui s'endurcirent, & ſouffrirent quelque perte par l'évaporation ; telles furent les huiles d'amendes améres, d'olives, & d'anis, & pluſieurs autres. Il y en eut enfin qui ne ſe congelérent en aucune façon, & qui s'évaporérent

rérent un peu ; ce furent les huiles de noix & de thérébentine. 1670.

4. Mr. Picard observa que le froid resserre les pierres & les métaux, ensorte que sur une longueur d'un pied ces corps perdent un quart de ligne. On gardoit avec soin la mesure dans une cave, pour la préserver de la froideur de l'air qui agissoit sur les autres corps, & la tenir toujours, s'il est permis de le dire, en état de bien juger.

5. De l'eau qui a bouilli avant que de se geler, ne se géle ni plus ni moins vite que d'autre eau, mais elle fait une glace plus dure & plus transparente. Cette transparence & cette dureté plus grandes venoient, selon Mr. Perrault, de ce qu'une espéce de limon, toujours mêlé dans l'eau, tombe au fond, quand on la fait bouillir. Mr. Mariotte prétendoit que l'eau en bouillant s'étoit purgée de quantité de parties d'air, qui auroient empêché celles de la glace de se joindre assez immédiatement. Aussi quand on veut faire des miroirs ardens avec de la glace, il faut que l'eau ait bien bouilli auparavant, pour conserver le moins d'air qu'il soit possible.

Mr. Mariotte, qui se servoit de cet exemple pour appuyer son avis, a fait de ces sortes de Miroirs ; & c'est toujours une espéce de merveille, que de la glace puisse produire du feu.

Pour la maniére dont se forme la glace, MM. Perrault & Mariotte en traitérent alors fort amplement ; mais ils ont donné depuis toutes leurs pensées au Public dans leurs Essais de Physique.

# ANATOMIE ET BOTANIQUE.

ON continua les travaux ordinaires d'Anatomie & de Botanique. Le Roi donna à l'Académie des Animaux rares, qui furent dissequés par MM. Perrault, Pequet & Gayant, & dont ensuite les Descriptions ont été imprimées. Rien n'est plus avantageux pour l'Anatomie, que la comparaison des Sujets de différente espéce. Souvent une partie invisible dans une espéce, se rend visible dans une autre ; souvent entre deux différentes méchaniques qui doivent être équivalentes, l'une qui est plus marquée, & plus manifestement déterminée à un certain effet, sert à faire comprendre le jeu & l'usage de l'autre, qui est plus enveloppée. Enfin, en démontant les machines de divers Animaux, on voit avec étonnement toutes les différentes structures que la Nature a imaginées,

 par

1670. par rapport aux Elémens où ils vivent, aux Climats qu'ils habitent, à la nourriture qu'ils doivent prendre, aux fonctions auxquelles ils sont destinés : on voit même quelquefois jusqu'à la source de leurs diverses inclinations, & l'on se perd avec plaisir dans la contemplation de ce prodigieux appareil de Méchanique, de cette variété infinie de combinaisons, & de tant de proportions exactes des moyens avec leurs différentes fins.

L'Anatomie de deux Lions, & celle que l'on fit ensuite de deux Lionnes, justifia l'Alcoran, qui a dit, selon la maniére Orientale, expliquant les choses naturelles par des allégories, ou par des fables, que dans l'Arche le Chat nâquit de l'éternuement du Lion; car on trouva une grande conformité entre ces deux espéces d'animaux, non seulement pour la structure particuliére des pattes, des dents, des yeux, & de la langue, mais encore pour les parties internes. Cependant le Chat a plus de cervelle, à proportion de sa grandeur, que le Lion; & l'on observe que le plus ou le moins de cervelle, ne régle pas dans les animaux le plus ou le moins d'esprit, mais le plus ou le moins de disposition à la société & à la discipline; tous les Poissons ont très-peu de cervelle, & sont presque tous absolument indisciplinables, quoique quelques-uns passent pour être fins & adroits, comme le Renard marin; & d'un autre côté le Veau marin, qui a beaucoup de cervelle, n'est pas spirituel, mais doux & traitable. De-là vient donc que le Lion, qui donne beaucoup de marques d'esprit, est en même tems si cruel; & que le Chat, qui conserve toujours un fond de férocité, par où il ressemble au Lion, en a cependant infiniment moins. On a trouvé à tous les Lions qu'on a disséqués, la glande pinéale très-petite, ce que quelques-uns prennent pour une marque de courage & de hardiesse; & peut-être aussi que la grandeur extraordinaire du cœur, & la capacité de ses ventricules, y contribuë. La bile domine dans cet animal, autre principe de courage, & même d'une longue vie, telle qu'est celle du Lion. Son corps ne se corrompt pas trop promptement après sa mort, ce qui fait voir que la bile est une espéce de baume pour les animaux. Cependant un des Lions qu'on eut entre les mains, en étoit mort, selon les apparences; on lui trouva beaucoup de bile épanchée & arrêtée dans le foye & dans les parties circonvoisines, & cela peut causer la maladie que Pline appelle *ægritudinem fastidii*, & qu'il prétend être la seule à laquelle le Lion est sujet, soit qu'on l'entende du dégoût qui le fait mourir faute de manger, ou de l'ennui mortel qu'il a de sa captivité.

Le nom du Chat-Pard semble d'abord marquer que cet animal est né du

du mélange des deux espéces différentes, du Chat & du Léopard; mais 1670.
d'un autre côté, il tient trop du Chat, & trop peu du Léopard, & ces deux espéces sont aussi trop différentes. Il est vrai que le Chat-Pard que l'on eut à l'Académie étoit stérile; il manquoit de vaisseaux spermatiques, & de quelques autres parties absolument nécessaires à la génération; & il n'y avoit point d'apparence qu'il eût été châtré, quoiqu'il vînt de Barbarie, où les Turcs ne souffrent guére de mâles dans leurs maisons, de quelque espéce qu'ils soient; cette stérilité naturelle, semblable à celle du Mulet, auroit pu faire croire que le Chat-Pard étoit né d'un mélange: cependant on trouva plus vraisemblable que ce fut une conformation particuliére & accidentelle au sujet qu'on avoit entre les mains; car on ne voit pas que la confusion des espéces retranche aux animaux qui en viennent, aucune des parties qui sont dans les autres; le Mulet ne manque d'aucun organe, & sa stérilité ne vient apparemment que de quelque disposition particuliére qui résulte dans son sang, de la différence qui est entre le sang d'un Ane & celui d'un Cheval. C'est ce qu'Aristote, suivant Empédocle, a expliqué ingénieusement, par la comparaison du Cuivre & de l'Etain, qui étant séparément ductiles & malléables, deviennent aigres & cassans, quand ils sont fondus ensemble. Il est visible que l'infécondité fondée sur cette raison n'est pas une suite nécessaire & perpétuelle du mélange des deux espéces; les Dogues, que l'on tient être engendrés du Léopard & de la Chienne, ne laissent pas d'être féconds.

On eut aussi à l'Académie un Loup-Cervier, autre animal que l'on croit formé d'un mélange; mais il ressemble très-peu au Loup, & à la Léoparde, dont on prétend qu'il est né, & au Cerf qui entre dans son nom; il paroît qu'il ne peut avoir été appellé Loup-Cervier, que parce qu'il chasse les Cerfs, comme le Loup fait les Moutons. Cet animal nous vient du Levant, de Moscovie, du Canada. On ne trouva rien de particulier en le dissequant. La plus grande question étoit de savoir, si c'étoit le Thos des Anciens, comme le croyent la plupart des Modernes. On trouva plus vraisemblable que ce fût le Lynx, tant à cause que cet animal, au rapport d'Oppian, chasse aux Cerfs, qu'à cause d'une houppe de poil noir, qu'Elian dit être sur le bout de ses oreilles: caractére assez particulier, & qui se trouva dans le Loup-Cervier que l'on avoit, & dans ceux qui étoient encore au Parc de Vincennes. On ne vit rien dans la structure de ses yeux, qui pût l'empêcher d'être le Lynx des Anciens; mais d'ailleurs il n'est pas bien constant, si le Lynx de l'Antiquité, qui avoit la vuë si perçante, étoit un animal ou un homme.

Quand les animaux rares manquérent, on en dissequa d'autres plus com-

1680. communs; car les communs ne sont pas encore bien connus, & souvent ce qui est le plus exposé à nos yeux, ne nous en échappe pas moins. On fit plusieurs expériences sur des animaux vivans; on s'assûra par des injections de liqueurs dans leurs veines, & du chemin que tient le sang, & de la vertu qu'ont les liqueurs acides de le coaguler, & les âcres de le rendre plus fluide. Un Chien à qui on avoit seringué de l'esprit de vitriol dans la jugulaire mourut au bout de 4 minutes, & l'on trouva que le sang de la veine jugulaire, de la cave supérieure, des vaisseaux des poûmons, & des ventricules du cœur, étoit noir, acide, & entiérement coagulé. Pour le sang contenu dans la veine-cave inférieure au-dessous du diaphragme, il avoit conservé sa fluïdité.

On travailla beaucoup à l'Histoire des Plantes, on en fit faire des Desseins exacts, & on commença à semer des graines étrangéres & à les cultiver. Mr. Marchant en fit les Descriptions, & ces Descriptions furent comparées aux Plantes mêmes. On en décrivit vingt-six cette année.

Il y a aussi une Anatomie pour les Plantes. On sépare leurs principes par des Opérations Chimiques, leurs phlegmes, leurs sels, leurs huiles, leurs terres, on des-assemble en quelque façon la machine de la Plante, & l'on voit à l'œil ses vertus cachées; mais il faut avouer que cette Anatomie n'est pas toujours si sûre que celle des Animaux; parce que le feu, qui est le seul couteau dont on se puisse servir pour disséquer ainsi les Plantes, peut quelquefois altérer leurs principes. On en examina 42. cette année, soit en les considérant en elles-mêmes, soit en les comparant à d'autres. Mr. du Clos lut à la Compagnie un Mémoire sur la maniére dont il croyoit qu'on devoit analyser les plantes.

Selon lui les piéces les plus considérables des Plantes résoutes en leurs parties constitutives, sincéres ou altérées, sont l'Esprit, l'Huile & le Sel; car il n'attribuoit aucune vertu spécifique bien manifeste au phlegme & à la terre. Il donnoit le nom d'Esprit aux liqueurs distillées empreintes de quelque sel volatil résout & passé avec elles. Ces sels donnent à ces liqueurs une saveur âcre ou acide; & suivant leur différence de saveur & de volatilité, Mr. du Clos distinguoit des Esprits sulphurés, & des Esprits mercuriels. Les premiers sont plus subtils, plus prompts à s'élever par la chaleur; leur saveur est âcre, ils ont une vertu caléfactive & dessicative, & de ces Esprits les uns sont inflammables, & les autres ne le sont pas. Il nommoit Esprits mercuriels ceux qui sont moins subtils, moins volatils, qui ont de l'acidité manifeste, qui rafraîchissent & desséchent.

L'Huile est une liqueur inflammable qui ne se mêle point avec l'eau. Il y a des huiles qui surnagent sur l'eau & sur les liqueurs aqueuses, d'au-

tres

tres vont au fonds. Des huiles qui surnagent sur l'eau, les unes sont grasses & onctueuses, les autres sont plus subtiles, ne graissent point les doigts quand on les touche; on les appelle huiles essentielles ou éthérées. 1679.

Les huiles qui vont au fonds de l'eau sont fort épaisses & résineuses; elles ont ordinairement la consistance & la densité des Baumes.

Le Sel est une matiére qui se dissout à l'humide, & se coagule au sec; il est toujours affecté d'une saveur aiguë.

Le Sel des Plantes est, ou composé, ou simple, & le composé ou mixte l'est plus ou moins. Le plus composé est celui que les Chimistes nomment sel essentiel, qui paroît n'être autre chose qu'un tartre transparent & cristallin, qui contient de l'esprit & de l'huile mêlé avec du phlegme & de la terre.

Le moins composé est, ou volatil, qui retient encore un peu d'huile & de terre, ou fixe, dans lequel il se trouve un peu plus de terre, mêlée néanmoins avec un reste d'huile, qui lui donne une odeur lixivielle. Le plus simple de tous est celui qui résulte de la derniére Analyse des Esprits, des Huiles, & même des autres Sels.

Mr. du Clos ayant exposé ainsi ce qu'il appelloit les piéces constitutives des Plantes, il expliquoit de quelle maniére elles pouvoient être séparées; car l'esprit âcre non inflammable, l'esprit acide, l'huile onctueuse & grasse, le baume ou huile résineuse, & le sel volatil se tirent de la plante avec le phlegme, à l'aide du feu, par une seule & même opération. On les sépare ensuite les uns des autres par d'autres opérations différentes; & ce fut de cette maniére que Mr. Bourdelin, à qui l'on avoit donné le Laboratoire de l'Académie, examina cette année 42 plantes. Mais comme on abandonna cette méthode dans la suite, nous nous dispenserons d'en parler ici, & de suivre plus loin ce que Mr. du Clos avoit écrit là-dessus.

## EAUX MINERALES.

ON reprit aussi l'examen des Eaux Minérales. On en fit venir de différens endroits du Royaume, jusqu'à 60 espéces différentes; on les éprouva toutes à la maniére que nous avons rapportées, & l'on trouva, par exemple, que les eaux de Bourbon-l'Archambaut, & celles de Vichi, qui faisoient paroître les mêmes effets que les sels fixes des plantes, devoient avoir un sel sulphureux & nitreux, & que celle de Bourbon-Lancy & de Barége, ne devoient avoir qu'un sel à peu près semblable à du sel commun, parce qu'il ne donna que les mêmes effets.

1670. De-là on passa à des Dissertations sur les eaux communes. Les meilleures sont celles dont les parties sont les plus déliées; & l'on juge de cette délicatesse de parties, par la légéreté des eaux, & par leur facilité à s'échauffer, à dissoudre le savon, à blanchir le linge. Il ne parut pas que ce qu'il y a de terre mêlée dans l'eau, dût aider sensiblement à la rendre plus pénétrante & plus détersive; car deux livres d'eau étant réduites par l'évaporation à une once, ce qui resta ne fit presque aucun effet aux épreuves Chimiques.

On auroit pu croire que les eaux qui produisent des pierres dans les tuyaux où elles coulent, auroient été de nature à en produire aussi dans les reins des animaux; mais Mr. Perrault prévint cette vaine frayeur par l'analyse de ces deux sortes de pierres. Celles des animaux ne sont presque composées que de sel & de souffres, & ont très-peu de terre, ce qui fait qu'étant mises sur le feu, elles ne laissent presque point de cendres. Au contraire, les pierres des eaux n'ont presque point de souffres ni de sels, ce n'est que de la terre, & ces matiéres terrestres qui sont trop grossiéres pour entrer dans les conduits étroits du mésentére, & qui sortent facilement du corps, ne sont pas, à beaucoup près, si dangereuses que des matiéres salines ou sulphurées qui nous seroient contraires. Aussi les eaux qui produisent des pierres, n'en sont pas moins saines; & les eaux minérales qui sont mauvaises, le sont extrêmement.

## MATEHEMATIQUES.

### *MESURE DE LA TERRE.*

LA Mesure de la Terre, quoiqu'absolument nécessaire pour la Géographie, & pour la Navigation, avoit été assez négligée, peut-être parce qu'elle ne dépend pas d'une fine spéculation, mais d'une extrême justesse de pratique. Il ne faut qu'avoir deux lieux qui différent entre eux en latitude d'un degré céleste, & savoir ensuite de combien ils sont éloignés sur la Terre. Mais pour avoir dans la derniére précision ce degré céleste, pour mesurer exactement sur la Terre la distance de ces lieux, quels soins, quelle attention ne faut-il pas? Quelles précautions contre des erreurs imperceptibles, qui grossissent dans la suite par la quantité des conséquences où elles entrent?

Ceux d'entre les Grecs qui avoient cherché la mesure de la Terre, étoient fort differens les uns des autres: les Arabes fort differens des Grecs;

Grecs; on remarquoit seulement que les plus anciens avoient fait le degré plus grand, & que la Terre diminuoit toujours. 1670.

Les Auteurs modernes, Fernel, Snellius, & le Pére Riccioli, ne convenoient guére davantage. Fernel s'étoit servi d'une méthode si grossiére, qu'il n'eût pas été raisonnable de s'y fier. Il avoit été de Paris vers le Nord, jusqu'à ce qu'il eût trouvé un degré de latitude plus, & puis avoit estimé le chemin comme il avoit pu.

Riccioli avoit mesuré la distance de deux lieux élevés, & les plus éloignés l'un de l'autre qu'il avoit été possible. Il avoit pris ensuite en chacun de ces lieux l'angle que faisoit sur un plomb perpendiculaire le rayon visuel allant d'un de ces lieux à l'autre, je les suppose ici également élevés; & comme ces deux angles auroient été précisément droits, si le plomb placé dans ces deux lieux differens eût été parallele à lui-même, & qu'il n'eût pas toujours tendu au centre de la Terre, où par conséquent les deux lignes de ses deux positions se devoient rencontrer, il s'ensuit que cet angle formé au centre de la Terre par les deux positions du plomb, étoit la quantité qui manquoit aux deux autres angles pour être droits. Or la base de l'angle fait au centre de la Terre étoit la distance mesurée des deux lieux; on savoit donc à quelle quantité de toises, de lieuës, ou de milles, répondoit une certaine quantité de minutes ou de degrés d'un angle fait au centre de la Terre, & par conséquent on avoit sa circonférence.

Cette méthode paroîtroit la plus simple, en ce qu'elle est indépendante du Ciel; mais elle ne laisse pas d'être fort trompeuse par les refractions qui élévent les objets sur la Terre inégalement, & sans aucune régle que l'on puisse découvrir, parce qu'elles dépendent des différentes épaisseurs de l'air que traversent les rayons visuels. Plus un objet est élevé, plus il y a de différence entre l'air d'où le rayon visuel est parti, & celui où il se termine. Plus l'objet est éloigné, plus le rayon peut rencontrer de différences d'épaisseur dans l'air. Le matin & le soir la différence est plus grande entre l'air supérieur & l'inférieur, que vers le midi, parce qu'à midi l'action du Soleil a fait monter les vapeurs plus haut, & les a répanduës dans l'air plus également; mais cela n'empêche pas qu'à midi même il n'y ait encore de la refraction, ainsi qu'il a paru par des expériences sûres. Le matin la refraction est plus grande que le soir à pareille heure, parce que les vapeurs sur lesquelles le Soleil n'a pas encore agi, sont plus ramassées vers la surface de la Terre. Il faut joindre à tout cela la différence d'épaisseur qui arrive chaque jour à l'air de chaque lieu par le plus ou le moins de chaud ou de froid; enfin par toutes les causes qui peuvent agir sur une matiére aussi sujette que l'air aux changemens, & à des changemens aussi prompts.

 Snel-

1670. Snellius s'étoit servi d'une méthode plus sûre que Riccioli, & ce fut aussi celle que l'on prit, mais en enchérissant beaucoup sur l'exactitude de Snellius.

On avoit commencé dès l'année précédente à travailler à la Mesure de la Terre. Il s'étoit fait plusieurs courses pour trouver deux termes propres à ce dessein; enfin on avoit choisi Sourdon en Picardie, & Malvoisine dans les confins du Gastinois & du Hurepoix. Ces deux lieux sont à peu près sous le même Méridien, distant l'un de l'autre d'environ 32 lieues; & ce qui étoit encore considérable, on les pouvoit lier par des triangles avec le grand-chemin de Ville-juive à Juvisy, qui est fort long, assez droit, & tel qu'il le faloit pour servir de base fondamentale à toute la mesure.

Car on ne peut avoir géométriquement les distances que par des triangles, & pour les grandes distances il faut plusieurs triangles, qui ont toujours quelque côté commun; desorte qu'un triangle connu aide à connoître l'autre, & l'on passe toujours ainsi jusqu'au bout de triangle en triangle. Mais il faut que dans celui par où l'on commence, il y ait du moins un côté qui ait été actuellement mesuré; ce premier pas doit être fondé sur une connoissance méchanique, & pour ainsi dire matérielle, après quoi l'on s'engage dans tous ces triangles, dont on ne découvre les mesures que par raisonnement & par géométrie.

Cette première base fondamentale est d'autant meilleure, qu'elle est plus grande. Celle de Snellius n'étoit que de 630 de nos toises; celle de Riccioli, de 1064; celle de Mr. Picard, qui étoit toute la longueur du chemin depuis le Moulin de Villejuive jusqu'au Pavillon de Juvisy, fut trouvée de 5663 toises; pour plus de sûreté on mesura encore sur la fin de tout l'ouvrage une base de 3902 toises.

Un des inconvéniens qui se trouvent en formant des triangles à des distances un peu grandes, c'est que l'on en met nécessairement la pointe, à ce qui ne paroît aux yeux que comme un point; cependant ce qui ne paroît de loin qu'un point, est un objet assez grand; & ce qu'on prend pour un triangle, n'est plus un triangle, mais une figure de plus de trois côtés.

Cela ne se pouvoit jamais éviter avec les Pinules des Instrumens qui servoient à observer. Mais on s'avisa heureusement de mettre une Lunette au-lieu de Pinules, & dans le foyer du verre objectif de la Lunette deux filets de soye très-fine en croix. Comme les rayons partis d'un point de l'objet se réunissent exactement dans un point du foyer de l'objectif, le plus petit obstacle mis en cet endroit-là arrête tous les rayons partis d'un même point, & empêche qu'il n'en parvienne aucun à l'œil, quand même l'œil changeroit de place. On voit les filets comme s'ils s'ils étoient appliqués ſur l'objet : il ne faut donc que pointer, ſi l'on veut, à ce qui eſt couvert par l'interſection des filets, & l'on eſt aſſuré que l'on ne pointe qu'à un ſeul point. 1670.

Il falut 13 triangles pour aller de Malvoiſine à Sourdon. On réïtéroit pluſieurs fois l'obſervation d'un même angle, & même on la faiſoit faire par pluſieurs Obſervateurs qui gardoient leurs Mémoires à part. Quand on voulut prendre le triangle de Malvoiſine, Mont-Lhery, & Mareuil, trois lieux aſſez éloignés, on fut obligé d'y faire des feux pendant la nuit, pour les voir tous trois en même tems ; & à cette occaſion on remarqua que les objets lumineux, même avec les Lunettes-d'approche, paroiſſent toujours plus grands qu'ils ne devroient. Car un des filets du foyer de l'objectif, dont la groſſeur étoit la treize-centiéme partie d'un pouce, occupoit dans une Lunette de 36 pouces un eſpace d'environ 4″, & cependant il ne cachoit qu'à moitié un feu de trois pieds de largeur, qui ſelon la diſtance où il étoit, n'auroit dû être vu que ſous un angle de 3″. 14‴.

De la façon dont les 13 triangles étoient diſpoſés, trois lignes d'une grandeur connuë, miſes bout à bout, & aſſez peu inclinées l'une à l'autre, alloient de Malvoiſine à Sourdon. Cependant ni elles ne faiſoient exactement une ligne droite, ni cette ligne, quand elle eût été droite, n'eût été exactement une Méridienne. Il falut donc voir de combien chacune de ces trois lignes étoit inclinée à la Méridienne du lieu. Cela ſe trouva par des Obſervations Aſtronomiques. De-là on tiroit la valeur des Méridiennes en toiſes, & les trois Méridiennes étant connuës, compoſérent la diſtance méridienne d'entre Malvoiſine & Sourdon de 68430 toiſes, 3 pieds.

Voilà donc les deux termes qu'on avoit choiſis ſur la Terre, dont on ſavoit exactement en toiſes & en lieuës la véritable diſtance priſe ſur un Méridien. Il ne reſtoit plus qu'à découvrir leur différence de latitude, c'eſt-à-dire, leur diſtance par rapport au Ciel, la valeur de ces 68430 toiſes 3 pieds en degrés céleſtes.

Là il falut redoubler l'exactitude & la préciſion, parce que les plus petites diſtances dont on peut ſe tromper dans le Ciel, répondent à de grandes diſtances ſur la Terre. Si l'on s'eſt mépris de la ſoixantiéme partie d'un degré céleſte, on s'eſt mépris de près de 1000 toiſes ſur un degré de la Terre, & dans le calcul de ſa circonférence cette erreur de 1000 toiſes ſe multipliera 360 fois.

On prit la différence des latitudes de Malvoiſine & de Sourdon, en obſervant en chacun de ces lieux la diſtance méridienne du genou de Caſſiopée au Zénit. La différence de ces diſtances méridiennes, &

 par

1670. par conséquent celle des latitudes fut trouvée de 1°, 11', 57''.

Enfin d'un si grand nombre d'opérations géométriques & astronomiques, de tant de raisonnemens & d'observations, il en sortit la valeur d'un degré d'un grand cercle de la Terre de 57064 toises 3 pieds.

Mais parce que la Ligne Méridienne de Malvoisine à Sourdon ayant été prolongée par-delà Sourdon, jusqu'au paralléle d'Amiens, & la différence de latitude entre Malvoisine & Amiens observée, il se trouvoit par cette nouvelle opération 57057 toises pour la valeur d'un degré, on prit le milieu entre ces deux valeurs 57064 toises 3 pieds, & 57057 toises, dont la différence étoit si légére, qu'elle pouvoit passer pour une conformité surprenante entre les différentes opérations. On s'arrêta donc au compte rond de 57060 toises.

On ne peut dissimuler ici que Fernel avoit trouvé 56746 toises, & que sa méthode grossiére & son estime faite au hazard, l'avoient presque aussi-bien conduit, que tous les soins & toutes les précisions que l'Académie employa. Mais il est vrai aussi que Fernel, qui étoit si près du but, ne pouvoit pas raisonnablement s'assurer d'y être; & ce n'est pas avoir trouvé la vérité, que d'être en état de douter si on l'a trouvée.

Les lieuës moyennes de France étant d'environ 2282 toises, un degré de la Terre en contient 25, la circonférence 9000, & le diamétre 2864 $\frac{56}{71}$. La toise dont on se servit est celle du grand Châtelet de Paris.

Mr. Picard, qui fut le principal conducteur de ce grand ouvrage, a comparé dans son Traité de la Mesure de la Terre nos toises & nos lieuës, à différentes mesures usitées en Europe, afin que d'autres Nations pussent évaluer à leur maniére ce que nous exprimons selon la nôtre. Mais comme la comparaison de ces différentes mesures est pénible, & que d'ailleurs les originaux de toutes les mesures avec quelque soin qu'on les garde, peuvent être réellement altérés par le tems, il seroit plus commode, & plus beau d'avoir une mesure universelle attachée à quelque chose qui fût immuable, & commun à tous les Peuples de la Terre.

L'original en peut être dans le Ciel. Il ne faut que prendre un Pendule simple, dont chaque vibration soit précisément d'une seconde de tems, conformément au moyen mouvement du Soleil. Sa longueur sera la mesure universelle. Quiconque réglera un Pendule à secondes sur le moyen mouvement du Soleil, retrouvera toujours la même longueur. Il faut seulement observer que les vibrations soient petites; car au-dessus d'une certaine grandeur elles sont d'inégale durée.

Cette longueur, selon notre mesure, est de 36 pouces 8 lignes $\frac{1}{2}$, desorte que le tiers de ce Pendule à secondes pourroit être appellé le pied universel, & le double de ce Pendule la toise universelle.

Ce-

Cependant il faut avouer que tout ce qui eſt attaché à la matiére n'eſt guére capable d'une exacte uniformité. Si, ſelon les obſervations que nous avons rapportées de Mr. Picard, la longueur du Pendule doit être différente en Hyver & en Eté pour battre également, on ne pourra pas ſe fier entiérement à la meſure univerſelle, & nous rapporterons encore ailleurs plus à propos d'autres obſervations, qui peuvent la rendre ſuſpecte. 1670.

L'Académie ayant fait réflexion que comme elle n'avoit meſuré qu'un degré, ou à peu près, l'erreur, s'il y en avoit, ſe multiplieroit 360 fois ſur la circonférence, & par-là deviendroit conſidérable, quelque légére qu'elle fût, elle réſolut de meſurer à la fois un plus grand nombre de degrés, afin que l'erreur qui s'y pourroit encore gliſſer, ſe multipliât moins ſur la circonférence de la Terre; car il n'eſt pas plus difficile de prendre la différence de latitude de deux lieux plus éloignés, que de deux plus proches, & pour meſurer de plus grandes diſtances ſur la Terre, le travail n'en eſt que plus long & plus fatigant, & non pas plus ſujet à erreur. Elle entreprit donc de continuer la Méridienne qui alloit d'Amiens à Malvoiſine, juſqu'à l'extrémité la plus méridionale du Royaume où elle pourroit aller; tant une plus grande préciſion ſur cette matiére lui parut digne de ſes ſoins & de ſes peines. La Géométrie-Pratique n'avoit jamais conçu un ſi grand deſſein.

## ASTRONOMIE.

CETTE année on fit pluſieurs recherches ſur l'Equation des jours, ſur les refractions, ſur les parallaxes; on obſervoit le Ciel aſſidûment, on comparoit les Hypothéſes des plus fameux Aſtromômes entr'elles & avec les obſervations. Mais la continuation des travaux ordinaires d'Aſtronomie, quoiqu'infiniment utile à l'avancement de cette ſcience, ne pourroit fournir à cette Hiſtoire que des répétitions ennuyeuſes; & nous ne rapporterons que ce qu'il y a eu dans ce genre de ſingulier & de nouveau. Telle fut une Etoile qui parut au mois de Juin proche la tête du Cygne. Le P. Dom Anthelme Chartreux à Dijon la découvrit le premier le 20 Juin de cette Année, & en ayant donné avis à l'Académie, Mr. Picard commença à l'obſerver le 25. Mr. Caſſini l'obſerva auſſi de ſon côté. Elle s'évanouït entiérement au mois de Septembre. Voyez les Mémoires, Tom. 10.

La fameuſe Etoile qui ſe fait voir de tems en tems dans le col de la Baleine, ne ſe déroba pas non plus à la vigilance de Mr. Caſſini. Il fit des Tables de ſon mouvement, ou plutôt de ſes apparitions, ſur les obſer-

1670. obſervations qu'il en avoit faites, & ſur celles des autres Aſtronômes. Mr. Picard l'avoit obſervée dès la fin de l'année 1668. elle lui avoit paru alors de la troiſiéme grandeur, & même égale à celle qui eſt au Nœud des Poiſſons. Le 24 Novembre 1669. il l'a trouva de-même, & peut-être plus lumineuſe; mais elle commença dès-lors à diminuer. Par la comparaiſon de toutes les obſervations qui en avoient été faites, Mr. Caſſini découvrit que les Phaſes de cette Etoile revenoient au bout de 270 jours, non pas cependant ſi réguliérement qu'il n'y eût quelquefois plus de 15 jours à dire.

En faiſant ſon Catalogue des Etoiles fixes, il y en mit pluſieurs qui n'avoient été marquées par aucun Aſtronôme, quoiqu'elles fuſſent aſſez grandes. Au-contraire il trouva qu'il en manquoit dans le Ciel quelques-unes qui avoient été marquées par les Aſtronômes. On peut croire que dans ces eſpaces immenſes qui compoſent l'Univers, & dans de longues révolutions de tems qui paſſent toutes nos idées, les Etoiles ont leur naiſſance & leur fin, comme à proportion les fleurs d'une Prairie. Quelques millions d'années nous feroient un nouveau Ciel; car les ſix mille ans déjà écoulés ne ſont qu'un inſtant, & un inſtant dont les deux tiers nous ont preſque entiérement échappé par rapport à l'Hiſtoire des Corps Céleſtes; & cependant, dans le petit reſte de cet inſtant que nous connoiſſons, le Ciel n'a pas été tout-à-fait exempt de changemens.

Mr. Caſſini lut auſſi cette année à l'Académie ſa Méthode de trouver la différence en longitude par les Obſervations correſpondantes des Phaſes des Eclipſes de Soleil faites en divers lieux. Il l'avoit inventée dès l'année 1661. Elle ſert encore à déterminer pluſieurs points fondamentaux d'Aſtronomie.

## ANNE'E MDCLXXI.

## PHYSIQUE.

### ANATOMIE.

1671. IL eût été à ſouhaiter que tous les Animaux du Monde euſſent paſſé en revuë devant l'Académie. Non ſeulement elle leur donnoit des noms, en retrouvant par une fine Critique ceux qu'ils avoient eus dans l'Antiquité; mais elle découvroit par une exacte Anatomie leurs propriétés & leurs

leurs natures. Cette année il en parut devant elle un assez grand nombre, des Gazelles, des Vaches de Barbarie, des Autruches, des Aigrettes, des Gruës du Levant, &c. 1671.

1. On jugea que la Gazelle étoit *la Dorcas*, le *Strepsiceros*, ou Chévre Lybique des Anciens. Son nom moderne vient de l'Arabe, *Algazel*, qui signifie Chévre. Quelquefois les maladies dont les Animaux sont morts, sont favorables à l'Anatomie, parce qu'elles font paroître des parties qui dans leur état naturel ne paroissoient point, soit en les enflant & en les étendant, soit en changeant leur couleur, qui les faisoit confondre avec des parties voisines. Ce fut par ce dernier moyen que les petites glandes presque infinies, qui composoient le foye de trois ou quatre Gazelles, parurent manifestement. Elles étoient devenuës plus blanchâtres que la partie commune qui les lie & les assemble, & par-là elles s'en détachoient. Elles étoient toutes d'une figure approchante de l'exagone, & percées chacune en leur milieu par une petite fente, structure visiblement destinée à une filtration. Il y avoit une des Gazelles, où la substance du foye paroissoit égale & uniforme, & telle qu'elle doit être pour n'être pas connuë. Quoique les Animaux ayent d'ordinaire quatre ventricules, à cause des différentes coctions que demandent les herbes qu'ils mangent (alimens qui ne rendent du suc que par une dissolution lente & parfaite) la Gazelle qui rumine n'a que deux ventricules. Mais on peut se fier à la sagesse de la Nature, que ces deux vaudront les quatre des autres. En effet, on y trouva toutes les diverses figures, & les substances particuliéres, que les quatre ont accoutumé d'avoir, le velouté composé d'une infinité de petits mammelons, les éminences entrelassées en forme de réseau, les feuillets bordés de petits grains semblables à des grains de millet; enfin toute cette méchanique délicate, qui sert, ou à briser successivement les alimens en différentes façons, ou à les empêcher de s'échapper plutôt qu'il ne faut, ou à former les liqueurs dissolvantes, ou à les exprimer.

2. La Vache de Barbarie, plus semblable à un Cerf qu'à une Vache, & qui portoit toutes les marques du *Bubalus* des Anciens, avoit dans le tronc de la veine-porte des valvules, que l'on n'avoit encore trouvées à aucun animal. On sait que le mouvement du sang dans les veines, est des rameaux vers le tronc, & que dans les artéres il est du tronc vers les rameaux. La veine-porte est veine par le sang, qui des entrailles coule par ses rameaux dans son tronc; mais d'un autre côté, elle imite les artéres, en jettant du sang de son tronc dans le foye par des rameaux, qui de-là s'embouchent dans les rameaux de la cave, pour faire aller le sang au cœur, & font que la veine-porte redevient essen-

 tiel-

1671. tiellement veine. Mais comme les rameaux qu'elle répand dans le foye sont joints étroitement à des artéres, dont la dilatation & la pulsation pourroit faire refluer le sang de ces rameaux dans le tronc de la porte, il y a des valvules qui s'y opposent. Toutes les autres valvules empêchent que le sang des veines ne retourne du tronc vers les rameaux, celles-là empêchent qu'il ne retourne des rameaux vers le tronc, parce qu'à l'égard de ce sang la veine-porte est comme une artére.

3. Les Autruches ont des aîles qui ne leur servent point à voler, comme les Taupes ont des yeux qui ne servent point à voir, & les mâles de plusieurs espéces ont des mammelons; soit que la Nature, attentive seulement au gros de l'ouvrage, ayant donné à tout un genre certaines parties qui lui sont nécessaires, les donne aussi, quoiqu'inutilement, à quelques-unes des espéces qu'il contient; soit qu'elle néglige quelquefois quelques espéces sur de certains points, comme il est sûr qu'en chaque espéce elle néglige plusieurs individus; soit qu'en passant d'un genre à un autre elle observe des nuances, qui font, par exemple, que l'espéce d'oiseau qui tient encore à l'animal terrestre, n'a que la figure d'oiseau, & n'en a pas le vol. Quoi qu'il en soit, toute la méchanique qui rend les aîles propres à voler, manque à celles de l'Autruche. Un Oiseau ne s'éléve que parce que dans l'instant qu'il étend & qu'il abaisse ses aîles, il pousse l'air en embas avec une vitesse si soudaine & si brusque, que l'air ne peut circuler & remonter en en-haut assez promptement. L'air devient donc par-là une espéce de corps solide qui résiste, & sur quoi l'aîle abaissée s'appuye, & c'est ce qui fait monter le corps de l'oiseau. Pour cela, il paroît d'abord qu'il faut que l'aîle, outre sa légéreté, ait beaucoup de fermeté. Mais comme dans le moment suivant l'aîle se reléve, & frappe l'air de bas en haut, avec autant de vitesse qu'elle l'avoit frappé de haut en-bas, l'air qui ne pourroit pas monter assez vite, lui résisteroit, & feroit redescendre le corps de l'oiseau autant qu'il étoit monté, si quelque méchanique particuliére ne prévenoit cet inconvénient. Voici donc ce que la Nature a ménagé avec toute son industrie. Pour la fermeté de l'aîle, elle a fait le tuyau de chaque plume à peu près cylindrique, en même tems qu'elle l'a fait creux pour la légéreté. Elle a attaché des deux côtés de chaque tuyau de longs fils, plats, & situés l'un contre l'autre par le plat, qui ont plus de facilité à se plier du sens qui les approche, que de celui qui les sépare. De-plus les fils ont de part & d'autre des fibres crochuës, visibles avec le Microscope, qui s'enlacent avec les fibres du fil voisin, de telle sorte que deux fils qu'on a séparés, se reprennent très-facilement dès qu'ils se rapprochent. Enfin une partie d'une plume est couchée sur une partie de la plume voisine,

ne, ce qui empêche que la surface de l'aîle ne soit interrompuë par aucun vuide, & la rend plus propre à frapper tout l'air qui lui répond. Mais il restoit encore à faire que l'air fût plus frappé par l'aîle lorsqu'elle s'abaisse, que lorsqu'elle se reléve. La Nature y employe d'abord un moyen général. Elle a un peu courbé l'aîle en-dessous, afin que l'air frappé par l'aîle qui s'abaisse, s'enfermant dans cette concavité, résistât davantage; & qu'aussi quand l'aîle se reléve, il glissât facilement sur la convexité, & résistât moins. A quoi il faut ajoûter, que les fils qui composent chaque plume, se plient plus aisément de haut en-bas que de bas en-haut, ce qui fait que quand l'aîle se reléve, ils obéissent à l'air, & diminuent son action, au-lieu que dans le mouvement contraire ils la fortifient en lui résistant. Quant aux moyens particuliers, il y en a deux. Les Oiseaux qui ont les aîles longues & pointuës, lorsqu'ils relévent l'aîle, en rapprochent les plumes, & les font couler l'une sous l'autre, au-lieu qu'en abaissant l'aîle ils les déployent autant qu'il est possible. Les Oiseaux qui ont l'aîle moins longue, en l'abaissant frappent l'air du plat de leurs plumes, & en la relevant ils les tournent un peu obliquement, ensorte qu'ils ne font plus que couper l'air. Il est visible que de ces deux maniéres une plus grande surface d'air est frappée par l'aîle qui s'abaisse, que par l'aîle qui se reléve. 1671.

La queuë des Oiseaux n'a pas moins d'usage pour le vol que les aîles mêmes. Car supposant le corps de l'oiseau suspendu en l'air par son centre de gravité, si la queuë se hausse, elle frappe l'air de bas en-haut; par conséquent elle en est frappée de haut en-bas; par conséquent le corps de l'oiseau qui étoit en équilibre ayant une de ses parties frappée de haut en-bas, doit commencer à tourner en en-bas par cette partie-là, & en en-haut par la partie opposée, qui est la tête. L'oiseau en haussant la queuë dirige donc son vol en en-haut, par une raison contraire il le dirige en en-bas quand il la hausse & la baisse successivement avec grande vitesse, son vol se dirige également entre le haut & le bas, c'est-à-dire, simplement en avant. On pourroit dire que la queuë sert de gouvernail au corps des Oiseaux; il suffit pour cet effet qu'elle soit platte, droite, ferme, & d'une surface toujours égale.

Ni les aîles, ni la queuë de l'Autruche n'ont la méchanique nécessaire pour le vol. Les plumes de cet oiseau sont molles, effilées, très-flexibles; les fils qui les composent sont séparés les uns des autres, & sans aucune disposition à s'accrocher; enfin ces plumes ne leur servent guére de parure, non plus qu'aux hommes qui les empruntent; car cette mollesse, qui les rend inutiles pour l'usage solide du vol, les rend en même

1671. tems très- propres pour devenir un ornement, parce qu'elles flottent, & qu'elles ont beaucoup de jeu.

Les Autruches ont la réputation de digérer le fer & les pierres, mais on reconnut qu'elle étoit mal fondée. Il eſt vrai que les Autruches, comme la plupart des oiſeaux, avalent des cailloux, & même, ce qui n'eſt pas ſi ordinaire, qu'elles avalent des morceaux de métal; mais il n'eſt pas vrai qu'elles en faſſent la digeſtion. Avant que les alimens puiſſent être diſſous par les liqueurs de l'eſtomac, il faut qu'ils ſoient broyés groſſiérement; & c'eſt ce que font les dents des animaux qui mâchent. Mais comme les oiſeaux ne mâchent point, & qu'ils vivent cependant de graines, & d'autre choſes dures, la Nature leur a donné l'inſtinct d'avaler des cailloux qui leur ſervent à broyer ces alimens dans leur eſtomac, & leur tiennent lieu de dents. On en trouva un dans le ventricule d'une Autruche, qui étoit de la groſſeur d'un œuf de poule. Mais ces oiſeaux, qui ſont voraces, uſant mal de leur inſtinct, avalent auſſi du fer & du cuivre, qui, quoique propres au même uſage que les cailloux, leur ſont d'ailleurs pernicieux, & ſe changent en poiſon dans leur eſtomac. Auſſi a-t-on remarqué que les Autruches, qui en avoient beaucoup avalé, mouroient bientôt après. On peut dire, pour juſtifier la Nature qui leur a donné ce funeſte inſtinct, que les Autruches ont été deſtinées à vivre dans des Déſerts, où elles doivent rencontrer beaucoup de cailloux, & jamais du fer ou du cuivre. Ces cas trop particuliers ſemblent avoir été indignes de l'attention de la Nature. On trouva dans l'eſtomac d'une Autruche juſqu'à 70 doubles, la plupart conſumés preſque de trois quarts, & rayés apparemment par leur frottement mutuel, & par celui des cailloux, & non par aucune diſſolution, parce que quelques-uns de ces doubles, qui étoient creux d'un côté, & boſſus de l'autre, étoient tellement uſés & luiſans du côté de la boſſe, qu'il n'y paroiſſoit plus rien de la figure de la monnoye, qui étoit demeurée entiére de l'autre côté, que la cavité avoit défendu du frottement. Il eſt certain que cette cavité n'eût pas garanti le côté où elle étoit, de l'action d'un eſprit diſſolvant. Tout ce qui étoit contenu avec les doubles dans le ventricules des Autruches, étoit verdi.

4. En diſſequant deux Pigeons, on remarqua que leur œſophage eſt capable d'une dilatation plus grande que celui des autres Oiſeaux, & qu'en ſoufflant dans leur âpre-artére, on fait enfler leur jabot, ſans que l'on ſache par quels conduits l'air y peut entrer. L'uſage de cette méchanique paroît avoir rapport à la nourriture que les Pigeons avalent pour la porter à leurs petits. Si elle étoit ſerrée & comprimée dans leur œſophage, elle s'y digéreroit, ou s'y altéreroit du-moins conſidérablement,

ment, avant qu'ils fussent arrivés à leurs nids ; car le mouvement de compression est une des principales causes de la digestion ; mais la dilatation de l'œsophage, & l'air dont le jabot s'enfle, mettent en sûreté ce qui y est en reserve. 1671.

5. Pour s'assûrer que le mouvement du poûmon sert à faire passer le sang du ventricule droit du cœur dans le gauche au travers du poûmon, on dissequa un Chien vivant. Aussitôt qu'on lui eut ouvert la poitrine, le poûmon cessa de se mouvoir, le cœur cessa aussi de battre, & le ventricule droit s'enfla extraordinairement ; parce que le poûmon qui s'étoit abattu, fermoit le passage du sang, qui eût dû passer dans le ventricule gauche. Mais aussitôt que l'on eut rendu au poûmon son mouvement ordinaire de dilatation & de constriction par le moyen d'un soufflet, avec quoi on poussa de l'air dans l'âpre-artére, le cœur reprit son mouvement naturel, & le discontinuant lorsqu'on cessoit de souffler, il recommençoit à battre dès qu'on faisoit mouvoir le poûmon en y soufflant de l'air. Cette expérience fut continuée l'espace de plus d'une heure, sans que la vigueur du Chien parût être diminuée ; & l'on peut dire qu'en cet espace de tems on fit mourir & revivre cet animal plusieurs fois.

# MATHEMATIQUES.

## MECHANIQUE.

CE qu'on appelle en Méchanique la résistance des Corps solides est une espéce de Science toute nouvelle, dont Galilée a été l'Inventeur, aussi-bien que de celle des Vibrations, & du Systême de la Chûte des Corps pesans. Mais il y a une sorte de fatalité attachée à la gloire de l'invention. Quand on découvre, on est plus sujet à se méprendre, & on est relevé de ses fautes par ceux mêmes qu'on a éclairés. Galilée n'a pas été exempt de cette destinée commune aux grands génies. Mr. Blondel qui se faisoit honneur d'avoir été son disciple dans les derniers tems de sa vie, entreprit de faire voir quelques Paralogismes où il étoit tombé sur la résistance des Solides. L'intérêt de la vérité dispense d'avoir de petits ménagemens, & des égards trop délicats, & en remarquant les fautes de ces grands Hommes, il suffit de reconnoître qu'ils ont eu quelquefois plus de mérite à les faire, que nous n'en avons à les remarquer.

 On

1671. On peut voir à quoi se réduit presque toute la Doctrine de la résistance des Solides dans l'Histoire de l'Académie année 1702. pag. 102. & suivantes. Nous supposons ici tout ce qui y est dit sur cette matiére, & nous n'en reprendrons que ce qui est nécessaire à notre sujet.

Si une poutre quadrangulaire est fichée par un bout dans un mur, & qu'à l'autre bout il y ait un poids suspendu qui tend à la rompre, on ne peut considérer dans la résistance des différentes parties de la poutre, que la grandeur des surfaces qu'il faudroit séparer en différens endroits, & le différent éloignement où est le poids à l'égard de ces endroits différens, parce qu'il tire de son éloignement plus ou moins de force.

Dans une poutre quadrangulaire, toutes les surfaces étant égales, il ne reste plus que les différens éloignemens du poids à l'égard des différentes parties, & l'on voit sans peine que le poids agira davantage contre celle dont il est plus éloigné ; que par conséquent, si la poutre rompt, elle rompra près du mur, & que sa force pour résister à la séparation de ses parties, va toujours en augmentant depuis le mur jusqu'au poids.

Si cette augmentation de résistance lui est inutile, & qu'il suffise qu'elle en ait une égale en toutes ses parties, on cherche quelle figure elle doit prendre, & l'on trouve qu'elle doit être diminuée en parabole depuis le mur jusqu'à l'autre extrémité.

Or en la diminuant en parabole, on lui ôte le tiers de sa matiére & de son poids, ce qui peut être utile dans les occasions où il faut accorder la légéreté avec une force toujours égale.

Enfin si l'on suppose la poutre quadrangulaire appuyée par les deux bouts, dans une situation horizontale, & sans pesanteur, & que le poids soit suspendu successivement en deux endroits différens pris à discrétion entre ses extrémités, il est certain que le poids la rompra, s'il la rompt, par l'endroit où il est suspendu, & qu'en même tems les deux extrémités de la poutre qui étoient appuyées, descendront. Les deux points les plus bas de ces extrémités feront les points fixes de deux leviers, par rapport auxquels on doit juger de l'action du poids. Les surfaces qu'il faut rompre étant toujours égales, les différentes résistances de la poutre au poids suspendu successivement en différens endroits, ne dépendront donc que du plus ou du moins d'éloignement où sera le poids à l'égard des deux extrémités tout ensemble, puisqu'il agit contre toutes les deux à la fois pour les faire descendre.

Le plus grand éloignement où puisse être le poids à l'égard des deux extrémités tout à la fois, c'est d'être au milieu ; & par conséquent ce sera dans ce point qu'il aura la plus grande action, & la poutre, la plus foible résistance. Qu'on suspende le poids à tout autre point, son action sera

sera moins forte, & elle le sera d'autant moins que le point de suspension sera plus proche d'une extrémité. 1675.

La résistance de la poutre va donc en augmentant toujours de part & d'autre depuis le milieu jusqu'aux deux extrémités appuyées ; & si l'on vouloit que cette résistance fût égale en toutes ses parties, il faudroit diminuer la poutre depuis le milieu jusqu'aux deux extrémités également de part & d'autre, selon une certaine figure.

Galilée, prévenu de la Parabole, avoit trouvé que cette diminution devoit être encore parabolique; mais Mr. Blondel prouva qu'elle se devoit faire en demi cercle, ou en ellipse. Ainsi l'on est sûr qu'une piéce de bois, de marbre, &c. taillée en demi-cercle, ou en demi-ellipse, & posée sur les deux extrémités de son côté plat, résistera également en quelque endroit que ce soit qu'on la veuille charger d'un poids. Les Architectes peuvent quelquefois se servir utilement de ces sortes de connoissances; mais il est bien vraisemblable que dans la plus fine & la plus délicate de toutes les Architectures, qui est la Méchanique des Animaux, les propriétés des figures géométriques y sont souvent employées d'une maniére qui n'est pas toujours aisée à reconnoître.

On traita aussi dans l'Académie diverses autres questions qui appartenoient à la Méchanique. Mr. de Roberval lut une Dissertation sur le Centre de Percussion. Mr. Mariotte lut aussi son *Traité de la Percussion ou Choc des Corps*; celui des corps à ressort fit naître un examen de la cause physique du ressort. MM. Perrault, du Clos, Mariotte & Buot communiquérent là-dessus leurs pensées, qui, quoique différentes en apparence entr'elles, parurent cependant pouvoir être réduites à un seul & même systême. On ne négligea pas le sensible de la Méchanique. Diverses Machines renvoyées à l'Académie par ordre de Mr. Colbert y furent examinées: telle fut, par exemple, une Machine pour nettoyer les Ports, & une autre pour *broyer ou moudre* les grains, &c.

MM. Niquet & Couplet continuérent aussi à faire exécuter des modéles des Machines le plus en usage dans les différens Arts.

Mr. Cassini exposa par occasion la maniére dont on se sert aux environs de Bologne & de Modéne pour avoir des Jets-d'eau, des Puits, mêmes les plus profonds. D'abord on creuse la terre jusqu'à ce qu'elle paroisse gonflée par la force de l'eau qui coule & qui pousse par-dessous, & alors on plonge dans le sol une espéce de tarierre fort longue qui donne une issuë à l'eau, & la tarierre retirée, l'eau sort avec impétuosité, & remplit non seulement le Puits entier, mais arrose encore par sa dépense continuelle les campagnes qui en sont voisines; peut-être ces eaux viennent-elles par des canaux souterrains du haut du Mont Ap-

pen-

1671. pennin, qui n'eſt qu'à dix milles de ce territoire. Dans la baſſe Autriche, ou celle qui eſt plus vers l'embouchure du Danube, & qui eſt environnée des montagnes de Stirie, les Habitans ſe ſervent de la même manœuvre pour faire venir de l'eau dans leurs Puits.

# ASTRONOMIE.

L'Algebre eſt ſi ſimple & ſi indépendante de l'Expérience, qu'un Algébriſte, pourvu qu'il eût l'eſprit excellent, pourroit ſe paſſer du ſecours de tous ceux qui l'auroient précédé; l'Aſtronomie au-contraire eſt toute attachée aux obſervations, & aux faits; & il eſt néceſſaire pour ſa perfection, que les Aſtronômes de tous les ſiécles ſe donnent la main, & ſe tranſmettent les uns aux autres leurs connoiſſances. Mais pour profiter dans cette Science du travail des Anciens, il faut pouvoir calculer pour le lieu où nous ſommes, ce qu'ils ont calculé pour les lieux où ils étoient, & par conſéquent il faut ſavoir exactement la longitude & la latitude de ces lieux. On ne peut pas préſentement s'en rapporter aux Anciens eux-mêmes, parce qu'on obſerve avec des Inſtrumens & une préciſion qu'ils n'avoient pas, & qui rendent ſuſpect tout ce qui a été trouvé par d'autres voyes.

Les Aſtronômes dont il étoit le plus néceſſaire de comparer les obſervations aux nôtres, étoient Hipparque, Ptolomée, & Tycho-Brahé. Les deux premiers étoient à Alexandrie en Egypte; & ſelon toutes les apparences ils mirent cette Ville en poſſeſſion d'être la Capitale de l'Aſtronomie. C'étoit elle qui donnoit ſur cela des loix à toutes les autres; & dans l'ancienne Egliſe le Patriarche d'Alexandrie régloit le Cycle Paſchal, & l'envoyoit aux autres Evêques. Tycho a travaillé dans l'Ile de Huéne, ſituée dans la Mer Baltique, vers le Détroit du Sond. Là il fit bâtir ce fameux Obſervatoire, qu'il appella Uranibourg, nom compoſé du Grec & de l'Allemand, & qui ſignifie Ville du Ciel. Cette Ile de Huéne, auparavant inconnuë, & preſque ſauvage, eſt devenuë par la demeure de Tycho, célébre chez tous les Aſtronômes, à qui il eſt d'une extrême importance d'en connoître la véritable poſition à l'égard du Ciel.

L'Académie, animée par les ordres qu'elle avoit reçus du Roi, de n'épargner rien pour l'avancement des Sciences, avoit réſolu d'envoyer des Obſervateurs à Alexandrie & à Uranibourg, pour y mieux prendre le fil du travail des grands Hommes qui y avoient habité; mais à cauſe des difficultés particuliéres que l'on prévoyoit dans le voyage d'Alexanlexandrie, on commença par celui d'Uranibourg. Mr. Picard voulut bien s'y engager. 1671.

Il partit de Paris au mois de Juillet de cette année, & arriva à Coppenhague le 24 Août.

Comme l'Ile de Huéne étoit depuis quelque tems sous la domination des Suédois, il falut attendre des ordres de Suéde; ils arrivérent enfin, & Mr. Picard passa dans Huéne.

Uranibourg étoit entiérement détruit. Ce fameux Observatoire, achevé de bâtir vers la fin de l'an 1580, n'avoit subsisté en son entier qu'environ 20 ans; & cependant Tycho, qui tout grand Astronôme qu'il étoit, avoit la foiblesse d'être aussi Astrologue, nous a appris lui-même qu'il avoit choisi un moment heureux pour poser la premiére pierre d'un bâtiment qui lui étoit si cher. Malgré les soins & les précautions du fondateur, les Astres ne regardérent pas favorablement un lieu qui leur étoit consacré; le nom d'Uranibourg, de Ville du Ciel, a été transporté à une Ferme; & Mr. Picard eut la douleur de voir que le véritable Uranibourg n'étoit plus qu'une espéce d'enclos où l'on jettoit des carcasses de bêtes.

Ces ruines étoient pourtant encore précieuses, & méritoient qu'on les étudiât. Mr. Picard y retrouva les dimensions que Tycho avoit données à son Uranibourg, & après s'être bien assûré qu'il étoit dans le même lieu, il s'y fit une petite cabane pour lui servir d'Observatoire. Si l'Astrologie étoit moins fausse, on pourroit croire que le moment choisi par Tycho avoit eu la vertu, au bout de près de cent ans, d'attirer encore de l'extrémité de l'Europe des Astronômes qui venoient observer sur les débris d'Uranibourg.

Comme les angles que tous les lieux qu'on voit d'Uranibourg, font avec le Méridien de ce lieu, nous ont été laissés par Tycho, Mr. Picard travailla à les prendre; & il se trouva entre la Méridienne de Tycho & la sienne une différence de 18': cela auroit pu faire croire que la Ligne Méridienne change, & ce n'est pas une chose impossible: mais comme il ne faut pas accuser légérement les corps célestes de changer, il vaut mieux jusqu'à une entiére conviction s'en prendre au défaut des observations. Et en effet, on savoit d'ailleurs que celles que Tycho avoit faites dans cette recherche, n'avoient pas été faites avec son exactitude ordinaire; que de-plus, pour trouver la Méridienne, il s'étoit servi de l'Etoile Polaire prise dans ses plus grandes digressions, ce qui est extrêmement sujet à erreur, à cause de la grande hauteur de cette Etoile à Huéne.

Mr. Picard étant tombé dans une espéce de langueur qui tenoit un peu

1671. peu du ſcorbut, & voyant que les glaces l'alloient enfermer dans cette Ile, où il eût manqué de ſecours, retourna à Coppenhague; mais après avoir mis toutes choſes en tel état qu'il pût faire à Coppenhague, ce qu'il avoit fait à Uranibourg.

Il y a dans cette Ville une Tour Aſtronomique que Chriſtian IV. y fit bâtir à la ſollicitation de Longomontan ſon Mathématicien, Diſciple de Tycho, qui vouloit réparer la perte d'Uranibourg.

Comme l'on voit de cette Tour l'Ile de Huéne, & beaucoup d'autres lieux-remarquables, Mr. Picard prit les angles que font avec le Méridien de la Tour Aſtronomique, le Vertical d'Uranibourg, & ceux de tous ces autres lieux; deſorte que la Méridienne de la Tour étant comme liée à toutes ces poſitions différentes, il ſera toujours aiſé de la retrouver par quelqu'une d'entre elles; & ſi elle varie à l'avenir, le changement ſera aiſé à reconnoître par la variation des angles.

Pour pouvoir réduire au Méridien d'Uranibourg les obſervations faites à la Tour de Coppenhague, on prit la différence de ces deux Méridiens par le moyen d'un feu que l'on faiſoit paroître ſubitement ſur la Tour de Coppenhague, & qui étoit vu en même tems d'Uranibourg. Dans cet inſtant on obſervoit en chacun de ces deux lieux, ſur des pendules très-juſtes, combien il y avoit qu'une certaine Etoile avoit paſſé par leur Méridien; & il ſe trouva toujours que l'on comptoit 29″ de plus à Uranibourg qu'à Coppenhague, c'eſt-à-dire, qu'Uranibourg eſt plus Oriental de 29″ de tems.

Après toutes ces opérations, qui n'étoient preſque que des Préliminaires, on en vint à la hauteur du Pole d'Uranibourg. Tycho l'avoit toujours trouvée de 55° 54′; mais pour les ſecondes, il avoit varié entre 30 & 45, ce qui eſt conſidérable par rapport à l'extrême préciſion que l'on ſouhaitoit. C'étoit en partie la faute de ſes Inſtrumens, où il n'appliquoit pas des Lunettes comme l'on fait aujourd'hui, & en partie auſſi celle d'une variation de l'Etoile Polaire, qu'il ne connoiſſoit pas, & que Mr. Picard avoit apperçuë. Cette Etoile, par le mouvement commun de toutes les fixes ſur les Poles du Zodiaque, s'approche tous les ans du Pole du Monde d'environ 20″; mais ce changement de diſtance ne ſe fait que ſur le total de l'année, & ne ſe répand point proportionnellement ſur les parties. Cette bizarrerie, dont on ne fait point encore la raiſon, rend l'Etoile Polaire peu ſûre pour les ſecondes, à moins qu'on ne la prenne dans un tems où l'on puiſſe voir dans une même nuit ſes deux hauteurs méridiennes, la ſupérieure, & l'inférieure. Alors en prenant la moitié de la différence de ces hauteurs, on a le point du Pole juſte. Par-là on trouva la hauteur du Pole d'Uranibourg de de 55°, 55', 20", d'où il faut ôter environ une minute pour la réfraction, selon les découvertes de Mr. Cassini. 1671.

Pendant que Mr. Picard observoit à Uranibourg, Mr. Cassini observoit à Paris; & par les observations faites les mêmes jours des hauteurs méridiennes des mêmes Etoiles, il parut que la différence des deux Paralléles est de 7°, 41', 5". Ainsi le paralléle de Paris une fois bien établi, on a celui d'Uranibourg.

Il ne restoit plus que la différence des Longitudes. On la prit par les différentes Immersions & Emersions du premier Satellite de Jupiter, observées en même tems à Paris & à Uranibourg, ou à Coppenhague, & réduites au Méridien d'Uranibourg. On trouva qu'Uranibourg est plus Oriental que Paris de 42', 10" de tems, qui valent 10° 32' 30" de longitude.

Ce ne sont pas seulement les Longitudes qui demandent des observations faites en différens lieux, presque toutes les autres opérations Astronomiques en demanderoient aussi; & l'Astronomie ressemble au Commerce, qui veut qu'on ait des Correspondans par toute la Terre, mais des Correspondans sûrs, & à qui l'on puisse se fier entiérement.

Mr. Picard rapporta de son Voyage un Journal de huit mois entiers d'Observations, avec un autre trésor encore plus précieux. C'étoient les véritables Originaux des Observations de Tycho-Brahé, dont une partie avoit été imprimée en Allemagne sur des copies très-défectueuses, & avec une infinité de fautes essentielles; & l'autre n'avoit point encore vu le jour. Christierne V. Roi de Dannemarc, avoit eu dessein de les faire imprimer, & les avoit mis entre les mains de Mr. Erasme Bartholin, Professeur en Mathématique & en Médecine; mais comme on ne songeoit plus à cette impression, Mr. Picard crut qu'il pourroit profiter d'un bien que l'on négligeoit; & en effet il l'obtint par le moyen de Mr. Bartholin.

Il compta aussi pour un des principaux fruits de son voyage, d'avoir amené en France avec lui un jeune Danois, nommé Olaus Roëmer, qui fut ensuite un des plus illustres membres de l'Académie des Sciences. C'est ainsi que la France faisoit toujours des acquisitions du côté de l'esprit, & s'enrichissoit de ce qui appartenoit naturellement aux Etrangers.

En cette même année, à la fin d'Octobre, & au commencement de Novembre, Mr. Cassini découvrit un nouveau Satellite de Saturne, à qui l'on n'en connoissoit encore qu'un seul. Ce seul que l'on connoissoit fut découvert le 25 Mars 1655. par Mr. Huyguens; il s'est trouvé depuis le quatriéme dans l'ordre des distances à Saturne. Celui que Mr. Cassini découvrit cette année, est le cinquiéme. Il fut vu pour la pre-

 miére

1671. miére fois dans sa plus grande digression ; il disparut aussitôt, content, pour ainsi dire, de s'être fait remarquer pour la premiére fois.

On observa cette Année deux Parhélies. Le Soleil prêt à se coucher se trouvoit alors caché derriére une Nuée ; on apperçut autour de cet Astre un grand Arc d'une lumiére assez claire, soutenu à ses deux extrémités par deux Soleils dont la lumiére étoit plus vive & plus claire que celle de l'Arc.

Or on a mis ici le dessein, qui en fait mieux la description que tout ce qu'on pourroit en dire.

## ANNE'E MDCLXXII.

# PHYSIQUE.

## ANATOMIE.

1672. LES Peintades sont des Poules d'Afrique, ainsi nommées de la peinture de leur plumage, qui est tout semé de marques blanches & noires, disposées fort réguliérement. Il n'y a pas jusqu'à leurs œufs qui ne soient peints & marquetés de blanc & de noir. On jugea par plusieurs convenances qu'elles doivent être les Méléagris des Anciens ; Oiseaux, qui, selon la Fable, avoient été auparavant les sœurs de Méléagre, & que l'on prétendoit qui passoient tous les ans d'Afrique en Bœotie, pour venir honorer son tombeau par un combat.

On ne peut entendre ce qu'on leur trouva de plus remarquable, sans connoître une méchanique, qui est particuliére aux Oiseaux. Ils ont la plupart, outre le poûmon, des vessies propres à recevoir de l'air, enfermées les unes dans la poitrine, & les autres dans le bas-ventre. Celles de la poitrine communiquent chacune par un petit trou avec le poûmon, & celles du bas-ventre avec celles de la poitrine ; mais la disposition est telle, que le jeu des unes & des autres est contraire. Lorsque dans l'inspiration celles d'en-haut reçoivent de l'air du poûmon en se dilatant, celles d'en-bas sont comprimées, & poussent leur air dans celles qui en reçoivent déjà de dehors. Mais quand l'expiration comprimant le poûmon & les vessies d'en-haut, en fait sortir l'air, il ne sort pas entiérement par le larinx, une partie coule dans les vessies d'en-bas, qui alors se dilatent.

Mais quelle est l'intention de cette méchanique, si différente de celle le des autres animaux? Pour en juger avec quelque vraiſemblance, il faut établir les uſages de la reſpiration. Elle ne ſert pas ſeulement au rafraîchiſſement du cœur, & à la formation de la voix; elle ſert encore à produire dans les entrailles un battement qui y eſt néceſſaire. L'air entre dans la poitrine quand ſa cavité s'augmente, & le diaphragme contribuë à cette augmentation en s'abaiſſant; alors il comprime les parties du bas-ventre. L'air ſort de la poitrine quand ſa cavité ſe reſſerre, & que le diaphragme remonte pouſſé par les muſcles du bas-ventre, dont les parties ſe remettent alors plus au large. Ce mouvement réciproque dont les entrailles ſont perpétuellement battuës, ſubtiliſe, atténuë, méle les liqueurs, & les fait paſſer dans les conduits qui leur ſont deſtinés; & il faut remarquer que les muſcles du bas-ventre ſont comme les antagoniſtes du diaphragme, ils lui cédent quand il deſcend, ils le repouſſent quand il remonte. 1672.

Ces muſcles du bas-ventre ſont petits dans les Oiſeaux, à cauſe de la grandeur de l'os de la poitrine, dont preſque tout le ventre eſt couvert; & cet os n'a pas pu être d'une moindre grandeur, parce qu'il donne origine aux grands muſcles, qui ſervent à la puiſſante action du vol. Les muſcles du bas-ventre étant donc foibles dans les Oiſeaux, ils ne pouvoient dans le tems de l'expiration comprimer les entrailles autant qu'il eſt néceſſaire; & pour ſuppléer à leur peu de force, la Nature a mis dans le bas-ventre des Oiſeaux, ces veſſies, qui, au moment de l'expiration, ſe rempliſſent de l'air qu'elles reçoivent des veſſies d'en-haut, & par conſéquent ſe dilatent & compriment les entrailles.

En ſoufflant dans l'âpre-artére des Peintades, on vit le jeu de toutes ces veſſies, tant de celles d'en-haut que de celles d'en-bas, & même on obſerva que le péricarde qui n'étoit pas juſte, & ſerré au cœur, comme à l'ordinaire, s'enfloit auſſi. Apparemment le cœur de ces animaux a beſoin d'air, ou pour en être comprimé, ou pour en recevoir l'impreſſion de quelque qualité, ou pour s'y décharger des fumées qu'il exhale dans l'embraſement continuel où il eſt.

Les veſſies dont nous parlons, ſont fort grandes, & fort réguliérement diſpoſées dans l'Autruche, quoique cette méchanique, qui paroît imaginée pour réparer un inconvénient du vol, ne ſoit pas fort néceſſaire à un Oiſeau qui ne vole point. Il eſt vrai que les aîles inutiles de l'Autruche ne laiſſent pas d'être attachées à de grands muſcles; & c'eſt-là ce qui fait la néceſſité des veſſies.

On diſſequa auſſi trois Aigles, & ſix Otardes, deux eſpéces preſque entiérement oppoſées dans le genre des Oiſeaux. Les Aigles ont le vol ſi haut, que les Fauconniers, pour les empêcher de s'élever trop dans

 l'air,

1672. l'air, leur ôtent une partie du duvet & des plumes qui leur couvrent le ventre; cela fait que le froid, auquel ces Oiseaux sont fort sensibles, & qu'ils sentent plus vivement, étant plus dégarnis, les arrêtent lorsqu'ils arrivent à la moyenne région de l'air. On trouva dans la grandeur de leur jabot & de leur ventricule, une des causes de leur voracité, qui est telle que tous les lieux voisins ont peine à leur fournir assez de proye, & qu'on dit que deux Aigles ne se rencontrent point dans un même quartier, parce qu'elles n'y pourroient subsister ensemble, & qu'il leur faut à chacune comme un Etat séparé. Ce feroit encore-là une raison pour donner de la Royauté à l'Aigle.

L'Otarde, dont le nom vient d'*Avis tarda*, s'éléve si peu de terre, & va si lentement, qu'on la prend aisément à la course. Cet Oiseau mange du foin, & avale, comme l'Autruche, des métaux & des pierres, apparemment pour le même usage, car il ne les digére pas non plus. Cependant les intestins, qui dans les Animaux qui vivent d'herbe ont besoin d'être longs pour une parfaite coction de cet aliment acqueux, & peu succulent, ne le sont pas autant dans les Otardes qu'ils devroient l'être. En récompense, des glandes placées en très-grande quantité, dans la plupart des Oiseaux, à l'endroit où l'œsophage se joint au gésier, arrangées comme des alvéoles des Mouches à miel, & percées selon leur longueur d'un petit canal d'où sort une liqueur, furent trouvées plus grosses dans les Otardes que dans d'autres Oiseaux, & par conséquent abondantes en cette liqueur, qui doit être un dissolvant. De-plus, les Otardes ont un double cæcum; & l'on conjecture que le cæcum, qui est un boyau sans issuë, garde en reserve ce qui est encore mal digéré jusqu'à ce qu'il le soit mieux, ou des restes d'une digestion précédente, qui servent de levain à une suivante. A ces deux cæcum on peut joindre une poche que formoit l'intestin, se dilatant à un pouce de l'anus. Elle est nommée la Bourse de Fabrice, du nom de celui qui l'a décrite le premier. C'est encore une espéce de cæcum. La Nature sait bien réparer les négligences qu'il semble quelquefois qu'elle ait euës sur de certains points, si cependant on peut dire qu'il y ait des négligences dans ses ouvrages, & si ce ne sont pas plutôt différentes maniéres d'exécuter la même chose, qui font voir plus de richesse d'invention.

MA-

# MATHEMATIQUE.

## ASTRONOMIE.

SI nous nous repréſentions bien la ſituation où nous ſommes à l'égard des Corps Céleſtes, nous ſerions étonnés nous-mêmes d'être aſſez hardis pour entreprendre de meſurer leur cours, leurs grandeurs, leurs diſtances, & aſſez heureux pour y réuſſir. Une épaiſſe fumée enveloppe continuellement la Terre, & rompant tous les rayons qui partent des corps céleſtes, nous les fait paroître en des lieux où ils ne ſont pas. D'un autre côté nous ſommes obligés de calculer les mouvemens céleſtes, comme s'ils étoient vus du centre de la Terre, d'où nous ſommes cependant éloignés de 1500 lieuës; nous ne ſommes pas ſûrs que ces 1500 lieuës ne doivent être abſolument comptées pour rien à l'égard de ces grands éloignemens; & s'il les faut compter pour quelque choſe, nous ne ſavons pour combien il les faut compter. La réfraction & la parallaxe conſpirent à nous tromper, l'une en nous élevant les Aſtres, l'autre en nous les abaiſſant, & cela différemment, de peur que l'une ne détruisît entiérement l'effet de l'autre. 1672.

La Parallaxe a été connuë des Anciens, mais la Réfraction Aſtronomique ne l'a pas été. Tycho fut preſque le premier qui la découvrit; il trouva que les vapeurs de la Terre élévent les Aſtres de plus d'un demi-degré quand ils ſont à l'horizon; il crut qu'enſuite l'effet de la réfraction alloit toujours en diminuant juſqu'à la hauteur de 45 degrés, où il ceſſoit. Mais la régle des Réfractions Phyſiques donnée par Mr. Deſcartes, & vérifiée dans l'Académie par une infinité d'expériences, avoit fait croire que les réfractions des Aſtres ne devoient ceſſer qu'au Zénit, quoiqu'au-deſſus de 45 degrés elles ne paſſaſſent guére une minute.

Cette différence preſque imperceptible étoit d'une extrême importance. Il faut avoir dans la derniére préciſion la hauteur du Pole, & l'obliquité de l'Ecliptique, deux fondemens néceſſaires de toute recherche Aſtronomique, & qui étant une fois défectueux, quelque peu que ce puiſſe être, répandent l'erreur dans tous les calculs. Or s'il n'eſt pas vrai que les réfractions ceſſent à 45 degrés, toutes les hauteurs du Pole au-deſſus de ce nombre, & toutes les hauteurs ſolſticiales du Soleil en Eté, d'où l'on tire l'obliquité de l'Ecliptique, & qui paſſent beaucoup 45 degrés dans nos climats, ont été cruës plus grandes qu'elles ne ſont en effet, parce que l'on n'a point rabattu la réfraction, qui agiſſoit encore, & qui élevoit les Aſtres au-deſſous de leur véritable lieu.

Mr.

1672. Mr. Caſſini, perſuadé que la réfraction ne ceſſoit qu'au Zénit, avoit ſur ce principe réduit les Obſervations, & fondé de nouvelles Tables qui ſe trouvoient plus juſtes que les anciennes conſtruites ſur la ſuppoſition de Tycho. Au-lieu que Tycho donnoit aux Tropiques 47 degrés 3' de diſtance entre eux, dont la moitié eſt l'obliquité de l'Ecliptique, Mr. Caſſini ne leur donnoit que 46° 58'; mais il n'étoit parvenu-là que par une méthode nouvelle & difficile, dont la difficulté même & la nouveauté l'empêchoient de s'y fier entiérement.

On n'étoit pas moins incertain ſur la Parallaxe. Kepler prétendoit que celle du Soleil étoit d'une minute à l'horizon; d'autres la ſuppoſoient inſenſible, ou au-deſſous de 12"; & quoique Mr. Caſſini ſe fût arrêté à ce dernier parti dans l'Eſſai des Obſervations publiées en 1656. à Bologne, il doutoit encore, tant ces matiéres-là ſont délicates.

Toutes ces difficultés ne ſe pouvoient réſoudre en nos climats de l'Europe, il faloit qu'un autre Ciel en fût juge. Celles qui regardoient la réfraction, demandoient des lieux où l'on pût avoir le Soleil au Zénit; & pour la parallaxe, la meilleure maniére étoit d'obſerver la même Planéte de deux lieux fort éloignés, pour découvrir ſi leur éloignement produiroit quelque différence dans le lieu du Firmament où les deux Obſervateurs la rapporteroient.

Combien d'autres obſervations importantes pouvoient ſe faire encore dans un climat éloigné, pourvu qu'il fût vers le Midi? On devoit voir, non ſeulement les Fixes Auſtrales, dont le ſpectacle ſeroit nouveau, mais encore de certaines Planétes qui ne ſont pas bien vuës en Europe. Mercure, à cauſe de la longueur de nos crépuſcules, ne nous paroît preſque jamais bien dégagé des rayons du Soleil, ou s'il arrive qu'il le ſoit, il eſt trop proche de l'horizon, & ſe perd dans les vapeurs. La Phyſique ne devoit pas moins profiter d'un voyage éloigné, que l'Aſtronomie. On vouloit ſavoir quelles étoient les réfractions proche de l'Equateur, quelle y étoit la durée des crépuſcules, la hauteur du vif-argent dans le Barométre, la longueur du Pendule à ſecondes, &c.

L'Académie prit donc la réſolution d'envoyer des Obſervateurs dans l'Ile de Cayenne, ſur les Côtes de l'Amérique, éloignée de l'Equateur d'environ 5 degrés vers le Septentrion, & ſujette à la domination Françoiſe. Une circonſtance particuliére preſſoit ce voyage. Mars devoit être oppoſé au Soleil, & dans ſa plus grande proximité de la Terre aux mois d'Août & de Septembre de cette année. Si jamais il pouvoit faire parallaxe, ce devoit être en ce tems-là, & la diſtance de Paris à Cayenne étoit aſſez grande pour rendre cette parallaxe ſenſible.

Le Roi, informé des vuës de l'Académie, donna ſes ordres pour ce voya-

voyage, perſuadé que les Lettres embelliroient un Régne que les Armes rendoient ſi glorieux ; & qu'elles l'embelliroient d'autant plus qu'elles étoient unies avec les Armes. 1672.

Mr. Richer de l'Académie Royale des Sciences, accompagné de Mr. Meuriſſe, verſé dans les Obſervations Aſtronomiques, s'embarqua à la Rochelle pour la Cayenne le 8 Février, pendant que Mr. Picard étoit encore en Dannemarc. Ainſi le Roi avoit preſque en même tems, & ſous l'Equateur, & vers le Pole, des Mathématiciens qui obſervoient le Ciel, & qui épioient la Nature, de tous les points de vuë où il eſt permis aux hommes de ſe placer ; & les Académiciens, animés du déſir de plaîre à leur Prince, en découvrant la vérité, entreprenoient pour corriger quelques minutes dans un calcul, les mêmes voyages qui n'avoient encore été entrepris que pour amaſſer des tréſors.

Mr. Richer arriva dans l'Ile de Cayenne le 22 Avril de cette même année. Auſſitôt il ſe fit bâtir un Obſervatoire par les Sauvages : c'étoit une Cabane à leur maniére, couverte de branches & de feuilles de Palmier, & fermée par les côtés avec des écorces d'arbres ; Obſervatoire auſſi ſauvage que ſes Architectes. En récompenſe, les Inſtrumens étoient dans toute leur perfection ; & c'étoit apparemment pour la premiére fois que l'on obſervoit avec ſoin & avec juſteſſe dans le Nouveau Monde. L'Aſtronomie exacte en prit alors poſſeſſion.

Pendant ce tems-là, l'Europe travailloit de concert ave-l'Amérique. On étoit particuliérement attaché à la Planéte de Mars, qui attiroit les yeux & les ſoins de tous les Aſtronômes ; parce qu'elle ſembloit promettre alors la découverte des Parallaxes, ſi cette découverte étoit poſſible.

Mr. Caſſini, obligé dans ce tems-là d'aller en Provence, fit avec Mr. Roemer un grand nombre d'Obſervations de Mars concertées avec Mr. Richer ; il partit enſuite, & pour intéreſſer la Géographie à ſon voyage, il mena avec lui Mr. du Vivier, qui étoit pour lors employé par ordre du Roi à travailler aux Cartes du Royaume ſous la Direction de l'Académie. Mr. Caſſini obſerva les Latitudes de preſque tous les Lieux par où il paſſa, & fit diverſes autres remarques ou obſervations qui ſont décrites dans le Recueil des Voyages de l'Académie. Voyez les Mémoires. Tom. 7. Partie 1. p. 51.

Vers le milieu de Décembre, Mr. Caſſini revit le Satellite de Saturne, qu'il avoit découvert l'année précédente ; mais il le reperdit preſque auſſitôt.

En le cherchant inutilement, le 13 Décembre, il en découvrit un autre tout nouveau, qui ne s'éloignoit jamais davantage de Saturne que de deux diamétres de l'Anneau moins un tiers.

Sa Révolution étoit de 4 jours 12 heures 27 minutes ; il étoit le premier

1672. mier dans l'ordre des Satellites de Saturne connus jusqu'alors; & le troisiéme, que l'on avoit découvert à cette Planéte, & la quatorziéme Planéte de tout le Tourbillon du Soleil.

Dans la suite il devint le troisiéme dans l'ordre des Satellites de Saturne, comme nous le dirons plus bas.

Voyez les Mémoires, Tom. 10. Cette année parut une Cométe qui fut observée en divers lieux de la Terre. Mr. Hevelius, fameux Astronôme à Dantzic, la vit dès le 6 Mars; MM. Richer & Meurisse, qui alloient pour lors en Cayenne, étans proche du Cap blanc dans la Côte d'Affrique l'apperçurent le 15 du même mois. A la Fléche les PP. Jésuites l'observérent le 16, & sur l'avis qu'ils en donnérent, Mr. Cassini commença de l'observer le 26. Mr. Picard, qui étoit pour lors en Dannemarc, l'apperçut aussi le 22, & l'observa fort exactement jusqu'au 28. Cette Cométe étoit petite, & ne fut observée que vers la fin de son apparition, encore les nuages troublérent-ils le peu d'Observations qu'on en put faire. Mr. Cassini ne la vit plus après le 7 Avril; il la compara à la seconde Cométe de l'année 1665 dont il avoit publié une Théorie à Rome, & trouva que l'une & l'autre avoient, à quelque différence près, tenu une même route dans le Ciel.

Cela fit naître à Mr. Cassini l'idée d'un Zodiaque des Comêtes, dont il commença dès lors à ébaucher la position à l'égard des Etoiles fixes, & des routes des autres Planétes.

On peut mettre parmi les choses qui contribuoient à l'avancement de l'Astronomie, que l'Observatoire fut entiérement achevé de bâtir cette année.

## ANNE'E MDCLXXIII.

## PHYSIQUE.

## BOTANIQUE ET CHIMIE.

1673. La connoissance des Plantes a été estimée dans tous les siécles, & chez toutes les Nations. Elle fait une partie de l'éloge d'un Roi en qui la Science étoit surnaturelle; les hommes sont assez communément persuadés, que les Simples renferment presque toute la Médecine; & com-

comme la Nature a donné à certains Animaux un instinct qui leur fait découvrir dans quelques Plantes les remédes dont ils ont besoin, il semble aussi qu'elle ait donné aux Hommes un instinct pour les Plantes en général, & une extrême confiance pour les remédes qui en sont tirés. 1673.

Mais elle laisse à notre raison à découvrir plus particuliérement quelle peut être à notre égard l'utilité de chaque Plante; & c'est-là que la raison a bien de la peine à remplacer l'instinct de quelques Animaux. N'y eût-il que la Description des Plantes à faire, n'y eût-il qu'à les ranger sous leurs genres, & sous leurs espéces, ce seroit déjà un travail infini. Les Anciens ont eu sur cela assez de négligence, & il n'est pas toujours aisé de reconnoître les Plantes qu'ils ont décrites. L'Académie s'étoit proposé une exactitude qui surpassoit de beaucoup la leur; par rapport à leur Histoire, on examina le Plan que Mr. Dodart en avoit dressé; MM. Perrault, Du Clos & Borel y joignirent chacun en particulier leurs remarques. On convint qu'il falloit examiner tout ce que les Anciens & les Modernes avoient écrit sur ce sujet, Mr. Marchant & Mr. Dodart s'en chargérent; à l'égard de leur Analyse, on fut d'avis encore que Mr. Bourdelin la continuât; on fit sur ces deux parties de la Botanique plusieurs autres remarques importantes, que Mr. Dodart ramassa & exposa depuis d'une maniére méthodique & suivie, dans ses *Mémoires pour servir à l'Histoire des Plantes*, qui furent imprimés au Louvre en 1676. Voyez les Mémoires, Tom. 4. p. 427.

Mais la plus grande difficulté regarde les propriétés & les vertus, on ne peut d'abord les connoître que par l'expérience; car la raison ne devine point, mais l'expérience est diverse, selon les diverses circonstances, inégale dans les mêmes, sujette à des bizarreries qu'on ne peut prévoir, aussi étenduë que cette infinité de faits qu'elle comprend, & par conséquent trop vaste pour être embrassée par l'esprit humain, à moins qu'on ne la réduise à un petit nombre de principes généraux, qui contiennent comme en abrégé tous les faits particuliers.

Ce fut ce qui couta beaucoup, que cette réduction des expériences sur les vertus des Plantes à des Principes généraux. On vouloit que quelques effets d'une Plante connus, pussent faire connoître sa nature, & servir à prévoir sûrement d'autres effets.

Une Plante analysée par la Chimie, &, pour ainsi dire, démontrée, sembleroit être en état que l'on pût comparer ses différentes parties entre elles, & la comparer en son tout avec une autre Plante. Mais il n'est pas aisé de reconnoître ce que sont en elles-mêmes ces parties desassemblées.

On n'en sauroit juger que par les saveurs; & il vient dans la distillation

1673. tion plusieurs matiéres, qui, quoique très-efficaces, n'ont nulle saveur sensible; & pour celles mêmes qui en ont le plus, le goût n'est point un juge exact, ni qui entre en connoissance des différences délicates.

Il faut donc trouver quelque substance, qui sache, pour parler ainsi, goûter plus finement que nous, à qui nulle saveur insensible n'échappe, & qui dans les saveurs manifestes distingue les degrés les plus aisés à confondre.

C'est ce que l'on trouva dans la solution de la Teinture de Tournesol, & dans celle du Sublimé corrosif. L'une a le sentiment très-vif & très-délicat pour les esprits acides, l'autre pour les esprits sulphurés.

La couleur bleuë de la solution de Tournesol se change en rouge, dès qu'on y mêle une liqueur acide, quoique d'une acidité insensible; & ce rouge est d'autant plus rouge que l'acide est plus fort.

Il faut supposer ici que le blanc & le noir ne sont point proprement des couleurs, parce que le blanc n'est qu'une lumiére qui n'a nulle autre modification que l'affoiblissement causé par la réflexion, & le noir qu'une privation de lumiére; qu'il ne reste que deux couleurs véritables & primitives, le rouge & le violet; que le jaune est un rouge diminué, & le bleu un violet affoibli, le verd un mêlange du jaune & du bleu.

Par conséquent le rouge qui tient du bleu, comme le colombin, le pourpre, le cramoisi, est moins rouge, que celui qui tient du jaune, comme la couleur de feu, l'orangé. Entre les deux, c'est le rouge parfait. Aux différens degrés de rouge répondent les différens degrés d'acidité.

La Solution de Sublimé, selon la différente nature des esprits sulphurés avec lesquels on la mêle, ou devient louche, ou devient laiteuse, & un peu après se précipite, ou se précipite sur le champ, ou se coagule, ce qui marque dans les esprits sulphurés quatre différens degrés de force selon cet ordre, & quatre espéces différentes. Car la quantité de ces esprits ne supplée point à ce qui leur manque par leur nature, & ils font un certain effet par leur nature, indépendamment de la quantité. Ceux qui ne peuvent que donner un blanc de lait à la solution de Sublimé, ne la coagulent point en quelque quantité qu'ils soient; & ceux qui ont la force de la coaguler, coagulent du-moins le peu qu'ils en touchent, quand ils sont en fort petite quantité.

Pour s'assûrer que ces effets du Tournesol & du Sublimé répondoient toujours à des acides & à des sulphurés, on avoit versé des esprits constamment acides ou sulphurés dans une si grande quantité d'eau, qu'ils n'avoient plus aucune saveur sensible, & les effets du Tournesol & du Sublimé s'étoient toujours montrés.

Il

Il y a des esprits mixtes, des mélanges d'acides & de sulphurés, d'où 1673.
l'on tire ces deux sortes d'esprits, qui font chacun à part leur effet particulier sur le Tournesol & sur le Sublimé. Ces esprits mixtes ont leur indice, ils rougissent la solution de Vitriol d'Allemagne; & si l'on sépare les acides & les sulphurés, ni les uns ni les autres ne font plus cet effet.

On voulut faire par art des esprits mixtes, mais on n'a fait que des liqueurs qui donnoient les marques d'acide ou de sulphuré, selon que l'un ou l'autre dominoit, & jamais on n'en a pu tirer cet effet mixte de rougir le vitriol. Il faut que dans les liqueurs naturellement mixtes, l'acide & le sulphuré soient mêlés d'une maniére particuliére, ou qu'il intervienne dans ce mêlange quelque substance tierce. Peut-être est-ce une substance terrestre; l'acerbité de quelques liqueurs mixtes peut le faire soupçonner. Il est à remarquer que dans ces liqueurs c'est l'acide qui domine, du-moins selon le goût.

La saveur purement saline précipite la solution de sel de Saturne; mais comme cet indice est assez équivoque, on ne peut y ajoûter foi, qu'en se servant de plusieurs précautions qu'il seroit trop long de rapporter.

Nous n'avons encore parlé que des Esprits, ou Liqueurs spiritueuses; mais les autres substances que l'on tire des plantes, Sels volatiles, Huiles, Sels fixes, tant salins que lixiviels, tout étoit examiné avec le même soin. On reconnoissoit quelle épreuve Chimique découvroit la nature de ces substances, combien chacune avoit d'espéces, les différens mélanges de ces espéces entre elles; & quelque envie que l'on eût de trouver des régles générales, on apportoit une attention extrême aux exceptions, qui ne se faisoient voir que trop souvent.

Le détail de toutes ces expériences, & de toutes ces réflexions, nous conduiroit trop loin; nous remarquerons seulement deux choses, l'ordre que tiennent ordinairement entre elles les différentes substances que le feu fait sortir d'une Plante, & le rapport que la Chimie de l'estomac peut avoir avec la Chimie artificielle; car enfin c'est cela seul qui nous intéresse.

Les Esprits, c'est-à-dire les Liqueurs, qui ont une saveur, soit manifeste, soit cachée, viennent toujours les premiers, & a une moindre chaleur. Après eux montent les Huiles noires, & les Sels volatils à un plus grand feu. Enfin la matiére qui demeure dans le Vaisseau distillatoire, & qui s'appelle Tête-morte, parce qu'elle ne donne plus rien, ayant été calcinée, & bouillie avec beaucoup d'eau, que l'on laisse ensuite évaporer, on en tire les sels fixes, soit salins, soit lixiviels, & le surplus, ce ne sont que des cendres presque entiérement inutiles, qu'on appelle Cendres lessivées.

Entre les Esprits, ce sont ordinairement les sulphurés qui montent les

1673. les premiers, & ils vont toujours en s'affoibliſſant dans le progrès de la diſtillation, jusqu'à ce que les acides paroiſſent. Les acides au-contraire viennent au commencement plus foibles, & plus forts dans la ſuite. Les Eſprits mixtes ſe placent entre les ſulphurés & les acides, quelquefois après les acides. Ces rangs que nous marquons ſont gardés aſſez généralement.

Il y a des Plantes, comme les Ellébores noirs, l'Elléborâtre, & le Saffran, qui donnent des eſprits très-âcres; & ces eſprits, qui peuvent paſſer pour être des plus forts de l'eſpéce des ſulphurés, viennent auſſi dès la premiére chaleur, quand ils doivent venir.

Les Plantes aromatiques donnent preſque toutes une huile ſubtile, qui vient même avant les eſprits ſulphurés. Cette huile eſt nommée eſſentielle, parce qu'elle vient à une ſi foible chaleur, qu'on ne la peut ſoupçonner de n'être pas dans la Plante, telle qu'elle en ſort. On la diſtingue par-là des Huiles noires, qui ne viennent qu'à la fin de la diſtillation avec les Sels volatils. Les mêmes ſubſtances ne ſortent pas de toutes les Plantes, ni de toutes les parties d'une même Plante.

On peut craindre que le feu n'altére, ou même ne produiſe les ſubſtances qui ne viennent dans l'Analyſe, que quand il eſt violent. Mais d'abord, pour les eſprits acides qui ſont de ce nombre, la chaleur eſt plus propre à en diminuer l'acidité qu'à la faire, ni à l'augmenter, ainſi qu'il paroît par l'exemple des fruits qui deviennent moins acides en meuriſſant, & par la nature même de l'acide, qui ſemble être oppoſée au chaud auſſi-bien qu'à l'âcre, & s'accorder avec le froid. Il reſte les Huiles noires, & les Sels, tant volatils que fixes, qui peuvent être altérés par le grand feu; mais ſi cette altération nous cache ce que ſont en elles-mêmes ces ſubſtances, elle peut nous découvrir ce qu'elles ſont par rapport à nous. Notre eſtomac fait des extraits des Plantes comme le feu, & il ne les altére pas moins. Il tire du vin, par exemple, un eſprit qui monte à la tête, & la ſuite de la digeſtion donne des parties combuſtibles, & des ſubſtances ſulphurées volatiles. Mais ce qui eſt le plus remarquable, & le plus heureux pour le rapport des opérations de l'eſtomac à celles de la Chimie, on voit dans pluſieurs exemples qu'il forme, ou qu'il dégage par ſa ſeule chaleur douce & humide les mêmes ſubſtances que la Chimie ne peut avoir que par un grand feu. Ce n'eſt que par ce moyen que l'on tire de la Poudre Emétique, inſipide en apparence, des ſubſtances âcres; & l'eſtomac en tire doucement & facilement ces mêmes ſubſtances, qui ſont les ſeules qui puiſſent l'irriter, & le ſoulever. Les hommes, qui ne vivent que de légumes, de fruits, & de pain, en tirent les parties huileuſes, & les ſubſtanſtances volatiles qui paroiſſent dans les ſueurs, & dans d'autres excrémens; & l'on ne pourroit avoir la plus grande partie de ces ſubſtances, dans l'Analyſe des Plantes, que par un très-fort degré de feu. C'eſt ainſi que ce que l'Art nous peut donner en cette matiére de plus ſuſpect, eſt ce qui répond le mieux à ce que la Nature fait en nous. 1673.

# MATHEMATIQUES.

## ASTONOMIE.

ON attendoit le retour de Mr. Richer comme on eût attendu l'Arrêt d'un Juge, qui devoit prononcer ſur les difficultés importantes qui partageoient les Aſtronômes. On peut dire que l'Aſtronomie étoit en ſuſpens, lorſque Mr. Richer arriva de Cayenne vers la fin de cette année. Les incommodités du climat ne lui avoient pas permis d'y faire un plus long ſéjour; & même il en couta la vie à celui qu'on lui avoit donné pour aide. Comme il apportoit des Obſervations très-exactes, faites ſans relâche pendant plus d'une année, de tout ce qui avoit pu tomber ſous yeux d'un Aſtronôme, ſans compter les Obſervations Phyſiques, qui, quoique moins nombreuſes, n'étoient pas moins conſidérables, c'étoit un Vaiſſeau chargé de toutes les richeſſes de l'Amérique, qui arrivoit à l'Académie.

Au plaiſir de recevoir tant de nouvelles Obſervations, ſe joignit celui de voir qu'elles confirmoient ce qu'on avoit établi auparavant. On eût dit que Mr. Caſſini s'étoit entendu avec les Aſtres. Ce qu'il avoit conjecturé devint indubitable, & ſes ſuppoſitions ſe changérent en Principes.

Il avoit poſé dans les Ephémérides Malvaſiennes la diſtance véritable des Tropiques de 46° 58', & ſur le pied du peu de parallaxe qu'il donnoit au Soleil, & de la refraction qu'il pouſſoit juſqu'au Zénit, la diſtance apparente des Tropiques en Cayenne devoit être de 46° 57' 15"; par les Obſervations de Mr. Richer, elle ſe trouva de 46° 57' 4", à $\frac{1}{6}$ de minute près de ce que produiſoit le calcul de Mr. Caſſini, au-lieu que par les hypothéſes de Tycho, cette même diſtance apparente auroit dû être de 47° 5' 23". L'Obliquité apparente de l'Ecliptique fut donc, par les Obſervations de Mr. Richer, de 23°-28' 32".

Le Ciel décida donc abſolument pour les réfractions & les parallaxes de Mr. Caſſini. On ſe tint aſſûré que ſelon les Tables qu'il en a données, la réfraction ne ceſſe qu'au Zénit, & qu'à l'horizon elle peut élever le So-

1673. Soleil de 32′ 20″, & pour la parallaxe, qu'elle n'abaiſſe le Soleil que de 10″, même à l'horizon, où elle eſt la plus grande.

Et en appliquant ces réfractions & ces parallaxes aux Obſervations de Cayenne, on aura pour la véritable diſtance des Tropiques 46° 57′ 49″, & pour l'obliquité véritable de l'Ecliptique 23° 28. 54″ 30‴.

Il eſt facile de juger que l'on ne manqua pas à prendre par diverſes méthodes la différence de longitude entre Paris & Cayenne, que l'on fixa à 3 heures 39′, toutes compenſations faites des variations qui ſe trouvoient dans les obſervations, & dans les pratiques qu'on avoit employées. La hauteur véritable du Pole à Cayenne, tirée des hauteurs ſolſticiales véritables, eſt de 4° 56′ 17″ ½.

La grande affaire, du-moins pour la difficulté, étoit la Parallaxe de Mars; car les Parallaxes des Planétes, hormis celle de la Lune, ſont ſi petites, que dans les Obſervations faites avec le plus de ſoin, il ſe peut gliſſer des erreurs qui leur ſoient égales, & même quelquefois plus grandes, deſorte qu'on n'eſt pas certain, ſi ce qu'on prend pour parallaxe, n'eſt pas une erreur d'obſervation. Cependant le voyage de Cayenne donna une méthode aſſez ſûre, & à laquelle on ſe peut fier.

Mr. Richer en Amérique comparoit la hauteur méridienne de Mars à l'Etoile fixe la plus proche de cette Planéte. Mr. Caſſini le même jour comparoit à Paris cette même hauteur méridienne à la même fixe. Si Paris & Cayenne auſſi différens en latitude qu'ils le ſont, euſſent été ſous le même Méridien, & que Mars vu dans le même moment de l'un & de l'autre lieu, n'eût pas paru à la même diſtance de la fixe, il eſt certain qu'il faiſoit parallaxe. Mais Paris & Cayenne ne ſont pas ſous le même Méridien; & Mars dans le tems qu'il mettoit à paſſer du Méridien de Paris à celui de Cayenne, devoit par ſon mouvement particulier changer de diſtance à l'égard de cette Etoile fixe. Pour remédier à cet inconvénient, on avoit découvert par une longue ſuite d'Obſervations quel étoit le mouvement particulier de Mars, & combien il s'approchoit ou s'éloignoit de la fixe en 24 heures, & par conſéquent dans les 3 heures 39′ qui ſont entre Paris & Cayenne. On avoit égard à ce changement de diſtance produit par ce mouvement particulier, & le ſurplus dont Mars paroiſſoit plus ou moins éloigné de la fixe, étoit certainement la parallaxe qu'il faiſoit d'un de ces lieux à l'autre. Comme la parallaxe eût été encore plus grande, ſi l'Ile de Cayenne eût été ſous l'Equateur, & Paris ſous le Pole, cette parallaxe partiale donnoit par proportion la totale.

Par le choix des Obſervations les plus exactes & les plus conformes entre elles, on fixa à 15″ la parallaxe que fait Mars de Paris à Cayenne, & par conſéquent la totale a 25″ ½.

Rien

Rien n'eſt plus agréable ni plus merveilleux dans les Vérités Mathé- 1673.
matiques, que leur extrême fécondité. Quinze ſecondes de parallaxe découvertes dans Mars, qui font une grandeur preſque imperceptible aux yeux & aux inſtrumens, nous vont donner la grandeur énorme du corps du Soleil.

Les corps les plus éloignés font les moindres parallaxes, & ils les font d'autant moindres, qu'ils ſont plus éloignés. Il ne faudroit donc pour ſavoir la parallaxe du Soleil, que ſavoir de combien Mars, quand il fit ces 15″ de parallaxe, étoit plus proche de la Terre, que ne l'eſt le Soleil dans ſa diſtance moyenne.

Les proportions qu'ont entre elles les diſtances des Planétes ne peuvent être connuës immédiatement par des Obſervations Aſtronomiques, mais ſeulement par des Conjectures Phyſiques & vraiſemblables. Voici celles ſur lesquelles on ſe fonde principalement.

1. L'exemple indubitable de la Lune, & une certaine convenance preſque auſſi indubitable, font juger que les Aſtres qui ſe meuvent plus vite autour d'un centre, en ſont plus proche.

2. Quand le Soleil eſt plus proche de la Terre, ſon mouvement propre paroît plus vite. On pourroit douter ſi cette augmentation apparente de viteſſe a quelque choſe de réel, ou ſi elle ne vient ſimplement que de ce que le Soleil eſt vu de plus près; mais ce qui décide la queſtion, c'eſt que le diamétre apparent du Soleil, qui n'augmente ou ne diminuë préciſément que ſelon le changement de diſtance, n'augmente ou ne diminuë pas tant que le mouvement apparent; ainſi dans la variation du mouvement apparent, il y a quelque choſe de plus qu'un ſimple changement de diſtance, c'eſt-à-dire, qu'il y a une augmentation ou une diminution réelle de viteſſe. Or comme on voit que la variation du mouvement apparent du Soleil eſt en raiſon doublée de celle de ſon diamétre, c'eſt-à-dire, de ſa diſtance, il eſt clair que l'augmentation ou diminution réelle de ſa viteſſe, eſt égale à celle de ſa diſtance. Si la Terre tourne autour du Soleil, ce qui eſt plus vraiſemblable, c'eſt toujours la même choſe. Ainſi la Terre, en s'approchant du centre de ſon mouvement, augmente réellement ſa viteſſe en même raiſon qu'elle s'approche; & l'on ſuppoſe qu'il en va de-même de toutes les autres Planétes, qui en différens tems ſe meuvent à différentes diſtances du centre de leur mouvement. Il eſt très-naturel de croire que le mouvement d'un Tourbillon va toujours en augmentant depuis la circonférence jusqu'au centre.

3. Pour les différentes Planétes, qui ſe meuvent à différentes diſtances du même centre, on conſidére celles dont les diſtances du centre

 ſont

1673. font les plus aisées à juger, comme Mercure & Vénus, qui ne s'éloignent du Soleil que d'un certain nombre de degrés; les Satellites, ou de Jupiter, ou de Saturne, dont les différens éloignemens, à l'égard de la Planéte principale, sont visibles. En comparant le nombre des révolutions que font en même tems différentes Planétes autour du centre commun, & les distances où l'on voit que ces Planétes sont de ce centre, on trouve une certaine proportion assez constante entre ces distances & le nombre de ces révolutions. Car les deux nombres des révolutions de deux Planétes autour d'un centre commun étant posés, il se trouve que les distances de ces deux Planétes à l'égard du centre, qui sont connuës aussi, sont en même raison, que si entre les deux nombres des révolutions on avoit mis deux moyens proportionels, & que de ces quatre termes on en eût pris le premier & le troisiéme. On étend cette même proportion à toutes les autres Planétes, dont on ne peut pas voir les distances à l'égard du centre commun; & par ces deux nombres proportionels trouvés entre les nombres des révolutions, on conclut les distances, en supposant toujours que ce qui nous est inconnu en cette matiére, suive les mêmes régles que ce qui nous est connu.

Sur ces principes, ou plutôt sur ces conjectures vraisemblables, dont on a été obligé de se contenter, faute de principes, on a trouvé que la distance de Mars à la Terre, lorsqu'il en est le plus proche, comme il étoit au tems des Observations précedentes, est à la distance moyenne du Soleil à la Terre, comme 1 à $2\frac{2}{3}$. La Parallaxe totale de Mars étant de $25'' \frac{1}{3}$, celle du Soleil sera donc de $9'' \frac{1}{2}$.

La Parallaxe totale est l'angle que font au centre d'une Planéte deux lignes, dont l'une est tirée du centre de la Terre, & l'autre d'un point de sa surface; & la base de cet angle est le diamétre de la Terre. Donc quand on a la Parallaxe totale d'une Planéte, on sait sous quel angle seroit vu de cette Planéte le demi-diamétre de la Terre. Nous savons donc maintenant que le demi-diamétre de la Terre vu du Soleil ne paroîtroit que de $9'' \frac{1}{2}$. Or le demi-diamétre du Soleil dans sa moyenne distance vu de la Terre paroît de 16' 6", qui font 966". Ces deux demi-diamétres apparens, & par conséquent les véritables, sont donc entre eux comme 1. & 100. Or les sphéres sont comme les cubes de leurs diamétres. Le Soleil est donc un million de fois plus gros que la Terre.

Dans le triangle formé par le demi-diamétre de la Terre, & par les deux lignes qui vont au centre de l'astre faire l'angle de la Parallaxe, celle de ces lignes qui part du centre de la Terre, est la vraye distance de l'astre, & sa longueur est aisée à connoître par Trigonométrie, puisqu'on a l'angle de la Parallaxe, & que l'on connoît d'ailleurs la grandeur

deur du demi-diamétre de la Terre. Par-là on fait que la diſtance de Mars à la Terre, lorſqu'il en eſt le plus proche, eſt de 11 ou 12 millions de lieuës, & la moyenne diſtance du Soleil environ de 33 millions. Il ne faut point s'étonner que dans cette matiére, on parle ſi indifféremment de quelques millions de lieuës de plus ou de moins. Une erreur de trois ſecondes dans la Parallaxe de Mars, c'eſt-à-dire une erreur qui n'eſt guére plus grande que de l'épaiſſeur d'un cheveu, répond à 14 cens milles lieuës. Tant ces eſpaces ſont prodigieux! ou plutôt, tant nos idées ſur l'eſpace ſont petites! Car pourquoi appeller prodigieux ce qui excéde nos idées juſqu'à un certain point? ſont-elles la meſure de quelque choſe? 1673.

L'Eclipſe de Soleil du 22 Août 1672, qui fut obſervée à Paris par Mr. Caſſini, le fut auſſi en Cayenne par Mr. Richer. A Paris le commencement arriva à $5^h. 38' 37''$ du ſoir à $6^h. 8' 34''$ les pointes ou cornes du Soleil étoient dans un même almicantarat. Cette Eclipſe fut de 8 doigts.

En Cayenne Mr. Richer détermina le commencement de l'Eclipſe à $2^h. 32' 30''$, & la fin à $4^h. 37'$.

Mr. Caſſini appliqua à ces Obſervations ſa méthode de trouver la différence des Méridiens par les Eclipſes de Soleil; il trouva $3^h 42'$ pour la différence entre Paris & Cayenne, à quelques minutes près de ce qui avoit été déterminé par d'autres voyes.

Au commencement du mois de Février de cette année, Mr. Caſſini revit le cinquiéme Satellite de Saturne pendant 13 jours. Il le trouva éloigné du centre de Saturne de 10 diamétres & demi de l'anneau, & découvrit que ſa révolution autour de cette Planéte ſe faiſoit en 80 jours. Ce Satellite a une particularité remarquable. Lorſqu'il eſt vers l'endroit de ſon cercle, où il eſt le plus éloigné de Saturne du côté de l'Orient, il devient inviſible environ pendant 30 jours, & dans ſon plus grand éloignement occidental on ne ceſſe point de le voir. Il n'eſt point plus éloigné de la Terre ni du Soleil dans l'une de ces ſituations que dans l'autre, & même on le perd de vuë quoiqu'il s'approche de nous. Cette bizarrerie apparente peut venir de ce qu'il a un mouvement ſur ſon axe, par lequel dans des tems réglés il tourne vers nous une partie moins propre à réfléchir la lumiére, comme une grande Mer, & enſuite quelque grand continent qui renvoye mieux la clarté. Il ne faut pas entendre par-là, ni des Mers, ni des Terres parfaitement ſemblables aux nôtres, ce ſont ſeulement des parties qui ont à peu près la même différence à l'égard de la réflexion de la lumiére. Du reſte la Nature eſt trop féconde pour tomber dans des répétitions entiéres.

ANNE'E MDCLXXIV.

# PHYSIQUE.

## *OBSERVATIONS PHYSIQUES.*

1674. LA Physique avoit partagé les soins de Mr. Richer pendant son séjour de Cayenne. Il en rapporta des Observations Physiques, qui étoient à-la-vérité en petit nombre, parce qu'un Voyageur, qui ne veut dire que ce qu'il a vu, & ce qu'il a bien examiné, ne peut pas faire de si gros Recueils; mais une partie de ces Observations portoient le caractére d'un Voyageur savant, & qui avoit tourné sa vuë vers de certaines choses, que les autres ne s'avisent pas de regarder.

Le tems, & les différentes hauteurs de la Marée à l'Ile de Cayenne; les Vents d'Est qui y régnent toujours avec cette seule variation, que tantôt ils déclinent vers le Nord, tantôt vers le Sud. Un Crocodile enfermé pendant huit mois dans une grande caisse pleine d'eau qu'on lui changeoit tous les jours, & qui ne mangea rien pendant tout ce tems-là, quoiqu'on mît auprès de lui du poisson & de la viande. Un Poisson semblable à une Anguille, gros comme la jambe, & long de trois à quatre pieds, qui étant touché, non seulement avec le doigt, mais avec l'extrémité d'un bâton, engourdit tellement le bras, qu'on est un demi-quart-d'heure sans le pouvoir remuer, & que l'on est saisi d'un vertige à tomber par terre; sont des remarques qu'un autre eût pu faire, quoiqu'avec moins d'exactitude; & il est certain qu'une remarque plus exacte & qui devient sûre, mérite de passer pour nouvelle.

Mais il falloit un Mathématicien pour observer. Que les réfractions de la lumiére du Soleil sont à peu près les mêmes vers l'Equateur qu'en France. Qu'il n'est point vrai, comme plusieurs le croyent, que l'Aiguille aimantée mise de niveau sur son pivot, s'incline à l'horizon, & s'abaisse proportionnellement à la hauteur du Pole; car une Aiguille qui s'inclinoit à Paris de 75° du côté du Nord, s'inclinoit encore en Cayenne du même côté de 50°, ce qui ne garde nulle proportion avec ces deux hauteurs de Pole. Enfin que la longueur du Pendule à secondes n'est pas la même en Cayenne qu'à Paris.

C'est ici la plus importante Observation, & celle qui peut le plus exercer les Philosophes. Elle fut reïtérée pendant dix mois entiers, avec tout le soin & toutes les circonspections possibles; & il s'est toujours trouvé que le Pendule à secondes, qui est à Paris de 3 pieds 8. lignes $\frac{1}{2}$, est

est à Cayenne plus court d'une ligne $\frac{1}{4}$. Sans cette variation la mesure universelle étoit trouvée ; toutes les Nations auroient déterminé la même longueur, en prenant un Pendule qui eût battu exactement les secondes de tems sur le moyen mouvement du Soleil. 1674.

Cette différence de la longueur du Pendule de Paris à celle du Pendule de Cayenne, quoiqu'elle ne soit que de $\frac{1}{440}$, ne peut pas être négligée ; parce que comme elle tombe sur la mesure fondamentale, qui est assez petite, elle se multiplieroit beaucoup dans des calculs un peu grands, & produiroit de grandes différences, qui ne seroient cependant comptées pour rien.

Ainsi il faut renoncer à l'idée flatteuse d'une mesure universelle, & se réduire à avoir, du-moins pour chaque Païs, par le moyen de ce même Pendule à secondes, une mesure perpétuelle & invariable, ce qui ne laisse pas d'être un grand avantage.

Peut-être même, à force d'expériences, trouvera-t-on que la mesure universelle n'est pas si inconstante, & si peu sûre. Car le Pendule, qui étant plus court à la Cayenne qu'à Paris, auroit dû être plus long dans les Païs plus Septentrionaux que Paris, a été trouvé par Mr. Picard à son Voyage d'Uranibourg, de la même longueur précisément qu'il est ici ; & quoiqu'on eût cru quelque tems qu'il étoit plus long à Londres, la chose bien examinée, il se trouva égal. Il est aussi de la même longueur à La Haye qu'à Paris.

Et le même Mr. Picard, qui donna le premier à l'Académie des Réflexions sur cette Observation de Mr. Richer, assuroit à la fin de son Ecrit, qu'à Montpellier & à Uranibourg la longueur du Pendule par ses propres Observations, étoit précisément la même, quoiqu'il y ait entre ces deux lieux une différence de près de 12. degrés $\frac{1}{2}$, qui est plus du quart de celle qui est entre Cayenne & Paris.

Ce seroit une témérité de rien établir encore sur toute cette matière ; & c'est une espéce de précipitation de chercher des Systêmes Physiques, pour expliquer comment les corps pésent moins sous l'Equateur que sous les Poles ; & par conséquent pourquoi un Pendule dans l'Ile de Cayenne tiré de son point de repos, y redescend plus lentement qu'à Paris, & doit être accourci pour descendre aussi vite. Il est quelquefois à craindre que l'on ne trouve de bonnes raisons de ce qui n'est point.

## A N A T O M I E.

Les Singes ont tant de rapport avec l'Homme pour la figure extérieure, & ils paroissent si fort au-dessus des autres bêtes pour l'esprit,

1674. prit, qu'il semble que la dissection de leur corps doive encore faire trouver en eux de nouvelles ressemblances avec nous. La figure de leur crâne est à peu prés la même que celle du crâne de l'homme; & surtout il n'a point cet os triangulaire, qui dans la plupart des Brutes sépare le cerveau du cervelet; leur cerveau est grand à proportion du corps; les anfractuosités de la partie externe du cerveau sont assez semblables à celles de l'homme dans la partie anterieure; conformités méchaniques qui peut-être contribuent à l'esprit des Singes; mais la plus parfaite qu'ils ayent avec nous, est celle qui regarde les organes de la voix. Ils les ont tels, que les Négres ont raison, sans le savoir, de dire que les Singes parleroient s'ils vouloient, & que la plupart des Philosophes ont tort de supposer trop generalement, que les Animaux exercent leurs actions, parce qu'il se rencontre qu'ils ont les organes qui y sont propres. Il ne tient pas aux organes que les Singes n'articulent des sons, & n'établissent entre eux une langue, il tient à ce qu'ils n'ont pas assez d'esprit; car une des choses les plus admirables que fasse l'homme, c'est de parler. Comme dans le passage des Animaux terrestres aux Oiseaux, il y a une espéce mitoyenne qui a des ailes, & qui ne vole point; aussi dans le passage de toutes les espéces qui ne parlent point à celle qui parle, il y a une nuance formée par des Animaux qui ont tous les organes de la parole sans parler. Malgré toutes ces conformités des Singes avec l'homme, il est pourtant certain que leurs parties internes sont assez differentes des nôtres, & que c'est par le dehors qu'ils nous ressemblent le plus. Si le Singe est immediatement au-dessous de l'homme, il ne laisse pas d'en être infiniment loin. Ce fut sur des Sapajous & sur des Guenons que furent faites les Observations que nous avons rapportées.

On remarqua dans le pied d'un Cormoran une structure extraordinaire. Les quatre doigts, & la membrane qui les joint, sont tournés en dedans, au contraire des autres animaux qui nagent, & qui ont une patte de cette espéce. Mais ce que dit Gesner, que les Cormorans prennent quelquefois un Poisson avec un pied, & l'apportent au rivage en nageant de l'autre, rend raison de ces pattes tournées en dedans. Car avec cette disposition, une seule patte frappant l'eau, la pousse justement & directement sous le milieu du ventre, & fait aller le corps de l'Oiseau droit, au-lieu qu'une seule patte tournée en-dehors n'eût donné à l'eau qu'une impulsion oblique, par rapport au corps du Cormoran; & par conséquent le Cormoran eût tourné en nageant, comme fait un batteau où l'on ne rame que d'un aviron. L'œsophage de cet oiseau parut fort membraneux; & lorsqu'on l'enfloit en soufflant dedans, il il s'élargissoit jusqu'à avoir deux pouces de diamétre. Après cela, il n'est pas étonnant que le Cormoran avale de si gros poissons. Comme il ne les peut guére attrapper que par derriére, ou par le côté, & qu'il ne les avaleroit pas commodément la queue la premiére, à cause des nageoires, des crêtes & des écailles, qui les empêcheroient d'entrer dans son gosier, il ne manque point, quand il les tient dans son bec, de les jetter en l'air, de leur y faire faire un demi-tour, & ensuite de les recevoir fort adroitement la tête la premiére; raisonnement bien juste, si c'est le raisonnement d'un animal; instinct inconcevable, si c'est un instinct. 1674.

# MATHEMATIQUE.

## ASTRONOMIE.

LES Tables Rudolphines annonçoient que Mercure devoit traverser le Disque du Soleil, le 6 Mai de cette année, depuis environ les 6 heures du matin jusqu'à 11 ½ avant midi. Cependant sur le pied de ce qui avoit été observé le 3 Mai de l'an 1661, cette conjonction de Mercure avec le Soleil ne se devoit faire que la nuit du 6 au 7 de Mai; & par conséquent on ne devoit point la voir à Paris. Cette seconde prédiction paroissoit la plus sûre; mais par le peu de certitude qu'on a jusqu'à-présent des mouvemens de cette Planéte, & par l'envie qu'on avoit de la voir dans le Soleil, on se flatta qu'on pourroit s'être trompé, & que les Tables Rudolphines auroient rencontré plus juste. Du-moins on ne voulut pas hazarder de manquer un Phénoméne si rare, & si important; & de peur que les nuages ne le dérobassent aux Observateurs de Paris, en cas qu'il arrivât, l'Académie pria Mr. Picard d'aller jusque dans le bas Languedoc, où le Ciel est ordinairement plus serein. On n'en eût pas fait davantage pour un Phénoméne bien assûré.

On eut toujours les yeux sur le Soleil dans tout le tems où la conjonction pouvoit arriver, & Mercure ne parut, ni à Mr. Picard, qui étoit à Montpellier, ni à MM. Cassini & Roëmer, qui observérent à Paris, avec un tems assez favorable. Sans-doute la conjonction se fit de nuit, & l'Académie en avoit mieux jugé que les Tables Rudolphines.

Mr. Picard, pour ne pas perdre son voyage, observa avec un extrême soin les hauteurs du Pole, & les longitudes des lieux où il se trouva, ce qui pouvoit être fort utile pour reformer la Carte de la France. Surtout il s'appliqua aux réfractions du Soleil, & il poussa la précision jus-

1674. jusqu'à s'appercevoir qu'au lever du Soleil, le bord supérieur, lorsqu'il touche l'horizon, a une réfraction plus grande, que le bord inférieur, lorsqu'il vient aussi à toucher l'horizon. C'est que dans le peu de tems qu'occupe le lever du Disque entier, le Soleil a déjà assez agi pour élever un peu les vapeurs, & pour rendre le milieu plus égal, & par conséquent les réfractions moins grandes.

Mr. Picard ne trouva, ni à Lyon, ni à Séte, la longueur du Pendule différente de ce qu'elle est à Paris, quoiqu'un habile Mathématicien de Lyon eût cru y trouver le Pendule plus court.

## MECHANIQUE.

LES figures & les mouvemens sont tout le jeu de la Physique; & qui connoîtroit exactement les propriétés des figures, & les communications des mouvemens, seroit à la source de tous les effets que la matiére peut produire. Mr. Mariotte entreprit la recherche de ce qui regarde les mouvemens.

Il y a pour leur communication des régles très-simples, & qui régnent par-tout; mais dans presque tous les effets que nous voyons, elles sont si enveloppées, & si étouffées sous la multitude des différentes circonstances, qu'il est très-difficile de les démêler, & de parvenir à les voir dans leur simplicité naturelle. Le secret est d'écarter d'abord le plus de circonstances qu'il est possible, & de n'envisager que les cas où il en entre le moins.

Presque tous les corps ont un ressort, qui agit lorsqu'ils se choquent. C'est par-là qu'ils sont poussés en même tems qu'ils poussent; mais comme cette action réciproque a quelque chose de compliqué, Mr. Mariotte commença par examiner le choc des corps qui seroient sans ressort.

C'est une certaine force qui fait le mouvement, & cette force doit être plus grande pour mouvoir un plus grand corps, ou pour mouvoir le même corps avec plus de vitesse. Il faut 2 fois plus de force pour mouvoir un corps 2 fois plus grand, avec la même vitesse, ou pour mouvoir le même corps deux fois plus vite; & s'il est 2 fois plus grand, & qu'il aille 2 fois plus vite, il faut 4 fois plus de force. La force, ou ce qui est la même chose, la quantité de mouvement d'un corps, est donc sa masse multipliée par sa vitesse. S'il a 3 livres de poids, & 4 degrés de vitesse, il a 12 degrés de quantité de mouvement.

Ainsi pour savoir quelle est la vitesse d'un corps dont on connoît la quantité de mouvement & la masse, il n'y a qu'à diviser la quantité de mou-

mouvement par la masse. S'il a 12 de quantité de mouvement, & 3 de masse, il a 4 de vitesse. C'est la même chose pour trouver la masse, quand on a la quantité de mouvement & la vitesse. 1674.

Si l'on suppose que sa masse soit augmentée sans que sa quantité de mouvement le soit, sa vitesse est moindre, puisque la quantité de mouvement est divisée par un plus grand nombre. S'il a toujours 12 de quantité de mouvement, & qu'il ait 6 de masse au-lieu de 3, il ne peut plus avoir que 2 de vitesse au-lieu de 4 qu'il avoit.

Si deux corps égaux ont des vitesses égales, il est clair que leurs quantités de mouvement sont égales; mais elles le peuvent être encore, quoique les corps soient inégaux, & les vitesses inégales. Un corps qui a 2 de masse & 6 de vitesse, & une autre qui a 3 de masse & 4 de vitesse, ont la même quantité de mouvement. Cela arrive toutes les fois qu'un plus petit corps a plus de vitesse à proportion qu'il est plus petit, & que par conséquent le plus de vitesse récompense exactement le moins de masse. Ce Principe seul est l'ame de toute la Méchanique, & jamais on ne peut égaler la force d'un petit poids à celle d'un grand, qu'en donnant au petit plus de vitesse, à proportion qu'il est plus petit.

Quoique ces idées soient assez claires, Mr. Mariotte poussa la précaution jusqu'à s'en assûrer par des expériences. Ensuite il en fit d'autres pour découvrir les régles du mouvement. Il avoit disposé une Machine, dans laquelle deux boules de terre glaise, & par conséquent sans ressort, dont il augmentoit ou diminuoit la grosseur à son gré, se choquoient avec tels degrés de vitesse qu'il vouloit.

Le Principe général qui résulte de toutes ses expériences, c'est que le mouvement se perd par un mouvement contraire, c'est-à-dire, par celui d'un corps qui va d'un sens directement opposé.

De-là s'ensuivent ces conséquences.

1. Si deux corps se rencontrent directement avec des quantités de mouvement égales, de quelque façon qu'elles le soient, & qu'ils aillent de deux sens opposés, ils s'arrêtent l'un l'autre, & demeurent en repos après le choc. Car chacune des quantités de mouvement détruit l'autre qui lui est contraire & égale.

2. Si un corps en mouvement en rencontre un en repos, sa quantité de mouvement doit subsister entiére, puisqu'il n'y en a point de contraire qui la détruise; mais elle se partage entre les deux corps. Alors c'est la même chose que si la masse du corps mu étoit augmentée de celle du corps en repos, sa quantité de mouvement demeurant la même. On trouvera facilement de combien la vitesse devient moindre qu'elle n'étoit avant le choc, & ce sera avec cette vitesse commune que les deux

 corps

1674. corps après le choc iront ensemble du même côté, comme feroient les deux parties d'un même corps. Si le corps en repos avoit 2 de masse, & le corps mu 4 de masse, & 3 de vitesse, la quantité de mouvement 12 divisée par les deux masses qui font 6, donne 2 pour la vitesse commune qu'ils auront après le choc, au lieu qu'auparavant le corps mu avoit 3 de vitesse.

3. Si deux corps se choquent directement avec des quantités de mouvement contraires, & inégales, tout ce qu'il y a d'égal de part & d'autre dans les quantités de mouvement doit périr; c'est-à-dire tout ce qu'en avoit le corps qui en avoit le moins, & une égale quantité dans celui qui en avoit le plus. Il ne reste donc pour toute quantité de mouvement que ce que le plus fort en avoit par-dessus le plus foible, & alors c'est la même chose que si le premier avec cette seule quantité de mouvement avoit rencontré l'autre en repos.

4. Si deux corps allant d'un même côté avec des vitesses inégales, se rencontrent, leurs quantités de mouvement demeurent entiéres après le choc, puisqu'elles n'ont rien de contraire l'une à l'autre, & c'est la même chose que si les deux corps n'en faisoient plus qu'un. Il faut donc prendre la somme des deux quantités de mouvement, la diviser par la somme des masses, & cette division donnera la vitesse commune, avec laquelle les deux corps iront ensemble après le choc, comme feroient les deux parties d'un même corps. Si l'un avoit 3 de masse, & 4 de vitesse, l'autre 5 de masse & 6 de vitesse, la vitesse commune après le choc sera $5\frac{1}{4}$.

Jusqu'ici, ce n'est que le mouvement simple; mais quand on y ajoûte le ressort, ce sont des considérations toutes nouvelles.

Un corps à ressort change sa figure, quand il est frappé, & ensuite il la reprend parfaitement si son ressort est parfait, comme on le supposera toujours ici.

En reprenant sa figure, il rend au corps dont il a été choqué toute la vitesse qu'avoit ce corps immédiatement avant le choc, & le renvoye en arriére, changeant la direction de son mouvement en une toute opposée.

C'est ce qu'on peut voir par l'expérience, en posant une raquette sur un plancher uni, & l'y affermissant par quelques poids qu'on mettra sur ses bords, & laissant ensuite tomber d'une hauteur médiocre une petite boule d'yvoire, vers le milieu de cette raquette. Car la boule remontera par le ressort des cordes, à la même hauteur d'où elle étoit tombée, à deux ou trois lignes près; & s'il y a ces deux ou trois lignes à dire, c'est que l'air résiste au mouvement de la boule qui remonte, c'est que la raquette n'étoit pas parfaitement affermie sur le plancher, & qu'elle a pris un peu du mouvement de la boule, c'est que la chute de la boule a été un peu oblique, & qu'elle n'a pas frappé la raquette par une ligne où se trouvât son centre de gravité. Il

Il suit de-là, que si deux corps à ressort se choquent avec des quantités de mouvement égales, chacun de ces corps après le choc retournera en arriére avec sa premiére vitesse. Car par les loix du mouvement simple, ils demeureroient tous deux en repos. Tout le mouvement simple étant détruit, il ne leur reste donc que celui qui leur peut venir du ressort. Par le ressort chacun doit être renvoyé en arriére avec la vitesse qu'il avoit avant le choc. 1674.

Si deux corps à ressort, au-lieu de se rencontrer par le mouvement, étoient pressés l'un contre l'autre, & mis en ressort par quelque cause que ce fût, il y a de l'apparence que quand ils seroient délivrés de cette pression, & qu'ils se sépareroient par le mouvement de ressort, le plus grand résistant plus au mouvement que le plus petit, prendroit une vitesse d'autant moindre que sa masse seroit plus grande, & le plus petit au contraire. Et en effet, c'est ce que Mr. Mariotte trouva toujours par expérience.

Au-lieu de cette force étrangére que nous supposons, il y a toujours dans le choc des corps à ressort une cause équivalente, qui les met en ressort, & qui les presse l'un contre l'autre, c'est la vitesse dont ils se rencontrent, non pas la vitesse absolue qu'a chaque corps en particulier, & qui fait partie de sa quantité de mouvement; mais la vitesse respective, par laquelle en un certain tems déterminé ils s'approchent plus ou moins, & font un choc plus ou moins rude.

Que deux corps aillent du même côté avec des vitesses égales, ils ne peuvent jamais, ni se choquer, ni même s'approcher; ils sont toujours à la même distance, & n'ont nulle vitesse respective, quelque grandes que puissent être leurs vitesses absoluës. Mais que l'un aille plus vite que l'autre, toujours du même côté, ils se choqueront, & le choc sera plus fort ou plus foible, selon que celui qui surpasse l'autre en vitesse, le surpassera plus ou moins. Ils n'ont pour vitesse respective que l'excès de la plus grande vitesse sur la plus petite. Si l'un fait 100 lieuës en 1 minute, l'autre 101, ils ne s'approchent que d'1 lieuë en 1 minute, & ne se choquent qu'avec une force d'1 degré. S'ils se rencontrent allans de deux côtés opposés, les deux vitesses absoluës entiéres conspirent à la force du choc, & font la vitesse respective. Si l'un fait 3 degrés en 1 minute, & l'autre 4, ils s'approchent de 7 degrés en 1 minute, & se choquent avec une force qui vaut 7. Si l'un des corps est en repos, la vitesse absoluë de celui qui le va choquer, fait toute la vitesse respective, & toute la force du choc.

C'est donc cette vitesse respective qui presse plus ou moins l'un contre l'autre les corps à ressort qui se choquent; & le grand Principe de leurs

1674. leurs mouvemens, eſt qu'en ſe ſéparant après le choc, ils la partagent entre eux ſelon la proportion renverſée de leurs maſſes, le plus grand des deux corps en prend moins, & le plus petit davantage.

Cela établi, Mr. Mariotte trouvoit facilement la ſolution de tous les cas différens que l'on pouvoit imaginer, ſoit que les grandeurs des corps à reſſort fuſſent différentes, ſoit que les viteſſes le fuſſent, ſoit que les directions des mouvemens fuſſent contraires, ou non contraires, &c. tout cela ne conſiſtoit plus qu'à combiner les changemens qui arrivent par le mouvement ſimple, avec ceux que produit le mouvement de reſſort, ou plutôt avec ce ſeul changement produit par le reſſort, qui eſt ce partage de la viteſſe reſpective, tel que nous l'avons dit.

Par exemple, on découvre ſans peine que deux corps à reſſort égaux, qui ſe choquent directement avec des viteſſes inégales, font échange de leurs viteſſes par le choc. Qu'ils ayent chacun 2 de maſſe, & l'un 4 de viteſſe, l'autre 6, il arrivera, ſelon les loix du mouvement ſimple, qu'après le choc celui qui avoit 6 de viteſſe, fera rebrouſſer chemin à l'autre, & le pouſſera devant lui avec 1 degré de viteſſe commune aux deux. Mais par les loix du reſſort, la viteſſe reſpective du choc, qui eſt 10, ſera partagée également, & ils auront chacun 5 degrés de viteſſe, dans une direction contraire à celle qu'ils avoient avant le choc. Le plus fort, qui avoit d'abord 6 degrés de viteſſe, & qui après le choc pourſuivoit ſon chemin avec 1 ſeul degré de viteſſe, eſt donc renvoyé avec 5 degrés dans un ſens contraire. Reſte 4 degrés en ce ſens-là. Le plus foible, qui avoit auſſi 1 degré de viteſſe, ſelon la direction du plus fort, prend de plus par le reſſort 5 degrés de viteſſe en ce même ſens-là. Il en a donc 6, & voilà l'échange des viteſſes.

En ſuivant toujours cette route, on arrive à des Paradoxes aſſez ſurprenans.

Qu'un corps à reſſort & en repos ait 1 de maſſe, & qu'il ſoit choqué par un corps en mouvement qui ait 99 de maſſe, & 100 de viteſſe. Par le mouvement ſimple, ils iront tous deux avec 99 degrés de viteſſe du même côté qu'alloit le corps en mouvement. Par le reſſort, le petit qui a été choqué prend encore 99 degrés de viteſſe du même ſens dont il alloit déjà par le mouvement ſimple, cela fait 198 de viteſſe, & l'autre ne perd qu'un degré de la viteſſe du mouvement ſimple par le mouvement de reſſort en arriére. Il pourſuit donc ſon premier chemin avec encore 98 degrés de viteſſe. Il a donc donné à un autre corps preſque le double de la viteſſe qu'il avoit lui-même, & il a conſervé la ſienne preſque entiére, & toute la viteſſe qui étoit avant le choc, eſt preſque triplée par le choc.

Si c'eſt le corps en repos qui ait 99 de maſſe, & que l'autre ait 1 de maſſe

maffe & 100 de viteffe, après le choc le petit corps aura 98 de viteffe 1674.
en arriére, & le grand 2, du fens dont alloit le petit avant le choc. Le grand a donc 198 de quantité de mouvement, & le petit 98. Voilà donc après le choc 296 de quantité de mouvement, au-lieu qu'il n'y en avoit auparavant que 100, & le petit corps a donné prefque deux fois plus de quantité de mouvement qu'il n'en avoit, & n'a prefque rien perdu de la fienne.

Comme on peut faire les maffes des deux corps plus inégales à l'infini que ne le font 1 & 99, le petit corps choqué par le grand dans le premier cas pourra être fi petit, que le grand, après l'avoir choqué confervera fenfiblement toute fa viteffe, & lui en donnera une double de la fienne du même côté; & fi elle n'eft pas double dans la rigueur Mathématique, ce qu'il s'en faudra fera toujours moindre que le plus petit nombre qu'on puiffe déterminer.

De-même dans le fecond cas, le grand corps choqué par le petit pourra être fi grand, que le petit retournera en arriére avec toute fa viteffe, & que le grand n'en prendra rien, du-moins ce qu'il en prendra, fera moindre que tout ce qu'on pourra déterminer de plus petit.

Voilà uniquement à quoi Mr. Mariotte attribuoit le mouvement de réflexion. Tous les corps ont un reffort plus ou moins vif. La réflexion eft parfaite, c'eft-à-dire le corps qui en choque un autre retourne en arriére avec toute fa viteffe, quand les refforts font parfaits; & quand d'ailleurs le corps choqué a été inébranlable, ou par fa maffe, ou par fa pefanteur, ou par quelque autre caufe que ce foit, & qu'il n'a rien pris de la viteffe de l'autre par le mouvement fimple. Hors de ces deux conditions, la réflexion eft imparfaite. Si le corps choqué étoit en même tems, & fans reffort, & inébranlable, Mr. Mariotte prétendoit qu'il n'y auroit point de réflexion, & que le corps en mouvement s'arrêteroit à fa rencontre. Car quelle nouvelle caufe pour retourner en arriére? On voit par expérience, qu'il eft bien plus facile d'arrêter une boule qui roule, & de lui faire perdre fon mouvement, que de la repouffer en arriére avec la même viteffe.

ANNÉE MDCLXXV.

# PHYSIQUE.

## ANATOMIE.

1675. LEs parties qui ſont particuliéres à certains Animaux réveillent davantage la curioſité des Anatomiſtes. Ainſi en diſſequant un Cerf de Canada, ce fut à ſon bois qu'on eut le plus d'attention. Il avoit 3 pieds de long, & les andouillers, qui étoient au nombre de 6 à chaque bois, avoient un pied.

Entre les cornes, il y en a qui ſont ſolides, & d'autres creuſes: les cornes ſolides, comme celles du Cerf, ſont immédiatement attachées à l'os frontal dont elles naiſſent; auſſi cet os eſt-il en ce cas-là plus rare & plus ſpongieux, pour donner paſſage à l'humeur épaiſſe & viſqueuſe, qui doit ſortir comme une eſpéce de ſueur, & produire la corne en ſe durciſſant, & en ſe congelant. Dans le même tems que cette corne, qui eſt oſſeuſe, ſe forme, il ſe fait deſſus une peau velüe, comme celle du reſte du corps de l'animal, qui croît avec le bois, & qui eſt garnie d'un grand nombre de veines & d'artéres, fort tenduës, & fort pleines de ſang. Elles le ſont à tel point, qu'elles impriment leur figure ſur le bois qu'elles revêtent, & le ſillonnent, comme les vaiſſeaux de la ſuperficie extérieure du cerveau ſillonnent le dedans du crâne. Ce n'eſt pas inutilement que ces vaiſſeaux ont tant de ſang, ils ſont deſtinés à nourrir le bois.

Les cornes creuſes, comme celles des Bœufs, s'engendrent & croiſſent d'une autre maniére. L'os du front a deux petites ſaillies revêtuës, comme lui, par le péricrane. Ces ſaillies ou apophyſes venant à croître, le péricrane qui les couvre croît auſſi. Mais ce n'eſt pas-là encore la corne. Les artéres du péricrane ſuent une humeur qui s'épaiſſit, & qui fait une croûte par-deſſus le péricrane. Le péricrane continuant à ſuër, il ſe forme entre lui & la premiére croûte une ſeconde qui pouſſe la premiére en avant, & ainſi de ſuite pluſieurs croûtes ſe formant ſucceſſivement l'une ſous l'autre, compoſent enfin la corne, qui n'eſt faite que de toutes ces lames ou feuillets collés enſemble. L'apophyſe de l'os frontal qui eſt la premiére baſe de cette production, & la portion du péricrane dont elle eſt couverte, n'appartiennent point à la corne, elles ne font qu'en remplir une partie du creux. La nourriture vient par-dedans à cette eſpéce de corne, au-lieu qu'elle vient par-dehors à la corne ſolide. Les coquilles des Limaçons, les écailles des Huîtres, s'engendrent comme les

les cornes creuses; aussi les différentes couches, & les différens feuillets dont tout cela est formé, sont visibles, & quelquefois même se séparent facilement. 1675.

Toutes les marques de l'*Otus* & du *Scops* des Anciens se trouvérent dans les Demoiselles de Numidie. Ces Oiseaux ont ces longues oreilles de plume qui ont donné le nom à l'Otus, & le plumage gris-plombé qu'on lui attribuë. Et pour l'autre nom de Scops, qui veut dire, moqueur, ils le méritent par leur façon de marcher, par leurs gestes, par leurs sauts, qui semblent contrefaire les nôtres. De-là vient aussi qu'ils ont été appellés dans l'Antiquité *Batteleurs & Comédiens*. La figure déliée & noble de leur corps jointe à la grace qu'on diroit qu'ils affectent, leur a fait donner en François le nom de *Demoiselles*; & ils le soutiennent assez bien par leur conduite. Car ces animaux ont beaucoup d'envie de se faire voir; ils suivent les gens sans aucune autre intention, & dès qu'on les regarde, ils se mettent à chanter & à danser. De 6. Demoiselles que l'on dissequa, 4 avoient le foye squirreux, & cette constitution auroit presque suffi pour faire connoître que ces foyes étoient composés comme de plusieurs petits lobes, composés encore chacun de l'amas de plusieurs glandes. Ce qui faisoit paroître cette distinction de parties, c'est que les interstices des glandes, où il étoit demeuré quelque reste de sang, étoient moins durs que les glandes, qui en étoient destituées à cause du squirre.

L'apre-artére étoit composée d'anneaux entiers, & si durs qu'ils approchoient de la nature de l'os. Ils étoient entaillés & échancrés chacun en deux endroits, desorte qu'ils entroient l'un dans l'autre par cette échancrure, & passoient l'un sur l'autre par toute la partie qui n'étoit point échancrée, & n'y pouvoient passer que jusqu'à un certain point, selon que l'échancrure étoit profonde. Ils ne pouvoient guére s'approcher ni s'éloigner par les échancrures, aussi étoient-elles placées aux deux côtés du col; mais les surfaces entiéres des anneaux, par où ils avoient la liberté de passer plus ou moins les uns sur les autres, étoient placées en devant & en arriére, où l'oiseau a plus de besoin de pouvoir fléchir le cou à sa volonté.

Lorsqu'on souffloit dans l'âpre-artére, ces vessies qu'ont les Oiseaux, outre leurs poumons, s'enfloient, & en même tems l'œsophage & le jabot s'enfloient aussi, ce qui est assez difficile à comprendre; car quelle communication de l'œsophage avec l'âpre-artére? Quand on souffloit réciproquement dans l'œsophage, le vent passoit aussi dans l'âpre-artére, mais avec moins de facilité.

On trouve ordinairement dans l'œil des Oiseaux une membrane noire en forme de bourse, qui sort du nerf optique, & dont l'usage n'est pas aisé

1675. aisé à deviner. On ne trouva point cette bourse dans les yeux des Demoiselles, mais d'un autre côté on vit que la choroïde étoit plus noire qu'à l'ordinaire. Cela aida à conjecturer que la bourse peut être destinée à ramasser les parties grossiéres & terrestres de la nourriture qui vient à l'œil de l'oiseau, afin qu'il n'en reste que le plus pur, & que les humeurs ayent toute la clarté & la transparence nécessaire dans l'œil d'un animal, qui doit s'élever en l'air, & voir de loin. La choroïde paroît aussi destinée à recevoir cette lie du sang, & c'est ce qui la rend noire; & comme elle est plus noire lorsque la bourse manque, il semble que la bourse doit faire avec elle la fonction d'épurer le sang de l'œil.

Dans cette même année, Mr. Perrault examina tout ce qui regarde le Mouvement Péristaltique. Ce nom n'a été donné qu'à l'action par laquelle les Intestins se resserrans dans une partie, & puis dans celle qui la suit, à compter depuis le ventricule, poussent en avant le chile, ou les autres matiéres plus grossiéres. Mais Mr. Perrault étendoit le nom de mouvement péristaltique à toutes les compressions qui se font en différentes parties du corps de l'animal, soit pour battre & pour subtiliser les liqueurs, soit pour les faire entrer dans les conduits où elles doivent couler. La Nature a toujours eu en vuë l'un ou l'autre de ces effets, ou tous les deux ensemble, lorsqu'elle a donné à tant de parties de la machine un mouvement successif de constriction & de dilatation. Les dissolvans pénétrent, incisent, & font la fonction de ciseau; mais les parties qui serrent ces dissolvans, & les font entrer dans ce qu'ils doivent dissoudre, font le marteau; car on diroit que la Nature imite l'Art à son tour.

Il y a une infinité de canaux si étroits, que les liqueurs n'y pourroient entrer, à-moins que d'être poussées avec beaucoup de force, & cette force dépend du resserrement des vaisseaux qui les contenoient, & qui les chassent hors d'eux. Le cœur en se resserrant envoye dans les artérés le sang qu'il contient; & Mr. Perrault étoit persuadé que les artéres se resserroient en même tems que le cœur, & dans l'instant qu'elles recevoient le sang; parce que sans cela, ni le sang ne seroit suffisamment battu, ni son cours n'auroit assez de violence pour le faire entrer dans les vaisseaux capillaires. Il est vrai qu'à la vuë & au toucher les artéres semblent se dilater, quand elles reçoivent le sang; mais on n'a qu'à supposer, selon Mr. Perrault, que leur constriction, qui est fort grande, est en partie surmontée par l'impulsion du cœur.

De ce que les artéres ont ce mouvement alternatif de constriction & de dilatation qui manque aux veines, Mr. Perrault en tiroit la raison pourquoi les veines ont tant de valvules, & que les artéres n'en ont point

point. Qu'une veine ſoit comprimée en quelque endroit par une cauſe étrangére, le ſang doit d'un côté continuer ſa route vers le cœur, & de l'autre il rebrouſſeroit chemin, ſi quelque valvule ne l'en empêchoit: or il eſt très-important pour la circulation qu'une liqueur ne prenne pas un cours contraire à celui qu'elle avoit. Mais qu'une artére ſoit comprimée, comme elle a une conſtriction naturelle, & que cette conſtriction eſt toujours plus puiſſante dans un endroit plus proche du cœur, parce que l'artére y eſt plus épaiſſe & plus forte, cette réſiſtance plus grande ſuffit pour empêcher le ſang de refluer vers le cœur; & il n'a pas été beſoin d'employer de valvules à cet uſage. 1675.

Il eſt évident que la conſtricton ſucceſſive des différens cercles qui compoſent un tuyau cilindrique, doit pouſſer les matiéres qui y ſont contenuës, ſelon l'ordre où ſe fait la conſtricton. Le cercle qui ſe reſſerre les envoye à celui qui va ſe reſſerrer, & ainſi de ſuite. C'eſt de cette maniére que l'œſophage conduit les alimens dans le ventricule, & que les inteſtins conduiſent le chile dans toutes les circonvolutions qu'ils forment. Mais ce mouvement des inteſtins, qui ſeroit ſuffiſant pour promener le chile dans toute leur étenduë, ne l'eſt pas pour le faire entrer dans les conduits étroits & imperceptibles de leurs tuniques, & dans les veines lactées. C'eſt pourquoi ils font en ſe ridant mille & mille replis où le chile eſt retenu, & en même tems paitri, pour ainſi dire, & corroyé par la compreſſion du péritoine, & des muſcles du ventre, & du diaphragme, de la même façon à peu près que la peau des Eléphans écraſe des Mouches en ſe ridant tout à coup, & en les enfermant dans le fond de ces rides. Alors le chile ayant acquis, & plus de ſubtilité, & plus d'agitation, s'inſinuë dans les petits canaux qui lui ſont deſtinés.

Le cerveau, qui ne paroît fait que pour filtrer les eſprits, a auſſi une eſpéce de compreſſion, qui peut ſervir à cet effet. Ses artéres ſont deſtituées de la tunique externe qu'elles ont par-tout ailleurs, afin qu'étant plus librement dilatées, elles dilatent davantage le cerveau, dont la molleſſe & la peſanteur font qu'il ſe reſſerre enſuite avec plus de force, & exprime plus puiſſamment les eſprits hors de ſa propre ſubſtance. Plus on ſuivra ce mouvement de compreſſion & de dilatation, plus on le trouvera fréquemment employé par la nature. On peut même conjecturer qu'elle a rendu les Plantes flexibles, afin que l'agitation qu'elles reçoivent du vent ſervît à une diſtribution plus exacte de leur ſêve dans toutes leurs parties. Peut-être auſſi l'inclination qu'ont les enfans à courir & à ſauter, ne leur a-t-elle pas été donnée envain, ils ſont dans l'âge de leur accroiſſement, & ils ont beſoin que leur nourriture entre en plus grande quantité dans de fort petits canaux. Il n'y a pas juſqu'à la folie

1675. folie apparente des enfans, qui ne soit un effet de la sagesse de la Nature.

Mr. Mariotte fit part à la Compagnie le 21 Août de la Description qui lui avoit été envoyée d'un Monstre né à Toulon le 11 Juin précédent. Ce Monstre avoit 2 têtes, 4 bras, & 4 jambes sur un même tronc; il avoit pourtant deux cœurs, mais enveloppés l'un & l'autre dans le même péricarde. Il n'avoit qu'un foye & qu'un ventricule. Il fut dissequé par Mr. Thibault Docteur en Médecine, qui attesta la vérité du fait.

Dans le même tems Mr. Du Verney fit sur une Oye, une Expérience qu'on avoit déjà faite auparavant sur des Quadrupédes, & il trouva que dans les Volatils, ainsi que dans les Quadrupédes, la différence de couleur entre le sang vénal & l'artériel, doit être attribuée aux poûmons plutôt qu'au cœur; car le sang tiré de l'artére des poûmons, parut noir, & celui qui sortoit de la veine des poûmons étoit d'une très-belle couleur rouge.

Le même Mr. Du Verney ayant lié à un Chien la veine souclaviére au-dessus du canal thorachique, & la jugulaire au-dessus de son insertion, le Chien vécut encore 15 jours après cette opération.

## EXPERIENCES DIVERSES.

Monsieur Bourdelin fit voir à la Compagnie une Tête morte tirée après 26 distillations d'une huile de diverses Plantes, à laquelle il avoit ajoûté chaque fois une certaine quantité d'eau commune; 10 onces de cette huile avoient fourni 2 onces & demie d'une huile plus pure, l'eau distillée 24 fois, précipitoit encore la dissolution de mercure.

Ce fut en cette même année 1675 que Mr. Huyguens rompit en présence de l'Assemblée une Bouteille de verre double, où il avoit mis de la terre en 1672, & qu'il avoit ensuite bien bouchée. Il se trouva que cette terre avoit produit quantité d'herbe qui remplissoit presque toute la bouteille, & cela sans avoir reçu de nouvel air de dehors.

On entreprit l'Analyse de plusieurs espéces de Terres, aucune ne donna de liqueur acide, excepté une terre rougeâtre prise au Mont Parnasse derriére les Chartreux. On tira de la *Marne* une liqueur qui fit effervescence avec l'esprit de sel. On examina aussi depuis, l'*Ocre*, la *Pierre hæmatite*, & la *Terre d'Ombre*. Celle-ci donna un esprit très-âcre assez analogue à l'esprit de sel.

On fit au mois de Mai diverses Expériences au Miroir ardent. Des Briques, des Tuiles, des Ardoises, du Cuivre, &c. qu'on y exposa, furent en très-peu de tems vitrifiés, & jettérent une fumée épaisse; on y fondit du Verre; le Salpêtre s'y liquéfia tout d'un coup, & parut comme me du Criſtal minéral; on y mit auſſi un Criſtal de l'Ile de *Madagaſcar*, mais il ne put y être fondu. 1675.

Cette année Mr. Du Buiſſon apporta à l'Académie des extraits de Chairs bouillies, réduits en tablettes; ces tablettes peuvent être d'un très-grand uſage dans les voyages; on en peut tranſporter un grand nombre, elles ſe conſervent longtems; & avec une de ces tablettes on fait en un inſtant un excellent bouillon.

# MATHEMATIQUE.

## MECHANIQUE.

LE Roi voulut que l'Académie travaillât inceſſamment à un Traité de Méchanique, où la Théorie & la Pratique fuſſent expliquées d'une maniére claire & à la portée de tous; on devoit cependant ſéparer de la Théorie tout ce qui pouvoit appartenir de trop près à la Phyſique; tout ce qui pouvoit faire naître de la diſpute, on devoit le renfermer dans une eſpéce d'Introduction à tout l'Ouvrage. On décriroit enſuite dans l'Ouvrage même toutes les Machines en uſage dans la Pratique des Arts, ſoit en France, ſoit dans les Pays Etrangers.

Ce fut ce que Mr. Colbert fit ſavoir par Mr. Perrault à l'Académie, le 19 Juin de cette année. La Compagnie fit dans le cours de quelques Aſſemblées ſes réflexions ſur ce ſujet; & Mr. Du Hamel fut chargé de rendre compte à Mr. Colbert du réſultat des Ecrits de chacun. MM. Picard, Huyguens, Mariotte & Blondel travaillérent de concert aux Préliminaires; MM. De Roberval & Roëmer traittérent auſſi cette Matiére en particulier; on chargea Mr. Buot de dreſſer le Catalogue des Machines, & d'en faire faire les Deſſeins; on lui donna pour aides Mr. Couplet, & MM. Paſquier & Du Vivier.

Mr. Buot commença dès-lors à en décrire quelques-unes des plus en uſage, ou d'un uſage plus connu; par exemple, celles dont on ſe ſert dans la conſtruction des Bâtimens; on en fit faire des modéles qui ont été conſervés.

A cette occaſion pluſieurs Perſonnes apportérent à l'Académie diverſes machines de leur invention. Mr. Leibnits nommé Académicien dès ce tems-là, fit voir ſa Machine Arithmétique, & un nouveau Principe de régularité pour les Montres. Mr. Daleſme, qui fut auſſi depuis de l'Académie, montra entre pluſieurs autres Machines de ſon invention, une Pompe nouvelle ſans piſton, & une Machine pour meſurer la viteſſe d'un Vaiſſeau. On en examina encore d'autres préſentées par di-

 verſes

1675. verses Personnes industrieuses; les unes étoient nouvelles, d'autres avoient été déjà décrites dans quelques Livres.

Par rapport à la Méchanique pure, Mr. Mariotte n'avoit encore examiné que le choc des corps qui se rencontrent directement, c'est-à-dire, de façon que leurs centres de pesanteur sont dans la ligne de la direction de leur mouvement. Mais quand le choc est oblique, comme il arrive le plus souvent, il faut ajoûter une nouvelle considération à celles qui ont été déjà faites.

Tout mouvement dont la direction est oblique à l'égard d'un certain corps, est composé de deux mouvemens, dont l'un rencontreroit directement & perpendiculairement ce corps-là, & l'autre ne le rencontreroit point du tout, & lui seroit paralléle. C'est pour être composé de ces deux mouvemens, qu'il n'est ni l'un ni l'autre, ni perpendiculaire, ni paralléle, mais oblique; c'est-à-dire, moyen entre les deux. Cette direction moyenne est visiblement la diagonale d'un parallélogramme, dont un des côtés représente la direction perpendiculaire, l'autre la paralléle. Si les deux directions, dont la moyenne est composée, sont égales, le parallélogramme est un quarré, sinon il est oblong, & peut toujours devenir plus oblong à l'infini, selon que les deux directions, la perpendiculaire & la paralléle, sont plus inégales. Le choc oblique est d'autant plus oblique, que la direction paralléle domine davantage, & est plus grande par rapport à la perpendiculaire, ou directe.

Si une boule poussée directement d'une certaine vitesse contre une surface de verre, ne la peut casser, je représente cette vitesse par une ligne qui sera perpendiculaire à la surface du verre; je tire ensuite une autre ligne, si longue que je voudrai, paralléle à cette surface, & l'on voit qu'il se forme un parallélogramme, dont la diagonale sera très-grande. La boule qui décrira cette grande diagonale dans le même tems qu'elle auroit décrit la petite ligne perperdiculaire à la surface du verre, & qui par conséquent a beaucoup plus de vitesse dans ce second mouvement qu'elle n'en auroit eu dans le premier, n'en aura pourtant pas plus de force pour casser le verre; parce qu'enfin toute sa force pour le casser consiste dans sa direction perpendiculaire, qui n'est pas plus grande qu'elle étoit, & nullement dans la paralléle, d'où elle tire à-la-vérité une grande augmentation de vitesse, mais absolument inutile pour cet effet; car avec quelque vitesse qu'elle se meuve parallélement au verre, elle n'a garde de le casser, puisqu'elle ne le rencontre seulement pas. Ainsi tout mouvement oblique, à l'égard d'un certain corps, doit être comme séparé en deux, le direct ou perpendiculaire, & le paralléle. Il ne choque qu'entant que direct, & non entant que paralléle. Ce qu'il a de direct, suit après le choc les loix qui ont été établies; ce qu'il qu'il a de paralléle ne reçoit par le choc aucun changement. Par conséquent pour trouver la direction que prend après le choc un corps dont le mouvement étoit oblique, il ne faut que tirer une diagonale entre la direction perpendiculaire, telle qu'elle a dû devenir par le choc, & la paralléle, qui est demeurée telle qu'elle étoit auparavant. Si par les loix du choc direct le mouvement perpendiculaire est anéanti, il reste le paralléle sans nulle altération après le choc.

Après cela, Mr. Mariotte considéroit de quelle maniére les corps fluïdes choquent les corps durs. Ils ne les choquent pas par toute leur quantité de mouvement, il n'y a que les premiers corpuscules du corps fluïde qui fassent le choc; & c'est ce qui paroît par une eau, qui d'un tuyau dont toute la base est ouverte, tombe sur un bras d'une balance, car elle n'éléve pas un poids égal au sien posé à égale distance sur l'autre bras de la balance, elle ne l'éléve qu'à la fin de sa chute, si elle est assez grande pour lui faire acquérir la vitesse nécessaire.

En récompense, les corps fluïdes accélérent sans-cesse le mouvement qu'ils ont donné d'abord à un corps dur, parce qu'à chaque moment ils se choquent de-nouveau; & comme au second moment ils le rencontrent allant déjà du même côté, ils le font aller plus vite après le second choc, que s'ils l'avoient rencontré en repos. Les corps durs au-contraire n'ont que leur premier choc. Ainsi le vent qui souffle contre une voile de Navire, accéléreroit à l'infini la vitesse du Vaisseau, si la résistance que l'eau apporte à sa division le permettoit, & si elle ne s'augmentoit pas à mesure que la vitesse du Vaisseau s'augmente.

Enfin Mr. Mariotte s'élevoit à des recherches plus subtiles sur les Centres d'Agitation, de Percussion, & de Vibration; mais comme ces matiéres sont un peu trop Géométriques, nous nous contenterons d'en donner les premiéres idées, & de simples définitions.

1. Dans une ligne qui se meut circulairement autour d'une de ses extrémités immobile, chaque point a d'autant moins de vitesse, qu'il est plus proche de cette extrémité immobile. Ainsi si l'on vouloit couper la ligne en deux parties, dont les quantités de mouvement fussent égales, il faudroit la couper inégalement, & laisser la plus grande portion du côté de l'extrémité immobile, afin que le moins de vitesse des points qui sont de ce côté-là, fût récompensé par un plus grand nombre de ces points. Le point où il faudroit que cette ligne fût coupée, afin qu'il y eût de part & d'autre des quantités de mouvement égales, s'appelle *Centre d'agitation*.

2. Que deux poids tels qu'on voudra soient posés aux deux extrémités d'une ligne, il y aura entre eux deux un point par où la ligne étant suspendue, les deux poids feroient équilibre. Que cette ligne chargée de

 ces

ces deux poids tombe fur un des bras d'une balance, il eft fûr par l'expérience que jamais elle n'élévera un fi grand poids, ni ne fera un fi grand effort, que quand elle rencontrera le bras de la balance par le point où les deux poids qu'elle porte doivent faire équilibre. C'eft que l'action des deux poids eft comme toute réunie en ce point-là. De-même, qu'une ligne horifontale tournant fur un pivot porte deux furfaces verticales de différente gandeur expofées au vent, la plus grande furface recevra une plus grande impreffion du vent; mais fi la plus petite eft plus éloignée du pivot, enforte que le plus de viteffe qu'elle auroit en tournant récompenfe fa petiteffe, le vent agira également fur les deux: elles feront donc en équilibre, & toutes deux feront fentir au pivot qui les portera la plus grande impreffion qu'elles puiffent lui faire fentir, & ce fera dans cette fituation que le vent pourra plûtôt renverfer, ou rompre le pivot. Le point par lequel un corps chargé de plufieurs poids fait fon plus grand effort, en vertu de la réunion de l'action de ces poids, s'appelle fon *Centre de percuffion.*

Qu'un corps qui fe meut en frappe un autre par fon centre d'agitation, ce n'en eft pas affez pour le frapper avec fa plus grande force; car le centre d'agitation eft fouvent placé de forte qu'il laiffe à fes deux côtés deux parties d'inégale longueur. Alors la plus longue, quoiqu'elle n'ait que la même quantité de mouvement que l'autre, frappe avec plus de force en vertu de fon éloignement qui eft plus grand, & le centre de percuffion eft différent du centre d'agitation, puisque les deux parties déterminées par le centre d'agitation ne frappent pas également. En un mot, le centre d'agitation eft abfolu, & fe prend dans un corps qui fe meut indépendamment de tout rapport à un autre corps. Le centre de percuffion a rapport au corps frappé, & demande qu'il y ait entre les deux parties du corps qui frappe une égalité de forces compofée, non feulement de leurs quantités de mouvement, comme pour le centre d'agitation, mais encore de leurs diftances au corps frappé, que l'on confidére comme le point fixe d'une balance. Il y a des figures où les centres d'agitation & de percuffion font le même point.

Si l'on attache à un Pendule deux poids tels qu'on voudra, à différentes diftances du point de fufpenfion, il y aura un point entre ces deux poids, qui fera un plus grand effort que tout autre point fur un corps que le Pendule rencontreroit en fon chemin, c'eft-à-dire, que ce fera le centre de percuffion du Pendule compofé. Pour le trouver, il ne faut que multiplier la maffe de chaque poids par fa viteffe, qui eft la même chofe que fa diftance du point de fufpenfion; & ces deux quantités de mouvement étant confidérées comme deux poids qu'il faudroit mettre en équi-

équilibre, il n'y a qu'à partager la ligne qui est entre les deux poids du Pendule; ensorte que la plus petite quantité de mouvement soit plus éloignée du point de partage en même proportion qu'elle est plus petite, & que la plus grande en soit plus proche en même proportion qu'elle est plus grande. 1675.

3 Ce Pendule composé peut être considéré comme étant deux Pendules tout ensemble, dont l'un seroit plus court, l'autre plus long, selon les différentes hauteurs où les deux poids sont attachés. Le plus court employeroit moins de tems à faire ses vibrations, le plus long en employeroit davantage. Donc le Pendule composé doit employer à faire ses vibrations, un tems moyen entre ces deux tems. Cette même vitesse doit nécessairement convenir à un Pendule simple d'une certaine longueur; & il est évident que cette longueur doit être moyenne entre les deux longueurs du Pendule composé, & tomber entre ses deux poids. Ce point qui détermine la longueur d'un Pendule simple, dont les vibrations seroient égales en durée à celles du Pendule composé, s'appelle le Centre de Vibration du Pendule composé; & l'on trouve par toutes les expériences que c'est le même que le Centre de Percussion.

## ASTRONOMIE.

Il y eut le 11 jour de Janvier une Eclipse de Lune que MM. Cassini, Picard & Roëmer observérent. Ils en déterminérent le vrai commencement à 5 heures du soir 32' 50'', la fin à $9^h$ 9' 40'' l'immersion totale fut à $6^h$ 35' 56'', la première émersion totale à $8^h$ 8', la Lune étant dans l'immersion totale parut de couleur rouge-brune. Voyez les Mémoires Tom. 10. p. 378.

Les mêmes Astronômes observérent encore le 7 Juillet une autre Eclipse de Lune, dont le commencement fut à 1 heure du matin 56' 45'', l'immersion totale à $3^h$ 7' 45''; on entrevoyoit encore la Lune, quoiqu'entiérement éclipsée. Voyez les Mémoires Tom. 10. p. 385.

Le 23 Juin il y eut une Eclipse de Soleil; on sut de Mr. Gallet qu'il l'avoit observée à Avignon; la fin étoit arrivée à $5^h$ 20' 40''.

---

Sur la fin de l'année 1674. & au commencement de 1675. on travailla beaucoup au Nivellement.

Cette partie de la Géométrie Pratique, la plus difficile peut-être, doit sa perfection à l'Académie; les grands Nivellemens qu'elle a faits par ordre du Roi, l'ont mise en état d'enchérir beaucoup sur ce que l'on connoissoit en cette matiére: par bonheur la précision que l'on a eu toujours en vuë dans tous les travaux, se trouvoit encore indispensable dans ces sortes d'Operations; elle inventa des Niveaux qui atteignirent à cette pré-

1675. précision, & elle exécuta des choses merveilleuses; sur la foi seule des Nivellemens, on construisoit des Aqueducs, & l'eau se présentoit d'elle-même à la décharge ou à l'embouchure. Nous laissons aux Mémoires mêmes de Mr. Picard le détail curieux des Nivellemens qu'il fit avec Mr. Roëmer & quelques-autres.

Voyez les Mémoires Tom. VII. Part. 1. p. 284. & suiv.

## ANNE'E MDCLXXVI

## PHYSIQUE.

### ANATOMIE.

IL y a ordinairement quelque erreur d'imagination à faire plus de cas de ce qui est rare, que de ce qui est commun. Mais en fait d'Anatomie, ce n'est pas une erreur de courir à ce qui est rare; non que les Animaux rares soient plus merveilleux, mais simplement parce qu'en ce genre ce que nous n'avons pas encore vu nous peut donner de grandes lumiéres. Tel Animal qui nous est inconnu jusqu'ici, nous développera quelque mystére qui étoit caché dans les Animaux communs. Comme ceux qui parlent beaucoup ne manquent guére à trahir leurs propres secrets, il arrive aussi quelquefois que la Nature si féconde en différentes productions trahit son secret dans quelques-unes.

L'Académie ne manqua pas d'examiner avec soin un Casoar ou Casuel, & une grande Tortuë, qu'elle eut entre les mains, deux animaux venus des Indes Orientales. Le Casuel étoit le second de son espéce qui eût paru jusqu'alors en Europe. Le premier avoit été donné aux Hollandois comme un animal rare, par un Prince de l'Ile de Java en l'année 1597.

Le Casoar, ou Casuel, ou Gasuel, on ignore l'origine de ce nom, est le plus grand & le plus massif de tous les Oiseaux après l'Autruche. Il a comme elle des aîles inutiles pour le vol, quoique d'une structure très-différente, & même les plumes dont il a le corps couvert ressemblent bien plus au poil d'un Ours ou d'un Sanglier, qu'à des plumes. Ce bizarre oiseau, pour être encore plus extraordinaire, a sur la tête une crête assez grande, dure, luisante, & polie comme de la corne, & qui est à peu près de la figure d'une demie-ovale.

La grandeur de cet oiseau facilita les moyens d'achever la découverte que l'on avoit commencée dans l'Autruche, des organes de la respiration appartenans aux Oiseaux. Le Casuel a ces vessies dont nous avons parlé; &

& il paroît par la ſtructure des muſcles, que les ouvertures qui font communiquer ces veſſies avec le poumon, ſont la plupart capables d'une conſtriction & d'une relaxation volontaires. Ainſi les Oiſeaux, indépendamment du mouvement néceſſaire de la reſpiration qui iroit toujours ſon train, garderoient de l'air quand ils voudroient, à peu près comme le Caméléon, qui s'enfle quelquefois extraordinairement, & demeure longtems en cet état, ſans ſe deſenfler le moins du monde. 1676.

Mais à quoi ſeroit-il bon que les Oiſeaux puſſent garder de l'air? Ce n'eſt pas pour leur aider à s'élever; cet air n'eſt pas plus léger que l'air extérieur; mais on peut croire que comme ils peuvent s'élever aſſez haut, où ils trouveroient un air différent de celui qui eſt plus bas, & moins proportionné aux beſoins des animaux, ils portent avec eux pour le voyage une proviſion de cet air groſſier, dont la peſanteur fait ſur le cœur & ſur les artéres la compreſſion néceſſaire à la diſtribution & à la circulation du ſang.

Il y a donc de l'apparence que l'uſage des veſſies du bas-ventre des Oiſeaux étant de s'enfler dans l'expiration, & cela néceſſairement, comme nous l'avons dit, pour battre & faire remonter les inteſtins, l'uſage d'une partie des veſſies de la poitrine eſt de faire le mouvement contraire, néceſſairement encore; & celui de l'autre partie, c'eſt de conſerver de l'air volontairement pour les beſoins de l'Oiſeau.

Il eſt vrai que le Caſuel ne vole point, & cela ſemble faire tomber tous ces raiſonnemens; mais ce qui a été donné utilement au genre des Oiſeaux, peut être quelquefois inutile à une eſpéce.

Entre pluſieurs choſes particuliéres à la Tortuë, ce qui fut le plus remarquable, lui étoit en quelque façon commun avec le Caſuel. Elle a un poumon qui ne paroît fait que pour garder de l'air, quand elle veut, & non pour reſpirer. Elle jette bien quelquefois un vent froid par la gueule, & par les narines; mais c'eſt ſans aucun ordre, & jamais avec la régularité que demande la reſpiration.

Dans la plupart des Animaux terreſtres tout le ſang circule par le poumon, & ce n'eſt qu'après l'avoir traverſé qu'il paſſe d'un ventricule du cœur à l'autre. Dans les Oiſeaux cette circulation entiére du ſang par le poumon ſe fait auſſi; mais il n'y a qu'une partie du poumon qui y ſerve, l'autre eſt ſeulement un reſervoir d'air, & ces deux parties ſont aiſées à reconnoître par deux conformations différentes qui ont rapport à leurs uſages. Celle qui ſert à la circulation du ſang eſt charnuë, à cauſe d'un nombre infini de vaiſſeaux ſanguins qui la compoſent; l'autre eſt membraneuſe, & n'a des vaiſſeaux que pour ſa propre nourriture. Enfin les Tortuës, les Serpens, les Caméléons, les Grenouilles,

1676. les Salamandres, ont des poumons entiérement membraneux, qui ne ſont point faits pour faire circuler tout le ſang de l'animal, & qui n'en reçoivent que ce qui eſt néceſſaire pour les nourrir. De-là vient que les ventricules du cœur de la Tortuë communiquent enſemble par des ouvertures aſſez larges, parce qu'il faut que tout le ſang paſſe immédiatement de l'un dans l'autre, comme il fait dans le fœtus. Auſſi dans une Tortuë à qui l'on a découvert le poumon, la circulation & le mouvement du cœur ne laiſſent pas de continuer encore, quelquefois plus de quatre jours; ce qui n'arriveroit pas à un Chien, qui mourroit bien vite en cet état, ſi l'on ne lui ſouffloit dans l'âpre-artére, pour faire enfler le poumon, & donner au ſang que le cœur y envoye, la liberté d'y paſſer. On a encore lié à une Tortuë le tronc de l'artére du poumon, & l'on a vu que la circulation n'en étoit nullement altérée.

Mais la difficuté eſt d'imaginer quel uſage a donc le poumon de la Tortuë. Il ne ſert point à la voix. La Tortuë eſt abſolument muëtte.

On hazarda une conjecture; on crut que le poumon de la Tortuë pouvoit lui tenir lieu de la veſſie des Poiſſons; que cet animal pour aller au fond de l'eau comprime par l'action de quelques muſcles l'air renfermé dans ſon poumon, & par-là réduit tout ſon corps à un moindre volume; qu'enſuite pour remonter il ceſſe de faire cette compreſſion, & permet à cet air de ſe remettre au large par ſon reſſort naturel, ce qui redonne un plus grand volume, & au poumon, & à tout le corps. Il faut que la Tortuë ait ſû prendre d'abord un équilibre bien juſte avec l'eau; auſſi eſt-ce pour cela que quand on les y met, on voit ordinairement qu'elles jettent cet air froid dont nous avons parlé. Elles ſe déchargent de ce qu'elles en auroient de trop pour un équilibre ſi fin & ſi délicat, que la moindre compreſſion le doit rompre.

Tel eſt celui de ces petites figures d'émail creuſes qui nagent dans un tuyau de verre plein d'eau. Pour peu que l'on comprime avec le doigt l'eau du tuyau, on en fait entrer une goutte dans ces figures qui ont un petit trou, & auſſi-tôt leur peſanteur étant augmentée, on les voit deſcendre. Que l'on ceſſe de comprimer l'eau, elles remontent, parce que l'air qu'elles contiennent reprenant ſa premiére étenduë, chaſſe la goutte d'eau qu'il y avoit laiſſé entrer par force, & leur rend leur premier légéreté.

Ce que font par le changement de peſanteur ces petites figures, dont le volume ne change point, les Tortuës le peuvent faire par le changement de volume, ſans changer leur peſanteur.

Une expérience que l'on fit, confirma extrêmement cette penſée. On mit une Tortuë dans un vaiſſeau plein d'eau & fermé très-exactement d'un couvercle d'où ſortoit un tuyau de verre, au bas duquel l'eau paroiſſoit.

roiſſoit. Quelquefois l'eau montoit dans ce tuyau, quelquefois elle deſcendoit. Cet effet ne pouvoit venir que du changement de volume de la Tortuë, qui faiſoit monter l'eau dès-qu'elle s'enfloit un peu, & la faiſoit deſcendre quand elle ſe deſenfloit. 1676.

La Tortuë que l'on diſſequa étoit une Tortuë de terre, à qui l'on doit convenir que cette conformation particuliére de poumons n'étoit pas néceſſaire ; mais il ſuffit qu'elle le ſoit à toute l'eſpéce. On fit ſur des Tortuës d'eau toutes les expériences dont on eut beſon.

# MATHEMATIQUE.

## ASTRONOME.

UNE Eclipſe de Soleil qui arriva le 11 Juin au matin, échappa preſque aux Aſtronômes de Paris à cauſe des nuages. MM. Picard & Roëmer attrappérent l'inſtant du plus grand obſcurciſſement du Soleil, qu'ils trouvérent de 5 doigts ½. Mr. Caſſini, dans les momens que les nuages s'entrouvroient, prit les hauteurs du bord ſupérieur du Soleil & de la Lune, & des deux cornes de l'Eclipſe; & avec ce foible ſecours, il ne laiſſa pas de déterminer la vraie Conjonction à Paris à $9^h\ 55'$, le commencement de l'Eclipſe à $7^h\ 55'$, & la fin à $10^h\ 52'$.

On eut de divers endroits des Relations de cette Eclipſe, qui ſuppléérent aux Obſervations imparfaites de ce Pays. Entre ces différens lieux, celui où l'Eclipſe fut la plus grande, ce fut Avignon. Elle y eut 7 doigts ½. Elle parut moindre dans les lieux plus Orientaux ou plus Occidentaux, dont on eut des mémoires.

Comme les Satellites de Jupiter ſont d'une extrême importance, à cauſe de la multitude de leurs Eclipſes, qui vont d'ordinaire à plus de 1300 par an, Mr. Caſſini, qui étoit mieux inſtruit que tout autre des nouvelles de ce Monde-là, avertit cette année tous les Aſtronômes de l'Europe, que l'année ſuivante, ſur la fin de Mars, le ſyſtême des Satellites ſe devoit renverſer; c'eſt-à-dire, que leurs demi-cercles ſupérieurs, qui étoient depuis ſix ans tournés du côté du Midi, ſe devoient tourner au Septentrion. Par-là ſe détruiſoit entiérement l'hypothéſe établie par Galilée, le premier Obſervateur des Satellites, & les calculs de ceux qui l'avoient ſuivi. Quelques-autres erreurs où ils étoient encore tombés, faiſoient que l'on voyoit déjà des heures entiéres, & quelquefois même des jours de différence entre leurs prédictions, & ce qui arrivoit dans le

Voyez les Mémoires, Tom. 10. p. 397.

1676. le Ciel de Jupiter; auſſi Mr. Caſſini ne balança plus à déclarer qu'il ſe retractoit d'un certain mouvement qu'il avoit mis dans ſon hypothéſe, par une eſpéce de déférence & de reſpect pour les obſervations de Galilée. Il eſt impoſſible que les plus grands génies parviennent en ces matiéres à rien d'exact, ni de parfait, quand ils ont le malheur d'être les premiers à y travailler. La gloire de la découverte a pour contre-poids les mépriſes attachées au peu d'expérience. Ce que l'on fonde ſur un petit nombre d'obſervations céleſtes, renferme toujours quelque erreur cachée qui ne ſe déclare qu'en s'accumulant avec le tems, une tierce ne devient ſenſible que quand elle eſt devenuë ſeconde ou minute; & il en va de-même d'une infinité d'autres eſpéces d'erreurs, qui demandent toujours un plus grand amas d'obſervations, à proportion qu'elles ſont plus délicates.

Ce ne fut que par ce grand amas d'obſervations que l'on commença à s'appercevoir d'une vérité de Phyſique, ignorée juſque-là de tous les Philoſophes, & tellement ignorée, que le contraire étoit preſque un principe conſtant.

Les révolutions du premier Satellite de Jupiter étant très-exactement calculées, & en très-grand nombre, & par conſéquent toutes ces Eclipſes cauſées par l'ombre de Jupiter, il ſe trouvoit toujours qu'en certains tems il ſortoit de l'ombre quelques minutes plus tard, & dans d'autres plutôt qu'il n'auroit dû faire, & l'on ne voyoit aucun principe de cette variation. En comparant ces tems les uns aux autres, Mr. Roëmer vit que le Satellite ſortoit plus tard de l'ombre, juſtement quand la Terre par ſon mouvement annuel s'éloignoit de Jupiter, & plutôt quand elle s'en approchoit. De-là Mr. Roëmer commença à former cette conjecture ingénieuſe, Que la lumiére pouvoit employer quelque tems à ſe répandre. Cela ſuppoſé, ſi le Satellite ſortoit plus tard de l'ombre quand nous étions plus éloignés de lui, ce n'étoit pas qu'il en ſortît effectivement plus tard; mais ſa lumiére étoit plus de tems à venir juſqu'à nous, parce que, pour ainſi dire, nous avions fui devant elle. Au contraire, quand nous allions à ſa rencontre, le ſéjour du Satellite dans l'ombre nous devoit paroître plus court.

Voyez les Mémoires Tome 10. p. 399.

Pour éprouver la vérité de cette penſée, il calcula quelle différence dans les ſorties de l'ombre ou émerſions du Satellite, répondoit aux différens éloignemens de la Terre, & il trouva que la lumiére retarderoit de 11' pour une différence d'éloignement égale à la diſtance de la Terre au Soleil. Sur ce pied-là, il annonça à l'Académie au commencement de Septembre, que ſi ſa ſuppoſition étoit vraye, une émerſion du premier Satellite qui devoit arriver le 16 Novembre ſuivant, arriveroit 10' plus tard qu'elle n'eût dû arriver par le calcul ordinaire.

L'évé-

L'événement répondit à la prédiction de Mr. Roëmer. Malgré ce succès, comme la pensée étoit fort nouvelle, on ne s'y rendit pas encore; on fut en garde contre les charmes de la nouveauté. Le Satellite n'a pas exactement pour centre de son mouvement, le centre de Jupiter. De plus, il est constant que ses révolutions ont plus de vitesse quand Jupiter est plus proche du Soleil, & tout cela devoit produire des inégalités dans son mouvement. Mais ces inégalités n'eussent point été précisément réglées comme celle dont il étoit question. On imagina même une autre hypothése Astronomique, qui ajustoit tout; mais elle étoit trop différente de tout ce que l'on connoissoit d'ailleurs dans le Ciel. Elle pouvoit bien satisfaire par le calcul à toutes les Observations, mais elle n'avoit pas une certaine vraisemblance qui satisfît l'esprit. 1676.

Il falut donc admettre le retardement de la lumiére, si vraisemblable selon la Physique, quand il ne seroit pas prouvé par l'Astronomie. Pourquoi la lumiére pourroit-elle traverser un espace en un instant, plutôt que le son, ou, pour parler encore plus philosophiquement, plutôt qu'un bloc de marbre; car le mouvement du corps le plus subtil ne peut être que plus prompt, mais il ne peut pas plus être instantané que celui du corps le plus pesant & le plus massif. Un préjugé trop favorable aux Cieux & aux Corps Célestes leur a fait donner bien des prérogatives qu'ils commencent à perdre. On avoit cru les Cieux incapables de changement & d'altération, on en est présentement desabusé par l'expérience: mais si on avoit bien raisonné, ç'auroit dû être de tout tems un grand préjugé contre eux, que les altérations & les changemens des corps sublunaires. Les mêmes Loix de la Nature ont cours par-tout, & les Cieux ne doivent nullement être privilégiés. Le mouvement d'un bloc de marbre prouve pour celui de la lumiére la nécessité de quelque durée. Le mouvement du son qui se répand si vite n'est en effet, à l'égard de celui de la lumiére, que le mouvement d'un bloc de marbre élevé à grand' peine par une gruë. Il suit des Observations de Mr. Roëmer, que la lumiére dans une seconde de tems fait 48203 lieuës communes de France, & $\frac{377}{1141}$ parties d'une de ces lieuës, fraction qui doit bien être négligée. Le son ne fait dans le même tems que 180 toises, c'est-à-dire une partie d'une lieuë plus de quatre fois plus petite que cette fraction $\frac{377}{1141}$, qui ne peut pas être comptée dans le mouvement de la lumiére. Que l'on concluë de-là le chemin qu'elle fait en une minute, & celui qu'elle doit faire pour retarder de dix minutes à notre égard, on sera effrayé, & de l'immensité des espaces, & de la rapidité de la lumiére, & de la subtilité proportionnée à cette rapidité, & de l'industrie humaine.

On découvrit cette année jusqu'à trois taches dans le Soleil en différens

1676. rens tems ; les dix années précédentes n'en avoient pas tant produit. La troisiéme que l'on vit, parut à la fin d'Octobre, prête à aller derriére le Soleil. Mr. Cassini, sur un petit nombre d'Observations, ne laissa pas de déterminer sa route dans le Soleil, & de prédire son retour pour le 18. Novembre ; car il jugea par sa grandeur, qu'elle ne se dissiperoit pas sitôt. Elle reparut à jour nommé, & retourna derriére le Soleil le 1. Décembre. Elle se montra pour la troisiéme fois le 15 de ce même mois ; ce que n'avoit encore jamais fait aucune tache qu'on eût observée. Celle-là devoit être d'une consistance & d'une solidité extraordinaire. Comme elle fut toujours dans la moitié du Soleil tournée vers nous, pendant 13 ou 14 jours de suite, & cachée autant de tems dans l'autre moitié, on se confirma dans la pensée que le Soleil qui l'emportoit avec lui tourne sur son axe environ en 27 jours. On ne désespéroit pas de la revoir pour la quatriéme fois, mais elle ne parut plus ; & le Soleil qui avoit jetté cette grosse écume sur sa surface, la détruisit.

## MECHANIQUE.

CETTE année produisit aussi quelques nouveautés de Méchanique, la Balance Arithmétique de Mr. Cassini, & le Niveau de Mr. Roëmer. Ce dernier donna aussi la démonstration d'une Balance particuliére dont on se sert en Dannemarc, & qui pése des poids, sans comparaison, plus grands que la Romaine ; mais ces choses-là sont d'un trop grand détail, ou d'un détail trop difficile pour avoir place ici.

# ANNE'E MDCLXXVII.

## PHYSIQUE.

### *EXPERIENCE PHYSIQUE.*

MOnsieur Mariotte prouva par expérience, contre l'opinion de Cardan, & de plusieurs Chimistes, que la fumée des métaux ne fixe point le mercure. Un feu qui avoit duré également pendant une heure, & qui avoit toujours tenu en fusion une livre de plomb, au-dessus de laquelle étoit suspenduë dans le creuset une once de mercure, avoit eu assez de force pour élever beaucoup de vapeurs du plomb, & même la moitié du mercure, qui formoit une infinité de petites gouttelettes, dont la voûte du creuset étoit toute parsemée ; & cependant, ni ces gouttelettes

lettes qui s'étoient mêlées fort souvent avec les vapeurs du plomb, ni l'autre moitié du mercure suspendu dans le creuset, & enfermé dans un linge qui étoit presque tout réduit en charbon, ne s'étoient fixés le moins du monde. Les gouttelettes se ramassoient facilement avec une patte de Liévre, & faisoient une demi-once de mercure fort coulant. 1677.

## *SUR LES CHEVEUX.*

MOnsieur Mariote examina la végétation des Cheveux, & leur structure. Ils ne croissent pas comme les Plantes, qui poussent leur séve entre leurs fibres & leur écorce jusqu'aux extrémités de leurs branches, mais comme les ongles, où ce qui est formé le dernier, pousse en avant & hors de la chair, ce qui étoit déjà formé. Quand on se teint les cheveux, ce qui croît de-nouveau près de la tête, est d'une couleur différente du reste.

Les cheveux sont composés de 5 ou 6 fibres enfermés dans un tuyau le plus souvent cylindrique, quelquefois ovale, ou anguleux. Cela se reconnoît aisément par le Microscope, & même à la vue; car quand les cheveux se fendent, c'est que le tuyau se fend & s'ouvre, & que les fibres s'écartent.

Les fibres & le tuyau sont transparens, & cette multiplicité de fibres transparentes doit faire, à l'égard des rayons, le même effet qu'un verre taillé à facettes. Aussi quand on tient un cheveu proche la prunelle de l'œil, en regardant une bougie d'un peu loin, on voit paroître un rayon de chaque côté de la bougie, & chaque rayon est composé de 3 ou 4 petites images de la bougie un peu obscures & colorées, ce qui prouve que chaque fibre du cheveu fait paroître par réfraction une bougie séparée des autres; & comme il n'y a que la réfraction qui produise des couleurs, celles de chaque image de la bougie la prouvent encore.

Ceux qui ont attribué tous les rayons qui paroissent autour des chandelles aux réflexions qui se font sur le bord des paupiéres, se sont donc trompé. Ces réflexions ne produisent que deux rayons, l'un supérieur, & l'autre inférieur; & même la lumiére en est fort blanche, parce qu'ils ne sont que réfléchis. Mais tous les autres qui sont colorés, viennent des réfractions faites dans les cils; & en effet, on en voit davantage quand on fait passer plus de rayons au travers des cils en fermant les yeux à demi, & l'on n'en voit point si l'on ouvre beaucoup les yeux.

## *SUR LE CHAUD ET LE FROID.*

MOnsieur Dodart proposa ses conjectures sur le Chaud & le Froid; car en cette matiére c'est bien assez que de conjecturer, & il n'y a guére de choses plus impénétrables à notre raison, que celles qui sont les

1677. les plus exposées à nos sens. Quelquefois même elles sont d'autant plus obscures à la raison, qu'elles sont plus connuës par les sens; parce qu'ils en font des rapports infidelles, qui jettent dans l'esprit de fausses idées, & forment autant d'obstacles à la découverte de la vérité.

Il est naturel, par exemple, de supposer dans un raisonnement, que ce qui nous paroît plus froid, l'est davantage. De grands Physiciens ont fait cette supposition sans hésiter, & ils ont conclu que la froideur de l'air consiste dans un mouvement direct, parce que l'air poussé directement nous paroît plus froid. Cependant il peut nous le paroître, & ne l'être pas. Il se peut faire que l'air poussé directement contre notre peau, chasse une vapeur chaude contenuë dans les pores, ou qui en exhale, qu'il dépouille, pour ainsi dire, la peau de cet habillement naturel, & par conséquent la rende plus sensible au froid extérieur.

Aussi Mr. Dodart, persuadé que le froid parfait, du-moins une espéce de froid, consistoit dans un repos entier, croyoit que l'air poussé directement en étoit plus chaud; mais que sa chaleur n'étant pas tant augmentée par ce mouvement, que la sensibilité de notre peau, il nous en paroissoit plus froid.

C'est ainsi dans l'espéce contraire, que la flamme d'une lampe d'Emailleur, quoique devenuë apparemment moins chaude par le mêlange de l'air qu'elle entraîne avec elle, quand on la pousse avec force, ne laisse pas d'en être plus propre à fondre le verre; parce qu'elle a plus d'efficace par ce mouvement, qu'elle n'a perdu de chaleur par l'air qui s'est mêlé avec elle.

Une chose qui confirme beaucoup la pensée de Mr. Dodard, c'est que la liqueur du Thermométre, qui juge du chaud & du froid plus sainement que nous, & sans aucune précaution, ne baisse point, quoique l'on souffle avec beaucoup de force contre le tuyau.

M. Dodart s'objectoit à lui-même, que la vapeur d'une Eolipile bien échauffée, qui brûleroit la main si elle s'élevoit librement, ne brûloit pas lorqu'elle sortoit par le col étroit de l'Eolipile, quoique, selon son systême, elle dût être plus chaude, puisqu'elle avoit plus de mouvement; mais il répondoit que ce filet de vapeur étoit si délié, qu'apparemment il n'avoit pas la force de fendre l'air jusqu'à quelque petite distance sensible, sans se diviser, & sans se mêler en s'éparpillant avec de l'air qui le refroidissoit.

Il croyoit donc que tout mouvement, même le direct, diminuoit le froid par lui-même, & par conséquent, que la chaleur consistoit dans le mouvement, quel qu'il fût, & non dans le mouvement circulaire en particulier. Car n'y a-t-il pas des effervescences froides, où cependant la ra-

raréfaction qui leur est essentielle, & la rondeur des boules, semblent marquer nécessairement un mouvement circulaire. Ces effervescences froides ne sont, selon Mr. Dodard, que des effervescences moins chaudes; peut-être le mouvement des matiéres n'y est que changé, & non pas augmenté. En général, tout ce qui cesse d'être mu est en repos, comme tout ce qui cesse d'être chaud est froid. 1677.

Mais outre le froid négatif, & qui consiste dans le repos, on peut croire qu'il y en a un positif & produit par la présence de certains corps.

Quoique l'air puisse contribuer à entretenir la fluïdité de l'eau, il n'y a guére d'apparence que dans le plus grand froid il soit assez destitué de mouvement, pour ne pouvoir plus servir à cet usage. On sait d'ailleurs, que par l'introduction de certains sels dans l'eau, on fait de la glace au fort de l'Eté.

Peut-être des corps de même nature que ces sels, sont-ils en plus grande abondance vers les Poles la Terre, que par-tout ailleurs; peut-être est-ce par cette raison qu'il ne géle guére ici que le vent de Nord ne souffle. Il est toujours certain que par le vent de Nord il géle dans des chambres bien fermées, quoiqu'il y fasse moins de froid qu'il n'en fait dans des tems où quelque autre vent souffle, & où il ne géle point.

Il y a des effets de la gelée, qui subsistent dans des lieux fort échauffés. Les cheveux ne laissent pas de faire un certain bruit, & de se redresser sous le peigne. Les entrailles sont toujours plus robustes. Et tout cela semble prouver quelque matiére étrangére répanduë dans l'air, une cause positive du froid, qui n'est point entiérement surmontée par la chaleur du feu.

---

## *SUR LE SON.*

MOnsieur Perrault entreprit d'examiner à fond tout ce qui appartient au sens de l'Ouïe, & d'abord il fit part à la Compagnie de ses pensées sur l'agitation particuliére, ou des corps, ou de l'air, qui cause le son. Voici quel étoit son systême.

Les parties invisibles des corps, & qui par leur structure & leur configuration font leurs différences essentielles, sont encore composées de particules plus petites, & moins différentes en différens corps, que ne sont les parties. Et les parties, & les particules, ont un ressort. Quand les particules sont ébranlées de façon que leur ressort joue, elles frappent par leur retour les parties de l'air qui les touchent, avec la plus grande vitesse qu'elles leur puissent imprimer, puisqu'elle est produite par la détente de leur ressort; & cette vitesse est si grande, qu'elle l'est plus

 que

1677. que celle qu'a ordinairement l'air pour ſe retirer derriére les corps qui le frappent. D'ailleurs, comme l'eſpace où le reſſort a joué eſt extrêmement petit, l'air a plus de facilité à faire ce peu de chemin en avant, qu'à ſe retirer derriére la particule. La partie de l'air frappée avance donc d'un eſpace égal à celui où le reſſort s'eſt étendu, elle pouſſe celle qui la ſuit, & ainſi de ſuite juſqu'à l'oreille.

Dé-là vient que le ſon ſe porte avec tant de viteſſe, & que les autres agitations de l'air, comme le vent, n'en empêchent que fort peu la propagation, parce qu'elles ſont trop lentes par rapport à celle-là.

L'air agité de cette façon particuliére, va frapper tous les corps qu'il rencontre; il en ébranle les particules de la même maniére dont il eſt lui-même ébranlé; elles ſe mettent en reſſort, & par leur retour ou détente, frappent d'autres parties d'air, & forment un ſon réfléchi qui ſe mêle avec le ſon direct, lorque les corps réfléchiſſans ſont proche; & que la différence entre le ſon direct, & le réfléchi, ne peut être ſentie. Si les corps réfléchiſſans ſont éloignés, une partie du ſon réfléchi ſe confond avec le direct, le reſte s'en ſépare; & c'eſt ce reſte de réflexion que l'on appelle Echo.

Les réflexions qui ſe mêlent au ſon direct, font deux effets. Elles le fortifient; c'eſt par cette raiſon qu'une fuſée qui créve en l'air, fait beaucoup moins de bruit que quand elle créve près de terre. De-plus, elles font que le ſon, qui naturellement ne s'étend que ſur une ſeule ligne droite, eſt entendu preſque également de tous côtés à la ronde; & que ſi quelque obſtacle traverſe la ligne directe & principale, ſon défaut eſt facilement ſuppléé par une infinité d'autres lignes. Cet effet vient ſouvent auſſi de ce que le corps qui produit le ſon, quoique frappé dans un ſeul endroit, eſt ébranlé dans toutes ſes particules, à cauſe de la liaiſon de ſes parties. Alors le ſon ſe répand en rond ſans le ſecours de réflexions conjointes.

Ces réflexions ont beaucoup de force pour modifier le bruit. Elles le rendent, ou plus clair, ou plus ſourd, ſelon la nature des corps réfléchiſſans. Quelquefois même elles ſe changent tout-à-fait. Si l'on frappe l'un contre l'autre deux cailloux dans un vaiſſeau plein d'eau, le ſon que l'on entend n'eſt pas celui du choc de deux cailloux, mais celui du choc d'un caillou, & de la matiére dont le vaiſſeau eſt fait, quoique les cailloux n'ayent point choqué le vaiſſeau. Si le vaiſſeau étoit vuide, & qu'il fût d'argent, par exemple, le ſon des deux cailloux, quoiqu'un peu argentin, ne le feroit pas tant, que quand le vaiſſeau eſt plein d'eau; parce que l'eau a plus de force que l'air, pour frapper le vaiſſeau, & en tirer le ſon réfléchi qui convient à ſa matiére.

Com-

Comme la vitesse du son dépend de celle du ressort des particules, 1677.
elle doit toujours être égale, du-moins sensiblement, quels que soient les corps qui produisent le son; parce que les particules sont peu différentes dans les corps les plus différens. La force du son, qui ne dépend que du nombre des particules ébranlées, ne change rien non plus au ressort des particules, ni par conséquent à la vitesse dont le son se répand. Ainsi on entend aussi-tôt le bruit d'un pistolet que celui d'un canon. Le retardement du son ne suit que la proportion des espaces, indépendamment des corps qui le produisent.

La distinction des parties, & des particules des corps, qui peut paroître d'abord un peu légére, est cependant fondée sur des expériences qui semblent la demander absolument. Des balles d'arquebuse, quoique de matiére différente, font toujours dans l'air un sifflement pareil; des flûtes, ou d'or, ou d'argent, ou de cuivre, ou de carton, ou de bois, rendent le même son; ce qui vient de ce que les particules, peu différentes en différens corps, sont seules ébranlées; car si les parties l'étoient aussi, les sons seroient différens, comme ils le sont en des cordes de boyau ou de métal, ou en des timbres de différens métaux.

Quelquefois les particules sont ébranlées, sans que les parties le soient, ainsi qu'il arrive dans les flûtes, & dans les autres instrumens à vent. Quelquefois l'ébranlement des parties fait celui des particules, comme dans les cloches, & dans les cordes d'instrumens. Le timbre d'une cloche étant frappé par le marteau, le cercle qui a reçu le coup, change sa figure, & devient ovale, & communique le même ébranlement à tous les autres cercles qui composent la cloche. Ils deviennent donc tous ovales en cet instant, & ont leur petit diamétre au droit du coup. Mais dans l'instant suivant, comme ils ont un ressort qui tend à leur faire reprendre leur figure, & que tout ressort en se rétablissant va au-delà de son point de repos par des espéces de vibrations, les cercles au-lieu de redevenir cercles, deviennent ovales en un sens contraire, & ont leur grand diamétre où ils avoient le petit. Ces changemens successifs de figure causent des frémissemens & des ondulations dans les parties qui composent tous ces cercles, elles se plient & se déplient avec une très-grande vitesse, & ces mouvemens des parties secouent, &, pour ainsi dire, froissent toutes les particules, à peu près de la même maniére qu'en ébranlant le tronc d'un arbre, on en ébranle les branches, & par leur moyen toutes les feuilles.

Les particules font seules le son, selon Mr. Perrault, soit qu'elles soient seules émuës, soit qu'elles le soient par le moyen des parties. Mais il faut que l'ébranlement des mêmes particules soit différent quand il est

 causé

1677. causé par celui des parties, ou quand il en est indépendant. Quand on joue de deux flûtes de différente matiére, c'est le même son, mais non pas quand on les frappe.

Une des modifications principales du Son, est le Ton. Le Ton aigu dépend de vibrations plus fréquentes, & plus promptes que font les particules mises en ressort ; ou de vibrations faites par un plus grand nombre de particules en un même espace. Et cet effet peut venir, ou de la matiére du corps resonnant, composé de parties plus roides & plus tendues, ou qui s'émeuvent en plus grande quantité, ou simplement d'une moindre grandeur de ce corps, qui fait qu'un même ébranlement l'ébranle davantage; ou de sa figure, qui donne à ses particules une plus grande facilité de s'ébranler; ou enfin d'une cause étrangére qui produit une plus grande tension, ou un plus grand mouvement, soit dans les parties, soit dans les particules.

Il est aisé de voir combien de tout cela il doit naître de combinaisons diverses; & quelquefois faute de les démêler assez exactement, on pourroit être surpris par quelques effets qui semblent devoir être les mêmes & qui sont fort différens. Par exemple, dans le flageollet, dans la flûte Allemande, dans une flûte sans trous qu'avoit Mr. Perrault, & qui venoit des Sauvages de la Guadaloupe, le ton change par la seule augmentation du vent, ce qui n'arrive pas à une cloche qui ne change point de son pour être frappée plus fort. C'est que, dans la pensée de Mr. Perrault, les parties de la cloche sont toujours ébranlées par le coup, soit qu'il soit fort ou foible; & par conséquent un même nombre de particules est toujours ébranlé dans un même espace, parce qu'une partie assez ébranlée pour se mettre en ressort, secoue nécessairement toutes ses particules; mais dans les instrumens à vent, le souffle n'ébranle que les particules, & un plus foible en ébranle moins dans un même espace.

Lorsque dans deux corps différens, dont les parties ou les particules sont en ressort, les nombres des vibrations ont une telle proportion, qu'elles finissent & recommencent souvent ensemble; si, par expérience, l'un de ces corps en fait 2 précisément, pendant que l'autre en fait 1, ou 3, pendant qu'il en fait 2, &c. c'est-là ce qu'on appelle des consonances. Le corps qui fait le plus de vibrations a un ton plus aigu; celui qui en fait 2 pendant que l'autre en fait 1, sonne l'octave en-haut, &c. Les vibrations qui ne se rencontrent jamais, ou trop rarement, font les dissonances.

Il y a plus. Les différentes parties d'un même corps resonnant font différens tous, & par conséquent des consonances, ou des dissonnances.

ces. Comme une cloche n'est pas par-tout d'un égal diamétre, les pe- 1677.
tits cercles ont des tons plus aigus : & une corde tendue, quoique d'une égale grosseur par-tout, est plus tendue vers les extrémités, parce que vers le milieu son poids la courbe nécessairement, quelque peu que ce soit. Ainsi dans l'un & dans l'autre de ces organes, mais beaucoup plus sensiblement dans la cloche, différentes parties ont différens tons; & le ton total qui paroît simple, est cependant composé de tous ces tons partiaux. Les tons qui sont consonance, sont les seuls qui s'unissent ensemble; les autres, qui sont dissonans, s'effacent & se détruisent mutuellement. Mais ce qu'il y a de surprenant, c'est que, quoique l'unisson soit la plus parfaite des consonances, plusieurs tons qui, mêlés ensemble, font d'autres consonances, forment un son plus fort que s'ils étoient tous à l'unisson. L'expérience l'a fait voir dans les tuyaux des orgues, desquels on met plusieurs sur une même marche pour un seul ton; car quand ils sont tous à l'unisson ils ne font pas tant de bruit, que quand il y en a à l'octave, à la double octave à la quinte, & à la tierce.

Les consonances ne font pas seulement l'effet de plaîre à l'oreille par la rencontre fréquente & réglée des battemens, elles augmentent encore & fortifient les sons, parce que l'air agité par les vibrations d'un corps, en va frapper un autre justement dans l'instant qu'il est disposé à recommencer ses vibrations du même sens dont l'air est agité. C'est ainsi qu'il n'y a guére de si grosse cloche que l'on n'ébranle par de trèslégéres impulsions, pourvu qu'on les répéte souvent, & qu'on les ménage de sorte qu'elles s'accordent avec l'impulsion que la pesanteur de la cloche lui donne pour retourner d'une côté à l'autre. On peut casser un verre seulement en criant dedans; mais il faut crier au ton qu'il sonne, & mesurer les élancemens de sa voix, pour les faire rencontrer avec les vibrations que fait le verre en sonnant.

Il y a donc deux moyens d'augmenter le son, les réflexions, & les consonances. On les employe tous deux dans la plupart des Instrumens de Musique. On observe dans ceux qui ont des tables, comme les Luts, les Violons, &c. qu'elles soient d'un bois qui ait des fibres droites & égales comme les cordes; car il ne suffit pas que ces tables fassent des réflexions, il faut qu'elles fassent aussi des consonances. Dans ceux qui ont des cordes inégales, comme les Clavessins, on fait les tables plus épaisses au droit des longues cordes.

C'est encore par ces deux moyens que la Trompette parlante augmente si fort la voix. Le tuyau en est d'abord égal, pour fortifier également le son par les réflexions, pendant un certain espace; ensuite il s'élargit,

1677. largit, afin que le son devenu plus fort, rencontre un plus grand nombre de particules qu'il agite ; & de plus, se fortifie par les consonances qui se forment dans les cercles du tuyau differens en grandeur.

L'union de ces deux causes étrangéres, est quelquefois si puissante, qu'elle change le ton naturel de l'instrument. Mr. Perrault assure qu'il avoit vu une cloche qui placée dans un certain lieu, sonnoit la quinte en haut du ton qu'elle avoit dans les autres lieux.

# MATHEMATIQUE.

## MECHANIQUE.

### *DU JET DES BOMBES.*

COMME on étoit alors en guerre contre la Hollande, l'Espagne & l'Empire, Mr. Blondel, qui étoit Homme de Lettres & Homme d'Epée, songea à rendre les Lettres utiles à la Guerre. Il examina à fond toute la matiére du Jet des Bombes, & trouva que l'on s'y étoit extrêmement trompé, pour avoir trop donné à des expériences incertaines & à des conjectures, & trop peu à la Géometrie & au raisonnement.

Les premiéres Bombes dont on ait connoissance, furent jettées dans la Ville de Wactendonck en Gueldres, assiégée par le Comte de Mansfeld en 1588. On dit qu'un Habitant de Venlo dans la même Province, les avoit inventées quelque tems auparavant pour des feux d'artifice.

Ce fut seulement en 1634. au premier siége de la Motte que les François commencérent à s'en servir. Le feu Roi Louis XIII. avoit fait venir de Hollande pour cet effet, le Sieur Maltus Ingénieur Anglois. Mais Maltus, qui n'étoit pas grand Mathématicien, ne jettoit ses Bombes qu'au hazard ; & au siége de Landreci en 1637. où il avoit une Batterie, au-lieu de tirer sur la Place, il tiroit par-dessus, & alloit tuër du monde de l'autre côté. Jusques-là l'Histoire des Bombes est pleine de malheurs causés par l'ignorance où l'on étoit. Mr. Blondel assure que jusqu'au tems qu'il écrivoit, c'est-à-dire en 1683. la plus grande partie des Officiers qui servoient aux Batteries des Bombes, n'étoient que des Eléves de Maltus.

Ce n'est pas que la Projection des Corps n'eût été déja examinée par quelques Mathématiciens. Nicolo Tartaglia de Bresce, qui vivoit au commencement du sixiéme siécle, avoit médité sur ce sujet. On a remarqué ailleurs qu'il fut le premier qui découvrit que la ligne décrite par le bou-

boulet de canon décrit en l'air, est courbe; car la plupart des gens croyoient que cette ligne, au sortir du canon, étoit droite, tant que l'impulsion de la poudre l'emportoit sur la pesanteur du boulet; qu'aussi-tôt que cette impulsion venoit à être balancée par la pesanteur, la ligne devenoit courbe, & qu'enfin elle redevenoit droite dès-que la pesanteur l'emportoit sur l'impulsion. Tartaglia s'apperçut aussi le premier, que les coups tirés d'un canon élevé d'un angle de 45 degrés, ont une plus grande portée que dans toute autre élevation de la piéce; mais il paroît que ce même Tartaglia s'étoit trompé sur beaucoup d'autres choses. 1677.

Nous passons sous silence les noms & les méprises de plusieurs autres Auteurs, pour venir enfin au grand Galilée, & à Torricelli son Disciple, qui seuls ont donné au but.

Selon Galilée, quelle que soit la force de la poudre qui imprime au boulet un mouvement horizontal, sa pesanteur le rabbat toujours vers la terre par des lignes verticales, de la même façon que s'il n'avoit aucun mouvement horizontal; & de la composition de ces lignes verticales, & de cette horizontale, il résulte une ligne courbe dans toute son étenduë, qui est celle que le boulet décrit en l'air.

Le mouvement horizontal du boulet est égal & uniforme, c'est-à-dire, qu'il lui fait parcourir en tems égaux des espaces égaux. Le mouvement vertical est accéléré selon les loix de la chûte des corps établies par Galilée; c'est-à-dire, que les hauteurs dont le boulet tombe, sont entr'elles comme les quarrés des tems.

Donc si le boulet dans le premier moment s'est éloigné d'une certaine distance horizontale, & est tombé d'une certaine hauteur, à la fin du second moment il s'est éloigné d'une distance horizontale double, & est tombé d'une hauteur quadruple.

Donc les distances horizontales, qui sont 1 & 2, ont leurs quarrés 1 & 4, comme les hauteurs verticales; & il est visible qu'il en va de-même dans tout autre point de la ligne du boulet.

Donc les quarrés des distances horizontales sont entre eux comme les hauteurs verticales; & comme c'est-là le rapport qui régne entre les ordonnées & les abscisses d'une parabole, il s'ensuit qu'un boulet tiré horizontalement décrit une demi parabole, dont le sommet est au point où il sort de la bouche du canon.

Galilée démontre ensuite qu'un boulet tiré obliquement à l'horizon, décrit un parabole aussi-bien que celui qui est tiré horizontalement; mais c'est une parabole entiére, dont le sommet est au milieu de sa course.

La distance du sommet de la parabole a une ligne horizontale tirée au-dessous, est ce qu'on appelle *la hauteur de la parabole*.

La

1677. La distance horizontale entre le canon & le point où le boulet tombe, est *l'étenduë du jet*, ou *l'amplitude de la parabole*.

La force du mouvement du boulet dépend de la quantité de la poudre, de sa qualité, &c.

La force imprimée au boulet étant supposée toujours la même, si on le tire verticalement, il ne doit point décrire de parabole, parce qu'il n'y a dans son mouvement aucun mêlange de mouvement horizontal. Il retombera dans la bouche du canon, & le jet n'aura aucune amplitude. Qu'il soit tiré suivant une ligne peu éloignée de la verticale, il retombera fort près du canon, & l'amplitude du jet sera très-petite.

Que d'un autre côté le boulet soit tiré suivant une direction parfaitement horizontale, pourvu que la batterie ne soit pas élevée au-dessus de l'horizon, il sera dès la sortie du canon rabattu & poussé contre la terre par sa pesanteur, dont l'action est continuelle. Il ne décrira donc point encore de parabole, & le jet n'aura aucune amplitude. Qu'il soit tiré suivant une ligne peu différente de l'horizontale, l'effet sera peu différent.

Il paroît donc que l'amplitude étant nulle sous la ligne verticale & sous l'horizontale, & commençant à naître dès que la direction s'éloigne de l'une ou de l'autre de ces deux lignes, elle doit être la plus grande qu'il soit possible précisément entre ces deux extrémités, & égale dans un éloignement égal de l'une ou de l'autre; c'est-à-dire, que les jets sous l'angle de 45 degrés ont une plus grande étenduë, que tous les autres jets poussés de même force sous tout autre angle; & que ceux qui sont poussés sous des angles également éloignés de 45 au-dessus & au-dessous, ont une égale étenduë.

Il paroît aussi que la plus grande hauteur d'un jet est celle de la direction verticale, puisque toute la force de son mouvement est employée à lui donner cette direction simple. D'où il suit qu'à mesure que les directions s'éloignent de la verticale, les hauteurs diminuent toujours, jusqu'à ce qu'enfin elles deviennent nulles à la direction horizontale.

Deux jets de même force, & d'inégale hauteur, peuvent donc avoir la même étendue; il suffit pour cela qu'ils ayent été faits sous des angles également éloignés de 45, & alors la parabole qui a la plus grande hauteur, est la plus grande. Aussi le boulet qui n'a que la même vitesse que celui qui décrit l'autre parabole, qui est moindre, est-il plus longtems à la décrire.

Si les forces n'étoient pas égales, comme nous l'avons toujours supposé, & que cependant les étenduës le dussent être, il est clair que le jet qui seroit poussé par une moindre force, devroit être récompensé par un angle, ou de 45, ou plus approchant de 45.

A-

A-la-vérité ces raiſonnemens ne ſont pas exactement Géométriques, aussi ne ſont-ce pas ceux que Galilée employe. Mais pour n'être pas Géométriques, ils ne laiſſent pas d'être vrais; & le caractére de cette Hiſtoire ne nous permettroit pas de démontrer plus préciſément que dans les jets pouſſés d'une égale force, ſuivant des angles différens d'élevation, les amplitudes ſont entr'elles comme les ſinus droits, & les hauteurs comme les ſinus verſes du double de ces angles, &c. Ce que la Géométrie démontre par des raiſonnemens précis, rigoureux, nous avons tâché de le prouver par une eſpéce de vraiſemblance, & de probabilité Phyſique, mais très-forte; & peut-être ſeroit-il à ſouhaiter que la Géométrie, ou pour éclairer plus parfaitement les eſprits même des Géométres, ou pour s'accommoder davantage à la portée des autres, ne dédaignât point quelquefois de faire voir qu'elle eſt conforme à cette vraiſemblance Phyſique. 1677.

Tout ce que nous venons de dire ne regarde que les jets dont l'étendue eſt ſur le même plan horizontal que la batterie; & Galilée a borné-là ſes recherches. Mais Torricelli ayant l'avantage d'être venu après lui, eſt allé plus loin. Quelquefois une batterie eſt élevée au-deſſus de l'horizon ſur un plan horizontal, & l'on veut ſavoir en quel endroit les boulets tomberont à terre, en pointant les piéces de but en blanc. Quelquefois on veut ſavoir à quelle diſtance un coup tiré ſous un angle connu peut porter ſur un plan incliné au-deſſus ou au-deſſous de l'horizon, à quel endroit, par exemple, il tombera ſur une Montagne, ſur un Château, &c. & Torricelli a donné la démonſtration de ces cas différens.

Mais il s'eſt lui-même arrêté-là, & n'a pas conſidéré que ce qu'il avoit ajoûté à Galilée étoit moins important pour l'uſage de l'Artillerie, que ce qu'il laiſſoit encore à rechercher à découvrir. Il a toujours ſuppoſé que les angles d'élevation étoient connus, & ne s'eſt mis en peine que de trouver où les coups devoient porter ſur des endroits ſitués au-deſſus ou au-deſſous de l'horizon. Mais dans la pratique de la guerre, on ne ſe ſoucie pas tant de ſavoir où ira le coup, que de le faire aller où l'on veut; on veut tirer ſur une Tour, ſur un Baſtion, &c. & il faut ſavoir ſous quel angle on doit pointer les piéces pour y tirer juſte.

Voilà ſur quoi Mr. Blondel médita, & en même tems il propoſa cette queſtion à l'Académie.

Lorſque l'on veut tirer, par exemple, ſur le haut d'une Tour élevée, il faut que la parabole que le boulet décriroit entiére en l'air, s'il devoit tomber ſur un plan au niveau de la batterie, ſoit coupée, & arrêtée dans ſa courſe par le haut de cette Tour. Il s'agiſſoit de trouver l'an-

 gle

1677. gle qu'il falloit donner à la piéce, afin que le boulet décrivît justement la parabole qui passoit par le haut de la Tour.

Tous les Géométres de l'Académie s'exercérent sur ce sujet. Mr. Buot, Mr. Roëmer, Mr. de la Hire, apportérent des résolutions de ce Probléme ; & Mr. Cassini à cette occasion donna toute la doctrine de la Projection des Corps, renfermée dans une seule Proposition très-simple, & très-ingénieuse.

On peut donc présentement pointer un canon ou un mortier si juste, que pourvu que l'on connoisse la distance où l'on veut tirer, on tirera sur la pointe d'un Clocher. Si la distance n'est pas exactement connuë, il faut hazarder un coup ou deux, & trouver en tâtonnant l'angle de la piéce, & à cela la Géométrie n'y peut apporter de reméde.

## ASTRONOMIE.

Il parut une Cométe dans les mois d'Avril & de Mai. Elle fut le 20 Avril dans sa moindre distance de la Terre, & alors elle faisoit plus de 13 degrés en un jour. Ensuite son mouvement apparent diminua toujours à mesure qu'elle s'éloignoit, & à la fin elle se replongea dans ces espaces immenses où nos yeux ni nos Télescopes ne sauroient porter.

Mr. Cassini reçut des Observations de cette Cométe faites à Madrid par le P. Saragossa Jésuite, & les compara avec les siennes.

Dans l'hypothése de Mr. Cassini, le mouvement des Cométes est égal en lui-même, & il se fait sur un cercle dont il n'y a qu'une partie qui nous soit visible. Cette partie est si petite par rapport à la prodigieuse grandeur de tout le cercle, qu'elle peut passer pour une ligne droite, dont les parties égales nous paroissent moindres à mesure qu'elles sont plus éloignées de notre œil. D'un autre côté, Mr. Hevelius de Dantzic, grand Astronôme, croyoit le mouvement des Cométes inégal en lui-même. Comme il avoit eu la commodité de faire plus d'observations de cette derniére Cométe qu'aucun autre Astronôme, Mr. Cassini en tira le mouvement journalier apparent de la Cométe, & il le trouva si conforme à celui qui résultoit de son hypothése de l'égalité du mouvement, que la plus grande différence n'alloit qu'à deux minutes ; preuve de la bonté de son hypothése, ou de la difficulté d'en établir une qui soit la seule bonne.

Le même Mr. Cassini fit deux remarques importantes, mais qui ne pourront être entiérement vérifiées que par les siécles à venir.

La Cométe de cette année passoit entre le triangle, & la tête de Méduse, & Mr. Cassini en remontant dans l'Histoire des Cométes jusqu'à qu'à 100 ans, en trouvoit 8 autres qui avoient passé par le même endroit du Ciel, ou fort proche; d'où il fortifioit sa conjecture indiquée ci-dessus, que cette route étant si fréquemment battue par les Cométes, c'étoit-là peut-être leur Zodiaque. 1677.

De-plus, il trouvoit entre des apparitions de Cométes des intervalles égaux, d'où l'on pouvoit encore tirer des conjectures. Il en avoit paru une en 1572, & une en 1672. On en avoit vu en 1577, justement aussi à 100 années de distance de la nôtre, toutes quatre tenant le même chemin à peu près. Ces quatre ne pourroient-elles pas n'en être que deux, dont l'une auroit paru en 1572 & en 1672, & l'autre en 1577 & en 1677? Cela deviendra presque sûr, s'il reparoît des Cométes en 1672 & en 1777, à peu près dans les mêmes endroits du Ciel; car à peu près suffit. Il y en avoit encore qui paroissant deux fois de suite à cinq ans l'une de l'autre, pouvoient être soupçonnées de n'être que deux Cométes différentes, qui revenoient dans ces intervalles réglés. Il semble qu'on est assez porté à favoriser un systême qui assujetit à la régularité de tous les autres Corps Célestes, ces Astres qui paroissoient étrangers dans l'Univers, & au-dessus de toutes les régles; mais cette pensée, quoique vraisemblable, est hardie, & a besoin que quelques siécles la meurissent.

Mr. Cassini observa au mois de Novembre le retour de l'Etoile fixe du Col de la Baleine. Il prédit qu'elle seroit dans sa plus grande clarté au commencement de Janvier suivant, qu'ensuite elle diminueroit jusqu'à ce qu'enfin elle disparût au mois de Février. Les retours de cette Etoile, selon Mr. Cassini, se font en 330 jours, l'un portant l'autre. Ainsi en comptant du commencement de Janvier 1678, il est aisé de trouver quand elle a été dans sa plus grande splendeur, ou quand elle y sera. On l'observa pour la premiére fois en 1596. Cet Astre a-t-il une partie obscure, ou trop peu lumineuse, qu'il tourne vers nous en certains tems par un mouvement sur son axe; ou s'éloigne-t-il quelquefois de nous par un mouvement périodique, qui le porte en des espaces inaccessibles à notre vuë? La premiére idée est la plus vraisemblable. Un cercle qui se feroit en 330 jours, ne paroît pas assez grand pour nous dérober un Astre qui seroit dans sa partie la plus éloignée. Il est vrai d'un autre côté qu'une révolution d'un Astre sur son axe en 330 jours paroît bien lente par rapport aux autres que nous connoissons, à celle du Soleil, par exemple, qui tourne en 27 jours. Mais on peut supposer cet Astre beaucoup plus grand que le Soleil, qui est effectivement beaucoup plus petit que la plupart des Etoiles fixes, quoiqu'il soit un million de fois plus grand que la Terre. A chaque pas qu'on fait dans

1677. l'Aſtronomie, on trouve, ou des corps, ou des eſpaces d'une grandeur immenſe. Dans la Phyſique au-contraire on trouve inceſſamment des corps d'une petiteſſe inconcevable; mais par-tout il régne également, ſoit en grand, ſoit en petit, un caractére d'infini.

Mercure devoit paſſer ſous le Soleil le 7 Novembre, ſuivant le Calcul de Mr. Flamſteed, ſavant Aſtronôme Anglois. Mr. Picard, pour ſe préparer à l'Obſervation d'un Phénoméne ſi rare, donna une Méthode par laquelle, ſuppoſé que l'on eût ſeulement le point de l'entrée de Mercure dans le Soleil, & le point de ſa ſortie, on trouvoit la véritable inclinaiſon de ſon orbite à l'Ecliptique; car quoique l'on ait tracé une portion de l'Ecliptique dans le Soleil, ou dans ſon image, quoique l'on voye l'angle que fait avec cette ligne la route de Mercure dans le Soleil, cet angle n'eſt point la véritable inclinaiſon de la route de Mercure dans le Soleil. La raiſon en eſt que le Soleil marche en même tems que Mercure, & par ſon mouvement change l'apparence de celui de Mercure. C'eſt la même choſe que ſi le Soleil étoit immobile, & que Mercure eût deux mouvemens, le ſien propre, & celui du Soleil. En ce cas il décriroit une diagonale entre les lignes de ces deux mouvemens. Cette diagonale eſt la route que nous voyons tenir à Mercure dans le Soleil, ce n'eſt donc pas ſa véritable route. Il faut par la ſcience des mouvemens compoſés, démêler les deux mouvemens dont elle eſt formée, l'un appartient au Soleil, l'autre à Mercure, & celui-là eſt la vraye inclinaiſon de ſon orbite à l'Ecliptique. Cette méthode doit auſſi être employée dans les conjonctions de Vénus avec le Soleil, dans les Eclipſes de Soleil & de Lune, &c.

Le Ciel rendit inutiles les préparatifs qu'on avoit faits à l'Obſervatoire Royal pour obſerver la conjonction de Mercure. Mais Mr. Gallet la vit aſſez bien à Avignon. Mr. Halley, qui étoit alors à l'Ile de Sainte Héléne, l'obſerva auſſi très-heureuſement. Selon les Obſervations d'Avignon, Mercure entra dans le Soleil à $10^h\ 53'\ 58''$, & en ſortit à $3^h\ 26'\ 56''$. Sa véritable conjonction fut à $39'\ 14''$ après midi. A ſon entrée ſa déclinaiſon étoit de $16°\ 32'\ 33''$ auſtrale. Son aſcenſion droite de $223°\ 16'\ 40''$. Sa latitude de $3'\ 20''$ boréale. Sa longitude de $15°\ 44'\ 48''$ du Scorpion. A ſa ſortie ſa déclinaiſon étoit de $16°\ 26'\ 15''$. Son aſcenſion droite de $223°\ 5'\ 50''$. Sa latitude de $6'\ 12''$. Sa longitude de $15°\ 32'\ 37''$.

Voyez les Mémoires Tom. 10. p. 421.

Sur cela, Mr. Caſſini ayant comparé la fameuſe Obſervation que Gaſſendi fit de Mercure dans le Soleil le 7 Novembre 1631, à celle que Mr. Gallet venoit de faire à pareil jour 46 ans après, trouva que dans l'une & dans l'autre la diſtance de Mercure à l'Ecliptique au ſortit du Soleil

leil étoit la même, que par conséquent il avoit tenu la même route dans le Soleil; de-plus, que le Soleil & Mercure étant aussi à peu près à pareille distance de la Terre, Mercure avoit dû parcourir cette même ligne avec la même vitesse; que par conséquent Gassendi, qui n'avoit donné par son calcul, que 5$^h$ au passage de Mercure s'étoit trompé, puisque Mr. Gallet avoit trouvé par ses Observations immédiates 5$^h$ 35'. Que le Soleil devoit donc être dans les deux conjonctions à la même distance du point où l'Orbe de Mercure coupe l'Ecliptique, & que par conséquent étant plus avancé de 63 ou 64' cette année 1677, qu'il n'étoit en 1631 le 7 Novembre, les deux points où Mercure coupe l'Ecliptique, devoient s'être avancés de cette même quantité en 46 ans, conformément aux Tables Rudolphines, dont la vitesse étoit surprenante sur cet article. La situation des Nœuds de Mercure étant une fois ainsi déterminée avec leur mouvement, Mr. Cassini, en comparant encore d'autre conjonctions de Mercure, trouvoit si le mouvement de ces Nœuds est toujours selon l'ordre des Signes, ou s'il va quelquefois contre, comme les Nœuds de la Lune, &c. Mr. Roëmer traita cette année des Réfractions; il examina l'hypothése de Mr. Descartes, & la compara avec celle de Mr. de Fermat, qu'il préféra à la premiére pour plusieurs raisons; mais il seroit inutile de s'arrêter davantage sur cette matiére, qui nous méneroit très-loin, & qui d'ailleurs a été traitée depuis avec beaucoup d'étenduë. 1677.

Mr. Cassini & Mr. Roëmer inventérent chacun une Machine fort simple pour représenter les mouvemens des Satellites de Jupiter, & toutes leurs configurations. Mr. Roëmer fit servir aussi la sienne au Monde de Saturne. Ensuite il en imagina une encore plus ingénieuse, qui pouvoit servir de Tables perpétuelles pour trouver à tout moment tout ce qu'on pouvoit souhaiter de savoir sur le cours de chaque Planéte. Il n'y avoit rien de si bizarre dans leurs mouvemens, que la Machine n'exécutât. Le principal artifice consistoit dans la figure conique des rouës, qui faisoit paroître aussi irrégulier qu'on vouloit tout mouvement égal & uniforme en lui-même.

Quelque tems après Mr. Allemand présenta à l'Académie un Globe fort ingénieusement inventé & exécuté avec beaucoup d'adresse, dans lequel le mouvement du premier mobile se faisoit, ensorte que le Soleil, la Lune & les Etoiles fixes faisoient le tour du Globe dans l'espace d'un jour ou environ; ces deux Planétes y avoient aussi leur mouvement propre en sens contraire au premier, le Soleil y décrivoit son cercle en une année, & la Lune y décrivoit le sien en un mois.

 Cette

1677. Cette année doit être distinguée dans cette Histoire, par l'honneur que Monseigneur fit à l'Académie d'y venir, accompagné de Mr. le Prince de Conti, de l'illustre Evêque de Condom son Précepteur, plus illustre encore dans la suite sous le nom d'Evêque de Meaux, & d'un grand nombre de jeunes Seigneurs de sa Cour. Il fut reçu par Mr. Colbert, suivi de tous les Académiciens, famille spirituelle dont il étoit le Pére. Ce jour glorieux fut le 22 Mars. Toutes les Sciences étalérent à l'envi leurs Trésors au grand Prince qui les honoroit de sa curiosité, & choisirent avec soin les plus rares, & les plus agréables spectacles, qu'elles pussent lui donner.

Il alla le lendemain à l'Observatoire, & considéra avec plaisir ce bâtiment si singulier, dont tous les usages ont rapport au Ciel, & qui n'est fait que pour des hommes dont toutes les affaires sont tournées de ce côté-là. Il y vit tout l'appareil des Observations Célestes, ce grand nombre d'Instrumens, dont la justesse & l'exactitude ont atteint les bornes de l'industrie humaine, & diverses Représentations qui rendoient sensibles tous les Mouvemens qui ont le plus exercé les Astronômes.

## ANNE'E MDCLXXVIII.

# PHYSIQUE.

## ANATOMIE.

APRE'S la maniére dont les corps produisent le son, il restoit à voir celle dont l'oreille le reçoit; & c'est ce que Mr. Perrault examina avec d'autant plus de soin, que jusque-là cet organe avoit été assez inconnu à tous les Anatomistes.

Comme tous les sens doivent avoir quelque chose de commun, & que le génie de la Nature est de travailler toujours sur un même plan, qu'elle sait bien diversifier selon les circonstances particuliéres, la structure de l'œil & ses usages, servirent à guider Mr. Perrault dans la recherche de la structure & des usages de l'oreille.

D'abord se présente l'oreille externe, qui a une cavité ouverte en dehors, un peu oblique, & fermée dans le fond exactement par une membrane. Le détour oblique de cette cavité, empêche que les qualités excessives de l'air, & les corps étrangers qu'il peut porter avec lui, n'aillent

lent jusqu'à la membrane qu'ils offenseroient. De-plus, une infinité de petites glandes semées dans cette cavité, l'enduisent d'une humeur gluante, qui arrête les petits corps imperceptibles voltigeant dans l'air; autrement ils iroient se coller contre la membrane, ils la chargeroient & s'y amassant à la longue ils lui ôteroient cette mobilité délicate dont elle a besoin. C'est ainsi que la paupiére passe & repasse incessamment sur l'œil, pour essuyer la poussiére qui pourroit s'y arrêter, & nuire à la transparence de la cornée, ou même pour humecter la cornée, & entretenir sa transparence. 1678.

La membrane qui ferme cette premiére cavité, est déliée, séche, tenduë, & d'une substance fort égale. Tout cela la rend très-propre à être facilement ébranlée par l'air, & à faire passer au travers d'elle-même à l'air enfermé dans une seconde cavité que Mr. Perrault appelle la Quaisse du Tambour, l'ébranlement qu'elle a reçu. Elle peut être plus ou moins tendue par le moyen de trois petits osselets articulés ensemble, qui la tirent en-dedans, lorsqu'elle doit être plus tenduë pour un petit bruit, & pour des tons graves, ou la laissent retourner pour les tons aigus, & pour les grands bruits, qui sont suffisamment sentis avec une moindre tension. Hors de-là, pour des bruits médiocres, ou pour entendre de grands & de petits bruits tout à la fois, elle est dans une tension moyenne. Cela répond aux changemens de figure que l'œil se donne pour les objets proches, ou éloignés, qui demandent que le cristallin soit plus éloigné ou plus proche de la rétine.

La quaisse, outre l'ouverture fermée par la membrane du tambour, en a quatre autres. L'un est un conduit long & étroit, appellé l'Aqueduc, qui va dans le palais, & fait passer dans l'oreille interne des vapeurs chaudes de la bouche, nécessaires pour entretenir dans toutes ces parties délicates leur flexibilité, & leur consistance particuliére, à peu près comme la substance spiritueuse que fournissent les humeurs de l'œil, fomente & conserve la rétine.

La seconde ouverture va d'un autre côté se perdre dans certaines sinuosités.

Les deux derniéres, toutes deux fermées par une membrane, vont dans une troisiéme cavité, que Mr. Perrault appelle le Vestibule du Labirinthe. Elle est à peu près sphérique. Il en sort trois canaux demi-circulaires qui y rentrent, & un quatriéme tourné en Limaçon, qui n'a point d'issue. C'est-là que finit l'oreille interne. Le vestibule, les canaux demi-circulaires, & le limaçon, sont tous ensemble le Labirinthe.

Un des plus grands artifices de la Nature dans la construction de l'œil, a été d'empêcher que les rayons réfléchis par les parois internes, n'allassent

1678. laſſent troubler les rayons directs, qui peignent les objets ſur la rétine. Dans ce deſſein, elle n'a pas fait le canal de l'ouverture de l'œil cilindrique, parce que les rayons qui y paſſent, iroient aiſément donner contre les côtés, & s'y réfléchiroient; elle l'a fait ſphérique, afin que les côtés fuyent les rayons. De-plus, elle a teint de noir les endroits d'où il pourroit partir des réflexions incommodes, parce que le noir amortit les réflexions.

De-même, elle a apporté des précautions très-ingénieuſes pour prévenir les réflexions du ſon, qui ſe feroient dans l'oreille, & qui y troubleroient le ſon direct venu de dehors, ſeul objet de toute cette méchanique. Elle a fait la Quaiſſe du Tambour ample & large d'abord, comme la cavité de l'œil, de peur que ſi elle avoit été étroite à l'entrée comme une Trompette, il ne s'y fût fait auſſi des réflexions. De-plus, elle a revêtu toutes les cavités de l'oreille de membranes, qui les rendent moins retentiſſantes, & font l'effet d'une tapiſſerie. Enfin, & c'eſt ce qui appartient particuliérement au Labirinthe, elle y a mis trois canaux demi-circulaires, qui par leurs détours font que le ſon réfléchi ſe perd, & qui d'ailleurs rentrant dans la même cavité d'où ils ſortent, rapportent ce ſon au lieu d'où il étoit parti, & l'empêchent de pénétrer dans le quatriéme canal, qui eſt enfin le lieu conſacré à la ſenſation du ſon.

On donne le nom de Limaçon à ce conduit, parce qu'il eſt tourné en ligne ſpirale. Il y a au milieu un os, qui fait l'office d'un noyau, d'où naît une membrane qui s'y appuye, & tourne alentour en ſpirale, ſans être attachée à la circonférence intérieure du conduit. Au dedans de ce noyau qui eſt creux, paſſe un nerf très-délicat, qui au travers des pores de l'os qui le contient, jette de petites fibres dans la membrane ou lame ſpirale. C'eſt cette membrane que Mr. Perrault jugeoit devoir être l'organe immédiat de l'ouïe. Elle eſt par ſa ſituation très-mobile, n'étant attachée que par ſon milieu comme une fraiſe qu'on porte au cou, elle préſente à l'air qui la vient frapper une très-grande ſurface, puiſqu'elle eſt tournée en ſpirale, elle eſt d'une conſiſtance très-proportionnée à l'ébranlement du ſon; car les fibres du nerf qui la compoſent ayant paſſé au travers d'un os, elles ont pris quelque choſe de la ſubſtance oſſeuſe, & rendent cette membrane plus ſéche, & plus retentiſſante. En effet, dans les crânes deſſechés, elle paroît ſéche, opaque, blanche & caſſante comme un os. Il n'auroit pas ſuffi que la rétine eût été fermée des fibres du nerf optique dilaté, il falloit encore qu'elle fût mêlée avec une ſubſtance fluïde qui la rendît égale & polie. Ainſi la membrane ſpirale a dû avoir, outre ſa ſubſtance nerveuſe qui la rend ſenſible, une ſubſtance oſſeuſe qui la rendît particuliérement ſenſible au ſon.

son. Mr. Perrault étoit persuadé que tous les nerfs qui font les sensations, sont à peu près semblables, & également propres à toutes les sensations différentes ; mais que ce qui les détermine aux unes plutôt qu'aux autres, ce sont des substances particuliéres qui s'y mêlent. Dans sa pensée, le nerf optique pourroit servir au son, s'il avoit ce mêlange de substance osseuse, au lieu de la substance spiritueuse & fluïde dont il est abreuvé. 1676.

Mr. Du Verney qui étudioit aussi en ce tems-là les Organes des Sens, fit part à la Compagnie de plusieurs Observations particuliéres, par exemple.

1. Que quand on cligne l'œil, le tendon qui reléve avec vîtesse la paupiére de dessous, ne pourroit naturellement exécuter ce mouvement sans comprimer le nerf optique sur lequel il passe, & que pour prévenir cet inconvénient, la Nature par une des plus ingénieuses méchaniques qu'elle ait imaginées dans tout l'animal, a donné à ce muscle une espéce de petite poulie, qui le retire à côté du nerf optique, quand il doit agir.

2. Que quoique l'on ne voye dans tout l'animal aucun mouvement sans fibre motrice, on n'en peut cependant appercevoir aucune dans la membrane de l'œil, appellée Iris, qui sans-doute s'élargit, & se rétrecit, ce qui peut encore faire soupçonner quelques autres mouvemens sans fibre motrice dans des parties de l'œil semblable à l'Iris. La Nature peut bien avoir quelque fine méchanique qu'elle n'employe que rarement, & dans des sujets forts délicats, & peut-être ne la découvrirons-nous jamais, faute d'en avoir des exemples assez palpables.

Sur l'organe de l'Odorat, Mr. Du Verney communiqua aussi les Observations & les pensées suivantes.

Toute la cavité du Nez est remplie de plusieurs lames cartilagineuses, distinguées les unes des autres, & dont chacune se divise encore en plusieurs autres, qui font divers contours. Elles sont en plus grand nombre près de la racine du nez, mais plus petites. Elles vont toutes s'attacher à l'os cribleux, & Mr. Du Verney croyoit que cet os n'étoit fait que par les racines & les extrémités des petites lames, & ses petits trous par les intervalles qu'elles laissent entre elles.

La membrane intérieure du nez ne couvre pas seulement l'extérieur de ces lames, elle s'engage dans tous leurs replis, & les tapisse par-tout fort exactement. Ainsi elle a dans un petit espace une fort grande superficie, qui donne lieu aux vapeurs odorantes de serpenter longtems dans tous ces détours, & de frapper par plus d'endroits les filets nerveux de la membrane, adresse que la nature a employée dans tous les organes des sens, pour donner plus de force aux sensations.

A proportion que les Animaux ont l'odorat plus fin, ils ont un plus grand nombre de ces lames ; les Chiens de chasse, les Liévres, les Chats, les

1678. les Porc-épics, les Sangliers, les Chevaux, en ont beaucoup plus que les Veaux, les Chévres, les Brebis. L'Homme n'en a que trois fort simples.

Mr. Du Verney considéra encore les muscles en général. Ils ont tous essentiellement trois parties, une charnuë qui est au milieu, & deux tendineuses aux deux extrémités. La partie charnuë est un vrai ressort qui peut s'allonger d'une certaine longueur, les tendons ne sont que de simples cordes, qui tirent selon le mouvement que leur donne la partie charnuë. Il est essentiel que toutes les chairs d'un même muscle soient égales; car si elles s'allongeoient ou se racourcissoient inégalement, elles se troubleroient & s'embarrasseroient dans leurs mouvemens les unes les autres. Si des fibres charnuës dans un même muscle paroissent d'abord inégales, il faut prendre garde qu'elles ne le sont pourtant pas, & que celles qui descendent plus bas d'un côté, ne montent pas si haut de l'autre.

La disposition la plus avantageuse pour la force du mouvement, & celle aussi que la nature affecte autant qu'il se peut, est que les tendons soient posés sur la même ligne droite, selon laquelle la fibre charnuë s'allonge ou se racourcit. Mais d'ailleurs comme les muscles auroient tenu trop de place, & qu'il en faut souvent renfermer plusieurs dans des espaces fort petits, la nature a trouvé moyen de faire passer les chairs, & les tendons les uns sur les autres, & de ramasser toutes les fibres dans de fort petits cordons, qui vont s'attacher aux os, qu'ils doivent mouvoir.

Plus la partie charnuë d'un muscle est longue, plus il est capable d'exécuter un mouvement de grande étenduë; plus elle est épaisse, plus il est capable d'un mouvement qui demande de la force.

Le même Mr. Du Verney rapporta à la Compagnie qu'il n'avoit jamais pu trouver aux Oiseaux ni veines lactées, ni canal thorachique, ni glandes dans le mésentére. Il croyoit que le chile va dans les veines mésaraïques, & de-là dans le foye.

Les pierres qu'ils avalent servent, selon Mr. Du Verney, à broyer les grains dans leur estomac. Il remarquoit que quand elles sont polies, ils les rendent aussitôt, peut-être à cause de leur inutilité; ils ne les gardent que quand elles sont rabotteuses. Quand on leur fait avaler des perles, ils les rendent un peu diminuées de poids, mais plus belles qu'auparavant, ce qui prouve que le suc qui sert de dissolvant, n'est pas acide.

Mr. Dodart fit l'histoire de deux Enfans, tous deux âgés de deux ans, qui aprés avoir langui de maladies qui paroissoient n'avoir nul rapport à la tête, étoient morts sans convulsion, & avec toute la liberté d'esprit dont on est capable à cet âge. Il les avoit ouverts tous deux. Les deux cavités, que l'on appelle Ventricules antérieurs du cerveau, & le troisiéme

siéme Ventricule ne faisoient ensemble qu'une vaste concavité, pleine 1678. de trois chopines d'eau, mesure de Paris. La substance du cerveau étoit réduite à l'épaisseur du petit doigt. Dans l'un des deux cerveaux, l'eau étoit très-belle, & très-claire; & la glandule pinéale étoit assise sur le haut d'une vésicule très-déliée, pleine de cette même eau. Le cervelet étoit en assez bon état. Les trois ventricules du cerveau ne contiennent donc pas les esprits nécessaires au mouvement, & aux actions intellectuelles; & l'eau qui y est retenuë, n'est pas une cause suffisante d'apoplexie. Mais à quoi sert précisément le cerveau? Comme c'est apparemment le siége de l'ame, il semble qu'il tienne de sa nature, qui est fort inconnuë.

## EXPERIENCES.

1. MOnsieur Dodart examina, par rapport à la Médecine, en combien de tems le corps humain peut réparer les évacuations des choses utiles. Il prit pour exemples de ces évacuations la saignée, & le jeûne. S'étant fait tirer 16 onces de sang, il trouva après la saignée qu'il pesoit précisément ces 16 onces de moins; & n'ayant eu la commodité de se faire peser de nouveau que cinq jours après, il trouva qu'il pesoit plus qu'avant la saignée, sans avoit mangé plus qu'à l'ordinaire.

Les 16 onces de sang furent donc réparées en moins de cinq jours; mais comme il n'étoit pas malade quand il se fit saigner, il reste à savoir si le corps refait plus facilement du sang à proportion qu'il en a plus ou moins de besoin. C'est ce qu'on ne pourroit savoir que par plusieurs expériences, dont l'utilité mériteroit bien qu'on les fît avec exactitude.

2. A l'égard de la Diéte, Mr. Dodart rapporta qu'une personne de sa connoissance ayant fait le Carême dans la rigueur de l'ancienne Eglise, c'est-à-dire, à ne manger que sur les six ou sept heures du soir, à vivre le plus souvent de légumes, & sur la fin du Carême de pain & d'eau, on trouva en le mettant à la balance, que le dernier jour du Carême il étoit diminué de poids, de 8 livres 5 onces. Quatre jours après il pesoit 4 livres davantage, ce qui marque la facilité de la réparation.

Mr. Dodart observa aussi à cette occasion, qu'après un grand repas, on transpire dans les premiéres heures qui le suivent, environ 3 onces, & dans les derniéres, c'est-à-dire dans celles qui précédent le repas suivant, à peine transpire-t-on une demi-once.

3. On a toujours cru que le miel que les Abeilles vont cueillir sur les fleurs, étoit une espéce de rosée formée de vapeurs, qui s'étant élevées des plantes y retombent lorsque le froid les a condensées; & sur cela les Poëtes, qui ne cherchent qu'à embellir, & à farder les objets, ont appellé le miel une production de l'Air, & un don du Ciel.

1678. Mais Mr. Du Verney en fit un examen qui détruisit ces titres pompeux. Voici ses Observations.

Si le Miel étoit une rosée, le Soleil le fondroit, & le dissiperoit ; cependant les Abeilles ne vont faire leur recolte qu'après le lever du Soleil.

Il est constant que la Manne, qui est une sorte de miel, est un suc qui découle par les incisions qu'on fait à une espéce de Frêne, & que beaucoup de fleurs ont des reservoirs remplis d'une liqueur mielleuse qui en distile lentement, même pendant la plus grande chaleur.

Il y auroit donc de l'apparence que cette liqueur séparée du reste de la plante, filtrée, & cuite dans des canaux particuliers qui aboutissent en dehors, seroit le miel que les Abeilles ramassent.

Mais comme il est bon de ne se pas contenter facilement en fait de Physique, Mr. Du Verney ne s'en tint pas là. Il remarqua dans le cœur des fleurs certains petits filets qu'on appelle des étamines, dont les sommets s'ouvrent en certains tems, & fournissent une grande quantité de poussiére composée de petits globules de différentes couleurs, suivant les différentes plantes.

Ces étamines, dont le principal usage est de conserver & de défendre le stile, qui en est environné, servent encore à donner de la nourriture à la plupart des Insectes, qui vont se promener sur leurs sommets, & y prendre cette poussiére déliée.

Dans la Couronne Impériale, dont les fleurs sont penchées vers la terre, les réservoirs de la liqueur mielleuse aboutissent en en-bas ; & jamais, selon Mr. Du Verney, les Abeilles ne vont-là. On les voit toujours sur le haut des étamines. C'est donc la poussiére fine qui en sort, très-différente du miel, qui est cependant la matiére du miel. Les Abeilles auront pour la préparer, & la filtrer, des conduits particuliers, comme les Araignées & les Vers à soye en ont pour leur toile.

## CHIMIE.

NOUS passons sous silence une grande quantité d'Analyses de Plantes. Mr. Bourdelin en avoit analysé 40 cette année, & alors le nombre des Plantes analysées dans l'Académie montoit à 450. Dans cette sorte de travail, chaque partie paroît peu considérable, & l'utilité ne sauroit être sentie que dans le tout, par les comparaisons qu'on peut faire, & les résultats qu'on peut tirer. Quelquefois cependant il se trouve en chemin des choses particuliéres, qui méritent qu'on s'arrête à les considérer. Nous en donnerons un exemple qui est dû à Mr. Dodart.

Il remarqua que les Fruits, comme les pêches, les pommes, les prunes, les

les mûres, qui paroiſſent n'être que de l'eau, & dont on ne ſauroit tirer presque aucune huile par la diſtillation, ne laiſſent pas d'être fort nourriſſans. Ce n'eſt pas apparemment par leur ſubſtance aqueuſe; il faut que ce ſoit par quelque huile fixe qu'ils contiennent, & que l'eſtomac ſeul en fait tirer. En effet, ces fruits laiſſent beaucoup de charbon, & ce charbon très-peu de cendres; indice manifeſte d'une grande quantité d'huile fixe qui n'a pu être ſéparée. Il eſt étonnant combien la Chimie de l'eſtomac eſt différente de notre Chimie artificielle; & il eſt bon d'être averti de cette différence. 1678.

# MATHEMATIQUE.

## MECHANIQUE.

### *DU JET DES BOMBES.*

COMME la Phyſique, en s'alliant avec la Mathématique, y porte toujours quelque choſe de ſon incertitude, on peut faire des objections contre les démonſtrations qui ne ſont pas de pure Géométrie, & qui appartiennent aux Mathématiques mêlées de Phyſique. Hors les nombres purs, & les lignes pures, il n'y a rien d'exactement vrai. Sitôt qu'on applique ces grandeurs à la matiére, cette exacte vérité les abandonne: il ſemble que la pureté de leur nature ſoit altérée, dès qu'on leur donne un être réel.

On pouvoit faire des difficultés ſur l'Art de jetter les Bombes, que Mr. Blondel propoſoit.

Il eſt certain qu'afin que la ligne décrite par le boulet, ſoit parobolique, même en ſuppoſant que l'hypothéſe de Galilée ſur la chûte des corps peſans, eſt vraye, il faut que la direction horizontale imprimée au boulet par le canon, ſoit une ligne droite, dont il parcoure des eſpaces égaux en tems égaux; il faut que les lignes verticales, ſuivant leſquelles le boulet tombe par ſa peſanteur, ſoient paralléles entre elles, & toujours dans la proportion des quarrés des tems; il faut enfin que les deux mouvemens, l'horizontal & le vertical, dont le mêlange forme la parabole, ſe mêlent de ſorte qu'ils ne s'altérent aucunement l'un l'autre, c'eſt-à-dire, par exemple, que le boulet tombe dans un certain tems d'une auſſi grande hauteur que s'il n'étoit nullement porté ſuivant une ligne horizontale par une violence extrême de la poudre. Cependant rien de tout cela n'eſt vrai.

1. La direction horizontale inprimée au boulet par le canon, n'eſt point

1678. point une ligne droite; c'eſt une courbe ſemblable à celle de la convexité de la Terre.

2. Le mobile ne parcourt point ſur cette ligne des eſpaces égaux en tems égaux; car la réſiſtance de l'air diminuë ſon mouvement à chaque inſtant, & le diminuë d'autant plus qu'il eſt plus grand, parce que l'air, qui pour laiſſer avancer le mobile doit prendre une vîteſſe égale à la ſienne, a plus de peine à prendre une grande vîteſſe qu'une petite.

3. Les lignes verticales de la chûte du mobile ne ſont point paralléles entre elles, puiſqu'elles tendent toutes au centre de la Terre, & la ligne qui réſulte d'elles & de la ligne horizontale, eſt une ſpirale, & non une parabole.

4. La réſiſtance de l'air altére auſſi la proportion des quarrés des tems que ces verticales devroient avoir, elle ne leur permet pas d'être auſſi longues qu'il faudroit pour cela.

5. Enfin la vîteſſe imprimée par la poudre étant auſſi rapide qu'elle eſt, il ſeroit inconcevable qu'un boulet tiré horizontalement, ne laiſſât pas, malgré cette prodigieuſe vîteſſe horizontale, de tomber autant, même à la ſortie du canon, que s'il tomboit librement dans l'air, ſans autre mouvement que celui de ſa peſanteur. Un boulet qu'on laiſſe tomber de la hauteur de 3 pieds, n'eſt qu'une demi-ſeconde à parcourir cet eſpace. Etant tiré d'une piéce élevée de 3 pieds, & pointée horizontalement, il doit donc en une demi-ſeconde arriver à terre. Or il eſt ſûr par l'expérience, que la piéce en cette diſpoſition peut le chaſſer à la longueur de 800 toiſes, & qu'il ne fait point cet eſpace en une demi-ſeconde. Il y a des Arquebuſes rayées, qui tirées, de but en blanc, portent juſte à la longueur de 100 toiſes en une ſeconde. Cependant la balle devroit tomber de 12 pieds pendant ce tems-là, puiſqu'en une demi-ſeconde elle tombe de 3 pieds, & alors il s'en faudroit beaucoup qu'elle allât de but en blanc. Il faut donc que l'effet de la peſanteur ſoit bien ſuſpendu par l'impulſion horizontale de la poudre.

A toutes ces objections, voici en abrégé ce que répondoit Mr. Blondel.

1. Il eſt vrai que la ligne horizontale eſt courbe, & que les verticales s'uniſſent au centre de la Terre, & que de leur compoſition il naît une ſpirale, & non une parabole; mais les plus grandes projections que nous puiſſions jamais faire ſont ſi courtes, par rapport à l'étenduë de la convexité de la Terre, & à la diſtance de ſa ſurface au centre, que ſans aucune erreur ſenſible la ligne horizontale peut paſſer pour droite, & les verticales pour paralléles. Que l'on ſuppoſe une piéce d'Artillerie pointée horizontalement ſur une Montagne élevée de 100 toiſes, & qui chaſſera, ſelon une parabole, à la longueur de 2500 toiſes, elle chaſſera, ſelon la ſpirale, à la longueur de 2499 toiſes, 5 pieds, 6 pou-

ces $\frac{1}{2}$. Or une différence de 5 pouces $\frac{1}{2}$ ſur une telle portée, n'eſt rien, & c'eſt encore beaucoup moins dans de moindres projections, telles que celles qui ſe font ordinairement. A peine monte-t-elle à quelques lignes. 1678.

2. Il eſt vrai encore que la réſiſtance de l'air altére, & le mouvement horizontal, & le vertical. Mais d'abord l'air réſiſte moins aux corps plus peſans, parce qu'avec un volume égal ils ont plus de matiére propre, qui conſpire toute à leur ouvrir un paſſage; il réſiſte moins aux corps ronds, parce qu'avec une maſſe égale ils ont moins de ſurface que les corps de toute autre figure, & par conſéquent rencontrent moins d'air en leur chemin. Or les Bombes & les Boulets ſont des corp ronds, & d'une peſanteur conſidérable. A-la-vérité l'air réſiſte davantage aux corps qui ont plus de vîteſſe, & les bombes & les boulets en ont une grande. Mais il paroît que même en ce cas, la réſiſtance de l'air eſt peu de choſe. Deux Pendules de même longueur, qui décriront des arcs ſi différens que l'on voudra, les décriront dans le même tems, ce qui ne devroit pourtant pas arriver, ſi l'air diminuoit davantage le mouvement du Pendule qui décrit le plus grand arc, & qui par conſéquent a plus de vîteſſe. Il y a plus. Si l'on veut que la réſiſtance de l'air altére conſidérablement les deux mouvemens du boulet, l'horizontal & le vertical, il ſe trouve heureuſement, que ſi elle agiſſoit ſur le ſeul mouvement horizontal, elle feroit tomber le boulet en-deçà du point où il devroit tomber par la régle Géométrique; & que ſi elle agiſſoit ſur le ſeul mouvement vertical, elle feroit tomber ce même boulet au-delà de ce point; & que par conſéquent agiſſant tout enſemble ſur les deux mouvemens, elle le fait tomber entre ces deux extrémités, c'eſt-à-dire, à peu près au point déterminé par la Géométrie. Enfin quelle que ſoit la réſiſtance de l'air, elle ne peut détruire les régles de Galilée, qui ne donnent que des proportions de hauteur, d'étenduë, &c. de différentes paraboles, faites ſous différens angles. Or ces proportions ne peuvent être miſes en pratique, à-moins que l'on n'ait fait auparavant une épreuve très-exacte d'une portée ſous un angle connu. Cette portée premiére & fondamentale aura eſſuyé la réſiſtance de l'air, & en aura été ou allongée, ou accourcie, autant qu'elle aura pu l'être; & cette altération influëra néceſſairement dans toutes les autres qui ſeront réglées par elle. Il faut ſeulement remarquer que les projections faites ſous des angles également éloignés de 45 degrés, ne feront pas préciſément d'une égale étenduë, comme la proportion le demanderoit; parce que les paraboles qui ſont au-deſſus de 45 degrés étant plus étenduës que leurs correſpondantes au-deſſous, ſont auſſi de plus de durée, &

1678. & par-là éprouvent davantage la résistance de l'air, & tombent un peu en-deçà du point où elles devroient aller.

3. Il paroît difficile que la violente impulsion de la poudre ne suspende pas pour quelque tems l'effet du mouvement vertical de la pesanteur, & que le boulet commence à tomber dès la sortie du canon. Sur cela Galilée apporte une merveille toute semblable, & cependant bien géométriquement démontrée en Méchanique, que deux poids, fussent-ils gros chacun comme la Terre, attachés aux deux extrémités d'une corde passée sur deux clous, ne la peuvent jamais tendre si parfaitement qu'elle fasse une ligne droite, parce que le poids même de la corde, quelque petit qu'il puisse être, a toujours quelque force par rapport à ces deux grands poids supposés, & que quelque peu qu'il en ait, il tire un peu la corde en enbas, & la courbe principalement vers le milieu. Ainsi quelque petite que soit la force de la pesanteur, par rapport à celle qui est imprimée par la poudre, elle agit pourtant toujours, & fait toujours tomber le boulet. Quant aux expériences par lesquelles il paroît qu'une piéce pointée horizontalement a une portée de but en blanc, qu'elle ne devroit pas avoir sur le pied de la chûte perpétuelle du boulet vers la terre, on peut juger qu'elles sont assez fautives, parce que les Canonniers croyent avoir pointé de but en blanc, quand la ligne de leur vuë passant de la culasse du canon au bourlet, découvre le but où ils visent; cependant comme la culasse est plus haute que le bourlet, le niveau de l'ame de la piéce, qui est la ligne que le boulet doit suivre, va plus haut que cette ligne de mire, & par conséquent ils pointent plus haut que le but sans le savoir, & l'attrappent sans sortir des régles de Galilée. Que s'ils pointent juste, selon le niveau de l'ame, ils vont beaucoup au-dessous du but. De plus, dans une piéce pointée selon le niveau de l'ame, le boulet ne suit pas encore cette direction. La plupart des grains de poudre, dès qu'ils sont allumés, retombent par leur pesanteur vers le fond de la piéce, & prenant le boulet par-dessous, ils l'élévent, ce qui fait qu'aux piéces qui ont beaucoup servi, & dont le métal est assez doux, on voit au haut de la bouche un canal que le boulet y a creusé par son frottement, & qui est la trace manifeste d'un mouvement qui le portoit en en-haut. Que dans l'expérience des Arquebuses rayées, rapportée ci-dessus, cet effet naturel de la poudre ait seulement élevé la balle de 35 minutes de degré, on verra par le calcul que la hauteur de la parabole, en supposant comme on fait, l'étenduë de 100 toises, aura été de 3 pieds, ce qui est justement la hauteur dont la balle doit tomber par son poids seul en une demi-seconde, & celle aussi où elle doit monter dans le même tems, & ces 2 demi-secondes font

font ensemble la seconde donnée par l'expérience, & qui a dû être employée par la balle à monter d'abord, puis à descendre, pour arriver au but. Il se peut faire aussi, sans avoir recours à l'effet de la poudre, que l'on croye tirer de but en blanc, & que l'on éléve son Arquebuse de 35′, car cette élévation est absolument imperceptible à la vuë. A tout cela, Mr. Blondel ajoûtoit une expérience faite par Mr. Petit au Havre de Grace, & parfaitement conforme aux hipothéses. Une piéce de 33. livres de balle, élevée de 8 toises sur le niveau de la campagne, pointée sous l'angle de 22 degrés, chassa à la longueur de 1900 toises en 20 ou 21 secondes. Or par la régle de l'accélération des chutes, si une balle est une demi-seconde à tomber de 3 pieds par sa seule pesanteur, ce qui est le fondement que nous posons toujours pour les chutes de ces corps-là, elle tombera de 12 pieds ou de 2 toises en une seconde, de 8 toises en 2″, & de 200 toises en 10″. D'ailleurs une parabole qui a 200 toises de hauteur, a 1900 toises d'étendue, qui est justement la portée de l'expérience de Mr. Petit. D'où il paroît que le mouvement horizontal de 1900 toises en 20″ n'a aucunement altéré le mouvement simple de la pesanteur, qui n'a dû permettre à la balle de s'élever que de 200 toises en 10″, & qui dans un tems égal a dû la faire tomber des mêmes 200 toises. Enfin, il n'est pas impossible que le mouvement de la chute d'un corps, mêlé avec une autre impression, sur-tout avec une impression fort violente, ne soit moindre que si la pesanteur agissoit seule; mais en ce cas-là même, il est bien vraisemblable que les différens espaces de la chute, quoique moindres, garderoient toujours entre eux les mêmes proportions, & cela suffit pour conserver la parabole de Galilée. 1678.

Après que Mr. Bondel eut fait dans l'Académie tous ces raisonnemens, expliqués plus au long dans le Livre qu'il publia ensuite, on fit encore pour plus de sûreté diverses Machines qui mesuroient les étenduës, & les hauteurs des jets faits sous différens angles. Mr. Mariotte, Mr. Perrault, Mr. Roëmer, & Mr. Blondel lui-même, y travaillérent. La machine la plus simple fut celle d'un tuyau plein de vif-argent, qui sortoit par une robinet, auquel on donnoit tel angle d'élevation que l'on vouloit. On trouva toujours entre les hauteurs ou les étenduës des jets de l'expérience, & celles que donnoient les hypothéses de Galilée & de Toricelli, une si petite différence, qu'elle parut une étonnante conformité. On ne prit nullement pour une chose contraire à ces hipothéses, qu'un jet éloigné du vertical de 2. degrés ½ fût plus haut que le vertical même. Car on conçut bien vîte que dans le jet vertical les goutes supérieures du Mercure retombant par leur poids sur les infé-

1678. rieures, les empêchoient de s'élever autant qu'elles auroient fait naturellement, ce qui n'arrive pas dans un jet incliné. Les régles générales ne varient dans les applications particuliéres, que parce qu'il y entre alors quelque chose d'étranger, sur quoi l'on n'avoit pas compté; & la difficulté de faire des expériences justes pour ce qu'on souhaite, consiste à en exclure le mêlange de tout ce qui n'est pas précisément nécessaire.

---

## HYDROSTATIQUE.

Les Eaux de Versailles, dont la beauté étoit un spectacle tout nouveau dans le Monde, & qui devenoient encore tous les jours plus surprenantes, avoient mis en vogue la Science des Eaux; & les Mathématiques, toutes sauvages qu'elles paroissent, se rendoient utiles aux plaisirs & à la magnificence d'un grand Roi. Les Jets-d'eau ont besoin du secours de la Géométrie; & comme l'Académie traitoit souvent cette matiére, Mr. Roëmer donna une régle universelle pour juger de la bonté de toutes les Machines qui servent à élever de l'eau par le moyen d'un Cheval.

La difficulté d'élever un poids est d'autant plus grande, qu'il est plus grand, & qu'il faut l'élever plus haut: il s'ensuit donc que la hauteur à laquelle on veut élever l'eau, & la quantité qu'on en veut avoir en une heure, par exemple, comprennent toute la résistance qu'on a à surmonter.

D'un autre côté, la force qu'à un Cheval pour soutenir un certain poids, & le chemin qu'il peut faire en une heure en le soutenant, comprennent toute la puissance qu'on peut employer.

Par conséquent, la force du Cheval multipliée par le chemin qu'il peut faire en une heure, doit donner un nombre égal, à la hauteur où l'on éléve l'eau multipliée par la quantité qu'on en veut avoir en une heure.

Mais cela ne s'entend qu'en cas que la Machine fût parfaite; & comme elles ne le sont jamais, le premier de ces deux nombres est toujours dans l'exécution plus grand que l'autre; ce qu'il s'en faut qu'ils ne soient égaux, marque l'imperfection de la machine; & si on en compare deux par cette voye, on jugera sûrement laquelle est la meilleure.

Mr. Mariotte entra dans un détail beaucoup plus grand sur la dépense que font les Jets-d'eau, & sur la quantité d'eau nécessaire pour y fournir. Cela dépend du plus ou du moins de vîtesse dont elle coule, de la grosseur des ajustages par où elle sort, du plus ou du moins de frottement qu'elle a dans les tuyaux de conduite, toutes circonstances que la Géométrie peut seule évaluer. Mr. Mariotte en donna des régles, dont nous ne prendrons ici que l'esprit.

1. Le reservoir étant plus haut, il se dépense plus d'eau, parce qu'elle acquiert plus de vîtesse en tombant. On sait trop que cette augmentation de vîtesse suit les racines quarrées des hauteurs, ensorte, par exemple, que l'eau qui vient d'un reservoir 4 fois plus haut, coule 2 fois plus vîte. 1678.

2. Il se dépense plus d'eau quand les ajustages ronds par où elle sort sont plus grands, & par conséquent cette augmentation de la quantité d'eau suit la proportion des cercles des différens ajustages, c'est-à-dire, en langage géométrique, les quarrés de leurs diamétres. Un ajustage de 6 lignes de diamétre donne 4 fois plus d'eau, que celui dont le diamétre est de 3 lignes; parce que 3 & 6 sont comme 1 & 2, dont les quarrés sont 1 & 4.

Cela supposé, il ne faut plus, pour faire le calcul de la dépense de toutes sortes de Jets-d'eau, qu'avoir un pied fixe qui serve de fondement à ces proportions, & savoir qu'on a trouvé par plusieurs expériences, qu'un reservoir de 12 pieds de haut donne par un ajustage de 3 lignes de diamétre 14 pintes en une minute, c'est-à-dire, 1 pouce d'eau suivant le langage ordinaire dont on se sert en cette matiére.

Cette régle générale ne l'est cependant qu'en cas que tout le reste soit bien disposé, car il y a encore d'autres observations à faire.

3. L'eau qui coule plus vîte a aussi un frottement plus rude contre les parois internes du tuyau, son cours en est d'autant plus retardé, que le tuyau est plus étroit; & si deux eaux avec des vîtesses inégales couloient dans des tuyaux de même diamétre, & que l'on fît le calcul de la dépense sur ce pied-là, il se trouveroit dans l'exécution que la dépense de celle qui auroit coulé le plus vîte seroit moindre que le calcul ne l'auroit donnée, faute d'avoir compté sur le frottement qu'elle auroit essuyé dans un tuyau trop étroit par rapport à sa vîtesse. Le seul moyen de remédier à ce frottement, est de faire les tuyaux de conduire plus gros à proportion que les eaux coulent plus vîte, c'est-à dire, géométriquement parlant, que les diamétres de ces tuyaux soient comme les racines quarrées des vîtesses. Il faut aussi que les ajustages suivent à peu près la même proportion.

4. Une chose sans remède, mais qu'il faut connoître pour le calcul exact de la dépense, est la diminution que la résistance de l'air cause à la vîtesse de l'eau, & à l'élevation du jet. Comme l'air résiste à l'eau qui s'éléve, & d'autant plus qu'elle fait plus de chemin, & d'autant plus qu'elle le fait plus vîte, il est clair que cette résistance doit être en raison doublée des hauteurs des jets. Ainsi quand on connoît combien il

 s'en

1678. s'en faut qu'un jet n'égale la hauteur de ſon reſervoir, on le ſait de tous les autres jets imaginables.

5. Il n'y a pas juſqu'à l'épaiſſeur du métal dont les tuyaux ſont faits, qu'il ne faille régler géométriquement. Le poids de l'eau tend à rompre ou à deſſouder les tuyaux de conduite qui ſont en-bas, & ce poids agiroit ſelon la maſſe du cylindre d'eau, qui eſt la hauteur du reſervoit multipliée par la ſurface de l'ouverture du tuyau, c'eſt-à-dire par le quarré du diamétre, ſi ce n'étoit que de cette raiſon il en faut ôter le diamétre du tuyau; parce qu'un tuyau dont le diamétre, & par conſéquent la circonférence, eſt une fois plus grande, a une fois plus de ſoude, & par-là plus de force pour réſiſter. Il reſte donc la raiſon de la hauteur des reſervoirs, & celle du diamétre des tuyaux, au-lieu de celle de leurs ſurfaces ciculaires; & c'eſt, ſelon cette proportion, qu'il faut régler en des jets de différentes hauteurs, & de différentes groſſeurs, l'épaiſſeur du métal de leurs tuyaux. Tant il y a d'attentions différentes à faire pour parvenir à quelque choſe d'exact, & de régulier! On ne s'imagineroit pas trop qu'il y eût tant de myſtére à un Jet-d'eau, & qu'il y falût tant de Géométrie.

---

## ASTRONOMIE.

Voyez les Mémoires, Tom. 10. p. 424.

LE 27 Février Mrs. Picard, Caſſini, Roëmer, & De La Hire, obſervérent une Eclipſe de Saturne par la Lune. Saturne fut caché pendant 1h. 9 minutes environ; on détermina la route apparente de la Lune à l'égard de Saturne.

Mr. Caſſini remarqua que la Lune avoit eu au tems de cette Eclipſe un mouvement plus accéléré que les Tables ne le donnoient.

Voyez les Mémoires Tome 10. p. 431.

Une Eclipſe de Lune fut obſervée à l'Obſervatoire le 29 Octobre; elle commença à 6 heures 43' 30" du ſoir, & finit à 10h. 20'. La Lune fut entiérement plongée dans l'ombre pendant 1h. 41', à peu près. A cette occaſion, Mr. Caſſini fit des réflexions ſur la meilleure maniére de régler l'Equation du tems.

Le Soleil ne revient pas préciſément au bout de 24h. à un même Méridien, il y revient un peu plus tard, à cauſe de ſon mouvement propre, par lequel dans le cours des 24h. il a un peu avancé ſur le Zodiaque d'Occident en Orient. Il y a donc toujours d'un Midi, au Midi ſuivant, un peu plus de 24h. Ce ſurplus eſt toujours inégal d'un jour à l'autre; mais on le réduit à l'égalité, en le prenant entre ſes deux extrémités dans tout le cours de l'année, & en le coupant par la moitié. Les

Les 24^h^. du jour, avec cette petite augmentation toujours égale, font ce qu'on appelle le Tems moyen, différent du Tems apparent, qui est celui que nous donne effectivement le cours du Soleil. Les Pendules marquent le tems moyen, & les Cadrans le tems apparent. La différence de ces deux Tems, s'appelle l'Equation du tems. 1678.

Les Anciens calculoient cette Equation sur deux Principes. L'un est l'excentricité du Soleil à la Terre, qui fait que quand il en est plus éloigné, son mouvement propre paroît plus lent; l'autre est l'obliquité du Zodiaque par rapport à l'Equateur, qui fait que des parties égales du Zodiaque, rapportées à l'Equateur, qui est la mesure du tems, y répondent à des parties inégales, & par conséquent à des tems inégaux.

Tycho, pour accommoder mieux, à ce qu'il prétendoit, ses calculs aux Observations, ne faisoit rouler l'Equation du tems que sur le dernier de ces deux principes. Kepler y avoit encore fait quelque changement; & Mr. Cassini compara ces trois méthodes d'Equation, pour voir laquelle représentoit le mieux le tems de cette Eclipse de Lune, tel qu'on l'avoit observé. Après avoir fait encore la même comparaison sur d'autres Eclipses, & même sur celles des Satellites de Jupiter, il se confirma dans la préférence qu'il avoit toujours donnée à l'Equation des Anciens.

Mercure ayant paru au mois de Mai proche de Vénus, Mr. Cassini l'observa à moitié illuminé, comme la Lune dans son premier quartier.

On fit avec une extrême exactitude les Observations des deux Equinoxes du Printems & de l'Automne, & elles se trouvérent conformes aux Tables du Soleil de Mr. Cassini, & éloignées de trois heures des Tables Rudolphines.

Une petite Cométe se montra au mois de Septembre dans le Sagittaire; Mr. De la Hire l'apperçut le premier, mais elle se déroba presque aussi-tôt à la curiosité des Astronômes. Le même éloignement qui la faisoit paroître si petite, fut cause aussi qu'il n'y eut qu'une petite partie de sa route qui nous fut visible.

Mr. Cassini remarqua aussi cette année avec Mr. Roëmer, que dans les Conjonctions inférieures des Satellites de Jupiter avec cette Planéte, on appercevoit des taches à l'endroit même où l'on savoit certainement que les Satellites étoient, ce qui prouvoit que ces taches appartenoient aux Satellites mêmes; Mr. Cassini avoit déja remarqué la même chose, à peu près, en 1665. Si les Satellites ont des taches, ils nous paroissent donc plus petits qu'ils ne sont en effet; & c'est apparemment pour cette raison que l'ombre du quatriéme sur le disque de ♃ paroît quelquefois plus grande que le Satellite même; mais parce que ces sortes

1678. sortes de taches ne paroissent pas toujours dans le passage des Satellites sur le disque apparent de ♃, & que l'on observe d'ailleurs que ces petites Planétes changent de grandeur apparente dans des situations les mêmes à l'égard de Jupiter & du Soleil, Mr. Cassini crut être en droit d'en conclure, que les Satellites ont un mouvement sur leur axe, à moins que ces taches ne paroissent & ne disparoissent quelquefois par des causes physiques, à peu près comme il arrive à celles de Jupiter. Mr. Cassini soupçonnoit aussi une atmosphére au premier Satellite, fondé sur ce que dans quelques-unes de ses conjonctions inférieures avec Jupiter, il n'avoit pu appercevoir l'ombre de ce Satellite, & avoit néanmoins fort bien distingué ses taches, & par conséquent le Satellite lui-même; la tache sortant du disque de Jupiter au même instant que le Satellite paroissoit hors de cette Planéte.

La nuit du 3 au 4 Mai, la Lune étant fort proche de la plus haute des trois Etoiles du front du Scorpion, Mr. Cassini remarqua en observant cet endroit du Ciel, que cette Etoile étoit double comme la premiére d'Aries, & la Tête précédente des Gémeaux.

Une Eclipse de Soleil fut observée le 10 d'Avril de cette année à Kebec en Canada par Mr. de Saint Martin, qui envoya son Observation à Mr. Picard; le commencement de l'Eclipse arriva à midi 43 minutes, & la fin à 3h. 16' la grandeur fut trouvée de 10 doigts & un sixiéme.

## ANNE'E MDCLXXIX.

## PHYSIQUE.

### *SUR LE CHAUD ET LE FROID.*

1679. ON n'épuise point les matiéres de Physique, soit à cause de la variété des Phénoménes qui regardent un même sujet, soit à cause de celle des idées que l'esprit humain peut se former sur la même chose. Mr. Mariotte proposa encore des pensées nouvelles sur le Chaud & le Froid, dont on avoit déjà tant parlé dans l'Académie.

Il ne reconnoissoit aucune cause positive du froid, non pas même le salpêtre. Le froid parfait seroit une entiére privation de mouvement dans les parties insensibles des corps; mais quelle apparence que cette privation entiére ne se rencontre nulle part?

Tout ce qui nous paroît froid, est donc seulement moins chaud que nos

nos organes qui en jugent. Et en effet, si de la cire qui se fond est véritablement chaude, pourquoi de la glace qui se fond, pourquoi l'eau la plus froide, qui n'est que de la glace entretenuë en fusion, n'est-elle pas aussi véritablement chaude? Il ne faut point s'imaginer que la congélation soit produite par un froid parfait, puisque l'or & le plomb, lorsqu'ils commencent à se congeler, sont encore si chauds qu'ils nous brûlent. Que le Soleil luise également sur de l'eau-de-vie, gelée, & sur de la glace, l'eau-de-vie se fondra la premiére, & dans le moment qu'elle commence à se fondre par la chaleur, elle n'est pas plus échauffée que la glace qui ne se fond pas encore. Enfin la glace elle-même pousse des vapeurs, puisqu'elle diminuë tous les jours de poids, même dans le plus grand froid; & comment concevoir cette évaporation sans chaleur? Aussi les Bleds, & plusieurs autres Plantes croissent & conservent leur verdeur dans la neige & dans la terre gelée. Les Herbes aquatiques fleurissent dans des eaux que nous trouvons très-froides, & les Poissons y vivent. 1679.

La fameuse Antipéristase, l'une des Chiméres de l'ancienne Physique, est née en partie de la chaleur des caves en Hiver, & de leur froideur en Eté. On sait assez présentement en quoi consiste l'erreur de cette vaine expérience. Mr. Mariotte ayant fait porter des Thermométres dans des caves de différente profondeur, remarqua, 1. qu'ils y haussent en Eté, & y baissent en Hiver ainsi que dans les autres lieux, mais beaucoup moins, à cause que les changemens de la température de l'air n'y sont pas à beaucoup près si grands. 2. Que la plus grande chaleur des caves est à la fin de l'Eté depuis le 10 Août jusqu'au 13 Septembre, & le plus grand froid à la fin de l'Hiver depuis le 15 Janvier jusqu'au 1 Mars; parce qu'elles ne s'échauffent & ne se refroidissent que très-lentement, l'air qui y est renfermé ayant peu de communication avec l'air extérieur. 3. Que par la même raison la température moyenne de l'air dans les caves, est à peu près aux mois de Juin & de Nouvembre, parce qu'au mois de Juin le chaud n'a pas encore pénétré, ni le froid au mois de Novembre. 4. Que dans une cave plus profonde les changemens du chaud & du froid sont beaucoup moindres, d'où l'on peut conjecturer qu'à une profondeur de 100. pieds il n'y en auroit plus.

Après tout cela, il n'est pas difficile d'expliquer pourquoi les caves sont fumantes en Hiver; faux indice de leur prétenduë chaleur. C'est que les vapeurs, qui s'exhalent de la terre également en tout tems, rencontrent en Hiver l'air extérieur qui est froid, qui par conséquent les condense, & ne leur permet de se mêler avec lui & de s'élever que lentement, ce qui fait qu'il s'en amasse beaucoup dans les caves.

SUR

## *SUR LA NATURE DE L'AIR.*

1679. CE n'eſt que depuis peu que l'on connoît l'Air. L'ancienne Philoſophie n'avoit aucune idée de ſa nature, & elle eût traité de paradoxes inſoutenables, ce qui eſt maintenant très-conſtant ſur ce ſujet. Mr. Mariotte entreprit de renfermer dans un Traité tout ce qu'on en ſavoit juſqu'alors, & tout ce qu'il en avoit découvert lui-même par ſes recherches.

L'Air eſt peſant. C'eſt par-là que l'on a commencé à le connoître. Graces à la fameuſe expérience de Torricelli, cette propriété ſi inconnuë aux Anciens, ſi contraire aux préjugés des ſens, eſt aujourd'hui trop conſtante pour avoir beſoin d'être prouvée.

Il a un reſſort, ce qui eſt encore également nouveau & certain. Il ſe dilate & ſe reſſerre, & cela toujours ſelon les poids dont il eſt chargé. Si en faiſant l'expérience de Torricelli, on enferme dans le Barométre une certaine portion d'air avec le mercure, comme le mercure & cet air enfermé doivent ſoutenir enſemble le poids de la colonne entiére de l'air extérieur, on voit toujours que l'air ſe dilate dans le tuyau, ſelon que la hauteur du mercure lui laiſſe une partie plus ou moins grande de la colonne extérieure à ſoutenir. Ainſi Mr. Mariotte ayant mis dans un tuyau de 40 pouces, 27 pouces $\frac{1}{2}$ de mercure, & y ayant laiſſé 12 pouces $\frac{1}{2}$ d'air, quand il eut renverſé le tuyau à l'ordinaire, & qu'il l'eut plongé d'un pouce dans d'autre mercure, le mercure du tuyau deſcendit, & s'arrêta à 14 pouces. Il ſoutenoit donc alors la moitié du poids de l'air extérieur, qui eſt égal à 28 pouces de mercure. Par conſéquent l'air enfermé dans le tuyau n'en ſoutenoit que l'autre moitié. Auſſi s'étoit-il dilaté au double, puiſqu'il occupoit les 25 pouces reſtans du tuyau, au-lieu qu'il n'en occupoit auparavant que 12 $\frac{1}{2}$.

L'air qui touche la ſurface de la Terre eſt le plus condenſé, puiſqu'il eſt chargé du poids de tout l'air ſupérieur; & à meſure que l'air eſt plus élevé, il ſe met plus au large, juſqu'à ce qu'enfin à la derniére ſurface de l'atmoſphére, il ait toute ſon extenſion naturelle.

Le reſſort de l'air d'en-bas ayant été une fois tendu par le poids de l'air ſupérieur, il n'eſt plus beſoin que ce poids agiſſe avec lui, & une petite goute d'air priſe auprès de la terre, & qui n'eſt plus preſſée par l'air ſupérieur, pourvu cependant qu'elle ne ſe puiſſe pas dilater, a autant de force que le poids de toute l'atmoſphére. Il n'y a rien-là d'étonnant, ſi l'on conſidére que la tenſion où elle eſt, doit être égale à la force de toute l'atmoſphére, qu'elle ſoutenoit en cet état, & qui l'eût miſe dans une plus grande tenſion, ſi elle eût été plus peſante. De-là vient que le Barométre eſt auſſi élevé dans une chambre bien fermée qu'en pleine campagne.

L'air

L'air ne se sépare pas très-facilement d'avec d'autre air. Si le goulet d'une bouteille a moins de 4 lignes de diamétre, on peut la remplir d'eau, & la renverser perpendiculairement sans qu'il en sorte une goutte; parce que l'air qui devroit entrer d'un côté du goulet pendant que l'eau sortiroit de l'autre, ne se divise pas aisément en d'aussi petites parcelles qu'il faudroit. De même une bouteille vuide, & dont le goulet seroit du même diamétre, demeureroit au fond d'un vaisseau plein d'eau sans qu'il y en entrât une goutte; &, ce qui est assez surprenant, cela n'arriveroit pas si elle étoit pleine d'un vin bien purifié & plus léger que l'eau, car alors l'eau tomberoit dans la bouteille, & en feroit sortir le vin. Il faut donc que le vin, quoique beaucoup plus pesant & plus grossier que l'air, ait plus de facilité à se diviser en petites parcelles. 1679.

Une autre propriété de l'air peu connuë jusque-là, & qui fut très-adroitement observée par Mr. Mariotte en plusieurs expériences, c'est qu'il se dissout en quelque façon dans l'eau, & dans plusieurs autres liqueurs.

Mr. Mariotte fit bouillir de l'eau pendant une heure, & après qu'elle fut refroidie, il en remplit une phiole, où il laissa entrer de l'air de la grosseur d'une noisette. Ensuite il renversa la phiole, & en fit tremper le bout dans un verre où il y avoit de la même eau. Dans 3 ou 4 jours la plus grande partie de l'air demeuré dans la phiole étoit entrée dans l'eau, & le peu qui en restoit, y entra ensuite beaucoup plus difficilement, à proportion de sa quantité. Ce reste d'air si difficile à dissoudre, paroît toujours un peu différent de l'autre air; car il s'attache au verre, & ne change pas si aisément de place, quand on penche la bouteille.

Cette dissolution de l'air dans l'eau ressemble à celle des sels, en ce que si l'eau est déjà, pour ainsi dire, impregnée d'air, elle n'en absorbe plus qu'avec beaucoup de difficulté. Aussi dans cette expérience on la fait bouillir d'abord, afin qu'elle se purge d'air, & qu'elle reprenne plus avidement de l'air nouveau.

Cet air dissous dans l'eau, y est pressé & condensé, & Mr. Mariotte s'en étoit convaincu par cette expérience. Après avoir bien fait bouillir de l'huile, & l'avoir laissée refroidir, il disposoit un petit verre cylindrique très-court, & assez gros, de façon qu'il demeuroit droit sur l'huile, le bout fermé en en-haut, & entiérement plein de cette liqueur, dont il excédoit la surface de la moitié de sa hauteur à peu près. Ensuite il échauffoit l'huile par-dessous, directement vis-à-vis du petit verre, où il seroit monté de l'air, s'il en avoit dû sortir de l'huile; mais il n'en paroissoit point du tout. Après cela, Mr. Mariotte faisoit couler bien adroitement une petite goutte d'eau vers le milieu de l'huile sous le

1679. le petit verre, & continuant à échauffer l'huile il voyoit peu de tems après de petites bulles d'air sorties de la goutte d'eau, qui s'élevoient au haut du petit verre, & qui étant refroidies tenoient 8 ou 10 fois plus d'espace que la goutte entiére. A cet air ainsi dissous, pressé, & en quelque façon déguisé dans l'eau, Mr. Mariotte aimoit mieux lui donner le nom de matiére aërienne que d'air.

Pendant cette derniére expérience, si l'on échauffe trop la goutte d'eau, il se fait de tems en tems de petites fulminations, qui soulévent le petit verre, & le mettent en danger de se renverser. La matiére qui les produit n'est que dans la goutte d'eau, & elle est différente de cet air qui y étoit enveloppé; car quoiqu'elle écarte presque toute l'huile du verre, & qu'elle en occupe pendant un moment la capacité presque entiére, elle se réduit aussi-tôt comme à rien, & n'augmente pas sensiblement la quantité de l'air, qui étoit déjà au haut du petit verre, & par conséquent c'est une matiére qui se dilate beaucoup plus que l'air, lorsqu'elle a acquis un certain degré de chaleur. Apparemment que ce sont des sels dissous dans l'eau, semblables à ce qui fait fulminer le sel de tartre & le salpêtre. Voilà donc deux matiéres mêlées dans l'eau, la matiére aërienne, & cette matiére fulminante.

L'air qui est entré dans l'eau, en partie apparemment par le pressement de l'air supérieur, & qui y est devenu matiére aërienne, se doit remettre en air, lorsqu'il est délivré de ce pressement. Ainsi dans la Machine du vuide, sitôt qu'on a pompé la moitié de l'air du balon l'eau bouillonne, & il s'en éléve des bulles d'air comme si elle étoit sur le feu, & quand on continuë à pomper, ces bulles sortent encore en plus grand nombre, jusqu'à ce qu'enfin la matiére aërienne soit épuisée. La dilatation que lui cause la chaleur du feu, fait encore le même effet. Quaud l'eau bout, c'est que la matiére aërienne qu'elle renferme, reprend son extension, & se dégage. Mais il semble que l'eau devroit cesser de bouillir avant que d'être entiérement évaporée, parce qu'enfin cette matiére aërienne ne doit pas être si longtems à s'épuiser. Aussi cela arriveroit-il, s'il n'y avoit une partie de la matiére aërienne, qui, comme nous l'avons vu, est entrée plus difficilement dans l'eau, & qui en sort de même plus difficilement; & si après toute la matiére aërienne il ne restoit enfin la matiére fulminante, qui fait le bouillonnement de l'eau sur la fin, parce qu'elle ne se dilate qu'à une plus grande chaleur. Il y a bien de l'apparence que ces effervescences si connuës dans la Chimie, qui se font par le mêlange de certaines liqueurs, viennent de ce que ce mêlange ouvre, de quelque façon que ce soit, les petites prisons,

ſons, qui renfermoient, ou la matiére aërienne, ou la matiére fulminante, & leur rend la liberté de ſe dilater. 1679.

Il faut auſſi que quand l'eau ſe géle, & que ſes particules ſe lient, la matiére aërienne qui n'eſt pas propre à ſe lier avec elles de la même façon, ſoit alors dégagée; & c'eſt la force incroyable de ſon reſſort qui briſe les vaiſſeaux avec tant de violence. Par la même raiſon, le verglas fait fendre les arbres. Il forme à l'entour un enduit aſſez ſolide, qui empêche que quand l'intérieur de l'arbre vient à ſe geler, la matiére aërienne qui ſe remet en air, & reprend ſon extenſion, ne trouve d'iſſuë au-dehors.

La plupart des effets que les Cartéſiens attribuent à leur matiére ſubtile, Mr. Mariotte les donnoit à ſa matiére aërienne. Par exemple, il prétendoit qu'elle remplit le haut du Barométre que le mercure laiſſe vuide par ſa chûte, & que n'étant plus chargée du poids de l'air extérieur, elle s'exhale librement dans cet eſpace. Et pour preuve de cette opinion, il rapportoit l'expérience du mercure, qui a été bien purgé d'air, ou pour avoir été longtems dans la Machine du vuide, ou pour avoir ſervi pluſieurs fois de ſuite au Barométre. Il eſt certain que lorſqu'on renverſe un tuyau plein de ce mercure, & haut de 40 ou 50 pouces, pourvu qu'on le renverſe doucement, le mercure qui devroit deſcendre à 28 pouces, ne quitte point le haut du tuyau, apparemment parce qu'il n'a plus de matiére aërienne qui puiſſe facilement en aller remplir le haut.

Alors, diſoit Mr. Mariotte, ſe manifeſte la Loi de la Nature, par laquelle tous les corps, dès qu'ils ſont contigus, réſiſtent à leur ſéparation, ſi quelque autre corps ne vient ſe mettre entre deux. Il eſt vrai que ſi on donne un grand coup contre le tuyau, le mercure tombe, parce que quelques particules de matiére aërienne, qui n'étoient pas encore diſpoſées à ſe mettre en air, s'y diſpoſent par le choc, à peu près comme les parties inflammables d'une pierre ſe mettent en feu par un choc violent.

On voit de même dans le vuide, que l'eau d'un matras renverſé dans l'eau d'un autre vaiſſeau, pourvu qu'elle ait été bien purgée d'air, ne tombe point, lors même que l'air du récipient eſt très-affoibli, & que quand elle commence à tomber, il monte des bulles d'air au haut du matras. Ce qui la tenoit ſuſpenduë, & comme collée au haut du matras, ce n'étoit donc plus le preſſement de l'air; c'étoit la loi de la contiguïté. Et en effet, ſi pour ſéparer deux piéces de marbre bien polies, & poſées l'une contre l'autre, il faut un poids de 3 livres dans le Plein, il n'en faut pas moins dans le Vuide, où le preſſement de l'air n'agit plus ſur elles.

Mr. Mariotte découvrit par l'expérience ſuivante juſqu'à quel point l'air ſe peut dilater. Dans le Vuide, il vit monter au haut d'un matras

1679. tras plein d'eau non purgée d'air, & renversé dans de pareille eau, plusieurs bulles de matiére aërienne, qui enfin firent tomber toute l'eau du matras, & le remplirent entiérement. Ensuite on laissa rentrer l'air extérieur dans le récipient, & aussi-tôt l'eau remonta dans le matras, & condensa la matiére aërienne au point qu'il ne resta plus au haut qu'une bulle d'air, qui à peine étoit la 4000$^{eme}$ partie de ce qu'elle étoit auparavant. D'autres circonstances que nous omettons, prouveroient que cette grande dilatation où étoit l'air du matras, n'étoit pas encore toute celle qu'il pouvoit avoir. Il est donc constant que l'air peut s'étendre à 4000 fois plus d'espace qu'il n'en occupe près de la Terre.

Par conséquent, pour mesurer la hauteur de l'Atmosphére de l'air au-dessus de la Terre, il faut supposer que l'air le plus élevé tient au moins 4000 fois plus d'espace que celui que nous respirons. Si l'on imagine donc d'ici au haut de l'Atmosphére 4000 divisions, dont chacune ait une égale quantité d'air, la plus élevée aura 4000 fois plus d'étenduë que la plus basse, quoiqu'elle n'ait pas plus d'air, & elles iront toutes diminuant d'étenduë vers la Terre.

Pour trouver l'étenduë de la plus basse division, il faut observer de combien le Barométre descend étant transporté du bas d'une Tour, ou d'une Montagne au haut. On voit que pour une hauteur de 60 pieds, à peu près, il descend d'une ligne, & par conséquent d'un douziéme de ligne pour 5 pieds. Or dans 28 pouces de mercure, qui sont égaux en pesanteur à une colonne entiére d'air, il y a environ 4000 douziémes de ligne, & par conséquent la premiére division de l'air sera de 5 pieds, & la derniére 4000 fois plus étendue, sera d'une lieuë $\frac{1}{2}$ à peu près.

Ces deux extrémités étant posées, il est aisé de trouver par le calcul l'étenduë de chaque division, & de toutes ensemble. On voit que la 2000$^{eme}$, ou celle du milieu, a 10 pieds d'étenduë, puisqu'elle est une fois moins chargée que la premiére d'en-bas, & de plus, qu'elle est environ à 1 $\frac{1}{2}$ lieuë de la Terre, & enfin que l'extrémité de la derniére doit être élevée de 15 lieuës.

Si l'on suppose que l'air se raréfie plus de 4000 fois, sa derniére extrémité sera plus élevée, mais aussi l'air plus élevé est, à cause du froid, un peu plus condensé qu'il ne devroit être à ne considérer que le poids qu'il porte.

Sur ces principes, il est certain que s'il y avoit une Montagne haute de 1 $\frac{1}{2}$ lieuë, de l'eau tiéde qui seroit portée au haut bouilliroit, comme elle fait dans la Machine du vuide, quand on en a tiré la moitié de l'air; que les animaux n'y pourroient vivre, parce que leur sang n'étant plus pressé que par la moitié du poids de l'air, bouilliroit aussi trop vio-

lem-

lemment, & ne pourroit plus conserver la régularité de son cours; que les vapeurs de la Terre ne doivent pas s'élever bien haut, parce qu'à la hauteur seulement de 1 ½ lieuë, l'air est déjà plus raréfié & plus léger de moitié, & ne leur permet pas de monter au-dessus de lui; que de plus à cette hauteur, & même à une moindre, elles doivent se ramasser ensemble, & former des gouttes d'eau, non seulement à cause du froid de cette Région qui les condense, mais à cause du peu de force de l'air qui la remplit, de même que dans la Machine du vuide l'air étant affoibli de moitié, on voit tomber une petite pluye formée des vapeurs imperceptibles, qui voloient auparavant dans cet air, & y étoient facilement soutenuës, pendant qu'il avoit toute sa force. 1679.

On ne croiroit peut-être pas que l'air eût une couleur. Mr. Mariotte prétendoit qu'il est bleu; mais cette couleur ne peut paroître qu'au travers d'une grande épaisseur. C'est par cette raison, selon lui, que les hautes Montagnes éloignées paroissent bleuâtres, & que le Ciel même paroît bleu. Il rapportoit même, suivant sa coutume & son génie, une expérience sur ce sujet. Que l'on reçoive sur une moitié d'une feuille de papier blanc la lumiére d'une chandelle, & sur l'autre celle de la Lune, séparées par quelque corps qui les empêche de se mêler, la partie du papier éclairée par la chandelle paroîtra rougeâtre, parce que cette lumiére a effectivement beaucoup de cette couleur, & la partie éclairée par la Lune sera bleuë, parce que cette lumiére a traversé toute l'Atmosphére, & y a pris cette teinture.

## ANATOMIE.

Monsieur Perrault fit part à la Compagnie de son Traité de la Méchanique des Animaux. Nous n'entrerons point dans le détail de cet Ouvrage, parce que ce sont une infinité d'Observations, la plupatt assez détachées, & dont nous avons déjà rapporté les principales dans cette Histoire, à l'occasion des Travaux Anatomiques. Car les Mémoires qui en ont été faits au nom de l'Académie, & donnés au Public ayant été dressés par Mr. Perrault, cet Ouvrage commun, & celui qu'il fit en son particulier de la Méchanique des Animaux, ont quelques marques d'avoir passé par la même main. Seulement Mr. Perrault paroît avoir donné plus de liberté à ses pensées dans celui dont il étoit plus le maître. Il y régne un génie de Méchanique subtil & pénétrant, & un talent assez singulier de découvrir, ou du-moins de conjecturer les intentions de la Nature, & cela quelquefois par des exemples de cho-

1679. ses simples & familiéres, qui deviennent très-agréables, & même surprenantes dès qu'elles sont finement remarquées.

Rien n'est plus propre que ce Traité à donner une haute idée de cette Intelligence infinie, qui ayant d'abord établi pour la méchanique du corps des Animaux un certain modéle général, déjà si merveilleux en lui-même, l'a ensuite diversifié en tant de façons différentes, non moins merveilleuses, par rapport aux Elémens où les Animaux devoient vivre, aux Pays qu'ils devoient habiter, aux inclinations qu'ils devoient avoir, aux nourritures qu'ils devoient prendre, enfin à tous les besoins de leur conservation. Toutes les découvertes de tous les Physiciens ensemble sur cette matiére sont encore moins étonnantes par la prodigieuse quantité des choses qu'elles nous apprennent, que par tout ce qu'elles nous font appercevoir que nous ignorons.

A la fin de ce Traité Mr. Perrault proposoit une pensée nouvelle alors, & hardie, sur la Génération : c'est qu'elle n'est pas une production, mais un développement de petits Animaux de toute espéce déjà tout formés, & répandus dans tout l'Univers Car le moyen de comprendre qu'une liqueur, quelle qu'elle soit, & quelque fermentation qu'on y suppose, vienne jamais à former un corps organisé, où un si prodigieux nombre de parties différentes ont une si prodigieuse quantité d'arrangemens si nécessaires & si indispensables? On ne sauroit comprendre, même de la maniére imparfaite dont nous le comprenons, ce que c'est que la machine d'un Animal, & ne pas comprendre cette impossiblité. On conçoit plus facilement, à la faveur de la divisibilité infinie de la matiére, que de petits Animaux, trop petits pour se laisser appercevoir aux plus fins Microscopes, déjà organisés, du-moins quant à la disposition de leurs parties principales, & cependant sans vie, incapables, à cause de leur extrême petitesse, de toutes les fonctions qui appartiennent aux Animaux, n'attendent que quelque liqueur assez subtile, qui s'insinuë dans leurs pores, & commence à étendre leur volume; après quoi le développement continuë, & se perfectionne toujours. Cette liqueur, qui, pour ainsi dire, est la clef propre à ouvrir des machines si déliées, est avec la fermentation qui lui est nécessaire, la seule chose que les Animaux contribuent à la production de leurs pareils. La formation de la machine est un ouvrage trop merveilleux pour ne pas partir immédiatement de la main du Créateur.

On avoit entrepris cette année de travailler particuliérement sur les Poissons ; & Mrs. Du Verney & De La Hire allérent en basse Bretagne, sur les bords de la Mer, étudier ce genre d'animaux. Mr. Du Verney ajoûta une dissection, & une description exacte de la plupart des

des Poiſſons d'eau douce qui ſe trouvent à Paris. Preſque tous les Anatomiſtes avoient cru juſque-là que les Poiſſons n'ont point d'oreilles, mais on fut deſabuſé; Mr. Du Verney découvrit cet organe, qui avoit été inconnu à cauſe de ſon extrême petiteſſe. A peine peut-on faire entrer la tête d'une petite épingle dans le trou extérieur de l'oreille de la plupart des Poiſſons. Ce petit trou, qui tient lieu du conduit de l'Ouïe, va aboutir à pluſieurs petits cercles oſſeux, qui ont communication entre eux, & dans leſquels le nerf auditif ſe diſtribuë, à peu près comme il fait dans l'oreille des Oiſeaux. Mr. De La Hire deſſina très-exactement tous les Poiſſons qui furent diſſequés. 1679.

Mr. Du Verney compoſa auſſi un petit Traité pour faire voir que tout ce qu'il y a de ſolide dans notre corps, n'eſt qu'un tiſſu miraculeux de vaiſſeaux différens, qui formant quelques petites véſicules à leur extrémité, ſe réuniſſent auſſi-tôt en d'autres canaux, & ainſi font des cercles dont on ne peut déterminer, ni le commencement, ni la fin. C'eſt dans ces véſicules très-délicates, qui ſont toutes ouvertes les unes dans les autres, que les ſucs différens qui viennent des artéres & des nerfs, s'entre-communiquent leurs propriétés, & ſe fermentent diverſement ſelon leurs différens ſels, & tout l'artifice du corps de l'Animal ne conſiſte que dans la correſpondance de ces vaiſſeaux les uns avec les autres, & dans le rapport des liqueurs qu'ils contiennent. Mr. Du Verney établiſſoit ce ſentiment par la ſtructure des poumons, des teſticules, de la rate; car après qu'on en a bien exprimé toutes les liqueurs, on n'y peut rien remarquer que des canaux & des véſicules. De-là il tiroit des conſéquences pour toutes les autres parties ſolides en apparence, & même pour les fibres motrices, les tendons, les ligamens, & les cartilages. Ainſi la plus induſtrieuſe Méchanique du monde, & la plus délicate Chimie, compliquées enſemble, ſont ce qui compoſe un Animal; l'une a ordonné la ſtructure & réglé la diſpoſition d'un nombre infini de vaiſſeaux différens, ſi déliés pour la plupart, qu'ils ne paroiſſent pas être des vaiſſeaux; l'autre fait le mouvement & le jeu de toutes les liqueurs différentes, & les aſſemble ou les ſépare en toutes les maniéres que demandent la vie & les fonctions animales.

---

## CHIMIE. ET BOTANIQUE.

ON cultiva cette année ces deux Sciences à l'ordinaire. On analyſa les excrémens de pluſieurs Animaux; ceux des Animaux carnaſſiers don-

1779. donnérent en général beaucoup d'huile & de sel volatil, & très-peu d'acide; au contraire, les excrémens des Animaux qui se nourrissent d'herbes, comme les Chevaux, les Bœufs, &c. donnérent beaucoup d'acide, & très-peu de liqueur sulphureuse & de sel volatil. On tira de la fiente de Brebis une plus grande quantité d'huile & de sel volatil, mais il contenoit aussi beaucoup de liqueur acide. On examina encore celle de Pigeon, de Poule, &c.

Mr. Duclos examina en Chimiste l'origine, &, pour ainsi dire, le siége des Odeurs, des Saveurs & des Couleurs; il fit à ce sujet un grand nombre d'expériences, mais cela nous méneroit trop loin; ces Matiéres sont trop délicates pour être bien traitées dans une Histoire, & peut-être n'est-il pas permis de les effleurer seulement. Mr. Marchant le fils fit voir plusieurs Plantes dont il donna la Description.

Mr. Perrault apporta un Cocos nouveau & entier. La Botanique & la Chimie tirérent de ce fruit & de la liqueur qu'il contient, toutes les connoissances qu'il pouvoit leur fournir.

# MATHEMATIQUE.

## DIOPTRIQUE.

### *SUR LA LUMIERE.*

Les inconvéniens du Systême de Mr. Descartes sur la Lumiére, obligérent Mr. Huyghens à faire ses efforts pour en imaginer un autre plus propre à prévenir, ou à résoudre les difficultés. Telles sont les erreurs de Descartes, qu'assez souvent elles éclairent les autres Philosophes, soit parce que dans les endroits où il s'est trompé, il ne s'est pas fort éloigné du but, & que la méprise est aisée à rectifier; soit parce qu'il donne quelquefois des vuës, & fournit des idées ingénieuses, même quand il se trompe le plus.

Mr. Huyghens, aidé par les fautes de Descartes, prit donc une autre pensée sur la Lumiére. Il prétendoit que comme le son se répand dans l'air par des ondes dont le corps resonnant est le centre, & qui vont toujours augmentant de grandeur, & diminuant de force, ainsi la Lumiére se répand par ondes dans la matiére éthérée infiniment plus subtile & plus agitée que l'air; que le mouvement de la Lumiére est successif, aussi bien que celui du son, mais plus de six cens mille fois plus prompt, selon l'observation de Mr. Roëmer, que dans l'un & dans l'autre mouvement, les ondes les plus éloignées du centre se forment avec

avec autant de vîteſſe que les plus proches, parce qu'elles dépendent 1679.
du reſſort de la matiére où elles ſe forment, & qu'un reſſort pouſſé avec plus ou moins de force ſe reſtituë toujours également vîte; que ſeulement les ondes plus éloignées du centre, ſont plus petites & plus foibles; & qu'enfin elles le ſont au point qu'elles ceſſent d'être, ou d'être ſenſibles.

Il ſuppoſoit la matiére éthérée, & beaucoup plus dure, & d'un reſſort beaucoup plus prompt que l'air. Ces deux qualités ſervoient à expliquer la plus grande difficulté de la Lumiére, qui conſiſte en ce que tant de rayons différens, & ſouvent directement oppoſés, ſe croiſent dans un ſeul point ſans ſe confondre.

Qu'il y ait pluſieurs boules de Billard poſées l'une contre l'autre ſur une même ligne, & qu'avec une autre boule toute pareille on frappe la premiére de toute la rangée, celle-ci qui a frappé demeurera immobile, comme elle auroit fait par les loix du choc, en frappant directement une autre boule égale, à reſſort & en repos, à qui elle auroit tranſporté tout ſon mouvement. Mais par la même raiſon toute la rangée demeurera auſſi immobile, hormis la derniére boule, qui s'en détachera avec une vîteſſe égale à celle de la boule qui a fait le choc à l'autre extrémité. Voilà un mouvement, qui d'une extrême vîteſſe a paſſé d'un bout à l'autre de toute la rangée, en quelque nombre qu'ayent été les boules, ſans qu'elles ayent paru ſe mouvoir le moins du monde, & cette vîteſſe eſt d'autant plus grande que les boules ſont plus dures, & d'un reſſort plus ferme.

Mais que contre les deux extrémités de cette rangée on pouſſe en même tems d'une force égale deux boules, alors la rangée entiére demeurera immobile, & ces deux boules ſe réfléchiront avec tout leur mouvement. Il faut donc que deux mouvemens directement contraires ayent paſſé dans le même inſtant tout le long de la rangée, & que chaque boule qui la compoſoit les ait tranſmis tous deux enſemble. C'eſt-là l'image d'une particule de matiére éthérée qui ſert en même tems à des ondes de lumiére toutes oppoſées.

Dans ce ſyſtême des Ondes, chaque point du corps lumineux en forme une dont il eſt le centre; & ce qui fait que ces ondes, qui ne paroiſſent être qu'un léger ébranlement d'un fluïde ſe conſervent pendant des eſpaces auſſi prodigieux que la diſtance d'ici au Soleil, ou aux Etoiles, c'eſt que dans ces grands éloignemens un très-grand nombre de points lumineux s'uniſſent pour ne former ſenſiblement qu'une ſeule onde. Et de plus, dans le moindre tems imaginable, chaque point lumineux, violemment agité comme il eſt, frappe la matiére éthérée

1679. d'une infinité de coups redoublés, qui fortifient l'effet les uns des autres, & empêchent que l'onde ne s'efface.

Quand une onde eſt formée par un point lumineux, il ſe forme encore dans tout l'eſpace qu'elle enferme autant d'ondes particuliéres qu'il y a de points dans le fluïde ébranlé; car chaque point du fluïde ſe fait auſſi centre d'une onde. La plus grande onde étant formée par le point lumineux, celles qui viennent de chaque point du fluïde ſont d'autant plus grandes, que ces points du fluïde ſont plus proches du point lumineux; & ſi on veut marquer le terme où la grande onde arrive dans un certain tems, il faut néceſſairement que toutes ces petites ondes y arrivent avec elle, & ce ſont autant de circonférences de cercle plus petites qui touchent toutes, chacune en un point, la grande circonférence. Par-là il eſt viſible qu'elles la fortifient, & augmentent l'effet dont elle eſt capable. Hors les points où ces petites circonférences touchent la grande, elles ne la fortifient point, puiſqu'elles ne s'y joignent pas; & faute de ce ſecours la grande peut devenir incapable d'un effet ſenſible. Les petites en ſont incapables auſſi hors dans les points où elles touchent la grande, car ce n'eſt que dans ces mêmes points où elles ſe joignent les unes aux autres.

Cela ſervoit à Mr. Huygens pour prévenir une difficulté qui naiſſoit de ſon ſyſtême. Il eſt certain qu'un objet lumineux vu par une ouverture, n'eſt vu qu'entre deux lignes droites tirées par les extrémités du diamétre de cette ouverture; & cependant ſi la lumiére ſe répand par ondes, elle ſe répand inconteſtablement hors de cet eſpace. Mais il eſt certain auſſi que ce qui s'y en répand, ce ne ſont plus que des reſtes d'ondes particuliéres, qui ne touchent plus la totale, & ne ſe touchent plus les unes les autres; & tous les points d'attouchement ſont néceſſairement compris entra les deux lignes droites menées par les extrémités de l'ouverture, puiſque ces lignes étant tirées du point lumineux, centre de l'onde totale & paſſant par les centres des ondes particuliéres, elles leur ſont perpendiculaires à toutes, & par conſéquent vont à leurs Tangentes.

Sur cette idée qu'un rayon de lumiére eſt toujours une ligne droite perpendiculaire à l'onde totale & aux particuliéres, Mr. Huygens expliquoit ſans peine les propriétés de la Réflexion & de la Refraction. Nous ne nous y arrêterons pas, parce que les ſuites de ces principes ſont aſſez claires pour ceux qui ſont Géométres, & trop géométriques pour ceux qui ne le ſont pas.

Une des plus conſidérables ſuites de ſon ſyſtême, étoit l'explication des ſurprenantes réfractions du Criſtal d'Iſlande, qui renverſoient tout ce ce qu'on avoit cru jusque-là de plus incontestable sur la lumière. 1679.

Ce Cristal, qui n'a été connu qu'en 1670 par un Livre que Mr. Erasme Bartholin, Danois, en donna au public, suffiroit seul pour donner aux Philosophes, & une grande défiance des principes que l'on croit généraux, & une grande idée de la variété qui régne dans la Nature.

Dans tous les différens corps diaphanes que nous connoissions jusque-là, 1. il n'y a qu'une seule & simple réfraction pour un rayon. 2. Tous les rayons obliques se rompent, & le perpendiculaire seul ne se rompt point. 3. Le rayon incident, & le rompu, sont toujours dans un même plan perpendiculaire à la surface du diaphane. 4. Quelques angles que le rayon incident & le rompu fassent avec la perpendiculaire, les sinus de ces angles ont toujours entre eux une proportion constante, de 4 à 3 dans l'eau, de 3 à 2 dans le verre.

Le Cristal d'Islande détruit toutes ces régles, & en a d'autres qui lui sont particuliéres. 1. Un rayon tombant sur une de ses surfaces, se partage en deux, ce qui fait paroître doubles les objets vus au travers de ce Cristal, sur-tout ceux qui sont appliqués tout contre. 2. Le rayon perpendiculaire se rompt, & il y a des rayons obliques qui passent tout droit. 3. Après que les rayons qui sont tombés d'un certain sens, se sont rompus, ils se détournent à droite ou à gauche du plan perpendiculaire où ils étoient en tombant, ce qui est un détour singulier différent de celui de la réfraction. 4. Un rayon s'étant partagé en deux à la rencontre du cristal, l'un des deux nouveaux aux rayons qui s'en sont formés, a une réfraction réglée par une certaine proportion constante des sinus, ainsi que dans les autres diaphanes; l'autre a une réfraction réglée par d'autres grandeurs, & cette réfraction différente de la réguliére se divise en deux espéces qui se réglent par deux sortes de proportions différentes, selon que les rayons sont tombés d'un certain sens ou d'un autre. Comme dans la double réfraction d'un même rayon, la réguliére accompagne toujours l'une ou l'autre des deux irréguliéres, il arrive qu'un papier où il y a quelques lettres marquées, étant posé sous ce cristal, on voit ces lettres écrites comme dans deux étages différens tout à la fois. L'étage produit par la réfraction réguliére qui ne change point, est toujours à la même hauteur; mais l'autre est plus haut, ou plus bas, selon celle des deux réfractions irréguliéres qui agit alors.

Avant que Mr. Huygens eût imaginé le systême des Ondes, ces phénoménes lui paroissoient absolument inexplicables.

Selon lui, la réfraction commune consiste en ce que les ondes de la matiére éthérée passent au travers d'un corps transparent, du verre, par exemple, avec plus de difficulté, & plus lentement qu'elles ne faisoient

 au

1679. au travers de l'air. De 3 degrés de vîteſſe qu'elles avoient dans l'air, elles n'en ont plus que 2 dans le verre. C'eſt ce changement de vîteſſe, toujours le même, qui régle la proportion conſtante de la réfraction, ou des ſinus, de 3 à 2.

Il prétendoit encore qu'un corps peut être tranſparent en deux maniéres, ou parce que les intervalles que laiſſent entre elles ſes parties ſolides ſont remplies de matiére éthérée, dans laquelle les ondes ſe continuent, ou parce que ſes parties ſolides étant dures & à reſſort, prennent elles-mêmes le mouvement d'ondulation, auſſi bien que la matiére éthérée. Quand la réfraction eſt de cette ſeconde eſpéce, il eſt fort vraiſemblable que le mouvement d'ondulation ſe rallentiſſe davantage, & que par conſéquent la proportion de la réfraction devienne différente.

Si la réfraction ſe faiſoit dans quelque corps diaphane de ces deux maniéres tout à la fois, comme ces deux réfractions ſeroient différentes, & qu'elles éléveroient différemment le même objet vu au travers du diaphane, elles le feroient paroître double; & c'eſt ce que Mr. Huygens avoit obſervé avec ſoin dans le criſtal commun, qui par-là ne peut ſervir aux Lunettes d'approche, auxquelles il ſeroit d'ailleurs ſi propre par la netteté de ſa tranſparence.

Cette double émanation d'ondes obſervée dans le criſtal commun, ſervit à Mr. Huygens de degré pour aller juſqu'au principe de toutes les bizarreries du Criſtal d'Iſlande. Les deux ondulations dans le criſtal commun ſont toutes deux circulaires, l'une ſeulement un peu plus lente que l'autre, ce qui ne change point l'eſpéce de l'onde, & n'empêche point que les ſinus ne réglent toujours les deux réfractions, quoiqu'ils les réglent en même tems ſelon deux proportions différentes. Mais Mr. Huygens, obligé de recourir à quelque choſe de plus extraordinaire, s'aviſa d'eſſayer ſi en ſuppoſant dans le Criſtal d'Iſlande une double émanation d'ondes, mais dont les unes ſeroient circulaires, les autres ovales, il pourroit ſatisfaire à la ſingularité de Phénoménes.

Cette idée lui réuſſit. Les ondes circulaires ſont pour les réfractions réguliéres de ce criſtal, & les ovales pour les irréguliéres. Ces ondes ovales cauſent des réfractions à des rayons perpendiculaires, empêchent des rayons obliques de ſe rompre, font dépendre de certaines grandeurs différentes des ſinus, la proportion de la réfraction, enfin exécutent aſſez naturellement tout ce que les Phénoménes demandent.

Mais quelque commodes qu'elles fuſſent, il reſtoit encore à découvrir ce qui les déterminoit dans le Criſtal d'Iſlande à être ovales, au-lieu qu'elles ſont circulaires par-tout ailleurs; & il n'étoit pas moins difficile de juſtifier une ſuppoſition ſi heureuſe, qu'il l'avoit été de l'imaginer.

ner. Sans-doute qu'il n'y a que la figure des parties insensibles du Cristal d'Islande, qui puisse changer celle que les ondes ont naturellement; mais c'est encore une recherche bien délicate, que de deviner la configuration intérieure de ces parties. Ce Cristal a aussi des Phénoménes très-particuliers, qui ne regardent que son tissu & sa composition, & qui augmentent beaucoup la difficulté de le connoître. 1679.

Mr. Huygens, après avoir suivi jusqu'au bout tant de Phénoménes extraordinaires, dont il pouvoit se flatter d'avoir trouvé le nœud, finissoit cependant par avouer avec courage, & en grand-homme, qu'il en restoit un où il ne lui étoit pas possible de pénétrer. Deux morceaux de ce cristal étant posés de sorte que tous les côtés de l'un soient paralléles à ceux de l'autre, soit qu'on laisse de l'espace entre eux, ou qu'on n'y en laisse point, un rayon qui se sera partagé en deux dans le premier cristal, & qui aura fait une réfraction réguliére & une irréguliére, ne se partagera plus en entrant dans le second; mais le rayon qui a été fait de la réfraction réguliére y en fera encore une, & de-même l'autre rayon suivra sa route. Dans une autre position des cristaux, les deux rayons venus d'un seul rayon, en passant du cristal supérieur dans l'inférieur, font échange de leurs réfractions. Dans toutes les autres positions un rayon se repartage de-nouveau en deux. On diroit que la Nature a eu peur que ce cristal ne fût pas une énigme assez inexplicable pour les Philosophes, & qu'elle l'a chargée à plaisir d'obscurités & de difficultés.

De toutes ces considérations, Mr. Huygens passoit enfin à celle des Lignes Courbes, qui peuvent servir à réunir les rayons de lumiére, soit par réflexion, soit par réfraction. Mr. Descartes appliqua à ce sujet sa subtile Géométrie, & ouvrit de grandes vuës à tous les Mathématiciens. Aussi Mr. Huygens, qui traitoit ce même sujet fort à fond, & fort ingénieusement, ne manqua-t-il pas de lui en rendre une espéce d'hommage.

---

## *DES COULEURS.*

APRÉS la Lumiére, viennent naturellement les Couleurs. Les yeux n'ont qu'à s'ouvrir pour les voir; mais les yeux de l'esprit ne les voyent pas avec la même facilité, & ce qui rend tout visible est pour eux très-difficile à découvrir. Mr. Mariotte travailla longtems sur cette matiére, une des plus délicates de toute la Physique. Celles de cette espéce lui convenoient particuliérement, à cause du génie singulier qu'il avoit pour des observations fines, & pour les expériences qu'il falloit imaginer heureusement, & exécuter avec dextérité.

Il commença par les couleurs que causent les réfractions.

1679. Un rayon, non pas pris pour une ligne Mathématique, & sans largeur, mais pour un très petit faisseau de pareilles lignes lumineuses, qui a passé par une petite ouverture, se teint de différentes couleurs très-vives, après avoir passé au travers d'un verre sans couleur, taillé en prisme triangulaire. Pour découvrir comment cela se fait, il faut suivre attentivement le rayon dans sa route, calculer avec le secours de la Géométrie chaque détour qu'il est obligé de faire par les loix de la réfraction, & lorsqu'il entre dans le verre, & lorsqu'il en sort, l'observer en différens chemins pour en faire ensuite des comparaisons; enfin, ce qui surprendroit peut-être ceux qui ne connoissent pas toute l'étendue des usages de la Géométrie, dresser des Tables où des angles & des nombres représentent & déterminent les différentes couleurs.

Après toute cette recherche, dont nous retranchons les épines, pour n'en donner que le fruit, voici ce que Mr. Mariotte trouva.

Un rayon qui par la réfraction se détourne de sa premiére ligne droite pour en suivre une autre, se courbe en quelque façon, & l'endroit où se fait cette courbure a une espéce de convexité en-dehors, & de concavité en-dedans. Lorsque le petit rayon solide a passé au travers du verre triangulaire, & qu'il va peindre des couleurs sur une surface blanche où il est reçu, le rouge ou le jaune sont toujours dans la convexité de sa courbure, & le violet ou le bleu dans la concavité.

Ces couleurs sont tellement attachées à ces différences de courbure, que si lorsque le rayon passe de l'air dans le verre, & repasse du verre dans l'air, ses parties qui étoient dans la convexité de la courbure, par la premiére réfraction, viennent par la seconde à être dans la concavité, & que ces deux courbures soient égales, aussi-bien que contraires, le rayon ne prend aucune couleur, & n'a que sa blancheur naturelle, qui dans tout ceci n'est point comptée pour une couleur.

Si les deux courbures contraires, c'est-à-dire, dont l'une met dans la concavité les parties du rayon que l'autre avoit mises dans la convexité, ne sont pas égales, on voit des couleurs, mais foibles, reste de la plus forte réfraction, qui n'a pas été entiérement détruite par l'autre.

De-là il est aisé de juger, que si les courbures des deux réfractions conspirent au même effet, les couleurs en doivent être beaucoup plus vives.

Cette vivacité de couleurs dépend non seulement de l'accord des réfractions, mais encore de la force de chacune. On sait que comme les rayons, lorsqu'ils sont perpendiculaires, n'ont point de réfraction, ils en ont une d'autant plus forte qu'ils sont plus éloignés d'être perpendiculaires.

Quand le rayon a traversé le verre, si on le reçoit tout auprès, on ne voit encore que de la blancheur; parce que comme le rayon solide va va toujours en s'ouvrant, & en s'élargiſſant, ſes différentes parties qui ont été teintes, ou en rouge, ou en violet, par les deux courbures, ſont encore trop ſerrées à la ſortie du verre, & détruiſent mutuellement leurs couleurs. Car la lumiére forte eſt toujours blanche; & ce qui le prouve bien, c'eſt que quand des rayons ont paſſé au travers d'une loupe de verre coloré, qui leur a donné ſa couleur, ils la perdent dans le foyer, où ils ſont tous réunis, & la reprennent encore au-delà. 1679.

Le rayon qui s'eſt coloré par les réfractions ne manifeſte donc ſes couleurs qu'à quelque diſtance du verre, & cette diſtance eſt plus petite quand les réfractions ont été fortes, & que de plus elles ſe ſont accordées à mettre les mêmes parties du rayon dans la convexité, ou dans la concavité de la courbure.

Il y a encore ſur la diſtance où les couleurs paroiſſent, une circonſtance à obſerver. Quand on fait entrer un rayon ſolide par une petite ouverture, deux rayons partis des deux extrémités du Soleil, paſſent par les deux extrémités de l'ouverture; & comme elle eſt plus petite que le diamétre apparent du Soleil, ils vont ſe couper à une certaine diſtance au-delà. Le point où ils ſe coupent eſt le ſommet d'un triangle, qui a pour baſe le diamétre de l'ouverture; &, s'il eſt prolongé juſqu'au Soleil, tout le diamétre du Soleil, le Soleil tout entier rayonne dans tout ce triangle; & comme ſa lumiére y eſt trop forte, il ne s'y fait point de couleurs. Mais il s'en peut faire aux deux côtés de ce triangle en dehors, où il ne paſſe des rayons que de quelques parties du Soleil ſeulement; il s'en peut faire auſſi au-delà du ſommet, car il s'y forme un triangle oppoſé, qui s'élargit toujours enſuite, & où la lumiére va toujours en s'affoibliſſant.

Si l'on reçoit donc le petit rayon ſolide plus près de l'ouverture que n'eſt la pointe de ce triangle éclairé par tout le Soleil, on ne voit que de la blancheur au milieu; d'un côté, c'eſt-à-dire vers la convexité de la courbure on voit du rouge & du jaune; de l'autre, où eſt la convexité, on voit du bleu & du violet. L'ordre eſt tel, le rouge, le jaune, le blanc, le bleu, le violet. Le rouge répond au violet, le jaune au bleu. Il faut remarquer que ces quatre couleurs ne paroiſſent pas toujours enſemble. Dans les petites diſtances on voit le jaune & le bleu, & l'on ne voit pas encore le rouge & le violet. Ces deux derniéres couleurs ne ſe développent qu'après avoir traverſé un plus long eſpace.

Si le rayon eſt reçu un peu au-delà du point où ſe termine le triangle de l'entiére illumination, il ne paroît plus de blancheur entre le jaune & le bleu, & la ſuite des couleurs eſt continue.

Mais comme à une diſtance encore plus grande les parties du rayon ſolide

1679. ſolide qui forment le jaune & le bleu ſe croiſent, & paſſent l'une ſur l'autre, ce mêlange forme du vert. On ſait aſſez que le vert ſe fait du jaune & du bleu mêlés également, & qu'une Jonquille vuë au travers de la flamme bleuë de l'eau-de-vie, paroît verte.

Les parties du rayon ſolide, ou, ſi l'on veut, les rayons qui font les différentes couleurs, ont une proprieté ſinguliére; ils ne ſuivent point exactement les loix de la réfraction, ces mêmes loix qu'ils ſuivroient à la rigueur, s'ils ne faiſoient point de couleurs.

Mr. Mariotte découvrit que ceux qui font le rouge ou le jaune, ont une réfraction plus petite; & ceux qui font le bleu ou le violet, une plus grande qu'ils ne devroient avoir, ſelon la proportion réglée des ſinus. Ainſi puiſque des parties extrêmes du rayon ſolide, celles qui ſont dans la convexité s'approchent moins du milieu, & que celles qui ſont dans la concavité, s'en éloignent plus qu'il ne faudroit réguliérement, tout le rayon en eſt, pour ainſi dire, groſſi & élargi, à peu près comme un Jet-d'eau dont les parties intérieures pouſſent en-dehors, & écartent les extérieures. De-là vient que la baſe du rayon coloré eſt plus grande, ſelon l'ordre des couleurs, qu'elle ne devroit être.

Tout ce que nous rapportons ici ſur les Couleurs, ne ſont que des faits. Mais quelle eſt cette vertu qu'a la convexité de la courbure du rayon pour produire du rouge ou du jaune? Quelle eſt celle de la concavité pour faire du bleu ou du violet? Quelle eſt la différence eſſentielle du mouvement de la lumiére dans ces deux extrémités? Pourquoi les rayons qui ſe colorent ſont-ils diſpenſés des loix exactes de la réfraction?

A tout cela Mr. Mariotte répond, qu'il ne croit pas poſſible d'en donner les véritables cauſes. Content d'avoir découvert par des Obſervations, qui lui ont autant coûté qu'un ſyſtême, des faits aſſez cachés, qui ne ſe démentent jamais, il les prend pour des principes d'expérience, & du reſte ſe renferme dans une ſage ignorance, préférable à de téméraires hypothéſes. Après tout, n'en ſeroit-ce pas bien aſſez pour nous, ſi nous ſavions ſûrement ſur chaque ſujet ce que fait la Nature, & ne devrions-nous pas à ce prix-là renoncer à la connoiſſance des cauſes?

Mr. Mariotte, ſur ſes principes d'expérience tels que nous les avons rapportés, explique pluſieurs apparences différentes, & principalement les apparence Céleſtes, l'Arc-en-ciel, les Couronnes des Aſtres, les Parélies.

Mr. Deſcartes a donné un explication de l'Arc-en-ciel ſi géométrique, que l'on ne croiroit pas qu'il y eût rien à deſirer. Cependant, à y regarder de bien près, on voit qu'il s'eſt mépris en établiſſant certaines choſes, dont Mr. Mariotte avoit découvert l'erreur par ſes expériences.

ces. Ainsi il s'est cru en droit de donner de nouveau l'explication de l'Arc-en-ciel rectifiée par ces principes. 1679.

Pour former l'Arc-en-ciel, il faut que des rayons du Soleil se rompent d'abord dans une goutte de pluye; qu'ensuite allant frapper contre le fond de la goutte, ils se réfléchissent; qu'enfin ils ressortent de la goutte par une seconde réfraction, & viennent à notre œil.

Comme ces mêmes rayons doivent être colorés, il faut que les deux réfractions n'ayent pas détruit l'effet l'une de l'autre; & comme ils doivent porter leurs couleurs jusqu'à notre œil à une assez grande distance, il faut aussi qu'il y en ait une assez grande quantité qui viennent à notre œil assez serrés, & avec peu d'écart, c'est-à-dire, qui soient partis de la goutte sous un très-petit angle.

Pour découvrir quels sont les rayons qui ont ces deux conditions indispensables, il est nécessaire de suivre avec le calcul géométrique le chemin que font en entrant dans la goutte, & en sortant, & de-là jusqu'à notre œil tous les différens rayons qui peuvent tomber sur cette goutte avec quelque angle d'incidence que ce soit.

Cela fait, on trouve que les rayons utiles pour le Phénoméne étant parvenus à l'œil, font avec une ligne qui passeroit du centre du Soleil, par l'œil, un angle de 39, 40, 41, ou 42 degrés. Cette ligne est d'un grand usage dans toute cette matiére, elle détermine quelle est la hauteur de l'Ar-en-ciel par rapport au Soleil; s'il est à l'horizon, elle est horizontale; & alors par conséquent l'Arc-en-ciel est élevé de 42 degrés. A mesure que le Soleil s'éléve, cette ligne imaginaire s'abaisse, & entre dans la Terre, & l'Arc-en-ciel n'a d'élevation que ce que le Soleil en a de moins que 42 degrés, ensorte qu'à 42 degrés d'élevation du Soleil, & au-dessus, il n'y a plus d'Arc-en-ciel.

Cette ligne directe tirée du centre du Soleil par le centre de l'œil, est toujours dans tous les autres Phénoménes, celle à laquelle on compare les rayons qui viennent à l'œil après des réfractions, pour trouver quelle situation doivent avoir, à l'égard du Soleil, les Phénoménes qu'ils produisent.

Par-là on voit, par exemple, que l'Arc-en-ciel extérieur, formé par des rayons qui ont été réfléchis deux fois dans la goutte entre les deux réfractions, & qui par conséquent doivent être plus foibles que ceux de l'Arc-en-ciel intérieur, fait dans sa plus grande élevation sur l'horizon un angle de 51 degrés, ou environ.

Dans les autres Phénoménes, comme dans les grandes & les petites Couronnes qui paroissent quelquefois avec des couleurs à certaines distances autour du Soleil ou de la Lune, & dans les Parélies qui accompagnent

1679. pagnent quelquefois les Couronnes du Soleil, il n'eſt plus queſtion que d'imaginer quelles doivent être, & quelles figures doivent avoir les matiéres répanduës dans l'air, qui rompront les rayons des Aſtres, deſorte qu'ils faſſent avec la ligne tirée directement du Soleil par l'œil, les angles néceſſaires, & que leurs couleurs ſoient diſpoſées comme il faut.

Mr. Mariotte attribuoit à des vapeurs aqueuſes de figure ronde les petites Couronnes de 4 ou 5 degrés de diamétre, terminées à l'extérieur par un rouge obſcur, avec du bleu en dedans. Et ce qui rend la conjecture certaine, c'eſt que l'on voit des Couronnes toutes pareilles autour de la flamme d'une chandelle vuë à travers les vapeurs épaiſſes qui ſortent d'un vaiſſeau plein d'eau bouillante pendant un grand froid.

Il attribuoit les grandes Couronnes, qui ont environ 45 degrés de diamétre, à de petits filamens de neige qui flottent dans l'air, médiocrement tranſparens, & qui ont la figure d'un priſme triangulaire équilatéral; & pour les Parélies, qui ſont ordinarement dans la circonférence de ces grandes Couronnes à même hauteur que le Soleil, il les rapportoit à quelques-uns de ces petits priſmes de neige, qui ayant une de leurs extrémités plus peſante que l'autre, étoient obligés de ſe tenir dans une ſituation perpendiculaire à l'horizon. C'eſt à la Géométrie & au Calcul à juſtifier toutes ces idées.

Toutes ces couleurs dont nous avons parlé juſqu'ici, n'ont été traitées par les anciens Philoſophes, que de couleurs apparentes, quoiqu'en ce genre-là ce ſoit être que de paroître. Il eſt vrai du-moins qu'elles ne ſont pas attachées à leurs ſujets, & qu'elles changent ſuivant pluſieurs circonſtances différentes. Outre celles qui ſe ſont manifeſtement par des réfractions de lumiére au travers du verre ou de l'eau, il y en à qui ſont, quoique moins ſenſiblement, de la même nature, & qui ſont formées par des réfractions de lumiére au travers de quelques-autres matiéres tranſparentes. On les reconnoît à ce qu'elles changent ſelon la poſition des yeux. Ainſi dans les Opales, & dans la Nacre de perle, un même endroit paroît ſucceſſivement rouge, ou vert, ſelon qu'il eſt vu plus ou moins obliquement: preuve certaine que les différentes parties du rayon que l'on reçoit, ne ſont différentes que par rapport à la convexité, ou à la concavité de la courbure, & qu'elles tirent delà leurs couleurs.

Il ne faut pas confondre avec ces ſortes de couleurs les couleurs changeantes, telles que celles du col d'un Pigeon. Ce n'eſt pas le même endroit de la plume qui paroît rouge ou vert, ſelon que l'œil différemment poſé reçoit différentes parties du même rayon; ce ſont différentes parties de la plume qui ſont alternativement rouges & vertes, ainſi

ainſi qu'on le voit ſenſiblement par le Microſcope; & c'eſt ce que l'Art 1679.
a imité dans les étoffes changeantes, où la trame eſt d'une couleur & l'enflure d'une autre.

Il y a donc des couleurs indépendantes des réfractions, ſoit qu'elles ſe faſſent par une réflexion ſimple, ſoit qu'il y entre des réfractions, mais inutiles.

Car que la lumiére pénétre deux ſurfaces paralléles, ou qu'en ayant pénétré une elle ſe réfléchiſſe ſur l'autre, & reſſorte dans l'air, en traverſant la premiére une ſeconde fois, ce ſont deux réfractions, mais qui ne produiſent point de couleurs, parce que l'une détruit abſolument l'effet de l'autre.

Auſſi Mr. Mariotte, en faiſant pluſieurs Obſervations très-délicates ſur les bouteilles de ſavon, remarque que dans le commencement qu'elles ſont formées, ſi l'eau étoit peu chargée de ſavon, on ne voit point de couleurs. Elles ne paroiſſent que quelque tems après, & elles commencent vers le haut, parce qu'il y a des parties ſubtiles de l'huile & du ſel alcali du ſavon, qui après avoir été pendant les premiers momens uniformement mêlés avec l'eau, s'en ſéparent bientôt, & montent par leur légéreté. Alors elles font ſur la ſurface convexe de la bouteille de petites rides apparemment circulaires; & c'eſt-là que ſe font les réfractions & les couleurs, qui ne ſe pouvoient pas former auparavant dans les deux ſurfaces paralléles de la bouteille, l'extérieure & l'intérieure.

Quoique les couleurs fixes ne ſoient pas produites par les réfractions, elles le ſont cependant, ſelon Mr. Mariotte, par le paſſage de la lumiére au travers d'une matiére fine & délicate qui couvre les objets, ſemblable à peu près à la fleur d'un grain de raiſin, ou d'une prune.

Les rayons traverſant cette matiére, s'y colorent, & rencontrant les parties plus ſolides du corps, ſe réfléchiſſent à nos yeux.

C'eſt ainſi qu'un rayon paſſant au travers d'un verre plat coloré, en prend la couleur, non par ſes réfractions, qui ſont alors inutiles, mais par ſon ſeul paſſage, enſorte qu'il ne ſe coloreroit pas moins quand il paſſeroit perpendiculairement, & par conſéquent ſans réfraction.

Il eſt vrai qu'il ſeroit fort difficile d'expliquer comment ce rayon prend la teinture du verre, mais enfin il la prend. Mr. Mariotte ſe contente de ce principe d'expérience, & ſuppoſe ſur tous les corps qui ont des couleurs fixes, une matiére très-déliée, diſpoſée à teindre les rayons de telle ou de telle couleur.

Elle peut être mêlée parmi les parties ſolides des corps, & on peut auſſi l'en tirer, ſans changer leur tiſſu ni leurs configurations.

Le Bois de Bréſil, bouilli dans pluſieurs eaux, y laiſſe preſque toute

 ſa

1779. ſa teinture rouge, ſans que la conſiſtance de ſes fibres en reçoive aucun changement ſenſible. Le Corail rouge perd en peu de tems toute ſa teinture par un feu médiocre.

Cette même matiére peut paſſer dans pluſieurs corps de ſuite; ce qui marque encore combien elle eſt légére, & ſuperficielle ſur les corps. Les Plumaſſiers font paſſer dans leurs plumes la couleur des laines teintes en écarlate, ſans qu'elle en reçoive aucune diminution ſenſible de beauté.

On ne s'attendroit peut-être pas que la Géométrie pût démontrer pourquoi un Rubis eſt plus beau qu'un Verre teint d'une auſſi belle couleur, & taillé de même. Cependant il eſt certain qu'elle étend juſques-là ſon pouvoir. Comme le Rubis eſt plus ſolide que le Verre, la réfraction s'y fait ſelon une autre proportion; & le calcul du chemin des rayons étant fait ſur ce pied-là, il ſe trouve que de ceux qui ont traverſé le Rubis, & ſont arrivés à ſa ſeconde ſurface, il y en a beaucoup plus qui s'y réfléchiſſent vers l'œil, en traverſant le Rubis une ſeconde fois, que s'ils avoient traverſé un Verre d'ailleurs tout ſemblable. Outre que les rayons ſont en plus grande quantité, ils ſe teignent encore plus fortement par ce double paſſage au travers de la matiére colorée.

C'eſt pour ne point perdre les rayons qui ne ſe réfléchiroient pas ſur la ſeconde ſurface du Rubis, & qui paſſeroient dans l'air; & c'eſt pour les colorer encore davantage, que l'on met ſous le Rubis une feuille de la même couleur. Si on la mettoit ſous un Verre d'un auſſi beau rouge, il ſeroit auſſi beau que le Rubis, parce que toute la lumiére repaſſeroit également, & avec les mêmes avantages au travers du Verre. Qu'au lieu de cette feuille, on mette immédiatement ſous le Rubis de l'eau contenuë dans un vaiſſeau dont le fond ſoit obſcur, preſque toute la couleur du Rubis diſparoîtra; parce que la réfraction de la lumiére qui paſſe du Rubis dans l'eau étant fort petite, c'eſt-à-dire, le Rubis & l'eau étant à l'égard de la lumiére, deux milieux peu différens, elle paſſera preſque entiére du Rubis dans l'eau, où elle s'amortira ſur le fond obſcur.

La Chimie fait tirer la teinture des mixtes, la leur rendre, enfin ſe jouer des couleurs en différentes maniéres. Que du bois de Bréſil ait trempé 3 ou 4 heures dans du jus de Citron, ce jus eſt tout auſſi clair qu'auparavant; mais qu'on y verſe 3 ou 4 gouttes d'huile de tartre, on voit toute cette liqueur d'un fort beau rouge. C'eſt que le jus de Citron, en tirant la teinture du bois l'avoit diſſoute, & par-là l'avoit renduë inviſible, comme les métaux même le deviennent quand toutes leurs parties ſéparées nagent dans les diſſolvans. Mais l'alcali de l'huile de tartre ſe joignant à l'acide du jus de Citron, lui fait abandonner la matiére colorée

lorée qu'il tenoit diſſoute, & le force à la laiſſer paroître. Quelquefois 1679.
il arrive que les teintures tirées par les acides s'évaporent en même tems, & alors les alcalis n'y peuvent rien pour les revivifier. Le jus de Citron enléve toute la rougeur du corail, & le blanchit; mais l'huile de tartre qui eſt un puiſſant alcali, ne fait point reparoître cette couleur; elle s'eſt diſſipée.

La vertu qu'ont les acides de rougir la ſolution des fleurs bleuës ou violettes, & les alcalis de la verdir, eſt préſentement trop connuë pour nous y arrêter. Le moyen le plus ſûr que la Chimie ait pu imaginer pour découvrir les acides, c'eſt de les éprouver par la ſolution de Tourneſol, qui eſt bleuë. S'ils la rougiſſent, ils ſont acides.

Il reſte les couleurs des corps lumineux. Dés que la lumiére eſt forte & réunie, elle eſt blanche. Si elle eſt mêlée d'exhalaiſons groſſiéres & terreſtres, elle eſt rouge ou jaune. Si les exhalaiſons ſont plus ſubtiles, ou plus ſulphurées, elle eſt bleuë. Ainſi le Soleil & la Lune paroiſſent rouges à l'horizon, tant à cauſe des fumées, que des exhalaiſons ſalpêtreuſes de la Terre, dont une plus grande quantité eſt alors traverſée par la lumiére. Des fumées ſeules ſuffiroient pour cet effet. Le Soleil vu au travers d'une verre noirci d'ancre eſt rouge. Les exalaiſons nitreuſes ſuffiroient auſſi. Une chandelle eſt toute rouge, ſi elle eſt au-delà des fumées du ſalpêtre quand on le diſtille.

Le trait de flamme que le ſouflet de l'Emailleur pouſſe contre le verre eſt bleu, parce qu'il eſt pur & délié; mais dès qu'il a enflammé le verre, il devient rouge ou jaune après l'avoir traverſé, parce qu'il emporte avec ſoi quelques exhalaiſons groſſiéres de cette matiére. La flamme d'une chandelle eſt bleuë vers le bas, où elle n'eſt encore produite que par un petit nombre de parties ſubtiles allumées; elle eſt blanche au milieu, par l'union des flammes bleuës du deſſous, qui ſe mêlent en s'élevant avec celles de deſſus; elle eſt jaune ou rouge en haut, parce qu'il s'y mêle des fumées groſſiéres des parties baſſes déjà éteintes.

Après cela il eſt aiſé de comprendre pourquoi un charbon allumé eſt rouge, & pourquoi ſa derniére parcelle qui demeure en feu paroît très-blanche & très-éclatante un moment avant que de s'éteindre. Il n'y a plus aucun mêlange de fumées terreſtres qui puiſſe l'obſcurcir & la rougir.

A l'occaſion de ces matiéres, Mr. Mariotte fait une remarque aſſez curieuſe. La chaleur du Soleil ne ſe ſépare point de ſa lumiére, elles traverſent enſemble les corps tranſparens; mais il n'en va pas de même de la lumiére & de la chaleur du feu. Que l'on diſpoſe un Miroir concave devant le feu, enſorte qu'on ne puiſſe ſouffrir la main que très-peu de tems à la chaleur qu'il y aura à ſon foyer; qu'enſuite on mette

 une

1679. une glace devant le Miroir, la lumiére du foyer fera presqu'aussi vive qu'auparavant, & l'on ne sentira plus aucune chaleur; & quand même on approcheroit le Miroir du feu plus qu'on n'avoit fait d'abord, ensorte que la lumiére du foyer fût plus grande, l'effet de la chaleur n'en feroit pas pour cela plus sensible.

## ASTRONOMIE.

Voyez les Mémoires, Tom. 10. p. 436.

MEssieurs Cassini & De La Hire observérent le 5 Juin une Eclipse de Jupiter & de ses Satellites par la Lune. Ces Planétes ne parurent point changer de figure à leur rencontre avec le disque de la Lune; ce qui devroit arriver si la Lune étoit entourée d'une Atmosphére comme la Terre.

On observa avec beaucoup d'assiduïté les Eclipses des Satellites de Jupiter pendant toute cette année, tant par rapport à la théorie même de ces Satellites, que par les grandes utilités qui en revenoient à la Géographie, à laquelle on commença dès lors à faire de grands changemens & de grandes corrections.

Il étoit tems que l'Art d'observer porté à une si haute précision, produisît des utilités sensibles. Le Roi donna ordre à l'Académie de faire une Carte de la France; il semble qu'il étoit à propos que sa véritable position sur le Globe de la Terre, fût plus exactement connuë dans le tems qu'elle étoit plus célébre que jamais, & par la guerre qu'elle avoit soutenue contre toute l'Europe, & par la paix qu'elle venoit de lui prescrire.

Mrs. Picard & De La Hire partirent pour Brest, qui est l'endroit le plus occidental du Royaume, & un Port considérable. Ces deux raisons les obligérent à commencer par-là la détermination des Longitudes. Ils ne les prirent point, comme font tous les Géographes, par rapport au premier Méridien qu'on a placé dans l'Ile de Fer: la position de cette Ile ne leur étoit pas assez connuë, & pouvoit bien n'être pas sûre; la justesse des nouvelles Observations a rendu toutes les anciennes suspectes, ainsi ils résolurent de ne régler les Méridiens que par rapport à celui de Paris, sauf à le rapporter ensuite, s'il le faut, au Méridien de l'Ile de Fer, quand on sera sûr de le bien connoître.

Ces deux Messieurs arrivés à Brest, commencérent par s'assurer de l'état de leur Horloge à pendule; & cette opération, qui n'est que préliminaire, ne laisse pas d'être longue, & assez difficile dans la précision qu'on y demande. Il s'agit de comparer très-juste la Pendule au Soleil & aux Etoiles fixes, pour savoir s'il n'y a nulle différence de leur mouvement au sien. La Pendule bien éprouvée, &, s'il est nécessaire, bien

bien corrigée, eſt enſuite un des principaux fondemens de tous les calculs. 1680.

La hauteur du Pole priſe par la plus grande hauteur Méridienne de l'Etoile polaire, ſe trouva à Breſt de 48° 23′ 30″. Et la différence des Méridens de Paris & de Breſt priſe ſur la même Eclipſe du premier Satellite de Jupiter obſervée dans ces deux Villes, fut de 27′ 36″ d'heure, ou de 6 degrés 54′.

De Breſt Mrs. Picard & De La Hire allérent à Nantes, où ils firent encore les mêmes opérations.

## ANNE'E MDCLXXX.

# PHYSIQUE.

### *OBSERVATIONS DE PHYSIQUE GENERALE.*

1. MOnſieur Dodart a fait voir des pierres lenticulaires qu'il a tirées d'une roche de la Montagne de Vauciennes près Villiers-Coterêt; ces pierres ſont plattes & rondes, un peu plus épaiſſes dans leur milieu que vers leurs bords, & par-là reſſemblent parfaitement à des Lentilles. Les plus grandes ont ſix lignes de diamétre, elles ſont liſſes & très-dures. Elles ſont compoſées de pluſieurs couches, ce qui ſe connoît en les uſant juſqu'à la moitié de leur épaiſſeur; car on voit alors 6 ou 7 traces en volute, dont l'œil eſt au centre de cette coupe; les deux ou trois révolutions qui ſont à la circonférence ſont ſemées de petits points.

Quand on coupe ces pierres dans leur plus grand diamétre, on voit des traces ovales & concentriques diſtinguées les unes des autres par de petites loges creuſées en croiſſant, dont les pointes ſont tournées vers le centre de l'ovale. Ces croiſſans ſe trouvent toujours placés entre les deux extrémités de deux ovales concentriques.

La Roche d'où Mr. Dodart a tiré ces pierres, en eſt toute formée; elles y ſont mêlées ſans aucun ordre, par le moyen d'une eſpéce de mortier pierreux qui les tient toutes liées enſemble.

2. Mr. Perrault a dit que pour un ciment très-dur, il faut prendre du verre pilé, du ſel marin, du vinaigre & de la limaille de fer en égales portions, & les faire fermenter enſemble.

---

Mr. Huygens a lu ſon Traité de l'Aiman.

B O-

1680.

## BOTANIQUE. ET CHIMIE.

ON avança beaucoup cette année le travail de l'Hiſtoire des Plantes; Mr. Marchant fit venir des Pays étrangers plus de cinq cent différentes Graines ou Plantes qui ne ſe trouvent point en ces Pays. Il les cultiva, & à meſure qu'elles fleuriſſoient, il en faiſoit la Deſcription, les fourniſſoit au Laboratoire pour les analyſer, & au Deſſinateur de l'Académie pour en faire les deſſeins. Il faiſoit cultiver au Jardin Royal celles qui ne ſe trouvoient que difficilement à la Campagne, & il donna cette année des Mémoires pour y trouver aiſément celles qui y croiſſent.

Mr. Bourdelin analyſa auſſi cette année 90 Plantes, ſans compter pluſieurs autres matiéres, comme la Terébentine, les Vers de terre, les Truffes, pluſieurs ſortes de Chairs, du Sang caillé, & de la Limphe de pluſieurs Animaux, les Liqueurs acides de divers Bois & de diverſes Plantes, &c.

---

## ANATOMIE.

MOnſieur De La Hire fit voir à la Compagnie les deſſeins qu'il avoit faits de pluſieurs Poiſſons dans ſon Voyage de baſſe Bretagne, les mêmes dont Mr. Du Verney étudioit la ſtructure. Ces Poiſſons étoient au nombre de 17. ſavoir, le Lieu, le Grondin, l'Ange, le Morgaſt, le Turbot, la Moruë, le Merlu, l'Araignée, la Julienne, le Cocq, ou la Dorée, ou le Poiſſon Saint Pierre, le Chat, le Saumon, la Vieille, l'Aloze, le Spinec, ou le Chien de Mer, le Congre & la Séche. On en remit les deſſeins entre les mains de Mr. Perrault, pour en dreſſer les Mémoires, comme il avoit fait des autres Animaux.

Le même Mr. Du Verney diſſequa une Panthére qui avoit été apportée de Verſailles. Cet Animal reſſemble en bien des choſes au Tigre & au Léopard; on y voit les mêmes taches ſemées ſur la peau, une même forme extérieure, une même habitude de corps, & une grande conformité dans leurs viſcéres. Il en eſt à peu près de même du Chat-Pard. La Phanthére diſſequée par Mr. Du Verney parut être préciſément du même genre que le Léopard dont parle Oppien.

On diſſequa auſſi alors une *Palette*, ainſi nommée de la figure de ſon bec; dans la ſuite on en examina trois autres; & l'on donna la deſcription de ces Animaux au Public.

M A-

## MATHEMATIQUE. 1680.

L'Astronomie donna occaſion à Mr. Caſſini d'imaginer une nouvelle progreſſion de nombres, dans laquelle il découvrit pluſieurs belles propriétés. Cette progreſſion eſt telle, que les 2. premiers termes étant l'unité, le 3e. eſt la ſomme des deux premiers; le 4e. eſt la ſomme du ſecond & du troiſiéme; le 5e. eſt la ſomme du 3e. & du 4e; le 6e. eſt la ſomme du 4e. & du 5e. & ainſi de ſuite à l'infini de cette ſorte.

A. 1. 1. 2. 3. 5. 8. 13. 21. 34. 55. 89. 144. &c.

Si l'on veut ne pas prendre l'unité pour les deux premiers termes, il ſuffit, & l'expreſſion en eſt plus générale, que ces deux premiers termes ſoient égaux, par exemple, 2. 2. 4. 6. 10. 16. 26. 42. 68. &c. ou 10. 10. 20. 30. 50. 80. &c.

Si l'on prend trois termes quelconques de ſuite de cette progreſſion, par exemple, 8. 13. 21. de la progreſſion, A. le quarré du terme moyen 13. ne différe que d'une unité du produit des deux extrêmes 8. & 21. Le quarré eſt 169. plus grand d'une unité que le produit 168. & ce quarré eſt moindre d'une unité que le produit, alternativement; par exemple, les trois termes ſuivans ſont 13. 21. 34. le quarré de 21. eſt 441. moindre d'une unité que 442. produit de 13. par 34.

Si l'on prend quatre termes, le produit des extrêmes différe d'une unité du produit des moyens alternativement en plus & en moins.

Si l'on en prend cinq, le quarré du terme moyen différe d'une unité du produit de deux intermédiaires, & de celui des deux extrêmes en plus pour l'un, & en moins pour l'autre, & cela encore alternativement.

Cette progreſſion contient encore pluſieurs autres propriétés qu'il ſeroit inutile de rapporter; il ſuffit maintenant de remarquer que de ce qui vient d'être dit, il ſuit que ſi l'on prend trois termes de cette progreſſion, les deux premiers diviſent le troiſiéme terme en moyenne & extrême raiſon, le plus près qu'il eſt poſſible en nombres entiers, puiſqu'il n'y a que l'unité de différence. On ſait que ce problême eſt impoſſible en nombres; & c'eſt ce qui donna occaſion à Mr. Caſſini d'imaginer cette Progreſſion, dont il appliquoit l'uſage à la Théorie des Planétes.

On s'exerça beaucoup ſur la Dioptrique; Mr. Huygens lut alors ſon Traité ſur cette matiére, qui fut imprimé longtems après. Mr. Picard commença de lire auſſi ſon Traité des Lunettes - d'approche, dans lequel il examinoit tout ce qui regarde la théorie & la pratique de cet Inſtrument. Mr. Auzout s'étoit autrefois appliqué à la même matiére, & il eſt fâcheux que nous n'ayons pas eu ces Ouvrages dans leur entiére perfection.

Voyez les Mémoires Tom. 7. part. 1. p. 335.

Mr. Roëmer préſenta un Triangle de cuivre pour ſervir de jauge aux ajus-

1680. ajuſtages, & meſurer la quantité d'eau qu'ils donnent, ſuivant la hauteur des Jets.

Mr. Couplet préſenta auſſi un Niveau d'une conſtruction ſimple, & d'un uſage facile.

Mr. De la Hire, qui travailloit pour lors à ſon grand Traité des Sections Coniques, imprimé depuis, c'eſt-à-dire en 1685. en lut cette année pluſieurs morceaux; il donna auſſi une Méthode univerſelle pour faire des Cadrans Solaires; la Gnomonique ſur laquelle il méditoit, tiroit entre ſes mains de grands ſecours des Sections Coniques; il falloit un Géométre, & un Géométre habile, pour rendre à cette Partie des Mathématiques, très-belle par elle-même, le luſtre qu'elle ſembloit avoir perdu, par l'ignorance de ceux à qui elle étoit, pour ainſi dire, abandonnée; il en compoſa dans la ſuite un Traité complet, dans lequel il joignit la pratique à la théorie d'une maniére propre à contenter également les Savans & ceux qui ne cherchent que le manuel de cette Science.

Voyez les Mémoires Tome 10. p. 444.

Mr. Huygens donna auſſi cette année pluſieurs morceaux ſur l'Algébre & ſur la Géométrie; il inventa & propoſa alors ſon Niveau à lunette, trop connu pour en faire ici la deſcription; il le fit imprimer dans les Journaux, & il ajouta la démonſtration de ſon uſage.

Voyez les Mémoires, Tom. 10. p. 446.

## ASTRONOMIE.

On continua le Deſſein de la Carte générale de la France par les ordres du Roi. Mrs. Picard & De la Hire furent cette année à Bayonne, & ſur les Côtes de Guyenne & de Xaintonge. Ils partirent au mois de Septembre, parce que dans cette ſaiſon il y avoit un plus grand nombre d'Obſervations à faire ſur les Satellites de Jupiter: ils déterminérent la différence de Longitude & de Latitude entre l'Obſervatoire Royal & les Villes de Bayonne, Bordeaux & Royan. Ils prirent dans ces différens lieux la déclinaiſon de l'Aiguille aimantée, & à Bayonne ils obſervérent l'heure de la marée en différens jours, ainſi qu'ils l'avoient pratiqué à Breſt l'année précédente.

Ces Obſervations donnoient la poſition juſte des Côtes Occidentales de la France, c'eſt-à-dire, de la Bretagne, du Poitou, & de la Gaſcogne; d'ailleurs Mr. Richer, avant que de s'embarquer pour la Cayenne, avoit pris exactement la hauteur du Pole de la Rochelle. Il ne reſtoit plus, pour achever de déterminer la poſition des Côtes de France ſur l'Océan, que de faire les mêmes Obſervations ſur les Côtes Septentrionales de Bretagne, ſur celles de Normandie, de Picardie, & de Flandre. Ces Meſſieurs reçurent des ordres à cet effet. Mr. Picard alla du du côté de Bretagne, & Mr. De la Hire alla en Flandre. 1680.

On faisoit en même tems à Paris les Observations correspondantes à celles qu'ils faisoient dans différens lieux. On reconnut par-là les grandes erreurs que les meilleurs Géographes avoient, ou commises, ou adoptées dans la position des principales Villes; erreurs apparemment indispensables dans un tems où l'on manquoit de méthodes sûres pour les corriger, ou d'occasions de pratiquer ces Méthodes.

Il étoit en effet très-difficile & très-long de déterminer les Longitudes des différens points de la Terre par les Eclipses de la Lune, le seul moyen connu aux Anciens, & le seul qui fût sûr avant la découverte des Satellites de Jupiter: les Eclipses de Lune sont très-rares, & demandent sans comparaison plus d'appareil que celle des Satellites de Jupiter, quoiqu'en effet on puisse les observer avec des Lunettes beaucoup plus petites: au-lieu que les Eclipses des Satellites de Jupiter sont très-fréquentes, puisqu'en chaque année il en arrive ordinairement 1300.

Il y a plus encore, & on éprouva cette année la grande facilité de ces sortes d'Eclipses dans l'affaire des Longitudes. Mr. Cassini, qui avoit publié dès l'année 1668. les Tables des mouvemens de ces Satellites, les avoit comparées scrupuleusement avec le Ciel depuis ce tems-là jusqu'en 1680. c'est-à-dire, pendant une Révolution entiére de Jupiter autour du Soleil; il avoit établi des corrections à faire à ses Tables, & les Calculs faits en conséquence de ces corrections représentoient ces Eclipses à une minute tout au plus de l'Observation; par-là un Voyageur qui observeroit dans un lieu quelconque une Immersion du premier Satellite, par exemple, pouvoit dans un instant comparer son observation à un calcul très-court, qui lui représentoit l'Observation elle-même telle qu'elle avoit été faite sous le Méridien des Tables; & par ce moyen il déterminoit la Longitude du lieu de son Observation sans autre Correspondance. Si ce n'est pas-là le véritable secret des Longitudes, au-moins en approche-t-il de bien près.

A l'égard des Corrections que Mr. Cassini fit à ses Tables, nous ne parlerons ici, & même en peu de mots, que de celles du premier Satellite, d'autant plus qu'il en fit de nouvelles dans la suite.

Les Tables qu'il en avoit publiées en 1668. étoient fondées sur 16. années d'Observations comparées aux plus anciennes faites par Galilée, dans le tems même de la découverte de ces Satellites; mais les Observations faites depuis 1668. ne s'accordoient plus avec ces Tables; elles montroient dans le mouvement du premier un retardement de plus de six degrés de son cercle en 15. années, desorte que les Tables ne représentoient son mouvement en 1680. qu'à 5. degrés près, dont elles

 avan-

1680. avançoient le Satellite plus qu'il n'étoit en effet. Cette différence viendroit-elle d'un retardement effectif; & ce retardement auroit-il lieu pour les autres Planétes, tant principales que secondaires, à proportion du plus ou du moins de durée de leurs Révolutions? On n'est pas encore en droit de l'assurer, il faut une plus longue suite d'Observations pour prendre ce parti: il vaut mieux, comme fit Mr. Cassini, rejetter cette différence sur l'incertitude des Observations de Galilée, auxquelles les Tables de 1668. avoient été assujetties. C'est pour cela que Mr. Cassini, en réformant ses Tables, abandonna les Observations de Galilée, & se fonda uniquement sur les siennes propres de 28. années, faites avec des Lunettes beaucoup plus parfaites que celles dont Galilée s'étoit servi; il aima mieux représenter les Observations à venir que les anciennes.

Il augmenta la durée de la Révolution de ce Satellite établie dans ses premiéres Tables d'une seconde d'heure, il fixa une nouvelle Epoque de son mouvement, & choisit l'Immersion arrivée le 21. Juillet 1680. à $13^{h}$. 54. minutes.

Le 8 Avril à 7. heures du soir, Mr. Cassini revit la fameuse Tache de Jupiter, qui n'avoit pu être apperçue pendant toute l'année précédente. C'est cette même Tache qui avoit servi à déterminer la période du mouvement de Jupiter sur son axe en 9. heures 56. minutes. Elle fut observée cette année au même endroit du Disque de Jupiter, où la Table de son mouvement demandoit qu'elle fût, tant les premiéres Observations avoient été exactes.

---

## *SUR LES PERIODES LUNI-SOLAIRES, ou sur le Réglement des Tems.*

LA Révolution apparente du Soleil autour de la Terre qui fait notre année, ne contient pas un nombre juste de jours; il y a des fractions, des heures, des minutes, & d'autres parties plus petites encore, qui font que le Soleil n'arrive pas au même point de son Orbite dans les mêmes heures, & dans les mêmes jours de l'année; on a même été longtems à s'assurer avec précision de la grandeur de l'année solaire; les erreurs qui ont échappé sur ce sujet aux anciens Astronomes, ont plus d'une fois troublé l'ordre des Saisons, que divers Peuples ont tâché assez inutilement de rétablir d'une maniére invariable.

Jules-César, environ l'an 44. avant J. C. réforma l'année sur le cours du Soleil, dont il détermina la durée de 365. jours 6. heures. Ces 6. heures au bout de 4. ans formoient un jour de plus, & par conséquent une année de 366. jours; mais cette année étoit trop grande, desorte qu'au bout de 400. années on avoit compté trois jours de trop, par-

par-là l'Equinoxe avoit retrogradé de 3. jours dans le même intervalle 1680. de 400. ans, ensorte qu'en 1555. c'est-à-dire, seize siécles après la Réforme de Jules-César, il arrivoit 12. jours plutôt, & alors il tomboit au 11. Mars à minuit environ.

On réforma donc de-nouveau le Calendrier en 1582. & parceque l'on avoit d'ailleurs besoin que l'Equinoxe fût fixe dans un même jour de l'année, ou du-moins qu'il ne s'en éloignât pas beaucoup, & qu'il y revînt même au bout de certaines périodes, on chercha des périodes qui pussent ramener le Soleil au même point du Zodiaque, aux mêmes jours, & à la même heure.

Telle est celle de Mr. Cassini: il imagina un Cycle Solaire de 33. années, composé de 8. périodes de 4. années chacune, dont 3. sont communes, & une bissextile; & outre cela d'une année simple commune; c'est-à-dire en général, de 7. périodes quadriennales Juliennes, & d'une période de 5. années, dont 4. sont communes, & une est bissextile. Ce Cycle raméne le Soleil au même point du Zodiaque, au même jour de l'année, & à la même heure; & dans l'espace de ces 33. années, qui font la durée du Cycle, il ne peut y avoir un jour entier de différence dans le lieu du Soleil au même point du Zodiaque; ce qui d'un côté satisfait à l'intention du Concile de Nicée, qui voulut fixer l'Equinoxe du Printems au même jour de l'année, & diminue d'ailleurs la différence qui se trouve dans la Correction Grégorienne entre les différens lieux du Soleil aux mêmes jours de l'année, suivant laquelle l'Equinoxe ne laisse pas de varier de plus de deux jours en 400. ans, au-lieu que, suivant la méthode de Mr. Cassini, l'Equinoxe, par exemple, arrivera toujours dans les années bissextiles le 21. Mars, entre midi & six heures du soir, dans la premiére année après la bissextile, il arrivera entre 6. heures du soir & minuit, & ainsi de suite de 6. heures en 6. heures entre le 21. & le 22. Mars, jusqu'à l'année bissextile suivante, où le 22. à midi se trouve le 21. à midi, à cause de l'addition d'un jour au mois de Février. Ce Calcul de Mr. Cassini est fondé sur les mêmes hypothéses que celles de la Correction Grégorienne, qui supposent un excès de 3. jours entiers dans 400. années Juliennes.

Voyez les Mémoires, Tom. 10. p. 433.

Suivant la Correction Grégorienne, en 400. ans il y a 12. années extraordinaires, c'est-à-dire hors de l'ordre des périodes quadriennales complétes de 3. années commune, & une bissextile; ce sont comme on sait les années 97. 98. 99. 100, 197. 198. 199. 200, 297, 298, 299. 300: par le Cycle de Mr. Cassini en 400. années il y en a de-même 12. extraordinaires, savoir, 33, 66, 99. 132, 165, 198. 231, 264, 297. 330, 363, 396. Ainsi au bout des 400. années, tout revient au

1680. au même; la seule différence est que dans la forme Grégorienne on laisse aller la variation du mouvement de l'Equinoxe plus avant, au-lieu que le Cycle de Mr. Cassini l'arrête avant qu'il soit monté à un jour entier.

Voyez les Mémoires, Tom. 10. p. 435.

Il établit aussi un nouveau Cycle Lunaire de 353. années, au bout desquelles le Soleil & la Lune reviennent au même point du Zodiaque; ce Cycle contient 18. Cycles de Méton de 19. années chacun, & 11. années de plus. De-là Mr. Cassini trouve l'occasion de rétablir l'usage du Nombre d'Or, pour régler toujours les Epactes d'une même maniére; mais nous supprimerons ici ses remarques, dont le détail nous méneroit trop loin; nous remarquerons seulement, que 183. Cycles Solaires, de 33. années chacun, telle que nous les avons décrites plus haut, forment une période de 6039. années, qui comprend aussi 17. Cycles Lunaires de 353. années plus deux Cycles de Méton, ce qui remet au bout de ce tems le Soleil & la Lune dans la derniére précision au même point du Zodiaque, à la même heure & sous le même Méridien.

---

Cette année Monsieur Cassini fit voir à l'Académie un Planisphére d'argent exécuté sous sa direction par le Sieur Butterfield Anglois, fameux Ouvrier. L'une des faces portoit le systême des Planétes, suivant les Hypothéses de Copernic & de Tycho; l'autre représentoit les Etoiles visibles sur l'horizon de Paris, avec divers cercles de la Sphére. Mr. Cassini en expliqua alors les différens usages par un Ecrit exprès qu'il publia dans la suite.

Mr. Roëmer fit voir aussi deux Machines différentes, dont l'une représentoit le mouvement des Planétes avec toute l'exactitude dont une machine est capable; c'étoit une Ephéméride perpétuelle: l'autre étoit de la même espéce, & servoit seulement à faire voir les Eclipses du Soleil & de la Lune, & les différens mouvemens de ces Astres.

Avant ce tems-là Mr. De la Hire avoit donné sa Machine aux Eclipses, la même qu'il a décrite dans la seconde Edition de ses Tables Astronomiques: l'ayant appliqué à une Pendule à secondes, l'index ou aiguille qui fait sa révolution dans une année Lunaire, montroit sur la platine le jour des nouvelles & pleines Lunes, les Eclipses de l'année, &c.

On envoya à l'Empereur de la Chine des Machines semblables à celles dont nous venons de parler; la derniére lui plut si fort, que l'ayant donnée au P. De Fontanay Missionnaire Jésuite, il la lui redemanda peu de tems après.

On observa le 20 Mai une grosse Tache sur le Soleil, elle étoit déjà avancée sur le Disque de cet Astre; elle cessa de paroître en passant sur l'Hémisphére supérieur du Soleil le 30 du même mois: Mr. Cassini assura

aſſura qu'elle retourneroit viſible, & en effet on commença à l'apper- 1681.
cevoir de-nouveau le 13 Juin. Les Obſervations exactes & continuées qu'on en fit, ſervirent à limiter de plus en plus le tems de la révolution du Soleil ſur ſon axe, & l'inclinaiſon de ce même axe au plan de l'Ecliptique.

## ANNE'E MDCLXXXI.

CETTE année eſt glorieuſe pour l'Académie, par l'honneur qu'elle reçut de la préſence du Roi. Sa Majeſté y vint le 5. Décembre accompagnée de Monſeigneur le Dauphin, de Monſieur, Frére unique du Roi, de Monſieur le Prince de Condé, & d'une partie de la Cour. Le Roi ayant viſité la Bibliothéque, entra dans le Laboratoire de l'Académie, où Mr. Du Clos exécuta en préſence de Sa Majeſté pluſieurs expériences; il fit en un inſtant la coagulation de l'Eau de mer par le moyen de l'huile de tartre; il réduiſit après pluſieurs lotions en une terre inſipide, des ſels très-âcres, comme le ſel de tartre; il fit la diſtillation de la flamme d'Eſprit-de-vin; il fit voir de la Manganéſe, qui étant verte ôte la couleur verte au verre.

Sa Majeſté paſſa enſuite dans la Salle des Aſſemblées ordinaires de l'Académie. Mr. Colbert lui préſenta les Ouvrages imprimés des Académiciens, & ceux qui étoient prêts de l'être; les deſſeins de divers Animaux terreſtres faits par Mr. Perrault, & divers Poiſſons copiés d'après le naturel par de Mr. De la Hire, attirérent l'attention du Roi. Sa Majeſté conſidéra auſſi quelques Plantes, entre autres le *Melocarduus*, que Mr. Dodart expliqua. Mr. Caſſini expliqua enſuite la conſtruction & l'uſage des deux Machines Aſtronomiques de Mr. Roëmer, auxquelles le Roi s'arrêta aſſez longtems. L'une ſert au calcul des Eclipſes, & l'autre repréſente toute la Théorie des Planétes.

Le Roi dit à l'Académie, qu'il n'étoit point néceſſaire qu'il l'exhortât à travailler, & qu'elle s'y appliquoit aſſez d'elle-même.

L'Académie avoit en effet publié dès lors, c'eſt-à-dire en moins de quinze ans, depuis ſon établiſſement, un grand nombre d'Ouvrages de Phyſique & de Mathématique. Peut-être n'en trouveroit-on pas ici le Catalogue hors de propos; mais nous nous reſervons à le donner d'une maniére plus détaillée dans un Catalogue général de tous les Ouvrages de l'Académie, que nous eſpérons ajouter à la fin de cette Hiſtoire.

1681.

# PHYSIQUE.

## *DIVERSES OBSEVATIONS DE PHYSIQUE générale.*

I.

Monsieur De Saint Hilaire, Chanoine de Beauvais, apporta à l'Académie de l'Eau marine dépouillée de son sel: cette opération avoit été faire en Suéde, d'où Mr. De Feuquiéres, qui y étoit en Ambassade, l'avoit envoyée à Mr. le Marquis de Croissy, Sécretaire-d'Etat. On avoit écrit de Suéde que cette Eau avoit été dessalée par voye de précipitation; & c'étoit-là tout ce qu'on savoit de l'opération. Seulement on conjecturoit que la précipitation du sel marin s'étoit faite par l'addition de quelque sel nitreux, à cause d'une certaine odeur lixivielle qui restoit à cette eau, & d'une sensation de chaleur qu'elle causoit à la gorge après qu'on en avoit bû. Cette eau avoit la saveur de l'eau commune, ou même étoit absolument insipide. Elle étoit un peu trouble, & pesoit à peine $\frac{1}{176}$ de plus que l'eau d'Arcueil; mais elle pesoit $\frac{1}{70}$ moins que l'eau de mer. On en distilla 8 onces, & on trouva un grain & demi de sel au fond du vase.

II.

Mr. Hubin Emailleur du Roi, & très-connu des Physiciens, fit voir à la Compagnie les Additions qu'il avoit faites à la Machine inventée par Mr. Papin, pour amollir les Os, & faire cuire les Viandes. Cette machine est composée en général de deux cilindres creux de diamétre & de hauteur inégales; le moindre, qui est aussi l'intérieur, est d'étain; on y met les os que l'on veut amollir, ou les viandes, avec un peu d'eau, & on le ferme exactement. Dans cet état on plonge ce premier cilindre dans un second fait de cuivre, que l'on remplit d'eau, & on bouche ce second cilindre exactement avec un couvercle fortement serré par deux vis. On laisse seulement vers le haut du couvercle un petit trou par lequel la vapeur du bain-marie puisse s'exhaler lorsque la machine est mise sur le feu. Par une expérience que fit Mr. Hubin en présence de la Compagnie, des os qu'il avoit mis dans le premier cilindre furent amollis dans l'espace d'une heure & trois quarts; ils avoient alors la consistance de fromage, mais sans aucun goût, leur suc étoit passé dans le bouillon, qui s'épaissit ensuite en gelée ordinaire. Peu de tems après que les os eurent été retirés du feu, ils reprirent leur première consistance, mais alors ils étoient friables; on jugea que cette machine pourroit être d'usage, cependant il ne paroît pas qu'on s'en soit beaucoup servi.

III.

1681.

III.

On fit par occasion quelques remarques sur les Sons. Mr. Blondel dit qu'il avoit observé que lorsqu'on presse le bord d'un verre plein d'eau avec le doigt en tournant, les petits cercles formés par l'eau mise en ébullition, se redoublent lorsque le ton monte à l'octave, parce que dans ce cas le mouvement est plus vîte du double.

Mr. Mariotte remarqua aussi que dans la Trompette, le pavillon ne frémit qu'aux sons graves, que le milieu de l'instrument frémit à la quinte, & que dans l'octave le mouvement ne se communique qu'aux parties supérieures de l'instrument.

# ANATOMIE.

## *SUR LA DISSECTION DE L'ELEPHANT, ET DU CROCODILE.*

UN Eléphant de la Ménagerie de Versailles étant mort, l'Académie fut mandée pour le disséquer; Mr. Du Verny en fit la dissection, Mr. Perrault la description des principales parties, & Mr. De la Hire en fit les desseins: jamais peut-être dissection anatomique ne fut si éclatante, soit par la grandeur de l'Animal, soit par l'exactitude que l'on apporta à l'examen de ses parties différentes, soit enfin par la qualité & le nombre des Assistans: on avoit couché le sujet sur un espéce de Théâtre assez élevé: le Roi ne dédaigna pas d'être présent à l'examen de quelques-unes des parties, & lorsqu'il y vint il demanda avec empressement où étoit l'Anatomiste, qu'il ne voyoit point; Mr. Du Verny s'éleva aussi-tôt des flancs de l'Animal, où il étoit, pour ainsi dire, englouti.

Cet Eléphant, qui mourut au mois de Janvier 1681. étoit du Royaume de Congo. Il étoit âgé de 4. ans en 1668. lorsque le Roi de Portugal l'envoya au Roi.

Avant de le disséquer on mesura sa hauteur, qu'on trouva de 7. pieds & demi depuis le haut du dos jusqu'à terre, la longueur du corps étoit presque égale à la hauteur, & sa circonférence étoit de 12. pieds & demi.

On trouva les pieds de cet Eléphant d'une conformation particuliére, & qu'on jugea monstrueuse, c'étoient des productions aux pieds de devant faites à peu près comme les doigts de la main de l'homme: cela fit souvenir de ce que les Historiens rapportent de la figure extraordinaire des pieds du Cheval de Jules-César, dont la corne étoit fendue en cinq

1681. cinq en forme de doigts, ce que les Devins assurérent être un présage à son Maître de la conquête du Monde entier.

L'Eléphant a les jambes si longues, qu'il n'est pas étonnant qu'allant de son pas, il puisse atteindre un homme qui court; cette longueur dans un Eléphant de taille médiocre est à peu près double de celle de la jambe d'un homme ordinaire.

Le nôtre, qu'on avoit cru mâle pendant sa vie, fut reconnu femelle après sa mort; l'orifice extérieur de sa matrice n'étoit point au même endroit qu'il se voit aux autres Animaux; il étoit placé presqu'au milieu du ventre proche le nombril, à l'extrémité d'un canal qui formoit une éminence longue de deux pieds & demi depuis l'anus jusqu'à cet orifice, & qui enfermoit un clitoris de même longueur. Les mamelles étoient à la poitrine comme aux femmes.

Les yeux étoient fort petits à proportion de la grosseur de la tête, mais les oreilles étoient fort grandes, & de figure à peu près ovale, couchées contre la tête comme celles de l'homme. Leur longueur étoit de 3. pieds, & leur largeur de 2. pieds 2. pouces.

La trompe dans le sujet mort avoit 5. pieds 3. pouces de longueur; l'Animal la pouvoir allonger davantage, ou la racourcir, suivant le besoin, quand il étoit vivant; elle avoit 9. pouces de diamétre à sa racine, & 3. pouces à son extrémité: c'est à cette extrémité que réside toute l'adresse de l'Eléphant; on en verra une description plus détaillée dans les Mémoires, ainsi que de l'intérieur même de la trompe, & de la méchanique de ses différens mouvemens. Il peut se servir de cette extrémité pour écrire, si l'on en croit quelque Auteurs: ce qu'il y a de certain, c'est que celui dont nous parlons dénouoit fort adroitement des cordes avec cette partie, qu'il prenoit & rompoit des choses fort petites, qu'il en enlevoit de fort pesantes, pourvu qu'il pût les pincer. Il y a apparence que les principaux usages de cette trompe regardent la nourriture de l'Animal; car par rapport à sa boisson, il la fait entrer dans les cavités de sa trompe, qui contiennent environ un demi seau de liqueur, & la recourbant en-dessous il en insére l'extrémité fort avant dans sa gueule, & y pousse en soufflant la liqueur qui y est contenue; son haleine lui sert à aspirer la boisson dans sa trompe, & à la refouler de sa trompe dans sa gueule, ou plutôt dans son œsophage: pour la nourriture solide, l'herbe, par exemple, il l'arrache avec sa trompe, & en forme des paquets qu'il fourre bien avant dans son gosier, d'où il y a lieu de croire que le faon de l'Eléphant, quand il tette, suce le lait avec sa trompe, & le porte ensuite de la même maniére dans sa gueule. Et cette façon de se nourrir n'est pas si différente qu'on le croiroit d'abord,

bord, de celle qui est commune aux autres Animaux. Du-moins elle est 1681.
fondée sur le même principe. Car les Animaux, avant que de prendre leurs alimens, les reconnoissent, pour ainsi dire, en les flairant, & pour cela ils ont l'organe de l'odorat placé fort proche de la gueule, au-lieu que l'Eléphant ayant les conduits de cet organe fort éloignés, puisqu'ils sont au bout de sa trompe, il auroit couru risque de se tromper sur le choix des siens: il a donc fallu que le même organe lui servit, & à les reconnoître, & à les transporter en sureté dans sa gueule.

La peau de notre Eléphant étoit garnie en quelques endroits de poil, ou plutôt d'une espéce de soye noire, luisante, & plus grosse que celle des Sangliers; la queuë en étoit garnie aussi, outre qu'elle portoit à son extrémité une houppe de soyes pareilles, mais plus longues que partout ailleurs; la peau étoit ridée diversement, & recouverte premiérement d'un épiderme assez délié, & celui-ci d'un autre fort inégal & fort vilain; desorte que, suivant la remarque de Mr. Perrault, si l'Eléphant nous paroît mal-fait, & taillé grossiérement, en le comparant aux autres Animaux, l'habit qui le couvre l'est encore davantage.

En ôtant la peau qui convroit le ventre, on trouva une grande membrane tendineuse étenduë sur les muscles ordinaires du bas-ventre, & qui occupoit toute cette région. Elle étoit épaisse de deux lignes, dure & extrêmement tenduë. Elle sert à l'Eléphant comme de sangle pour soutenir le poids énorme des parties enfermées dans le ventre.

Le Péritoine étoit fort épais, mais d'une tissure lâche & d'une substance spongieuse, comme presque toutes les autres membranes de l'Eléphant.

L'Epiploon avoit une situation particuliére, car il occupoit la partie postérieure du ventricule, ensorte qu'il passoit entre les intestins & le dos. Lorsque l'Animal étoit sur ses pieds, cette partie nageoit sur les intestins. Apparemment qu'elle en auroit été trop comprimée, si elle eût occupé dans cet Animal la même place qu'elle occupe dans les autres.

Les Intestins étoient extrêmement larges, sur-tout le Colon, qui avoit deux pieds de diamétre; capacité proportionnée à la quantité de nourriture que l'Animal prenoit chaque jour. Tous les intestins pris ensemble avoient soixante pieds de long, les gros en ayant vingt-deux, & les grêles trente-huit. Le cæcum avoit un pied & demi de long.

Le ventricule étoit assez petit par rapport aux intestins; il n'avoit que trois pieds & demi de longueur, & quatorze pouces de diamétre dans sa partie la plus large. L'œsophage y entroit presque par le milieu.

On ne trouva point dans ce sujet de vésicule du fiel, non plus que dans un autre qui fut dissequé depuis en Angleterre; le nôtre avoit seulement le canal hépatique qui étoit fort gros.

1781. Dans la matrice on trouva au-delà de l'orifice interne deux valvules ſigmoïdes, qui bouchoient le col interne, & qui paroiſſoient empêcher qu'il n'entrât rien dans la matrice, ce qui étoit néceſſaire pour arrêter le reflux de l'urine, qui ſans cette précaution auroit pu y entrer, à cauſe que le col de la veſſie qui étoit fort court, s'inſéroit tout auprès de l'orifice interne. On trouva auſſi une eſpéce de valvule frangée aux embouchures des cornes de la matrice, leſquelles étoient jointes l'une contre l'autre, & montoient enſemble juſqu'à un pied de hauteur, après quoi elles ſe ſéparoient.

Il y auroit une infinité d'autres remarques à faire ſur d'autres parties de l'Éléphant, ſur la ſtructure ſinguliére & admirable de ſa trompe, ſur les diverſes piéces de ſon ſqueléte, &c. Mais ce que nous en avons rapporté ſuffit pour donner une idée, & de quelqus-unes des particularités qu'on a remarquées dans cet Animal, & de l'exactitude que l'on a apportée à ſa diſſection. On verra toutes ces choſes fort détaillées dans les nouveaux Mémoites pour ſervir à l'Hiſtoire des Animaux, que l'on va imprimer.

On diſſequa auſſi un petit Crocodile de la Ménagerie. Cet Animal, qui ne peut vivre que dans les pays fort chauds, avoit néanmoins vécu près d'un mois à Verſailles, ce qui fut regardé comme une choſe fort rare : pendant environ deux mois depuis ſon arrivée en France, on ne le vit point manger, auſſi ne trouva-t-on dans ſon ventricule que du ſable & de petits limaçons dans leur coquille. Le Crocodile eſt une eſpéce de Lézard, & l'on a gardé des Lézards qui ont vécu deux mois ſans prendre aucune nourriture.

Ce Crocodile avoit près de 4. pieds de longueur; tout le corps, excepté la tête, étoit couvert d'écailles, différentes les unes des autres, & différemment poſées en divers endroits. La tête étoit couverte de la peau ſeule, immédiatement collée ſur l'os. Sur le bout du muſeau, qui ſe terminoit en pointe, il y avoit un trou rond rempli d'une chair mollaſſe, percée de deux petits trous qui ſervoient de narines; les oreilles étoient recouvertes d'une partie de la peau qui formoit à chaque oreille une eſpéce de paupiére, & bouchoit exactement ces ouvertures, ce qui a fait dire à quelques Auteurs, que le Crocodile n'a point d'oreilles.

La mâchoire ſupérieure n'étoit point mobile, comme les Anciens l'ont cru; les dents des deux mâchoires étoient tellement arrangées les unes à l'égard des autres, que lorſque l'Animal fermoit la gueule, elles paroiſſoient toutes jointes enſemble, celles d'en-haut ſe logeant dans les intervalles de celles d'en-bas, & celles d'en-bas dans les intervalles de celles d'en-haut. A chaque côté de la mâchoire inférieure vers le milieu, immé-

immédiatement ſous la peau, il y avoit une petite glande qui s'ouvroit 1681.
en-dehors, & rendoit une humeur d'une odeur fort agréable: les Anciens n'ont fait aucune mention de ces glandes.

A l'ouverture du ventre on découvrit les muſcles de l'abdomen, deux ſeulement de chaque côté, & différens, non ſeulement par le nombre, mais auſſi par leur ſituation & par leur ſtructure de ceux des autres Animaux terreſtres. L'externe étoit poſé par-deſſus les côtes, & l'interne par-deſſous, & immédiatement ſur les entrailles qu'il embraſſoit en maniére de péritoine. On trouva encore d'autres muſcles fort particuliers ſous la peau du dos qui avoient leur origine aux vertébres & aux côtes, & inſéroient leurs tendons dans les bandes d'écailles dont le dos étoit couvert. De ces tendons les uns alloient de haut en-bas, & tiroient les bandes d'écailles en en-haut, les autres ayant une ſituation contraire les tiroient en en-bas. L'uſage de ces muſcles eſt apparemment de ſerrer l'une contre l'autre les bandes d'écailles dont nous avons parlé, ou de les relâcher ſuivant le beſoin.

Nous irions trop loin ſi nous voulions ſuivre la Deſcription du Crocodile, & faire mention des différentes particularités qu'on y a trouvées; on en trouvera dans les Mémoires un détail fort circonſtancié à la ſuite de la Deſcription de l'Eléphant.

## BOTANIQUE.

LA Botanique continua d'être cultivée avec les mêmes ſoins que dans les années précédentes; plus on connoiſſoit de Plantes, & plus on en vouloit connoître; les naturelles du Pays ne ſuffiſant pas pour contenter la curioſité des Botaniſtes, on en faiſoit venir des Régions les plus éloignées. Mr. Marchant, par les ſoins de qui elles étoient apportées à l'Académie, en donnoit encore la Deſcription, & les Chimiſtes en faiſoient l'Analyſe: les Savans étrangers ſecondoient auſſi les vuës de l'Académie. Mr. Bocone, Gentilhomme Italien, envoya au P. de la Chaiſe, & par lui à l'Académie, ſon Livre des Plantes rares, il y joignit un grand nombre de Plantes deſſechées.

A l'occaſion du *Trifolium paluſtre*, Mr. Du Clos dit que la décoction de cette plante guérit le ſcorbut, ce que fait auſſi, ſelon lui, la boiſſon de moutarde.

1681.

# MATHEMATIQUE.

## GEOMETRIE ET MECHANIQUE.

ON lût dans les Assemblées plusieurs Traités Géométriques composés par différens Académiciens. Mr. De la Hire acheva son grand Ouvrage des Sections Coniques, auquel il travailloit depuis dix ans: il avoit rassemblé dans un même corps & à moins de frais, toute la Théorie des Sections Coniques, qu'il avoit déduite le premier de principes nouveaux & fort simples, & qu'il avoit enrichie d'un grand nombre de nouvelles propriétés: il expliqua à l'Académie le plan & la méthode qu'il avoit suivie dans tout l'Ouvrage, & il y donna de vive voix, & par des figures sensibles, planes & en relief, une partie des Démonstrations sur lesquelles il s'étoit appuyé.

Le même Mr. De la Hire donna aussi la solution de quelques Problêmes proposés par Mr. Sauveur. Mr. Picard donna plusieurs Démonstrations de Dioptrique, & plusieurs Problêmes curieux de Géométrie pratique.

Mr. l'Abbé de l'Annion donna aussi quelques Théorêmes nouveaux de Géométrie élémentaire.

Mr. le Chevalier Renau proposa alors une nouvelle courbe pour la construction des Vaisseaux: suite des Conférences ordonnée par le Roi dans ce tems-là pour la perfection de cette matiére, auxquelles Mr. Renau avoit été appellé, & où il avoit remporté la victoire sur de grands Hommes dans la Marine. Mr. le Marquis de Seignelay, Ministre de la Marine, chargea Mrs. Blondel & Mariotte de l'examiner; ils le firent, & en rendirent compte à l'Académie; on trouva la proposition de Mr. Renau fort juste dans la théorie, & d'une grande facilité dans la construction: cette courbe étoit une Section conique, & l'Auteur l'avoit considérée, non seulement comme un homme très au fait de la Marine, mais encore comme un grand Géométre.

Monsieur Sauveur présenta aussi dans le même tems un nouvel Instrument de son invention, par le moyen duquel il mesuroit très-facilement la dépense des Jets-d'eau, suivant leur hauteur, & celles des reservoirs, & aussi suivant le diamétre de leur ajutage; ce même Instrument servoit encore à trouver la quantité d'eau contenuë dans une Fontaine; si la coquille de cette Fontaine étoit ronde, il suffisoit de savoir son demi-diamétre; & si elle étoit quarrée, ou de toute figure réguliére, il suffisoit de connoître la grandeur d'un côté.

Mr.

Mr. Raff présenta une Pompe nouvelle d'une construction facile; on crut qu'elle seroit d'usage dans certains cas proposés par l'Auteur; & lorsqu'ils ne faut élever l'eau qu'à des hauteurs médiocres, comme sur les Vaisseaux, ou pour dessecher des fossés. Cette Machine fut mise à l'Observatoire, au nombre de plusieurs autres qui y sont conservées. 1681.

## ASTRONOMIE.

Monsieur Cassini ayant observé les deux Equinoxes, & le Solstice d'Eté de cette année, en donna les Résultats; il lut aussi l'Observation qu'il avoit faite de l'Eclipse de Lune qui étoit arrivée le 27. d'Août; il en avoit reçu plusieurs Observations faites en différens Pays, qu'il compara avec les siennes; il construisit une Table des Eclipses des Satellites de Jupiter pendant les deux années 1681. & 1682. afin de servir à déterminer les Longitudes dans les voyages de long cours.

Vénus devoit passer par le Paralléle du Soleil au commencement de Juin. Mrs. Picard & Cassini ne manquérent pas de profiter de cette occasion, pour déterminer, s'il étoit possible, la Parallaxe de cette Planéte, & sa distance à la Terre, deux points très-essentiels dans l'Astronomie. Ces deux Astronomes observérent séparément, & leurs Observations se trouvérent parfaitement d'accord. Vénus étoit alors éloignée de la Terre d'un tiers seulement de la distance de la Terre au Soleil; de-là on conclut assez exactement la distance du Soleil à la Terre de 22000. demi-diamétres terrestres, c'est-à-dire, de 31489333. lieuës communes, de 25. au degré: cette distance est à peu près la même que celle que Mr. Cassini avoit déterminée auparavant par d'autres méthodes.

## *SUR LA COMETE DE* 1681.

Dans le Solstice d'Hiver de l'année 1680. il parut une Cométe des plus grandes & des plus éclantes qui eût jamais été observée; elle fut vuë à Paris le 22. Décembre 1680. à cinq heures & un quart du soir; on avoit même apperçu la queuë en Angleterre dès le 20. du même mois, peu aprés le coucher du Soleil. Cette Cométe fut observée presque par toute l'Europe. Par les premiéres Observations qu'en fit Mr. Cassini, il lui trouva tant de rapport & de conformité avec celle de l'année 1577. exactement observée & décrite par Tycho, qu'il osa prédire sa route dans un Ecrit public qu'il présenta au Roi. Dès le commencement de son apparition, c'est-à-dire le 20. Décembre, son mouvement diurne étoit d'environ deux degrés. Le 4. Janvier 1681. il fut trouvé de 4 degrés & demi; alors la Cométe étoit venuë à son périgée,

1681. rigée, & depuis le 4. Janvier jusqu'à ce qu'elle cessa de paroître, son mouvement diurne diminua toujours. Au 18. Mars à peine étoit-il de 20. minutes. La queuë suivit aussi les mêmes accroissemens & les mêmes diminutions; elle augmenta de longueur lorsque le mouvement de la Cométe augmentoit, & elle diminua en même tems que le mouvement.

Plus on observoit de Cométes, & plus Mr. Cassini se confirmoit dans ses pensées sur le retour des Cométes; le mouvement de celle-ci lui parut si conforme à celui de la Cométe de 1577. qu'en comparant l'Ephéméride du mouvement diurne de la Cométe de 1577. déduite immédiatement des Observations de Tycho, avec les Observations de celle de cette année, il en trouva les nombres les mêmes, seulement l'une & l'autre n'avoient pas eu précisément les mêmes degrés de vîtesse dans les mêmes degrés de longitude; ce qui, comme le remarque Mr. Cassini, n'est pas différent de ce qui arrive aux Planétes, & plus sensiblement à la Lune, à cause du mouvement de l'apogée. Car l'apogée & le périgée étant les termes des inégalités du mouvement des Planétes, à même distance de ces termes, la vîtesse du mouvement est la même, (en négligeant ici quelques autres inégalités qui sont moindres;) mais si ces termes ont un mouvement, les points des mêmes degrés de vîtesse répondent à d'autres degrés de longitude qu'auparavant. Suivant cette idée, si la Cométe de cette année est la même que celle de 1577. il faudroit que le périgée de son orbe eût eu un mouvement de deux signes d'Occident en Orient, dans l'intervalle de ses deux apparitions, c'est-à-dire, environ en 103. années.

On jugea que la Cométe étoit beaucoup plus éloignée de la Terre que la Lune dans ses plus grandes distances, & par les Observations mêlées de quelques raisonnemens, & par d'autres Observations faites immédiatement pour ce sujet.

Si l'on imagine que les Corps célestes nagent dans un Tourbillon fluïde, dont toutes les parties se meuvent autour du centre, & que ces corps sont emportés autour de ce centre par le mouvement de la matiére de ce Tourbillon, il est nécessaire que ceux d'entre ces corps qui seront plus près du centre du Tourbillon fassent leur révolution en moins de tems que ceux qui en seront plus éloignés; & c'est ce qu'on observe dans les Planétes, dont les plus éloignées du Soleil, qui est au centre de leur systême, mettent plus de tems à achever leurs révolutions; & le plus ou le moins de tems que ces Planétes employent à faire leurs révolutions, est dans le même rapport que les racines quarrées des cubes des distances de ces Planétes au Soleil: c'est-là la fameuse Régle déduite par Képler des Observations de Tycho, & confirmée par toutes les découvertes

couvertes qu'on a fait depuis en Astronomie, & par les nouvelles Plané- 1681.
tes inconnuës avant l'invention des Lunettes d'approche.

Or la Cométe étoit par cette raison beaucoup plus éloignée de la Terre que la Lune; & si la Cométe appartient au même systême que la Lune, il faut qu'elle soit beaucoup au-dessus; car son mouvement étoit beaucoup plus lent que celui de la Lune, & fort éloigné de lui faire achever une révolution en vingt-sept jours ou environ.

Mr. Cassini remarque à cette occasion qu'il ne seroit pas impossible qu'il y eût quelque autre Planéte encore inconnuë qui fût placée au-dessus de la Lune, & dont l'orbe passât entre ceux de Mars & de Vénus; ce seroit alors un second Satellite de la Terre, & une telle Planéte, suivant les mesures prises exactement par Mr. Cassini, pourroit décrire autour de la Terre un Cercle 64. fois plus grand que celui de la Lune, & ne faire qu'une révolution, tandis que la Lune en achéveroit 512. & cela sans toucher aux orbes des autres Planétes. Et il se pourroit faire qu'une telle Planéte ne fût visible à la Terre que dans une partie seulement de sa révolution, comme il arrive au 3^e^. Satellite de Saturne; mais enfin elle seroit visible, & n'auroit pas apparemment évité les regards de tant d'Observateurs depuis quelques milliers d'années.

Mais il pourroit aussi y avoir de semblables corps célestes qui fissent leurs révolutions autour du Soleil, & même autour des Etoiles fixes; & ces Planétes pourroient n'être visibles qu'en certain tems, soit parce que décrivant des orbites fort excentriques, ce ne seroit que lorsqu'elles s'approcheroient de leur Périhélie ou de leur Périgée, soit par une raison Physique, & telle à peu près que celle qu'on soupçonne dans le 3^e^. Satellite de Saturne, dont nous venons de parler.

Si l'on suppose que la Cométe de cette année étoit un corps sphérique & solide, éclairé du Soleil, il sera aisé d'en conclure qu'elle étoit plus éloignée de la Terre que le Soleil même: car ayant été observée dès la première fois à 22. degrés ½ de distance du Soleil, elle parut ronde à une Lunette de 35. pieds, & à peu près comme le globe de Saturne, quoique mal terminée. Elle étoit donc à notre égard dans le même cas que les Planétes inférieures, Vénus, par exemple, dans sa conjonction supérieure avec le Soleil, au-lieu que dans sa conjonction inférieure elle paroît en croissant, ainsi qu'il arrive à la Lune dans la même position. La Cométe venoit donc de passer sa conjonction supérieure, & par conséquent étoit plus éloignée de la Terre que le Soleil.

Mais on ne se contenta pas de ces raisonnemens, qu'on pourroit dans le fonds ne pas regarder comme décisifs. On voulut déterminer immédiatement par les observations seules, si la Cométe avoit une parallaxe ou

1681. ou non; c'eſt à quoi MM. Caſſini & Picard travaillérent chacun de leur côté. Mr. Caſſini ſe ſervit de la même méthode qu'il avoit employée dans la recherche de la parallaxe de Mars en 1671. On peut voir dans le Recueil des Obſervations de cette Cométe qu'il a publié, avec quelle préciſion il a recherché cette parallaxe, & comment les Obſervations lui ont démontré que la Cométe étoit au moins 25. fois plus éloignée de la Terre, que la Lune ne l'eſt dans ſes plus grandes diſtances.

Mr. Huygens lut une Diſſertation ſur la Nature des Cométes, & Mr. Picard, qui avoit obſervé celle-ci fort aſſidûment, communiqua auſſi le Réſultat de ſes Obſervations.

## GEOGRAPHIE.

L'Academie ayant fort à cœur de perfectionner la Géographie, & de rendre les Cartes beaucoup plus correctes qu'elles n'avoient été juſqu'alors, elle jugea qu'il étoit abſolument néceſſaire d'établir dans la derniére exactitude la différence des Méridiens; & parce que rien ne parut répondre mieux aux vuës de l'Académie dans cette recherche que d'y employer les Obſervations des Satellites de Jupiter, on aima mieux déterminer la différence des Méridiens entre Paris & les différens Lieux où l'on obſerveroit, que de choiſir un autre Méridien parmi ceux qui avoient été pris par d'autres Géographes & Aſtronomes, puiſqu'on feroit toujours à tems de fixer celle qui ſeroit entre Paris & le premier Méridien quelconque, d'où l'on auroit la différence entre ce lieu & tous les autres dans leſquels on auroit fait des Obſervations.

Nous avons remarqué plus haut* que les Tables ſeules du mouvement des Satellites de Jupiter, conſtruites pour le Méridien de Paris, repréſentoient leurs Eclipſes ſous ce Méridien aſſez exactement pour tenir lieu de l'Obſervation dans les cas où elle ne ſe pourroit faire; il faut ajouter à cela, que ce calcul étoit encore corrigé par les Obſervations immédiates faites devant ou après celle qui n'avoit pu être obſervé: Car ſi le Calcul anticipoit, par exemple, une Immerſion du premier Satellite d'une minute de tems dans certaines circonſtances, l'Immerſion précédente, ou la ſuivante, devoit encore être repréſentée de la même maniére, à cauſe qu'en ſi peu de tems qu'il y a entre une Immerſion & la ſuivante, les circonſtances doivent être ſenſiblement les mêmes. Par-là on avoit à Paris un Obſervateur infatigable, & un tems toujours favorable, enſorte qu'on pouvoit répondre à toutes les Obſervations que l'on feroit par toute la Terre, même à des heures où le Soleil eſt ſur l'horizon de Paris. C'eſt pourquoi Mr. Caſſini établit des Correſpondan-

* *An. 1680. p. 203. & ſuiv.*

ces avec divers Astronomes de différens Pays, & principalement d'Italie, afin d'observer de concert les Eclipses des Satellites de Jupiter, & d'en conclure la différence des Méridiens, & de vérifier de plus en plus le Calcul fait sur les Tables. 1681.

Mais d'un autre côté comme on ne vouloit rien négliger, on eut dessein dès-lors d'envoyer des Observateurs à l'Ile la plus occidentale des Canaries, où Ptolomée avoit établi un premier Méridien, qui avoit été adopté même par les Rois de France, pour éviter quelque confusion, & confirmé par un Edit de 1632. MM. Varin & Deshayes avoient été choisis pour ce Voyage, & afin d'y observer de concert & sous la direction Mr. Cassini; mais les Passages n'étant pas libres alors, on profita de la commodité de la Colonie Françoise, que la Compagnie Royale d'Afrique venoit d'établir à la Gorée, petite Ile du Cap-Verd; & on crut devoir commencer par ce Voyage, d'autant plus que ce Cap est la partie du Continent la plus avancée dans l'Océan occidental, & peut être regardé par cette raison comme une espéce de Terme, ce qui avoit aussi engagé quelques Géographes à y fixer leur premier Méridien.

MM. Varin & Deshayes vérifiérent exactement à l'Observatoire les Instrumens dont ils devoient se servir dans leur Voyage, & munis d'une Instruction de Mr. Cassini, qui a été publiée depuis, ils partirent de Paris au commencement d'Octobre 1681. Ils firent à Rouen & à Dieppe plusieurs Observations pour en déterminer la Latitude & la différence de Longitude par rapport à Paris, & s'étant embarqués ils abordérent à la Gorée le 25. Mars 1682. où Mr. De Glos les joignit quelque tems après.

Voyez les Mémoires, Tom. 8. p. 151.

Dans le même tems le P. de Fontaney Jésuite, Professeur de Mathématiques au Collége de Louis le Grand, qui venoit de publier ses Observations de la derniére Cométe, se disposa à aller à la Chine avec quelques autres Péres de la même Compagnie, en qualité de Missionnaires; il conféra avec Mr. Cassini de son Voyage & des Observations qu'il devoit faire; on ne pouvoit pas trouver une plus belle occasion d'entreprendre une Géographie nouvelle; & l'on peut dire que par rapport à nous, la piété des Missionnaires a bien récompensé le petit service que les Sciences leur rendoient, en leur donnant une entrée plus facile & plus libre dans ces Pays d'ignorance & d'aveuglement.

En France MM. Picard & De la Hire continuérent leurs Observations. Comme on avoit entrepris de corriger la Carte de France, ou plutôt d'en dresser une toute nouvelle & qui fût exacte, il fut souvent question dans les Assemblées de la meilleure maniére d'exécuter ce dessein. Mr. Picard présenta au Ministre un Mémoire sur ce sujet, dans le-

Voyez les Mémoires Tom. 7. part. 1. p. 179.

1681. lequel il faisoit remarquer les inconvéniens des Méthodes pratiquées jusqu'alors, par exemple, de dresser la Carte du Royaume entier par Provinces prises séparément ; & après divers raisonnemens fondés sur l'expérience, il s'arrêtoit à former un grand chassis qui comprit tout le Royaume divisé en plusieurs triangles. Sur cette idée ces Messieurs travaillérent à la position des Côtes Septentrionales ; Mr. Picard alla du côté de Bretagne, & Mr. De la Hire en Flandres. Mr. Cassini faisoit cependant à Paris toutes les Observations correspondantes. Saint Malo fut trouvé plus occidental que Paris de 4° 30', & plus méridional de 11' 40". Au même lieu Mr. Picard trouva la Déclinaison de l'Aiman de 2. degrés vers l'Occident : les plus hautes Marées arrivent à Saint Malo deux jours après la nouvelle ou pleine Lune, & aux jours de ces Syzigies elles arrivent à six heures. La différence entre la haute & la basse Mer aux plus grandes Marées est de 70. pieds. Le Mont Saint Michel fut trouvé plus méridional que l'Observatoire de 12' 20". Le mauvais tems empêcha d'en déterminer immédiatement par observation la différence en longitude ; mais Mr. De la Voye, qui travailloit pour lors à la Carte de la Côte, dont il marquoit les principaux points par des triangles, donna le moyen de déterminer la différence en longitude entre Saint Malo & le Mont Saint Michel, d'où Mr. Picard trouva que le Mont Saint Michel étoit plus occidental que l'Observatoire de 3. degrés 30. minutes.

La hauteur du Mont Saint Michel prise depuis la Gréve jusqu'à l'Horloge qui est sur le milieu de l'Eglise, fut trouvé de 64. toises, & la différence de hauteur du mercure dans la Barométre simple étoit de 4. lignes ½ pour cette hauteur du Mont Saint Michel.

La haute Mer en nouvelle & pleine Lune arrive à 6h. 45' au Mont Saint Michel.

A Cherbourg on trouva la hauteur du Pole de 48' 10" plus grande qu'à Paris. La Mer est haute dans ce Port en nouvelle & pleine Lune à 7h. 20. minutes. Dans les grandes Marées la différence entre la haute & la basse Mer est de 25. pieds ; dans les petites Marées cette différence n'est que de 17. pieds ½.

Caen fut trouvé par plusieurs Observations plus septentrional que l'Observatoire de 20' 40". Mr. De la Hire trouva d'un autre côté Dunkerque plus septentrional de 2 degrés 11' 30". Par deux Immersions du premier Satellite de Jupiter observées le 18. & le 25. Octobre, il détermina Dunkerque plus oriental que Paris seulement de 8" par la première Observation, & de 3" par l'autre, qui parut alors plus exacte que la première.

Calais fut trouvé de 2. degrés 6. minutes 50" plus septentrional que l'Obl'Obſervatoire, & plus occidental de 2. min. 10. ſecondes d'heure, ou de 32 ½ minutes de degré. 1682.

Mr. De la Hire profita des grands Inſtrumens qu'il avoit à Calais pour meſurer exactement la largeur du *Pas*, où la diſtance entre ce Port & le Château de *Douvres* en Angleterre. Ayant établi ſur la gréve du Port une baſe de 2500. toiſes, il obſerva les angles faits aux extrémités de cette baſe par des rayons menés au milieu des deux Tours les plus apparentes du Château de Douvres; & il en conclud la diſtance entre ce Château & le Risban de 21369 toiſes, ce qui s'accorde aſſez bien avec l'eſtime commune qui fait cette diſtance de 7. lieuës marines de 3000. toiſes chacune.

La ligne qui joint le Risban & le Château de Douvres déclinoit de 65 degrés 45. minutes du Nord à l'Occident.

La Déclinaiſon de l'Aiman fut trouvée à Calais de 4. degrés 30. minutes du Nord vers l'Occident.

## ANNE'E MDCLXXXII.

## PHYSIQUE GENERALE.

### SUR UN TREMBLEMENT DE TERRE.

LE 13. Mai à deux heures du matin, on ſentit à Paris & aux environs un léger tremblement de Terre, qui dura tout au plus un quart-d'heure; mais on apprit qu'il avoit été beaucoup plus violent en d'autres endroits, & particuliérement à Remiremont ſur la Moſelle, à quelques lieuës de Plombiéres.

Par une Relation que l'Académie en reçut datée du 24. Juillet, on ſut qu'il avoit été ſi violent en cette Ville, que les Maiſons avoient été renverſées, enſorte que les Habitans s'étoient retirés dans la Campagne, où ils avoient demeuré pendant ſix ſemaines. Les ſecouſſes ne ſe faiſoient ſentir que la nuit, & jamais pendant le jour, & elles étoient accompagnées d'un bruit à peu près ſemblable au Tonnerre; il étoit ſi grand que lorſque la voûte de la grande Egliſe, qui eſt celle des Chanoineſſes, tomba, on n'en entendit rien. On voyoit des flammes ſortir de terre, ſans qu'il parût aucun trou, ni aucune autre iſſuë, excepté dans un ſeul endroit, où l'on apperçût une ouverture en fente, dont on voulut inutilement meſurer la profondeur. Elle ſe boucha quelque tems après. Les flammes qui ſortoient de la terre, & qui étoient plus fréquentes dans les lieux plantés, comme les Bois, ne brûloient point ce qu'el-

1682. qu'elles rencontroient; elles rendoient une odeur fort desagréable, mais qui n'avoit rien de sulphureux. Ce tremblement de Terre se fit sentir avec la même force à 5. ou 6. lieuës aux environs de Remiremont, & particuliérement dans les fonds & dans les entre-deux des Montagnes qui sont proche de la Ville. La Relation ajoutoit, que l'eau d'une Fontaine proche la Ville, en avoit été troublée, & renduë semblable à de l'eau de savon, non seulement par sa couleur, mais encore par une qualité abstersive qui lui étoit restée. Bien plus, il se formoit sur la superficie une écume qui se coaguloit en une matiére semblable à du savon, & qui se dissolvoit aisément dans l'eau.

La Fontaine de Plombiéres, qui est assez proche de la Ville, jettoit dans ce tems-là beaucoup plus de fumée qu'à l'ordinaire.

---

## *SUR UN PHOSPHORE.*

MOnsieur de Tschirnausen ayant reçu de Mr. Leibnits la maniére de faire le Phosphore, il la communiqua à l'Académie.

On prend de l'urine qui a été gardée long-tems, on la fait évaporer sans intermission jusqu'à ce qu'elle commence à s'épaissir en forme de sirop.

Il faut mettre ce sirop dans une cornuë, & le distiler jusqu'à ce que tout le phlegme & le volatil soit sorti, & que les gouttes rouges paroissent; on applique alors un Récipient pour recevoir toute l'huile, après quoi on casse la cornuë pour avoir la tête-morte, dont la partie inférieure est en forme de sel, dur & inutile pour le Phosphore; la partie supérieure est une matiére noire plus spongieuse & moins compacte; c'est cette matiére qu'il faut garder.

On met ensuite de-nouveau dans une cornuë l'huile venuë par la premiére distillation, & en ayant fait sortir toute l'aquosité à force de feu, il reste une matiére noire toute semblable à celle qu'on a déja séparée de la tête-morte de la premiére distillation. On travaille ces deux matiéres jointes ensemble; on met par exemple 12. onces de ce mêlange dans une cornuë de terre de grandeur médiocre, à laquelle on a luté fort exactement un récipient; on donne le feu par degrés jusqu'à ce que la cornuë rougisse, & alors on pousse le feu bien fort pendant 16. heures, & sur-tout pendant les 8. derniéres. On aura premiérement des vapeurs ou nuages blancs, ensuite une matiére visqueuse, & à la fin il sortira une matiére de consistance épaisse & ferme, qui s'attache aux parois du récipient en forme de sucre; & c'est dans cette matiére que réside la plus grande vertu du Phosphore.

Si l'on fait la distillation dans un lieu obscur, le récipient paroîtra lumineux pendant toute l'opération; tout ce qui sort pendant l'opération est aussi extrê-

extrêmement lumineux, mais sur-tout la partie séche qui est la véritable matiére du Phosphore qui allume la poudre à canon, le papier, le linge, &c. 1682.

On fit cette même année plusieurs Expériences sur les Phosphores; en voici une assez singuliére que Mr. Cassini fit par hazard. Comme il tenoit entre ses doigts un grain de Phosphore sec enveloppé dans un mouchoir, le Phosphore prit feu tout d'un coup, Mr. Cassini voulut l'éteindre avec le pied, mais le feu prit au soulier, & il fut obligé de mettre promptement dessus une régle de cuivre qui éteignit le feu. Cette régle devint elle-même un espéce de Phosphore, du côté qui avoit éteint le feu; car elle rendit de la lumiére dans l'obscurité pendant deux mois entiers.

Un grain de ce Phosphore jetté sur des charbons ardens produisit dans l'instant une grande flamme.

---

Mr. Mariotte fit plusieurs remarques & expériences sur la chaleur, celle-ci entr'autres, que la chaleur du feu réfléchie par un Miroir ardent, est sensible à son foyer; mais si l'on met un verre entre le miroir & son foyer, la chaleur n'est plus sensible.

Le même Mr. Mariotte acheva de lire son Traité des Couleurs, qu'il fit imprimer ensuite.

---

## ANATOMIE.

ON apporta de Versailles à l'Académie divers Oiseaux qui y furent disséqués, & dont on fit la description; tels furent le Perroquet appellé *Arras*, la Cigogne, le Casuel, ou Casoar. Mr. Du Verney fit voir la structure & le mouvement du bec du Perroquet, & les muscles qui servent aux divers mouvemens de l'os qui se trouve aux oreilles des Oiseaux.

On disséqua aussi, & on fit la Description de deux Daims, nommés Daims de Pline; l'un étoit apporté de la Ménagerie de Versailles, & l'autre, qui avoit 7. pieds de long, venoit des Indes Orientales. Mr. Du Verney fit remarquer la ressemblance qu'il y a entre la peau qui recouvre les pieds de ces sortes de Daims & celle de l'Eléphant. Mr. Perrault nioit que les boutons ou grains dont elle est parsemée, fussent l'organe du toucher dans ces Animaux; car, par exemple, dans la peau de l'Eléphant on ne trouve de ces grains qu'en certains endroits, & seulement dans ceux où l'épiderme est calleux, comme il arrive aussi au genou ou à la plante des pieds dans l'Homme. De-plus, cet épiderme en ces endroits étoit calleux, sec, dur, & épais d'un demi-doigt, & recouvert de plusieurs autres pellicules, ce qui paroissoit à Mr. Perrault de-

1682. devoir le rendre absolument inutile à la sensation du toucher. Cependant tout le monde n'en étoit pas persuadé, & les sentimens sur cet article se trouvérent partagés.

Mr. Perrault lut la Description d'une espéce de grand Lézard écaillé qui avoit été apporté des Indes Orientales, où cet Animal est appellé le *Preneur de Villes*.

Mr. Du Vernay fit remarquer dans des Oeufs de Grenouille une partie noire où l'on apperçoit l'animal entier dessiné en petit.

Mr. De la Hire fit voir l'ovaire d'une Séche, & une espéce d'Eponge particuliére, & fort fine; il apporta aussi à la Compagnie une Plante vulgairement appellée Chêne de Mer.

## EXPERIENCE CHIMIQUE.

ON voulut savoir combien il falloit mêler de sel volatil avec l'esprit de sel pour produire une effervescence. Mr. Bourdelin mêla un gros de sel volatil tiré de chair de bœuf dans trois gros & demi d'eau. Seize grains d'esprit de sel mêlés avec 24. grains de cette eau firent une forte effervescence; on ajouta ensuite 7. fois autant d'eau, & neuf grains d'esprit de sel mêlés avec 24. grains de cette eau firent encore une effervescence assez considérable. Mr. Bourdelin continua l'expérience jusqu'à ce qu'un grain d'esprit de sel mêlé avec 24. grains de cette eau ne produisît qu'un petit frémissement. On trouva enfin qu'un grain de sel volatil mêlé avec 28. onces d'eau pure, donnoit une couleur laiteuse foible à la solution de sublimé.

# MATHEMATIQUE.

## GEOMETRIE MECHANIQUE, &c.

MOnsieur De la Hire lut au commencement de l'année un Mémoire sur les Rapports multiples, &c. de rapports semblables; il démontra aussi plusieurs propositions de Géométrie élémentaire utiles aux Sections Coniques, il en fit voir l'étendue & l'usage. Il continua aussi les Démonstrations des Sections Coniques, & diverses propositions qui regardent les mouvemens uniformes d'une espéce de Cycloïde.

Mr. de Tschirnausen donna divers morceaux de Géométrie, il expliqua sa méthode de quarrer tout espace formé par une Courbe Géométrique.

Mr.

Mr. Mariotte fit quelques Expériences de Méchanique & d'Hydrostatique qu'il rapporta à l'Académie 1682.

1. Il trouva que la dépense des Jets-d'eau par des ajutoirs de petite ouverture, étoit à proportion plus grande que par des ajutoirs de plus grande ouverture lorsque l'eau couloit en même tems par les deux.

On démontre aisément que la dépense de l'eau par des ajutoirs différens au-dessous du même Reservoir ou de Reservoirs d'égale hauteur, doit être en raison doublée du diamétre des ouvertures; mais il y a le plus souvent des causes qui empêchent l'exactitude de cette régle, & Mr. Mariotte y avoit remarqué des différences en plus & en moins: il trouvoit, par exemple, que dans les expériences qu'on fait séparément avec des ouvertures différentes, les grandes ouvertures donnoient ordinairement plus à proportion que les plus petites; & lorsque les ouvertures différentes étoient au même fonds de reservoit, & qu'il laissoit couler l'eau en même tems par les deux ouvertures, il trouvoit que les grandes ouvertures donnoient toujours moins à proportion que les plus petites.

2. Il fit plusieurs expériences pour connoître quelle est la résistance des tuyaux de conduite d'eaux. Il employa des tuyaux de 50. de 80. & de 100. pieds de hauteur pleins d'eau. Ayant soudé un tuyau de 100. pieds à un tambour de plomb dont les feuilles avoient deux lignes & demie d'épaisseur, & un pied de circonférence, & ayant empli d'eau le tuyau, les deux platines, ou les deux fonds du tambour s'élevérent & la convexérent de plus d'un pouce. Mais rien ne se rompit; il fit ensuite limer le tambour vers son milieu pour diminuer son épaisseur, & lorsqu'elle fut venuë à un peu moins d'une ligne, le plomb s'enfla en cet endroit, & il s'y fit une fente de trois pouces de hauteur par où toute l'eau s'écoula.

Le même Mr. Mariotte fit avec Mr. De la Hire à l'Observatoire Royal diverses expériences sur la descente des corps pesans.

## ASTRONOMIE.

Le 21. Mai le Roi alla avec toute la Cour à l'Observatoire; MM. Cassini, Picard & De la Hire suivoient Sa Majesté, & lui expliquoient la construction des différens Instrumens & leurs usages pour différentes observations Astronomiques. Le Roi vit avec plaisir le Planisphére terrestre tracé sur le plancher de la Tour occidentale avec toute la précision possible par Mrs. Sedileau & Chazelles, & sous la direction de Mr. Cassini: une grande partie des Positions des différens lieux de la Terre que Mr. Cassini y avoit employées, se trouvérent confirmées depuis par les Observations que différens Astronomes & Voyageurs firent

1782. dans les lieux mêmes, comme nous le dirons plus bas. Depuis ce tems-là, c'est-à-dire en 1696. Mr. Cassini le fils présenta au Roi ce même Planisphére, augmenté & corrigé en quelques endroits, & gravé avec beaucoup de soin.

Le Roi considéra avec attention diverses figures de la Lune dessinées sur les Observations de Mr. Cassini, pour servir dans l'Observation des Eclipses de cette Planéte, à mieux distinguer les Taches & leur entrée ou leur sortie de l'ombre de la Terre; les différens systêmes des Planétes exécutés en relief, & leurs mouvemens apparens, ou les Courbes qu'ils paroissent décrire vus du Soleil ou de la Terre. Mr. De la Hire présenta aussi à Sa Majesté plusieurs figures de Poissons qu'il avoit peints lui-même, & quelques-unes d'Animaux déjà gravées.

---

## *SUR LES DEUX ECLIPSES DE CETTE ANNE'E.*

LE 21. Février il y eut une Eclipse de Lune qui fut observée à l'Observatoire Royal par Mrs. Cassini, Picard & De la Hire. Le premier détermina le commencement à $9^h. 20' 55''$, & Mr. De la Hire $1'$ plus tard, c'est-à-dire, à $9^h. 21' 58''$. Le P. de Fontanay, qui l'observoit en même tems au Collége de Clermont, trouva le commencement à $9^h. 21' 25''$, précisément au milieu des deux déterminations précédentes. Ces Observateurs marquérent l'heure de l'entrée & de la sortie des Taches & du centre de la Lune, l'Immersion & l'Emersion des bords, le milieu de l'Eclipse, &c. Mr. Roëmer l'observoit aussi à Coppenhague, dont la différence en longitude connuë d'ailleurs est de $41' 41''$ de tems, à soustraire de l'Observation faite à Coppenhague: cette Observation réduite au Méridien de Paris s'accordoit parfaitement à celles qu'on avoit faites à Paris même.

Mr. Cassini lut à cette occasion un Mémoire sur les Eclipses de Lune; il y démontra que la lumiére dont l'ombre de la Terre, & la Lune même, sont éclairées pendant l'Eclipse, est causée par les rayons du Soleil rompus dans l'Atmosphére de la Terre. Il détermina la parallaxe horizontale de la Lune, & sa distance à la Terre dans la derniére Eclipse; il trouva cette distance de 57 demi-diamétres terrestres.

Le 18. Août il y eut encore une Eclipse de Lune qui fut observée par Mrs. Cassini, Picard & De la Hire. Ils trouvérent le commencement à $4^h. 26'\frac{1}{2}$ du matin; la Lune se coucha lorsqu'elle étoit éclipsée de 4. doigts, & 8. minutes après on vit paroître le Soleil sur l'horizon.

Cette même Eclipse fut observée en Mer par Mrs. Varin, Des Hayes, & De Glos en passant entre la Martinique & Sainte Lucie; mais

mais n'ayant pas eu toutes les commodités nécessaires pour faire cette Observation avec toute l'exactitude qu'ils avoient espéré, on n'en a pu tirer aucune conséquence. 1682.

## SUR LA COMETE DE MDCLXXXII.

Quelques jours après les Réjouïssances publiques & les Feux de joye faits à l'occasion de la naissance de Mr. le Duc de Bourgogne, il parut une Cométe dans la Constellation de l'Ourse. Mr. Picard remarqua à cette occasion, que la Cométe de 1607. observée & décrite par Képler, & qui étoit aussi dans la Constellation de l'Ourse, avoit paru le 26. Septembre au milieu de semblables réjouïssances publiques qu'on faisoit à Prague. Les Astronomes de l'Académie observérent soigneusement le cours de cette Cométe depuis le 27. Août qu'elle commença de paroître, jusqu'au 22. Septembre qu'on la perdit de vuë. Mr. Cassini présenta au Roi les Observations qu'il en avoit faites, avec une Dissertation sur son mouvement & sur sa comparaison à d'autres Cométes. Elle fut aussi observée en Angleterre par Mrs. Flamsteed & Hallay, à Nuremberg par Mr. Zimmerman, à Leipzig par Mr. Kirch.

Le Nœud ascendant de cette Cométe fut trouvé au 21° 16′ environ du signe du Taureau, & l'Inclinaison de son Orbite à l'Ecliptique d'un peu moins de 18. degrés; elle fut à son périhélie le 14. Septembre.

Le diamétre de la tête de cette Cométe mesuré avec un Micrométre appliqué à une Lunette de 16. pieds parut de 2′. mais le noyau mesuré séparément égaloit à peine un cinquiéme de minute, & par conséquent étoit à peine la dixiéme partie de toute l'apparence de la tête.

---

Mrs. Picard & De la Hire lurent les Observations qu'ils avoient faites du Solstice d'Eté de cette année; ils avoient pris la hauteur méridienne du Soleil plusieurs jours de suite, avant & après le Solstice, d'où ils trouvérent qu'il étoit arrivé le 21. Juin à 6. heures.

Le 15. Novembre Mr. Cassini exposa la méthode de trouver la parallaxe de Vénus par sa comparaison avec une Etoile qui se rencontre dans le même paralléle que cette Planéte: il avoit déja parlé de cette méthode dans ses Observations imprimées de la Cométe de 1680; mais parce que Vénus devoit être périgée au commencement de Février de l'année suivante 1683. Mr. Cassini jugea à propos de donner la méthode qu'il avoit dessein d'employer, afin d'avertir par-là les autres Observateurs, & leur frayer le chemin.

1682.

## GEOGRAPHIE.

### DES OBSERVATIONS FAITES EN PROVENCE.

LEs Obſervations Aſtronomiques faites dans les Voyages pendant les années précédentes par Mrs. Picard & De la Hire, déterminoient les Latitudes & les Longitudes des principaux Points des Côtes occidentales & ſeptentrionales de France ; & celles que Mr. Picard avoit faites en Languedoc en 1674. donnoient la poſition d'une partie des Côtes méridionales ſur la Méditerranée ; il ne reſtoit plus qu'à connoître de la même maniére les Côtes de Provence où l'on jugeoit qu'il y avoit d'aſſez grandes corrections à faire par rapport à ce que les Cartes en avoient marqué juſqu'alors.

Mr. De la Hire reçut ordre de partir en Octobre pour aller faire ces Obſervations. Il y porta les mêmes Inſtrumens dont il s'étoit ſervi dans ſes autres Voyages.

La ſaiſon de pouvoir faire des Obſervations des Satellites de Jupiter étoit déjà fort avancée ; c'eſt pourquoi Mr. De la Hire crut devoir commencer par l'endroit de la Provence le plus éloigné ; il falloit auſſi établir la véritable poſition de l'embouchure du Var, petite Riviére qui ſépare la Provence de la Comté de Nice ; ainſi il alla d'abord à Antibe, Ville des plus conſidérables de la Provence, & où les Obſervations ſe pouvoient faire plus commodément ; l'embouchure du Var n'en étant pas fort éloignée, on pouvoit d'Antibe même en déterminer la poſition par le moyen de pluſieurs triangles.

La Latitude ou hauteur du Pole à Antibe, déduite de pluſieurs hauteurs méridiennes, tant du Soleil que des Etoiles, fut trouvée de 43° 34′ 12″. Sa Longitude ou ſa différence en Longitude, par rapport à l'Obſervatoire Royal tirée des Obſervations des Satellites de Jupiter fut de 19′ 11″ de tems, où de 4° 47′ 45″ dont Antibe eſt plus oriental que l'Oſervatoire.

Sur ces Obſervations Mr. De la Hire trouva en prenant différens angles de poſition, que l'embouchure du Var étoit plus ſeptentrionale que la Tour d'Antibe, auprès de laquelle il avoit fait ſes Obſervations, de 4′ $\frac{1}{2}$ & plus orientale de 3′ $\frac{3}{4}$.

A Toulon la hauteur du Pole fut trouvée de 43° 6′ 40″, ſa différence en Longitude à l'Obſervatoire Royal de 14′ 22″ en tems, ou de 3° 35′ 30″.

Mr. De la Hire fit auprès de Toulon ſur le Mont Clairet, qui eſt un Rocher fort élevé, l'obſervation de la hauteur du mercure dans le Barométre ſimple, qu'il trouva au ſommet de 26 pouces 4 l. $\frac{1}{4}$ le 7. Décembre ;

bre; trois heures après il répéta la même Obfervation au bord de la Mer, & le mercure fe tint à 28. pouces 2. lignes de hauteur. La hauteur du Mont Clairet fut trouvée de 257. toifes. 1682.

Mr. De la Hire obferva auffi au fommet du Mont Clairet l'angle du niveau apparent de la Mer avec l'horizon véritable, qu'il trouva de 39′ 20″; d'où il conclud, en fuppofant le demi-diamétre de la Terre de 3269297. toifes que la Réfraction élevoit l'horizon apparent de la Mer de 3′ 46″.

La hauteur du Pole à Aix proche la Porte qui regarde Avignon, fut trouvée de 43°. 31′, celle de Lyon de 45°. 45′ 35″ par le Soleil & quelques Etoiles; car par l'obfervation de la plus grande & de la plus petite hauteur de l'Etoile polaire, il en réfultoit une hauteur de Pole à Lyon de près d'1′ plus grande.

---

## *SUR LA CARTE DE FRANCE, CORRIGE'E par les Obfervations de l'Académie, & fur les Corrections générales faites à l'étenduë de la Terre.*

LE fruit de tous les Voyages & de toutes les Obfervations faites en France, tant aux Côtes que dans le dedans du Royaume, parut bientôt après par une Carte de France mife au jour par l'Académie, & fondée fur les Obfervations: on fe contenta d'y marquer les lieux où l'on avoit effectivement obfervé ce qui donnoit la pofition de toutes les Côtes, tant fur l'Océan, que fur la Méditerranée, & quelques Villes principales du dedans, comme Amiens, Rouen, Paris, la Fléche, Nantes, Lyon, &c.

Les Latitudes de ces différens lieux étoient marquées fur la Carte à la maniére ordinaire, au-lieu que les Longitudes y étoient comptées de part & d'autre du Mériden de Paris, ou de l'Obfervatoire Royal, deforte qu'on n'avoit proprement exprimé que les différences en Longitude entre Paris & les lieux où l'on avoit obfervé tant à l'Orient qu'à l'Occident.

La Longitude vraye de Paris étant une fois déterminée par rapport à un premier Méridien, par excemple à celui de l'Ile de Fer, on aura auffi-tôt les Longitudes de tous les lieux marqués fur cette Carte.

Par rapport à cette Longitude de Paris, Mr. De la Hire avoit remarqué dans un Ecrit fur la meilleure maniére de dreffer des Cartes générales de la Terre, que tous les Géographes l'avoient fait trop grande jufqu'alors. Il la déterminoit feulement de 20° 30′, fondé fur ce que la différence en Longitude entre le Cap Verd & l'Obfervatoire Royal déduite des Obfervations immédiates, étant de 19° 30′, on pouvoit par la différence en Longitude entre ce Cap & l'Ile de Fer fe fier aux déterminations des Pilotes François & Hollandois qui la donnent de 1. de-

1682. degré tout au plus, ce qui ne peut pas s'éloigner beaucoup du vrai, & s'accorde à ce que le P. Riccioli en a donné, qui fait cette différence d'1. degré 5. minutes.

Cette Carte de France étoit très-différente de celles qui avoient été publiées jusqu'alors par les meilleurs Géographes: on fit sentir cette différence sur la Carte même, en y traçant les mêmes contours du Royaume, suivant une Carte de Mr. Sanson faite en 1679. qui étoit la plus juste d'entre les modernes: d'où l'on peut voir qu'en général les Observations ont retreci l'étenduë de la France, tant en Longitude qu'en Latitude; & on fit dès-lors une remarque qui a été confirmée depuis, qui est que les anciennes déterminations éloignoient toujours les lieux les uns des autres plus qu'il ne falloit: cela vient apparemment de ce qu'on s'est trop fié aux distances itinéraires sur Terre, & à l'estime ou au sillage sur Mer, ce qui donne la somme de tous les détours joints ensemble, & surpasse toujours la ligne droite menée d'un lieu à un autre. Au-lieu que les Observations Astronomiques dont on se sert pour trouver la position d'un lieu quelconque étant indépendantes de tous les autres lieux d'alentour, elles ne sont pas sujettes à ces inconvéniens.

L'Académie étoit si fort persuadée de cet excès dans l'étenduë des différens Pays, tels que les Cartes les représentoient, que dans le grand Planisphére terrestre dont nous avons déjà fait mention, elle y eut égard, & avec succès.

On y avoit placé les lieux où il y avoit eu des Observations faites, comme en Dannemarc, en Amérique, &c. & aux Côtes Occidentales de France, ce qui donnoit un assez bon nombre de Positions précises; on s'étoit servi des corrections faites aux Cartes Marines de la Méditerranée par Mrs. de Peiresc & Gassendi; ces deux savans hommes s'étoient apperçus les premiers des grandes erreurs des Cartes de ces Quartiers-là, & ils avoient accourci la distance entre Marseille & Alexandrie de 500. milles; les autres lieux de la Terre dans lesquels on n'avoit point fait d'Observations, furent placés suivant les Cartes les plus estimées; mais en diminuant leur différence mutuelle en Longitude dans le même rapport que l'étoit celle de deux autres lieux extrêmes qu'on avoit déterminé par Observation, ce qui s'accordoit d'ailleurs aux résultats de différentes Eclipses de Lune observées en divers lieux depuis environ deux siécles.

Après cette correction faite aux Cartes modernes on fut obligé de diminuer de 25. à 30. degrés la différence en Longitude entre les Régions les plus éloignées de la France, vers l'Orient & vers l'Occident, & ce qui en est une suite, d'augmenter d'autant ces mêmes différences pour les Pays

Pays opposés aux Méridens de ceux où les Observations avoient été faites. 1682.

Et nous ne devons pas omettre ici une Remarque que fit Mr. De la Hire, que si les Géographes avoient examiné avec l'attention nécessaire & suivi à la lettre les Navigations des meilleurs Pilotes, ils auroient évité & même corrigé ces grandes erreurs. Par exemple, la Navigation de François Schouten, qui découvrit le premier le Détroit de le Maire, & qui pénétra jusqu'aux Iles d'Asie par l'Océan occidental, place les parties orientales de plus 25. degrés plus à l'Orient, & s'accorde assez bien avec les Observations.

Le Planisphére de l'Observatoire ayant été tracé sur ces corrections, s'est presque toujours trouvé conforme à ce qui résultoit des Observations qui ont été faites depuis en divers Lieux; nous en rapporterons ici deux exemples entr'autres. 1. Mr. Halley, savant Astronome Anglois qui avoit observé les Etoiles Australes dans l'Ile Sainte Heléne, avoit trouvé par la comparaison d'un grand nombre d'Observations des Pilotes que le Cap de Bonne-Espérance étoit 7. ou 8. degrés plus occidental qu'il n'est marqué dans les Cartes ordinaires: lorsque cet Astronome vint à l'Observatoire, il vit avec plaisir cette correction déjà faite sur le Planisphére dont nous parlons.

2. Siam, Capitale du Royaume de même nom, avoit été placé dans ce Planisphére plus occidental de 23. degrés que dans les Cartes Hydrographiques imprimées à Paris dans ce tems-là. Cette position si différente fut absolument confirmée par l'Observation d'une Eclipse de Lune faite à Siam & à Paris les 21. Février de cette année 1682.

## *SUR DES OBSERATIONS FAITES en Afrique & en Amérique.*

MEssieurs Varin, Deshayes, & De Glos s'étant établi à la Gorée, petite Ile fort proche du Cap-Verd, y firent plusieurs Observations suffisantes pour établir la position de cette Ile, & celle du Cap-Verd.

Voyez les Mémoires Tome 8. p. 168.

Par deux Emersions du premier Satellite de Jupiter observées le 7. Avril & le 7. Mai à la Gorée & à Paris, on trouva cette Ile plus occidentale que Paris de $1^h. 17' 40''$ ou 19. degrés 25. minutes. Le lieu de la Gorée où l'Observation avoit été faite étoit d'environ 5. minutes de degré plus oriental que l'extrémité occidentale du Cap-Verd: d'où il suit que la différence en Longitude entre le Cap-Verd & Paris est de $1^h. 18' 0''$, ou de 19. degrés 30. minutes. Elle est moyenne entre les différences établies par Ptolomée & le P. Riccioli. Mais Blaew l'avoit déterminée presque de la même quantité, c'est-à-dire, à 45. minutes près dans son grand Globe terrestre.

La

1682. La Latitude de Gorée déduite d'un grand nombre d'Obſervations des hauteurs méridiennes du Soleil & des Etoiles fixes fut trouvée de 14° 39' 51", la même préciſément que dans le grand Globe de Blaew, mais fort différente de ce que les autres Géopraphes avoient donné juſqu'alors.

L'extrémité occidentale du Cap-Verd étant de 3. minutes plus ſeptentrionale que le lieu de la Gorée où l'on obſervoit, la Latitude du Cap-Verd réſulte d'environ 14° 43'.

Ces Meſſieurs obſervérent auſſi à la Gorée la longueur du Pendule à ſecondes, qu'ils trouvérent de 36. pouces 6. lignes & ½ de 2. lignes plus court qu'ils ne l'avoient trouvé en France en ſe ſervant de la même méthode, ce qui confirme en général l'Obſervation faite en Cayenne en 1672. par Mr. Richer, que les Pendules à vibrations iſochrones doivent être accourcis en allant des Poles vers l'Equateur, enſorte que de l'Obſervatoire Royal à l'Equateur, c'eſt-à-dire, pour un arc de 41° 10' environ la différence de longueur du Pendule à ſecondes, par exemple, doit être à très-peu près de deux lignes.

Ils obſervérent auſſi au même lieu les vibrations du Barométre, les hauteurs du Thermométre, celles des Marées, & la variation de l'Aiman, qui eſt fort inconſtante dans cette Ile.

Ils s'embarquérent enſuite pour les Iles Antilles, & arrivérent à la Guadaloupe le 21. Septembre. Par une Immerſion du 1. Satellite de Jupiter comparée au Calcul pour Paris, corrigé par les Obſervations faites avant & après, on trouva la différence de Longitude entre la Guadaloupe & l'Obſervatoire Royal de $4^h$. 18' 13", ou 64° 33' ¼, de 7. degrés moindre que celle que le P. Riccioli avoit établie.

La Latitude fut trouvée par pluſieurs Obſervations de 14° 0'. La Longueur du Pendule à ſecondes de 36. pouces 6. lignes ½ à très-peu près la même qu'à la Gorée.

On obſerva auſſi la Déclinaiſon de l'Aiguille aimantée.

Meſſieurs Deshayes & de Glos allérent enſuite à la Martinique, dont la différence en Longitude, par rapport à l'Obſervatoire Royal, fut trouvée de $4^h$. 14' 45", ou de 63° 41' 15" par une Emerſion du premier Satellite de Jupiter.

La Latitude fut trouvée de 14° 44', & la variation de l'Aiman de 4. degrés un quart, ou un peu moins, vers le Nord-Eſt.

AN-

## PHYSIQUE GENERALE.

### *EXPERIENCE SUR LE RECUL des Armes à feu.*

SI deux Corps à ressort se choquent directement avec des vîtesses réciproques à leur poids, chacun de ces corps retournera en arriére avec sa premiére vîtesse.

Cette proposition démontrée, Mr. Mariotte en conclut, & prouva même par expérience, que dans le Recul des Armes à feu la vîtesse de l'arme qui recule, & celle de la balle qui est chassée, sont entr'elles en raison réciproque des poids de l'Arme & de la balle.

Si l'on a par exemple un petit Mortier chargé d'une balle dont le poids soit dix fois moindre que celui du mortier, & qu'on le place horizontalement, ensorte que rien n'empêche son recul, Mr. Mariotte considéroit que la poudre en s'enflammant devoit faire par le ressort de la flamme le même effet sur le mortier & sur la balle que le ressort fait sur deux boules inégales, ensorte que les vîtesses de ces deux corps en se séparant fussent en raison réciproque de leur poids, & que la balle allât avec une vîtesse dix fois plus grande que celle avec laquelle le mortier reculeroit.

Mr. Mariotte suspendit un canon de pistolet par ses extrémités à deux filets d'un pied de longueur, qui tenoient à un autre filet de 33. pieds de hauteur; il suspendit de-même & à même hauteur un petit Cilindre de fer, les filets de suspension étant à un pied de distance l'un de l'autre. Ayant chargé le canon d'un peu de poudre pressée avec du papier, & avec un petit morceau de bois fort léger, il fit entrer le petit cilindre de fer dans le canon jusqu'à ce qu'il touchât le morceau de bois: les poids du canon & de la charge entiére, non compris la poudre, 20. à 3. étoient entr'eux comme.

Le tout étant dans une situation horizontale, on mit le feu à le poudre; le canon recula à 8. pieds, & le cilindre de fer s'éleva à une circonférence de cercle d'environ 45. pieds. En multipliant 20. par 8. & divisant le produit par 3. on voit que suivant la régle le cilindre auroit dû s'élever à 53. pieds; la différence est de 8. pieds, qu'on attribua à la résistance de l'air, avec d'autant plus de raison, qu'ayant éloigné le même cilindre suspendu comme auparavant à 20. pieds de distance de son

1683. son point de repos, & l'ayant laissé aller, il ne remonta que de 16. pieds au-delà de ce point, au-lieu que le canon ayant été élevé de-même alla jusqu'à 19. pieds.

Mr. Mariotte répéta plusieurs fois la même expérience avec différentes charges, & il trouva toujours à fort peu près la proportion réciproque des poids & des vîtesses.

Il fit aussi d'autres expériences: au-lieu de plomb il chargea un pistolet d'eau, & ayant mis le feu à la poudre, toute l'eau fut reçuë sur une feuille de papier de 3. pieds de largeur, posée à 8. pieds de distance; à 10. pieds il n'y eut que quelques gouttes d'eau qui atteignirent le papier; & enfin à 12. pieds, l'eau fut tellement raréfiée, qu'elle tomba toute en une espéce de vapeur: ce qui fait voir que les Jets-d'eau, même par cette raison, ne doivent pas monter à la hauteur du Reservoir.

---

## *DIVERSES OBSERVATIONS de Physique générale.*

1. MOnsieur Mariotte fit avec Mr. Homberg plusieurs Expériences pour trouver le rapport du poids de l'air à celui de l'eau; il se servit de la Machine du vuide de Mr. Dalancé, & il trouva le poids de l'eau à celui de l'air comme 630. à 1.

2. Le même Mr. Mariotte fit aussi à l'Observatoire des Expériences sur le Barométre ordinaire à mercure, comparé au Barométre à eau. Dans l'un le mercure s'éleva à 28. pouces, & dans l'autre l'eau fut à 31. pieds $\frac{1}{3}$. ce qui donne le rapport du mercure à l'eau de 13 $\frac{1}{2}$ à 1.

3. Mr. Blondel a rapporté la maniére dont on se sert en quelques lieux d'Allemagne pour hausser les Marais. Elle consiste à les inonder en y faisant couler de l'eau d'une Riviére voisine dans les tems où cette Riviére est fort haute, & que ses eaux sont troublées. Quand ensuite la Riviére est baissée, & que l'eau du Marais est éclaircie, on ouvre les écluses, & l'eau qui couvroit le Marais retourne dans son véritable lit. Le Marais demeure ainsi submergé pendant quelque tems, & le limon charrié par les eaux y demeure & hausse le sol.

4. Mr. Dodart a dit que dans le Risban de Calais, qui est un ouvrage fait de main d'homme, on creuse des Puits dont l'eau est douce, & hausse avec la Mer. On crut que cette eau perdoit sa salure en se filtrant au travers du sable. Mr. Blondel ajouta à cette occasion, qu'au milieu du Port de Marseille il y a un Rocher dont il sort de l'eau fort douce.

5. Mr. le Comte Marsigli de Bologne apporta à la Compagnie des Pierres de Bologne calcinées, & non calcinées. En ayant exposé quelque

que tems à l'air une de celles qui étoient calcinées, & l'ayant ensuite portée dans un lieu obscur, elle parut lumineuse. Il donna aussi la maniére de les calciner. On les laisse dans l'eau pendant 24. heures, & on les met ensuite dans un fourneau à vent, à nud sur les grilles, & du charbon par-dessus; il faut entretenir le feu pendant 7. ou 8. heures: on ôte ensuite la crasse qui est sur ces pierres, & on en trouve quelques-unes de lumineuses. 1683.

6. Mr. Blondel qui avoit beaucoup voyagé, a dit que les Serpens qui ne sont point venimeux dans les autres Iles, le deviennent dans la Martinique, & que ceux de cette Ile transportés ailleurs perdent leur venin. On croit encore que ceux que l'on transporte dans l'Ile de Malthe y perdent aussi leur venin.

7. A l'occasion du Tremblement de terre arrivé à Remiremont, dont Mr. Perrault lut cette année une Relation circonstanciée qu'il avoit recuë de dessus les lieux, Mr. Blondel dit qu'il avoit vu dans les Alpes & dans les Pirenées plusieurs Montagnes qui ayant été jointes auparavant entr'elles, s'étoient ensuite séparées les unes des autres; il en tiroit la preuve de ce que deux de ces montagnes, qui n'en étoient autrefois qu'une, avoient réciproquement des parties saillantes dans l'une qui répondoient à des enfoncemens semblables dans l'autre. On a vu en 1617. une Ville nommée Chavelle dans la Valteline ensévelie sous deux montagnes, au pied desquelles elle étoit située, qui se déracinérent & se joignirent mutuellement.

8. Mr. Blondel a fait encore d'autres remarques d'Histoire Naturelle, par exemple, qu'il avoit trouvé qu'il avoit trouvé plusieurs Pierres fort dures entre Fontainebleau & Nemours toutes percées à jour. Il y a apparence que les pluyes ont ainsi criblé ces pierres dans le tems même qu'elles se formoient. Qu'à Toulon on trouve des pierres qui étant cassées, sont pleines d'huîtres fort bonnes à manger. Qu'entre la Rochelle & Rochefort il y avoit un Village que la Mer a emporté, & que la glaise qui est sur le bord où la Mer vient quand elle est haute, s'est pétrifiée en rocher, sur lequel on voit encore des vestiges de pieds d'Hommes & de Chevaux.

## ANATOMIE.

IL est souvent très-difficile de reconnoître dans les Ouvrages des Anciens les Animaux qu'ils ont décrits; la plupart apparemment ont fait ces descriptions sur de simples rapports, & sans avoir vu par eux-mêmes & examiné les sujets.

L'Ibis blanc est un Oiseau singulier d'Egypte, duquel un grand nombre

1683. bre d'Auteurs anciens ont parlé, mais avec des circonſtances qui ne ſe ſont point rencontrées dans celui qui fut diſſéqué à l'Académie. Malgré ce que dit Elien, que l'Ibis étant tranſporté hors d'Egypte, ſe laiſſe mourir de faim, celui-ci avoit vécu pluſieurs mois à la Ménagerie de Verſailles. L'Ibis a beaucoup de rapport à la Cigogne, mais il eſt pourtant aiſé de diſtinguer ces Oiſeaux l'un de l'autre; le bec, par exemple, eſt courbé & arrondi à l'Ibis, & ne ſe termine pas en pointe; à la Cigogne il eſt droit, à pans & ſe termine en pointe. L'Ibis a le col partout d'une égale groſſeur, la Cigogne l'a beaucoup plus gros vers le bas que vers le haut, & vers le bas il y a une touffe de longues plumes qui ne ſont point à l'Ibis. Les pieds de l'Ibis ſont beaucoup plus grands que ceux de la Cigogne, &c.

L'un & l'autre de ces Oiſeaux tuent & mangent les Serpens; l'Ibis apparemment les coupe par le tranchant de ſon bec, & la Cigogne les pique par la pointe du ſien.

Les Egyptiens avoient mis l'Ibis au nombre des Animaux qu'ils adoroient, parce que cet Oiſeau alloit au devant des Serpens ailés qui venoient en certains tems d'Arabie en Egypte, & les tuoient au paſſage: & ſi l'on en croit Hérodote, qui dit l'avoir vû, il y avoit en ce lieu de grands monceaux d'oſſemens de ces Serpens.

L'Obſervation de l'Académie confirma ce que Cicéron a dit de l'Ibis au premier Livre de la Nature des Dieux, que cet Animal ne ſent point mauvais, longtems même après ſa mort; car la chair de notre Ibis avoit encore une odeur agréable plus de quinze jours après. Ne pourroit-on pas attribuer cette diſpoſition à ne ſe point corrompre, qui eſt dans la chair de l'Ibis, à la bonté des mets dont cet Oiſeau ſe nourrit? on ſait que la chair des Serpens eſt très-ſalutaire.

L'Ibis n'a point de jabot comme les autres Oiſeaux qui ſe nourriſſent de grain: le ventricule étoit cependant un peu plus ſolide qu'à ceux qui vivent de chair, & ſa membrane interne avoit les replis & la dureté des géſiers ordinaires. La Cigogne avoit auſſi un géſier, quoiqu'elle ne ſe nourriſſe que de chair.

On fit une injection dans la veine méſentérique de l'une des Cigognes, & la liqueur paſſa dans la cavité des inteſtins; & de-même, ayant rempli de lait une portion de l'inteſtin, & l'ayant lié par les deux bouts, la liqueur étant comprimée paſſa dans la veine méſentérique. Peut-être cette voye eſt-elle commune à tout le genre des Oiſeaux: comme on ne leur a point encore trouvé de veines lactées, on peut ſoupçonner avec raiſon que c'eſt-là la route du chyle pour paſſer des inteſtins dans le méſentére.

On apporta à l'Académie la dépouille d'un grand Lézard écaillé qu'on dit

dit venir des Indes, le même à peu près que Clusius a décrit. Quoiqu'on n'eût de cet Animal que la dépouille, on crut néanmoins devoir en faire la Description. Il avoit 3. pieds 10. pouces depuis le bout du museau jusqu'à celui de la queuë qui avoit 16. pouces de long. Elle se terminoit en pointe, ce qui est le vrai caractére des Lézards. Tout le corps étoit couvert d'écailles, hormis le ventre, le dessous du col, le dessous de la mâchoire, & le dedans des jambes. Ces écailles étoient dures & faites en forme de coquilles de St. Michel, elles étoient posées les unes sur les autres à la maniére des tuiles, & elles étoient fermement attachées à la peau, tant par le bord le plus large de la coquille, que par une espéce de feuillure qui étoit en-dessous. 1683.

Les pieds de devant avoient quatre pouces de long jusqu'au commencement des ongles, qui avoient deux pouces de long; ceux de derriére avoient la même longueur, mais les ongles n'avoient que neuf lignes.

---

## *DIVERSES OBSERVATIONS ANATOMIQUES.*

### I.

Monsieur Du Verney fit voir dans la dissection d'un Homme plusieurs particulaités dont quelques-unes n'avoient pas encore été observées.

1. Que la Dure-mére a des veines qui sont collées étroitement avec les artéres, & dont quelques branches s'ouvrent dans le sinus longitudinal; c'est pourquoi l'air soufflé par la jugulaire interne passe jusque dans le sinus, à cause que cette veine de la jugulaire s'y décharge.

2. Un sinus particulier qui est à la base du crâne, & qui vient se décharger à l'extrémité du sinus longitudinal.

3. Que ces parties du cerveau, qu'on nomme les piliers latéraux de la voûte, ne sont pas distinguées des replis que forme la partie postérieure du cerveau.

4. Quels sont les conduits par où passent les sérosités qui se filtrent, tant dans le ventricule de la moëlle allongée, que dans ceux du cerveau.

Il fit voir aussi qu'il n'y a point de glande pinéale dans les Chiens, & que la glande pituitaire a une situation différente dans l'Homme & dans les Animaux: dans l'Homme elle est toujours cachée sous la dure-mére, dans les Chiens, & dans quelques autres Animaux, elle est immédiatement au-dessus.

### II.

Quelque tems après il fit voir l'organe de l'Odorat, dont il lut un Traité entier; on remarqua les petits nerfs qui viennent du nerf olfactoire, & qui se durcissent comme les autres quand ils ont passé par l'os cri-

1683. cribreux, les trois lames, dont il y en a une ſéparée des autres, & enfin les ſinus qui ſont dans l'os frontal, & dans l'os de la mâchoire, & qui ſont pleins de mucoſité qui ſe décharge dans la cavité du nez.

III.

Il fit voir auſſi dans le cerveau d'un Homme, que les nerfs olfactoires ne ſont pas comme dans les Animaux, qu'ils ſont beaucoup plus petits, qu'ils ne ſont pas continués avec le ventricule du cerveau comme dans les Bêtes, qu'ils envoyent pluſieurs filets à travers l'os cribreux dans les narines; enfin il prétendit qu'ils ne ſont pas creux comme dans les Bêtes.

IV.

Mr. Dodart fit ſon rapport d'un Enfant macrocéphale, qui avoit une tête extraordinairement groſſe, & le corps fort menu. Il n'y avoit que des cartilages au-lieu de crâne; la capacité du crâne étoit d'un pied de diamétre remplie d'eau très-claire au-lieu de cerveau, avec une excroiſſance de chair derriére la tête; il n'y avoit point de ſutures, mais les cartilages étoient dilatés à la place des ſutures.

V.

Mr. Du Verney avoit ouvert une Femme qui avoit été trois mois malade ſans fiévre; elle étoit paralytique des deux côtés. Les parties de la poitrine & du bas-ventre étoient fort ſaines, les ventricules du cerveau étoient pleins de trois demi-ſetiers d'eau. Cette femme étoit dans un aſſoupiſſement continuel.

Mr. Du Verney lut cette année à la Compagnie un Traité de l'Hydropiſie, avec une Préface pour ſon Traité de l'Organe de l'Ouïe.

## CHIMIE.

### *EXAMEN DES EAUX DE VERSAILLES.*

L'Academie ayant reçu un ordre de Mr. Colbert le 11. Août 1682. de travailler à l'examen des Eaux des Sources de Verſailles, afin de reconnoître quelles étoient les meilleures à boire & les plus ſalubres, on commença par celles que Mr. Le Marquis de Blainville avoit envoyées dans des bouteilles; mais on ne crut pas devoir s'arrêter aux obſervations qu'on en fit, à cauſe que ces eaux ayant été puiſées dans le tems qu'on travailloit aux Aqueducs, elles étoient un peu troubles; & d'ailleurs les bouteilles où elles avoient été miſes, avoient ſervi à mettre du vin.

Mr. Bourdelin en fut prendre lui-même dans les ſources, il en apporta

porta de dix ſortes au Laboratoire; c'étoit les eaux de St. Cyr, de Maltourte, du Cheſnay, de Roquencour, des Crapaux, de St. Pierre, de St. Antoine, de la Porte du Parc de Bailly, de Trianon, & de Ville d'Avray. 1683.

On ne trouva dans ces eaux aucune différence ſenſible pour la limpidité, le goût & l'odeur; par rapport au poids, celles d'Avray & des Crapaux furent trouvées les plus légéres.

A l'égard de la ténuité & de la ſubtilité des parties, on l'examina par trois moyens. Le Thermométre, la diſolution du ſavon, & la coction des légumes. On jugea que l'épreuve par le Thermométre étoit plus exacte & plus préciſe qu'aucune autre.

On attacha ſur une même planche deux Thermométres, & les ayant expoſés à l'air froid, & enſuite plongé dans l'eau chaude, on marqua ſur chacun le degré où la liqueur avoit été dans chaque expérience, on diviſa enſuite l'intervalle en parties égales.

Ayant ainſi préparé les Thermométres, on mit dans deux vaiſſeaux de verre d'égale grandeur, & de pareille groſſeur, une égale quantité de deux eaux différentes, l'une de Fontaine, & l'autre de Puits, & ces vaiſſeaux étant plongés dans un autre plus grand plein d'eau chaude, on plongea les Thermométres dans les petits vaiſſeaux qui contenoient l'eau qu'on vouloit examiner. Les différens degrés où montoit la liqueur dans les deux Thermométres faiſoient connoître le plus ou le moins de ſubtilité de chaque eau; on examina de cette maniére toutes les eaux dont nous avons parlé, & on les compara avec l'eau de Puits, d'où l'on conclut que l'eau de Fontaine étoit plus ſubtile que l'eau de Puits, mais dans des rapports différens.

L'eau de Puits ayant fait monter la liqueur du Thermométre à 75. degrés, celle de la Fontaine de Ville d'Avray la fit monter de 25. au-deſſus, celles de St. Cyr de 20. celles des Crapaux de 21. celle de Bailly de 16. celle de Maltourte de 15. celle de Roquencour de 14. celle de St. Pierre de 9. celle de St. Antoine de 8. celle de Trianon de 7. & celle du Cheſnay de 5.

On voulut enſuite juger de la ténuité de ces mêmes eaux par la facilité qu'elles auroient à diſſoudre le ſavon. Cette diſſolution fut plus parfaite par l'eau des Crapaux, de Bailly, de Maltourte, de St. Antoine, & du Cheſnay, les autres diſſolvoient moins parfaitement.

La cuiſſon des légumes ne fit voir aucune différence dans ces eaux.

A l'égard des réſidences dont les unes étoient faites par évaporation juſqu'à ſéchereſſe, & les autres étant réduites de deux livres d'eau à une once, on trouva ſi peu de choſe qu'on ne put en porter aucun jugement.

On

1683. On conclut de ces expériences & de plusieurs autres que l'on fit encore sur le même sujet, que les eaux de Versailles égaloient en bonté celles que l'on estime les meilleures, telles que sont les eaux de la Seine, & celle de Rungis; & qu'il ne restoit plus pour avoir une entiére certitude de leur qualité, qu'à savoir ce qu'on peut en avoir appris par le long usage des habitans, ce qui est sans-doute la régle la plus sûre pour juger de la bonté des eaux.

## *EXAMEN DES CONCRETIONS, &c. de l'Aqueduc de Roquencour.*

MEssieurs Perrault & Bourdelin, qui avoient été visiter l'Aqueduc de Roquencour à l'occasion de l'examen des eaux de Versailles, avoient rapporté, Qu'il y a environ 900. toises où l'eau coule sur des planches entre des chevrons arrêtés de demi toise en demi toise par des étresillons, sur lesquels il y a d'autres planches où l'on marche; que les parties de tout ce bois qui sont hors de l'eau se pourrissent; que l'eau coule fort lentement, tant à cause du peu de pente qu'elle a, que parce que son cours est encore arrêté par les étresillons; que des murs il sort des champignons à longue queuë, la plupart noircis par la pourriture, dont il peut distiler quelque chose dans l'eau; que de la voûte il pend en quelques endroits une grande quantité de concrétions spongieuses en forme de mousses blanches, fibreuses, qui sont des champignons imparfaits qui ont une grande facilité à se résoudre en eau pour peu qu'on y touche; que la liqueur qui distile de ces concrétions est tellement caustique, que ce qui est tombé sur les habits les a percés & déteints comme feroit de l'eau-forte, & a effacé l'écriture sur du papier; que dans quelques-uns des endroits où l'eau croupit entre les étresillons qui traversent le conduit, il nage sur l'eau une croute pierreuse & graveleuse; qu'en d'autres il s'y trouve des mousses glaireuses engendrées de la pourriture du bois; que de 20. en 20. toises il y a des Puits qui vont de la voûte de l'Aqueduc juqu'au haut de la Montagne, & que les ordures qui s'engendrent en grande quantité dans la longueur des murs de ces puits, tombent dans le conduit de l'eau.

Toutes ces circonstances & quelques examens chimiques que l'on fit de cette eau & des matiéres différentes dont on vient de parler, firent juger que l'eau qui coule dans cet Aqueduc, quoique bonne de sa nature, n'étoit pas propre à boire, & contractoit de mauvaises qualités par le mêlange des matiéres étrangéres qui se trouvoient dans l'Aqueduc.

EX-

## *EXPERIENCE CHIMIQUE.* 1683.

MOnſieur Bourdelin a fait voir de la limaille d'acier augmentée de prés d'une moitié de ſon poids ayant été mouillée ſouvent, & enſuite deſſéchée. Treize onces de cette limaille ayant été humectées pendant 40. jours, après 14. imbibitions, la limaille n'a plus augmenté. Il s'eſt fait une chaleur la premiére fois qui dura 18. heures; & 54. heures après la premiére imbibition, le poids de la limaille étoit augmenté de 2. onces, & de 6. onces 7. gros après la derniére imbibition, & 6. jours de deſſéchement. De 18. onces que Mr. Bourdelin en diſtilla, il en tira 4. portions de 2. onces 4. gros; la premiére a louchi la ſolution du ſublimé, mais elle n'a point noirci la noix de galle; la ſeconde plus forte a précipité le ſublimé, & la troiſiéme encore davantage. La quatriéme a fait un grand bouillonnement avec l'eſprit de ſel. Mr. Du Clos croyoit que l'eau avoit dégagé le ſel volatil du fer. Ce qui reſtoit dans la cornuë peſoit 15. onces & demie, ainſi la matiére n'a point diminué par la diſtillation.

Quelque tems après Mr. Bourdelin réïtéra la même expérience. Il prit de la limaille de fer qu'il abreuva d'eau pluſieurs fois, & l'ayant pouſſée fortement elle devint fort noire, au-lieu que la premiére étoit rouge. Durant deux mois on l'a imbibée de 46. onces d'eau, & après l'avoir deſſéchée elle peſoit 23. onces au-lieu de 16. qu'elle peſoit d'abord. La matiére s'échauffoit dans le commencement durant 8. ou 10. heures. Mr. Bourdelin en tira 2. onces 6. gros & demi de liqueur impregnée de ſel volatil. Les 20. onces & plus reſtantes, pouſſées à un feu aſſez grand pour fondre la cornuë, n'ont rien donné davantage, & la matiére peſoit 4. onces plus qu'auparavant.

## *DIVESES OBSEVATIONS CHIMIQUES.*

### I.

MOnſieur Joli Médecin de Vichi, ayant apporté à l'Aſſemblée pluſieurs concrétions de terres & de ſels qui ſe forment aux voûtes des Bains de Vichi, on a fait pluſieurs eſſais pour connoître leur nature; on a remarqué en général que ces ſels ſont déterſifs & lixiviels. Le ſel de la Fontaine qu'on nomme le *petit Boulet*, eſt plus lixiviel que celui du *grand Boulet* & de *la Grille*; il eſt de couleur brune, les autres ſont blancs, & il y en a qui ſont tranſparens comme des Cryſtaux.

### II.

Mr. Borelli a propoſé une maniére de faire beaucoup d'eſprit ou d'*aigre* de ſouffre, par le moyen d'une cornuë percée à côté par où entre

1683. tre la fumée du souffre; le col de la cornuë entre dans un muid à demi plein d'eau, & la fumée se mêle avec l'eau: si la fumée est fort abondante, on peut mettre encore un long tuyau à l'autre fonds du muid, & ajouter un second muid dans lequel ce tuyau entre.

III.

Mr. Dodart lut un Ecrit de Mr. Piat, Avocat du Roi à Chartres, touchant une eau minérale de cette Ville, qu'il croit être ferrugineuse, parce qu'en y mettant de la noix de galle, elle se teint d'un violet noir comme si on y mettoit de la couperose. Mr. Piat croit que cette eau minérale est l'eau de la riviére même, laquelle passant par les terres d'un petit pré qui est en cet endroit, s'y charge de cette impression minérale, ce qu'il prouve par plusieurs expériences.

IV.

Mr. Bourdelin continua les Analyses avec MM. Du Clos & Borel, tant sur les Animaux, comme la Vipére, les Sangsuës, les Fourmis, &c. que sur les Plantes. Par rapport à celles-ci, on examina principalement celles qui sont le plus en usage dans la Médecine. On trouva en général que les Purgatifs donnoient beaucoup d'huile. Deux livres de Jalap donnérent 3. onces 5. gros d'huile: deux livres de bon Sené du Levant donnérent 3. onces 7. gros d'huile, & 4. gros de sel volatil. De 4. livres de racine de Bryone on tira 2. onces & demie d'huile, de sel volatil concret 2. gros & demi.

V.

Mr. Bourdelin examina aussi le Lait de Vache, de Chévre & d'Anesse. Les deux premiers donnérent des liqueurs d'un goût & d'une odeur assez agréables; elles étoient plus acides que sulphurées. De 4. livres un peu plus de lait de Vache, & d'une même quantité de lait de Chévre, il eut 3. onces d'huile, & un gros environ de sel simplement salin. Le lait d'Anesse donna des liqueurs d'une odeur fade & desagréable.

VI.

Mr. Cassini a fait voir une Liqueur enfermée dans une petite bouteille de verre; ayant ôté le bouchon, l'eau fumoit continuellement. Mr. Borel a dit que cette eau étoit faite avec du Sublimé, de l'Etain & du Mercure broyés ensemble.

## BOTANIQUE.

Monsieur Marchant a continué ses travaux de Botanique; il s'est appliqué, suivant sa coutume, à décrire les Plantes qui ne l'avoient point

point encore été, à faire venir plusieurs graines étrangéres & à les cultiver, à fournir au Laboratoire les Plantes qui ne se trouvent point aux environs de Paris. 1683.

Mr. De la Hire après son retour de Provence a fait voir à la Compagnie l'enveloppe de la tige du Palmier, qui avoit un tissu de trois rangs de fibres entre-lassées fort au large, & le lieu de la datte par où le germe sort, qui est un petit trou sur le dos de la datte.

Il a aussi fait voir la fleur de la Cassie, qui est d'une odeur fort agréable. Il a fait encore remarquer que les Truffes sont des excroissances qui viennent aux racines des jeunes Charmes & des jeunes Chênes, & qui tiennent aux racines par des filets.

# MATHEMATIQUE.

## GEOMETRIE

1. Monsieur de la Hire démontra une proposition de Géométrie élémentaire, qui est qu'en tout triangle, si on divise la base en deux parties égales, & que de l'angle du sommet on méne une ligne à ce point du milieu de la base, la somme des deux autres côtés du triangle est toujours plus grande que le double de cette ligne tirée dans le triangle. Cette proposition est aisée à démontrer, en décrivant un cercle qui ait cette ligne intérieure du trianglu pour rayon, & en prolongeant les côtés du triangle jusqu'à la circonférence du cercle.

2. MM. les Fermiers-Généraux ayant reçu d'un Particulier un Tarif pour la jauge des Vaisseaux, consultérent l'Académie sur la bonté de ce Tarif, & sur l'exactitude des calculs de l'Auteur. L'Académie, après s'être fait représenter les diverses méthodes pratiquées tant en Hollande qu'ailleurs, pour jauger les Vaisseaux de différentes classes, & des profils des différens Vaisseaux, tant au grand mât, qu'au mât d'avant, & à celui d'artimon; elle jugea que les calculs de la jauge des Vaisseaux étoient conformes aux régles de la callaison des épaisseurs du bois, & des différens gabaris qui étoient proposés, & suivant lesquels le Tarif dont il étoit question avoit été construit; mais à l'égard des régles elles-mêmes, l'Académie déclara qu'elle ne pouvoit pas en porter un jugement certain, à moins qu'elle n'eût une plus grande connoissance du détail des mesures des Vaisseaux en question.

Mr. Blondel a lu un Traité d'Algébre à la suite d'un autre Traité de Mathématiques en général: & Mr. De la Hire a lu un Traité des Proportions.

1783. A S T R O N O M I E.

## *OBSERVATIONS FAITES SUR LA PLANETE de Saturne.*

EN l'année 1677. Mr. Caſſini avoit obſervé ſur Saturne une bande parallèle à la ligne de ſes anſes lorſque l'anneau étoit prêt de ſa plus grande ouverture, enſorte qu'il débordoit du globe d'un tiers de ſa largeur; alors cette bande traverſoit le diſque de Saturne très-près du centre du côté du Septentrion.

Elle paroiſſoit droite, & par conſéquent ſi elle faiſoit le tour du globe de Saturne, ſon pole ne devoit pas être fort éloigné du bord du diſque de Saturne; & par-là devoit différer beaucoup du pole de l'anneau, qui étoit alors élevé de plus de 30. degrés ſur le même bord.

Le 2. Mars de cette année Mr. Caſſini vit avec une excellente Lunette de 40. pieds, de la façon de Mr. Borel. la même bande obſcure ſur le diſque de Saturne, mais dans une ſituation différente. Elle étoit fort éloignée du centre, & ſe terminoit de part & d'autre vis-à-vis la partie méridionale de l'anneau qui paſſoit alors derriére le globe de Saturne, la ſeptentrionale étant élevée ſur le diſque.

Mr. Facio de Duilliers, qui étoit préſent à cette obſervation de Mr. Caſſini, deſſina exactement cette apparence, & crut pouvoir reconnoître par-là ſi Saturne tourne ſur ſon centre, en ſuppoſant que ce mouvement de rotation ſe fit ſur un axe perpendiculaire au plan de l'anneau, comme il ſemble devoir ſe faire. Car la bande de Saturne ayant un axe fort différent de celui de l'anneau, elle devoit dans la révolution de Saturne ſur ſon axe avoir diverſes ſituations ſur le diſque, & diverſes inclinaiſons à la ligne des anſes.

Dans cette idée on retourna 4. heures après à l'obſervation, & on n'apperçut aucun changement dans la ſituation de la bande: il s'enſuivoit donc, ou que Saturne n'avoit pas tourné ſenſiblement pendant cet intervalle, ou que s'il a un mouvement ſur ſon centre, il ſe fait ſur les poles de cette bande, fort éloignés de ceux de l'anneau.

Mr. Caſſini obſerva même une choſe qui lui perſuadoit cette révolution de Saturne ſur cet axe particulier: c'eſt que dans la ſeconde obſervation on voyoit l'intervalle entre la bande obſcure & l'anneau, comme une bande fort claire & blanche, qui n'avoit point paru auparavant.

Les nuages empêchérent d'examiner ces apparences à d'autres intervalles de tems le même jour; mais le lendemain, 24. heures après la première obſervation, on apperçut la bande obſcure dans la même ſituation,

tuation, & la bande claire vuë le jour précédent dans la seconde obser- 1683.
vation ne paroissoit plus; mais au-lieu d'elle on en remarqua une autre claire au-delà de l'obscure vers le bord du disque, que l'on n'avoit point vuë auparavant.

De-là Mr. Cassini conjectura que ces bandes claires ne font pas le tour entier de Saturne, mais qu'elles sont interrompuës, comme on l'observe dans quelques-unes de celles de Jupiter; & que Saturne dans sa révolution sur lui-même nous présente successivement les différentes bandes claires obscures de sa surface.

Peut-être même ces apparences ne sont-elles pas permanentes; car on ne les avoit point encore apperçuës, quoiqu'on eût observé Saturne fort exactement, & avec la même Lunette, comme il arrive aussi à quelques-unes qu'on a observées sur la surface de Jupiter.

Cependant si Saturne tourne sur son centre, il est difficile de se persuader que ce soit sur un autre axe que celui qui est perpendiculaire au plan de l'anneau; car autrement, pour peu que l'axe de ce mouvement fût incliné à celui de l'anneau, l'anneau devroit paroître pendant une révolution sous des largeurs bien différentes, & présenter tantôt une moitié inférieure au centre du disque de Saturne, & tantôt une qui lui seroit supérieure; & dans les cas moyens il paroîtroit traverser le disque en passant par le centre même, ce qui ne s'accorde point aux observations, à moins que l'anneau ne fût immobile, & que ce mouvement de rotation ne regardât que le globe seul de Saturne. Ce qui absolument n'est pas impossible, sur-tout dans l'hypothése de Mr. Huygens, qui fait l'anneau circulaire, & tout-à-fait isolé du globe de Saturne, & qui est conforme aux Observations.

## *SUR UN NOUVEAU PHENOMENE ou sur une Lumière Céleste.*

LE Ciel sembloit répondre lui-même aux recherches & à la sagacité des Astronomes, & concourir avec la Terre à produire de ces nouveautés éclatantes, qui ne servent pas moins à illustrer un Siécle qu'à donner à quelque Savant une occasion de se distingner : une Etoile qui parut de-nouveau du tems d'Hipparque, lui fit naître l'idée de dresser un Catalogue d'Etoiles fixes; projet aussi grand peut-être, pour qui y réfléchira bien, que celui d'un Monarque qui voudroit ranger le Monde entier sous ses loix; une semblable occasion fit éclorre, pour ainsi dire, le fameux Tycho Brahé dans le Monde savant. Notre siécle si fécond d'ailleurs en merveilles de toute espéce, n'aura rien à envier aux autres en ce genre de merveilles célestes, qui peut-être ne nous paroissent rares que

1683. que parce qu'il ne s'est pas toujours trouvé des Hipparques & des Tychos.

Le 18. Mars au soir Mr. Cassini apperçut pour la premiére fois dans le Ciel une Lumiére semblable à peu près à la Voye de lait, mais plus claire & plus éclatante dans son milieu, & plus foible vers ses bords; elle s'étendoit depuis l'horizon occidental jusqu'à plusieurs degrés au-dessus, & se terminoit en pointe, & insensiblement vers la tête du Taureau: on ne commençoit de la voir que 3. degrés au-dessus de l'horizon, à cause des vapeurs qui s'étendoient à cette hauteur; la partie claire de cette lumiére avoit en cet endroit 8. ou 9. degrés de largeur, à la seule circonstance près de la largeur, qui étoit beaucoup plus grande qu'il n'auroit fallu; cette lumiére ressembloit d'ailleurs à la queuë d'une Cométe, tant par sa transparence que par sa couleur, & par sa direction à l'égard du Soleil.

Dès la premiére observation Mr. Cassini découvrit qu'outre le mouvement commun du premier mobile auquel cette lumiére participoit, elle avoit un peu de mouvement vers le Septentrion.

Les observations qu'il continua de faire confirmérent ce mouvement, mais elles lui apprirent de plus que cette lumiére s'avançoit aussi vers l'Orient, ce qui fut confirmé depuis avec une entiére évidence par les observations de son cours dans les autres signes du Zodiaque, sur lequel elle étoit toujours étenduë, & de son retour au même lieu & au même jour de l'année.

Voilà donc dès là un Phénoméne cosmique, & qui doit avoir des causes réglées & toujours les mêmes; mais par cette raison il a dû être apperçu dans les siécles passés. Mr. Cassini qui s'étoit rendu propre tout ce qu'il y a d'Astronomique dans les Mémoires de ces tems reculés, fit voir quelque chose de semblable observé il y a plus de deux mille ans par Anaxagore, & rapporté par Senéque dans ses Questions Naturelles, où il fait aussi mention d'un autre Phénoméne qui y a quelque rapport, observé par Callisthénes vers le tems que les Villes de l'Achaïe, Hélice & Bure, furent abîmées dans la Mer par un Tremblement de terre, c'est-à-dire environ 272 ans avant J. C.

Mr. Cassini remarqua aussi que Mr. Childrey en avoit parlé dans un Avertissement qu'il donne aux Mathématiciens à la fin de son Histoire Naturelle d'Angleterre écrite en 1659, où il dit qu'il l'avoit observé pendant plusieurs années de suite. Enfin Mr. Cassini la compara à un autre Phénoméne qu'il avoit lui-même observé en 1668 à Bologne, & qui l'avoit été aussi en Perse suivant le rapport de Mr. Chardin.

Mais d'un autre côté il y avoit des différences assez grandes entre ces Phénoménes & le nôtre, pour qu'on pût raisonnablement douter qu'ils

qu'ils fussent les mêmes; il n'y a guéres que celui que Mr. Childrey dit 1683.
avoir observé qui puisse passer pour le même, & c'est ce que Mr. Cassini remarque aussi à la fin du Traité qu'il a composé de cette Lumiére après onze années d'observations qu'il en avoit faites.

A l'égard de la cause de cette Lumiére, nous laissons entiérement à l'expliquer à l'Ouvrage de Mr. Cassini. Nous nous contenterons de remarquer d'après lui, que ce Phénoméne est causé en général par une matiére répanduë autour du Soleil jusqu'à une certaine distance, plus épaisse à proportion qu'elle en est moins éloignée, & capable de réfléchir vers nos yeux les rayons de cet Astre lorsqu'ils n'y viennent pas directement. Dès les premiéres observations Mr. Cassini ne fit aucune difficulté d'avancer, conformément à son hypothése, que si on pouvoit voir cette Lumiére en présence du Soleil, elle lui formeroit une espéce de chevelure : prédiction hardie, mais d'autant plus belle, qu'elle a eu son accomplissement dans les Eclipses totales du Soleil qu'on a observées depuis.

---

## *DIVERSES OBSERVATIONS ASTRONOMIQUES.*

### I.

MOnsieur Roëmer envoya de Coppenhague à l'Académie l'observation qu'il avoit faite de l'Eclipse de Soleil du 27. Janvier, qu'on n'avoit pas pu observer à Paris à cause des nuages. Elle commença à Coppenhague à 3h. 54' 20'': à 3h. 58' 30'' la corde de la partie du limbe éclipsée étoit égale au tiers du diamétre du Soleil, ou de 4. doigts. Quelque tems après le Soleil fut caché par les nuages.

### II.

Mr. De la Hire a déterminé exactement la Conjonction des deux Planétes de Jupiter & de Saturne arrivée le 8. Février, par plusieurs moyens différens, qui se sont tous trouvés d'accord: il a trouvé que cette Conjonction est arrivée huit jours plus tard que les Ephémérides ne l'avoient marquée, ce qui servira pour la correction du mouvement de ces Planétes. L'observation que Mr. Cassini en avoit faite, se trouva conforme à celle de Mr. De la Hire. Mr. Roëmer, qui l'avoit aussi observée à Coppenhague, l'avoit trouvée de même au 8. Février à 13h. avec une différence en latitude de 12' 30''. Le lieu des deux Planétes au moment de la conjonction étant au 16°. 49' 40''. du Lion.

### III.

Mr. De la Hire observa cette année avec un très grand soin la hauteur méridienne de Sirius à toutes les heures de la nuit & du jour, & mê-

1683. même à midi lors de sa conjonction avec le Soleil: il n'y a trouvé d'autre différence que celle qui doit être causée par le changement de déclinaison de cette Etoile. C'est-là la meilleure méthode pour s'assurer si la Réfraction est la même la nuit que le jour; car la différence, s'il y en avoit une, seroit très-sensible à la hauteur de Sirius, qui est de 24. degrés & 52. ou 53. minutes, où la réfraction est certainement de plus de 2. minutes. Par-là il est clair que Tycho n'a pas eu raison de supposer des Tables de Réfractions différentes pour le Soleil & pour les Etoiles.

Mr. De la Hire fit les mêmes observations sur la Luisante de la Lyre, & ce fut sur les observations de ces deux Etoiles qu'il fonda la Théorie & les Tables du Soleil, & la position & le mouvement des fixes qu'il publia quelques années après.

## IV.

Mr. Sedileau a fait voir une Table pour trouver la hauteur de l'Etoile Polaire sur l'horizon de Paris dans tous les cercles horaires de 15. en 15. minutes, & l'angle du vertical de cette Etoile avec le méridien pour les mêmes momens, & enfin l'heure du passage de l'Etoile par le méridien pendant toute l'année.

Il a fait une Table semblable pour toutes les hauteurs de Pole, qui sera très-utile pour la Navigation.

---

On travailla fortement cette année à la prolongation de la Méridienne du Royaume ordonnée par le Roi, tant pour avoir une mesure exacte de la circonférence de la Terre, que pour une Carte juste de toute la France. Mr. Cassini alla du côté du Midi accompagné de MM. Sedileau, Chazelles, Varin, Deshayes & Pernin.

Mr. De la Hire alla du côté du Septentrion accompagné de MM. Pothenot & Le Févre.

Nous nous dispenserons de rien rapporter des Observations qui furent faites dans ces voyages, l'Ouvrage entier de la Méridienne ayant été depuis donné au Public.

Mr. Cassini lut cette année plusieurs morceaux d'Astronomie, une méthode de trouver la Parallaxe des Planétes par leur comparaison avec les Etoiles fixes qu'elles rencontrent dans leurs cours; une Théorie des Etoiles fixes par l'Etoile Polaire, une Théorie complette de Vénus, diverses Additions & Corrections au Calendrier.

Mr. Blondel fit aussi la lecture de son Discours des mouvemens célestes pour mettre à la tête de son Ouvrage de la Sphére & de la Théorie des Planétes.

M E-

## MECHANIQUE. 1683.

1. ON s'appliqua beaucoup aussi à la Méchanique. Mr. Mariotte communiqua plusieurs expériences qu'il avoit faites à l'Observatoire sur la descente des Corps pesans, qui lui donnérent occasion d'établir quelques principes nouveaux sur cette matiére; il lut après cela différentes démonstrations touchant la résistance des Corps solides, & quelques additions à son Traité de la percussion qu'il fit réimprimer.

Mr. Perrault donna un nouveau piston pour les Pompes. Les pistons ordinaires sont d'autant meilleurs que leur adhésion au corps de pompe est plus juste: mais cette justesse apporte elle-même une difficulté au mouvement du piston; car on leur donne toujours la plus forte cohésion qu'il est possible, de peur que le piston ne devînt quelquefois inutile, si n'étant pas exactement collé contre les parois intérieures du corps de pompe, il permettoit à l'air ou à l'eau de s'introduire entre le piston & le corps de pompe.

Mr. Perrault chercha dans sa construction des Pistons à faire que la résistance au mouvement du piston fût toujours proportionelle à la nécessité d'une cohésion plus ou moins forte: pour cela il compose son piston de trois diaphragmes de cuivre éloignés les uns des autres, & d'un diamétre égal à l'intérieur de la pompe: le premier & le troisiéme étoient percés de plusieurs trous assez grands, celui du milieu restant plein. Il couvre ces trois diaphragmes d'un sac de cuir souple, fortement attaché à la circonférence des trois diaphragmes, ce qui compose deux tambours séparés l'un de l'autre, dont l'un a des ouvertures du côté de l'air extérieur, & l'autre du côté de l'extrémité inférieure du corps de pompe. Il est évident par cette construction que le piston se collera contre le corps de pompe, précisément autant qu'il faudra pour empêcher l'eau ou l'air de s'introduire entre deux. Par exemple, lorsque le piston sera tiré enhaut pour faire monter l'eau, l'air qui entrera par les trous qui sont au diaphragme supérieur obligera le cuir du tambour supérieur de se coller aux parois du tuyau autant qu'il sera nécessaire pour empêcher l'air de passer entre le tuyau & le piston; de la même maniére lorsque le piston sera poussé embas pour refouler, l'eau entrera dans le tambour d'embas par les trous du diaphragme inférieur, & pressera d'autant plus le cuir de ce tambour contre les parois du tuyau, que le piston sera poussé avec plus de force: par conséquent la cohésion sera d'autant plus forte, & toujours proportionelle au besoin qu'on en aura.

3. Les Objectifs de longs foyers qui devenoient communs, donnérent occasion à plusieurs personnes de chercher des moyens faciles de s'en

1684. servir. Mr. Bouffart de Toulouse en proposa quelques-uns, dans lesquels il employoit les plus grands tuyaux par le moyen d'un miroir. Mais ces moyens n'ayant pas paru praticables, Mr. Perrault en imagina un autre fort ingénieux, & qui fut plus propre pour l'exécution.

## ANNE'E MDCLXXXIV.

MOnsieur Colbert étant mort au mois de Septembre 1683. Mr. le Marquis de Louvois, nommé Ministre par le Roi, devint le Protecteur de l'Académie. Dès la fin de l'année précédente il avoit envoyé des ordres à Mr. Cassini, qui étoit pour lors à Bourges, occupé à la continuation de la Méridienne de l'Observatoire, de continuer ses observations jusqu'à l'entrée de l'Hiver, & de revenir ensuite à l'Académie.

Mr. de Louvois souhaita que l'Académie s'appliquât principalement à des travaux d'une utilité sensible & prompte, & qui contribuassent à la gloire du Roi: c'étoit aussi le véritable but de la Compagnie, qui depuis son établissement avoit toujours eu ce dessein en vuë, & qui avoit souvent préféré pour l'objet de ses recherches, les choses qui paroissoient être d'une utilité immédiate à celles qui étoient plus spécieuses, & peut-être plus difficiles ou plus savantes, mais d'une utilité constamment moindre.

On commença alors à traiter indifféremment chaque jour d'Assemblée des matiéres de Physique & de Mathématique; la même raison qui dès l'année 1666. avoit empêché les deux Compagnies de se séparer, jointe à l'abondance des matiéres, & à l'empressement qu'avoient les Académiciens de produire leurs découvertes & leurs observations, fit qu'on se résolut de lire indistinctement ce qui se présenteroit, & cette coutume a paru depuis si nécessaire qu'on l'a conservée jusqu'à-présent.

## PHYSIQUE GENERALE.

### *SUR UNE MANIERE DE DESSALER l'Eau de la Mer.*

MOnsieur le Chevalier Janson Anglois présenta à la Compagnie une petite Dissertation de Mr. Boyle, sur la maniére de dessaler l'eau de la Mer.

Mr. Boyle promettoit dans cet Ouvrage d'ôter la salure de l'eau de la Mer, & de rendre cet eau bonne à boire, & propre à tous les usages

ges des eaux communes, en séparant son sel par distillation dans un vaisseau de 33. pouces de diamétre, capable de rendre avec peu de feu & sans beaucoup de peine ni de dépense environ 360. pintes d'eau douce mesure de Paris dans l'espace de 24. heures. Il ajoutoit que dans 400. livres d'eau de Mer il n'employoit d'ingrédiens pour la dessaler que pour environ 15. sols. 1684.

Mr. Boyle en publiant ce petit Ouvrage avoit fait mystére des matiéres qu'il employoit pour son opération; mais Mr. Du Clos trouvoit que le secret, quoiqu'important, n'étoit pas fort difficile à découvrir.

Selon Mr. Du Clos, la salure de la Mer qui rend son eau de mauvais usage, vient seulement du mélange de certaines mines salées, ou de certains bancs de sel qui se rencontrent en divers endroits du fonds de la Mer; l'eau qui coule sur ces bancs les dissout, & cette salure se communique au reste des eaux de la Mer par l'agitation des vents & des courans. Et le sel dont l'eau est impregnée peut en être séparée par la distillation à une chaleur modérée; car le feu raréfiant les parties d'eau, les fait élever au haut du vaisseau, d'où en se condensant par le froid elles distillent dans un autre vaisseau qui les reçoit, séparées du sel qui se condense, & dont on peut faciliter la condensation par quelque matiére que l'on aura mêlée avec l'eau marine.

Or selon Mr. Du Clos cette matiére condensative devoit être un sel précipitant & de qualité opposée à celle qui domine dans le sel commun.

Sur cela Mr. Du Clos rappelloit ce qu'il avoit fait voir longtems auparavant à la Compagnie, que le sel commun contient des parties diverses plus ou moins condensables les unes que les autres; telles sont les parties nitreuses qui se condensent dans l'humide, ainsi qu'on le voit aux Marais sallans, où la portion plus nitreuse du sel se condense en gros cristaux de figure cubique avant que toute l'eau soit évaporée, & ces cristaux sont reconnus pour un sel nitreux, parce qu'ils se mêlent avec les nitres, par exemple, avec le sel fixe de tartre calciné, sans les faire précipiter: d'un autre côté les parties de sel marin restent dissoutes dans l'eau, & ne se condensent que par l'évaporation totale de cette eau; mais étant acides, elles condensent & précipitent les sels nitreux avec lesquels on mêle de ce sel marin. Il faut donc, disoit Mr. Du Clos, que l'ingrédient que l'on mêle avec l'eau de la Mer pour la dessaler en la distillant, soit quelqu'acide qui condense & précipite la portion nitreuse du sel commun: or le tartre crud est un acide facile à trouver, & qui coûte peu, & son acidité augmentant celle de la portion acide du sel marin, la rend moins volatile, & l'empêche de passer avec l'eau dans la distillation modérée.

1684. Mr. Du Clos en fit l'expérience ſuivante. Sachant par les Expériences de Mr. Boyle même, que l'eau de la Mer priſe aux Côtes d'Angleterre contient un quarante-quatriéme ou un quarante-cinquiéme de ſel commun, comme on n'avoit pas la commodité de pouvoir faire l'expérience ſur de véritable eau de Mer, il prit de l'eau commune de fontaine, & y fit réſoudre à froid un quarante-quatriéme de ſel commun bien gréné & bien ſec. Ayant enſuite verſé cette eau ſalée dans un vaiſſeau de cuivre pour la diſtiller, il y mêla du tartre crud pulvériſé en poids égal à celui du ſel commun, & mit le tout en diſtillation au bain de vapeur. Il eut par l'opération plus des trois quarts de l'eau en divers tems, & cette eau fut trouvée ſans aucune ſalure manifeſte au goût, & auſſi limpide & légére que l'eau commune de Fontaine & de la Seine.

Au-lieu du tartre crud Mr. Du Clos remarquoit qu'on pouvoit employer un alcali qui ſe joindroit plus intimement au ſel commun pour ſe précipiter enſemble, & laiſſer plus facilement ſéparer l'eau ſimple par la diſtillation; on en peut avoir en abondance & à peu de frais, particuliérement celui de la ſoude, que Mr. Du Clos jugeoit très-propre à cette opération. Cette affinité des alcalis avec le ſel commun avoit été reconnuë par Becker au ſecond Supplément de ſa Phyſique Souterraine.

Mr. Bourdelin réïtéra de ſon côté la même expérience & de la même maniére: de différentes portions d'eau qu'il eut par la diſtillation, les cinq premiéres n'avoient aucun goût, la derniére rougit un peu le Tourneſol, ce que ne peut faire l'eau mêlée avec le ſel. Il trouva auſſi par l'Aréométre que l'eau ſimple étoit un peu plus légére que celle qu'il avoit tirée par ſon opération.

On expoſa à l'air libre l'eau diſtillée avec le ſel ſeul, & elle ſe glaça; celle où l'on avoit mis du tartre crud ne ſe glaça point, non-plus que celle qu'on avoit diſtillée après y avoir mêlé du ſel & de la ſoude en même quantité que dans les expériences précédentes.

---

## *EXPERIENCES SUR LA CONGELATION.*

L'Hiver tout incommode qu'il eſt ne laiſſe pas d'être une ſource féconde d'expériences très-utiles & qu'on ne ſoupçonneroit pas; un Phyſicien qui ſait en profiter trouve dans cet engourdiſſement apparent de la Nature de quoi augmenter ſes connoiſſances: l'Hiver de 1684. fut très-remarquable par le froid exceſſif qui dura depuis le 11. Janvier juſqu'au 17. En 1670. on avoit éprouvé un froid à peu près égal, & on n'avoit pas manqué d'en profiter. On avoit alors principalement obſervé la maniére dont le froid agit ſur les corps ſolides en les retreciſſant. Dans celui

celui de cette année on s'appliqua à faire des expériences sur la congé- 1684.
lation des liqueurs.

Pendant les sept jours que dura le grand froid, la liqueur du Thermométre descendit bien avant dans la boule, où elle n'étoit point encore parvenuë pendant d'autres Hivers. Mr. Perrault, à qui nous devons les expériences dont nous allons parler, exposa à l'air plusieurs liqueurs, comme de l'eau de fontaine cruë, de la même eau bouillie, de l'eau de glace, & de l'eau de neige simplement fonduës, & d'autres bouillies, de l'eau d'alun, du vin, de l'esprit de vin mêlé avec de l'eau, de l'eau où l'on avoit fait fondre du sel commun, &c.

On n'apperçut presqu'aucune différence dans la durée du tems qu'il falloit aux liqueurs simplement aqueuses, soit crues, soit bouillies, pour leur congélation, ou pour leur dégel; toutes firent paroître au bout d'une minute ou environ les premiers filets de glace à leur surface, d'où Mr. Perrault concluoit, que l'élixation, non-plus que la congélation, ne causent aucune altération dans l'eau, que toutes ses parties sont homogénes, & que celles qui se perdent lorsque l'eau prend l'un ou l'autre de ces états, ne sont point d'une autre nature que celles qui restent quand l'eau bouillante est refroidie, ou quand la glace est fonduë.

On trouva des différences beaucoup plus sensibles dans le tems de la congélation des autres liqueurs: l'eau d'alun fut 2. ou 3. minutes à commencer à se glacer, le vin 10. ou 12. minutes, l'eau mêlée avec l'esprit de vin plus de 2. heures, & l'eau qui avoit été soulée de sel ne put absolument se glacer, quoiqu'elle eût été exposée à l'air pendant une nuit entiére; mais quand on y eut ajouté de nouvelle eau, elle se glaça à peu près de-même que celle dans laquelle on avoit mêlé de l'esprit de vin.

La glace venoit presqu'à une même épaisseur en même tems dans les liqueurs aqueuses, seulement la glace formée de celles qui avoient bouilli auparavant étoit plus dure & plus transparente que les autres. Mr. Perrault attribuoit cet effet à ce que l'élixation avoit précipité le limon qui se tient dissous dans l'eau, & qui sans-doute en diminueroit la dureté quand elle est glacée si cette précipitation ne se faisoit pas.

La glace des liqueurs où l'on avoit fait dissoudre quelque espéce de sel, comme l'eau d'alun, l'eau salée, celle où l'on avoit mêlé de l'esprit de vin, ou du vin même, & ces mêmes liqueurs revenuës liquides, étoient beaucoup plus troubles & moins transparentes qu'avant la congélation; elles n'avoient cependant rien perdu de leur goût: sur la surface de l'eau d'alun glacée il s'étoit formé une espéce de fleur blanche, qui étoit de véritable alun mis en poudre très-subtile, d'où Mr. Perrault conjecturoit que la glace souffre une grande évaporation, même avant que d'être fonduë, & que l'alun s'amassoit à la surface de la gla-

 ce,

1684. ce, de la même maniére qu'il s'amafferoit au fond d'un vaiffeau où l'on auroit mis de l'eau d'alun en évaporation à une chaleur douce; car le fel & les autres parties effentielles de l'alun demeurent attachées à fa terre, & l'eau pure s'évapore. Par cette même raifon les liqueurs glacées n'ont dû rien perdre de leur goût après qu'elles ont été remifes dans leur état de liquidité; puifque les véritables parties falines font demeurées, & les aqueufes feulement fe font élevées dans l'évaporation, ainfi qu'il arrive ordinairement dans les diftillations où le phlegme monte avant les efprits; à l'égard de l'opacité, & de la glace des liqueurs falées, & de ces mêmes liqueurs dégelées, elle vient apparemment de ce que les parties terreftres des fels y demeurent fufpendues; car les fels qui les joignent les unes avec les autres étant plus diffolubles, ils les abandonnent plus aifément, & leur permettent de fe mêler intimement avec les parties de l'eau, enforte qu'elles ne puiffent plus être précipitées; au-lieu que dans l'expérience contraire faite fur l'eau fimple & rapportée plus haut, le limon qui fe trouve dans l'eau & qui la rend trouble, ne s'y diffout qu'imparfaitement, & y refte en grains plus gros & capables de s'unir enfemble, & de fe précipiter enfuite par leur propre poids à l'occafion du mouvement caufé par l'ébullition.

Et parce que les liqueurs falées apportent bien plus de difficulté à la congélation, Mr. Perrault remarquoit que les fels ayant le pouvoir d'augmenter la fluidité des chofes humides, & de rendre plus forte la concrétion des terreftres, on peut fuppofer auffi qu'ils caufent quelque mouvement dans les liqueurs qui empêche ou retarde du-moins leur congélation: ce qui fervoit encore à Mr. Perrault pour expliquer divers autres phénoménes de la congélation.

Les différentes liqueurs qu'on employoit dans les expériences, fe glaçoient auffi d'une maniére différente les unes des autres; car au-lieu que les liqueurs aqueufes fe glaçoient d'abord à leur furface par des filets qui partoient de la circonférence fous diverfes directions, les liqueurs falées fe glaçoient imparfaitement tout à la fois, & formoient une infinité de petites lames entre-mêlées avec le refte de la liqueur non-glacée, & cela même un peu différemment, fuivant les différens fels dont l'eau étoit impregnée.

Mr. Perrault rapporta encore d'autres phénoménes du froid, comme le changement qui arriva à deux Pendules le matin du 17. Janvier, qui fut le tems d'un des plus grands froids, & qui étoit prêt de s'adoucir. L'une de ces pendules fut tout-à-fait arrêtée, & l'autre fit voir une langueur extraordinaire dans les intervalles des coups de la fonnerie, & trois jours auparavant, au matin, le marteau d'une de ces pendules ne pou-

pouvoit plus atteindre le timbre, comme si l'un & l'autre s'étoient éloi- 1684.
gnés, le marteau en se racourcissant, & le timbre en se retrecissant; mais ayant mis cette pendule auprès du feu, elle revint dans son état ordinaire.

Il y joignit aussi l'observation qu'il avoit faite de la fonte inégale de la neige tombée en différens tems; l'une avant les grands froids, & sur la fin de l'Automne, se fondit sans le secours du Soleil beaucoup plus aisément dans les endroits où il y avoit du sable, que dans ceux qui avoient été couverts de terreau; l'autre neige au-contraire, qui étoit tombée sur les mêmes endroits & après les grands froids, se fondit plus promptement sur du terreau que sur le sable.

Mr. Perrault expliquoit tous ces phénoménes, & de plus un grand nombre d'autres qu'il rapportoit dans son Mémoire, qu'il publia quelque tems après parmi ses autres Essais de Physique.

---

## *DIVERSES OBSERVATIONS de Physique générale.*

### I.

Monsieur Thuret Horloger ayant observé que dans un Barométre qu'il croyoit avoir exactement scellé par les deux bouts, le mercure avoit précisément les mêmes variations que dans le Barométre ordinaire, Mr. De la Chapelle demanda à la Compagnie, par ordre de Mr. de Louvois, l'explication de ce phénoméne. Mr. De la Hire fut chargé de l'examiner, & il trouva que le Barométre n'étoit pas exactement scellé, & l'ayant scellé lui-même hermétiquement, il ne fit plus l'effet du Barométre, mais il devint un véritable Thermométre; car l'ayant porté au haut des Tours de Notre-Dame, le mercure s'y tint plus haut qu'au pied des mêmes Tours, où la chaleur est moindre; le contraire arrive dans un Barométre ordinaire, où le mercure baisse à mesure qu'on le porte dans des lieux plus élevés.

### II.

Mr. De la Hire ayant entouré de neige la boule d'un Thermométre, la liqueur monta dans le tuyau, ce qui semble prouver que la neige est un obstacle à l'effet du froid sur les corps qu'elle couvre, à-moins qu'on ne veuille qu'étant plus froide elle-même que l'air, ou agissant plus intimement sur le verre, elle retrecit la boule & oblige par-là la liqueur à monter dans le tuyau.

### III.

Mr. Dodart lut une Lettre de Mr. Thoinard, où il est parlé d'une espé-

1684. eſpéce particuliére de verre, qui prend une couleur rouge étant mis au feu, & perd cette couleur par la fuſion. Si on le remet encore dans le feu il la reprend, & ainſi de ſuite.

IV.

Mr. De la Hire a obſervé la Déclinaiſon de l'Aiguille aimantée au mois de Novembre, de 4. degrés 10. minutes vers l'Oueſt.

## ANATOMIE.

### *SUR L'ORGANE DE L'OUIE.*

MOnſieur Du Verney fit encore après Mr. Perrault une recherche exacte de la ſtructure de l'Oreille, & des uſages différens de toutes ſes parties; car ces petits ſujets ſont immenſes quand on les approfondit, & il s'en faut beaucoup que toute l'induſtrie & toutes les réflexions d'un ſeul homme ſoient capables de les épuiſer.

Mr. Du Verney a mis auſſi ce Traité au jour, il y entre dans un détail encore plus grand que Mr. Perrault: comme nous n'oſons dans cette Hiſtoire traiter les matiéres trop à fond, & que ce ſeroit même une peine aſſez inutile, ayant été déja données au Public, nous ſuppoſerons ici la Deſcription que nous avons déja faite de l'Oreille, quoiqu'aſſez ſuperficielle; & nous remarquerons ſeulement les principales différences qui ſont entre Mr. Perrault & Mr. Du Verney, ſur les uſages des parties de cet organe. La découverte des uſages eſt la partie ſpirituelle de l'Anatomie, le reſte n'en eſt que la partie matérielle, auſſi néceſſaire cependant que le corps l'eſt à l'ame.

*Voyez Année* 1678. *p.* 158.

A ce que Mr. Perrault penſoit ſur l'Oreille externe, Mr. Du Verney y ajoute que c'eſt un cornet naturel dont la cavité polie ramaſſe le ſon; & pour preuve de cela, ceux à qui on a coupé l'oreille n'entendent pas ſi bien, & pour ſuppléer à ce défaut ils ſe ſervent de la paume de la main, ou d'un cornet. De-plus on voit que quelques Animaux, comme les Cerfs & les Liévres, tournent l'oreille du côté d'où vient le bruit quand ils veulent mieux entendre.

L'obliquité du conduit ne ſert pas ſeulement, ſelon Mr. Du Verney, à garantir la peau du tambour des injures de l'air; mais encore, comme elle donne à ce conduit une plus grande ſurface, elle y augmente le nombre des réflexions. C'eſt auſſi pour empêcher ces réflexions de s'échapper, que nous avons à l'extrémité de la jouë & tout à l'entrée du conduit de l'oreille une eſpéce de petite languettte.

Mr.

Mr. Perrault prétend que la membrane du tambour eſt plus tenduë pour les ſons foibles ou pour les tons graves, & plus lâche pour les ſons forts ou pour les tons aigus; & qu'ainſi elle répare par une plus grande tenſion le peu de forces des ſons, ou en modére l'excès par ſon relâchement. Mr. Du Verney prétend au-contraire, qu'elle s'ajuſte aux ſons, qu'elles ſe tend davantage pour les plus forts, & ſe relâche pour les foibles; & qu'il faut que pour en recevoir l'impreſſion elle ſe mette d'accord avec eux, à peu près comme dans l'expérience des deux cordes de deux Luths différens, dont l'une, que l'on pince, ne fait point trembler l'autre, ou ne la fait trembler que très-peu, ſi elle n'eſt à quelqu'accord avec elle. 1684.

Mr. Du Verney ne ſe contente pas que les frémiſſemens de cette membrane ébranlent le peu d'air qui eſt contenu dans la quaiſſe du tambour; il veut encore que par ces frémiſſemens, trois petits oſſelets fort minces, fort ſecs, & fort durs, dont nous avons parlé, ſoient ébranlés, & que cet ébranlement plus fort ſe communique à un os qui renferme le labyrinthe, & au labyrinthe même: c'eſt ainſi qu'une corde de Luth pincée ne fait point frémir celle d'un autre, ſi les deux Luths ne ſont ſur la même table, qui fait paſſer l'ébranlement de l'un à l'autre; l'articulation de ces trois oſſelets enſemble eſt d'autant plus favorable à cette communication, qu'elle eſt ſans cartilages.

Outre l'uſage que Mr. Perrault donne à l'ouverture de la quaiſſe du tambour, nommée l'aqueduc, Mr. Du Verney veut que ce même aqueduc auſſi-bien qu'une autre ouverture que nous avons dit qui lui eſt oppoſée, donne moyen à l'air de ſe retirer lorſque la grande membrane de la quaiſſe eſt plus tenduë & tirée en dedans; car s'il n'eût pas eu cette liberté, il eût empêché par ſon reſſort le jeu de la membrane.

On croiroit volontiers que ſi de certains Sourds entendent le ſon des Inſtrumens à cordes, lorſqu'ils les ſerrent avec les dents, c'eſt que dans leur oreille la membrane du tambour ne fait plus ſes fonctions, & que l'air qui prend ce chemin la frappe inutilement, mais que celui qui monte de la bouche dans l'oreille interne par l'aqueduc, & qui n'a point beſoin d'aller frapper la membrane de la quaiſſe, trouve le reſte de l'organe bien diſpoſé. Mr. Du Verney trouve que cette penſée eſt détruite par l'expérience même ſur quoi on la fonde; car pourquoi faut-il que ces Sourds tiennent l'Inſtrument avec les dents? il ſuffiroit qu'ils euſſent la bouche ouverte tout proche; cette néceſſité de tenir l'Inſtrument avec les dents marque qu'il faut que le tremblement ſe communique aux os des mâchoires, aux os des temples, aux trois petits oſſelets, & enfin par eux à l'organe immédiat de l'Ouïe; nouvelle preu-

1784. preuve de la part qu'ils ont à tout ce mouvement; par cette même raiſon il y a des Sourds qui entendent mieux quand on leur parle par-deſſus la tête; c'eſt qu'on ébranle d'abord tout leur crâne, enſuite les os qui appartiennent à l'organe de l'Ouïe.

Mr. Du Verney, un peu différent de Mr. Perrault ſur la ſtructure de la lame ou membrane ſpirale enfermée dans le limaçon en différe un peu auſſi ſur l'uſage. Il prétend que comme elle tourne en vis autour de ſon noyau, étant plus large en-bas, & diminuant toujours de largeur juſqu'au haut, elle eſt toujours prête à répondre par quelqu'une de ſes parties à quelque ſon que ce ſoit; c'eſt-à-dire que les tons les plus graves ne l'ébranlent que par ſa partie la plus large, qui eſt leur uniſſon, les plus aigus par ſa partie la plus étroite, de-même qu'on fait par expérience que les grands cercles des pavillons des Trompettes peuvent être ébranlés ſans que les petits le ſoient ſenſiblement, & les petits ſans les grands.

Ces deux grands Obſervateurs diſconviennent encore ſur l'organe immédiat de l'Ouïe. Mr. Du Verney lui donne plus d'étenduë. Outre le limaçon il y comprend le veſtibule du labyrinthe & les trois canaux demi-circulaires, fondé ſur ce que ces canaux ſe trouvent dans les Poiſſons & dans les Oiſeaux ſans le limaçon; ſur ce que la même portion du nerf auditif qui va dans le limaçon, cette portion deſtinée au ſon envoye auſſi deux branches dans le veſtibule & dans les trois canaux; enfin ſur ce que la largeur inégale de chacun de ces canaux ſemble être préparée pour répondre à différens tons, ainſi que Mr. Du Verney l'a penſé de la Lame ſpirale.

Mr. Du Verney finit ſon Traité de l'Organe de l'Ouïe par une explication des maladies de l'Oreille, ſur quoi il entre dans nn détail également curieux & utile, mais qui nous eſt interdit; nous en rapporterons ſeulement deux choſes.

1. Que la membrane du tambour étant percée ou déchirée, l'ouïe ne ceſſe pas auſſi-tôt, mais ſeulement en s'affoibliſſant par degrés; parce que l'on ne perd d'abord que les tremblemens de cette membrane, qui ne ſont pas abſolument néceſſaires, & que l'air extérieur qui entre par cette membrane ouverte, & qui va offenſer, & enfin détruire par ſes qualités exceſſives l'organe immédiat, a beſoin pour cela de quelque tems.

2. Que ce qui cauſe le bourdonnement quand on ſe bouche l'oreille avec le doigt, c'eſt que l'air renfermé & reſerré dans l'oreille interne, qui eſt alors plus petite, & agité par la vapeur chaude qui ſort du doigt, & peut-être encore par celles qui s'exhalent du dedans du conduit & qui n'ont point d'iſſuë ébranle la membrane du tambour, & par elle tout l'organe, comme feroit un bruit extérieur. Cet exemple ſuffit pour don-

donner l'idée des tintemens, & de tous les faux-bruits causés par des maladies. 1684.

## SUR LA PEAU DE LA GRENOUILLE, *& sur sa langue.*

MOnsieur Mery ayant fait une incision au ventre d'une grosse Grenouille depuis l'os pubis jusqu'au milieu du sternon, trouva que sa peau n'étoit point unie aux muscles du ventre, ni à ceux du devant de la poitrine. Entre la peau & les muscles du devant, il y avoit une cavité de figure ovale; elle étoir seulement attachée par des membranes très-déliées & transparentes, dans les plis des aînes, aux parties latérales des muscles du ventre, & à la partie moyenne du sternon, où elle formoit trois petites cellules en dedans.

Elle ne tenoit aussi aux muscles latéraux du ventre que par de petites fibres qui sortoient de ces muscles, & qui paroissoient être de petits nerfs de la grosseur d'un cheveu. Elle formoit à chaque côté un sac qui s'étendoit depuis le pli supérieur de la cuisse jusqu'à l'oreille. Il observa la même chose à la peau du dos; elle n'étoit unie aux chairs dans tout le derriére du corps que par quelques petits filets dont la plupart sembloient sortir de l'épine du dos, & qui paroissoient être des veines, des artéres & des nerfs joints ensemble.

Par-là toute la peau de la Grenouille est comme partagée en quatre sacs séparés les uns des autres par des membranes très-déliées, unies d'un côté à la peau, & de l'autre aux muscles du corps. Ces quatre sacs étoient, l'un au devant, l'autre au derriére du corps, & les deux autres aux deux côtés.

La peau de la cuisse n'étoit point attachée à ses muscles, si ce n'est dans les plis des jointures; elle formoit deux sacs l'un en devant, & l'autre en arriére.

La même chose se rencontra à la peau de la jambe & à celle des pieds.

Ayant coupé la peau depuis la partie moyenne du sternon jusqu'à l'extrémité de la mâchoire inférieure, il trouva qu'elle formoit en cet endroit deux cavités, l'une à la partie supérieure du sternon qui descendoit dans le bras, l'autre sous la mâchoire, & qui répondoit aux cavités qui sont aux côtés du ventre.

A la partie supérieure du sternon, Mr. Mery découvrit un trou qui le conduisit dans une troisiéme cavité formée par les muscles du dessous de la mâchoire, la peau des bras formoit des sacs à peu près semblables à ceux du pied.

 Mr.

1684. Mr. Mery trouva la langue de cette Grenouille d'une conformation particuliére & fort différente de celle d'un grand nombre d'autres Animaux. Elle étoit attachée par sa base à la simphise des deux os de la mâchoire, que dans l'Homme on nomme le menton. Elle étoit couverte en dessous de fibres manifestement charnuës, attachées d'un côté à un cartilage fait en forme de croissant, & placé au devant de l'entrée du larinx : la pointe qui étoit fourchuë descendoit dans le fonds du pharinx.

Au milieu du dessous de la langue il y avoit un trou où commençoit une cavité qui s'étendoit jusques dans le cartilage en croissant.

Mr. Mery croyoit que la Grenouille dardoit sa langue hors de sa bouche, & la retiroit ensuite dans le fonds du pharinx par le moyen des fibres charnuës qui la recouvrent en dessous. Mais il avertissoit qu'il falloit vérifier ces observations sur d'autres sujets, ne les ayant faites que sur un seul.

## *DIVERSES OBSERVATIONS ANATOMIQUES.*

### I.

Monsieur Du Verney fit voir les entrailles d'un Monstre. C'étoient deux enfans qui avoient leurs têtes diamétralement opposées, un seul estomac, deux foyes, une seule veine ombilicale, un seul anus qui étoit bouché, les intestins gréles doubles, mais qui communiquoient ensemble, une seule vessie.

### II.

Mr. Mery en noyant une Chatte a observé que la prunelle de l'œil, qui étoit oblongue de haut en-bas, devint d'abord ronde, & se dilata ensuite circulairement de plus en plus, à mesure que l'Animal approcha davantage de sa mort, ensorte qu'après qu'elle eût été noyée entiérement, la prunelle avoit six fois plus d'étenduë qu'auparavant.

Ayant retiré cette Chatte hors de l'eau, Mr. Mery ne pouvoit rien appercevoir au fonds de ses yeux ; mais la plongeant une seconde fois dans l'eau, le fonds de ses yeux lui parut entiérement vuide, comme s'il n'y eût eu aucune humeur au dedans, la rétine même ne paroissant point : l'intérieur entier du globe étoit fort éclairé, & par ce moyen Mr. Mery vit distinctement tout le fonds de l'œil, les différentes couleurs de l'uvée, & l'endroit où se termine le nerf optique, d'où partoient des vaisseaux qui parurent étendre leurs branches dans l'uvée.

### III.

Le même Mr. Mery, entre plusieurs Observations de Chirurgie qu'il rapporta, fit remarquer celle-ci. Un Officier des Invalides étant mort après

après plusieurs jours d'une grande difficulté d'uriner, Mr. Mery, qui n'avoit pu le sonder à cause d'un obstacle qui s'étoit rencontré dans le canal de la verge à un pouce du gland, en fit l'ouverture. Il ne trouva ni pierre, ni obstruction dans les urétéres. Mais la vessie étoit remplie d'une urine purulente; & ce qui avoit empêché le malade d'être sondé, étoit une cicatrice placée au commencement de l'uréthre, & qui en avoit retreci le canal, ce qui fit penser à Mr. Mery, que ce qu'on prend souvent pour des carnosités dans ce canal, ne sont autre chose qu'un semblable retrecissement de l'uréthre causé par des ulcéres guéris. 1684.

IV.

Mr. Du Verney travailla cette année à la dissection d'un grand nombre d'Animaux. Il en fit voir à l'Académie diverses singularités.

1. Dans le Porc-Epic il fit voir la structure de la peau; sa partie postérieure paroît comme garnie d'écailles; les racines des piquans entrent dans le muscle cutané, dont il fit remarquer l'étenduë & les différentes attaches: les aponevroses des muscles se retirans en dedans, les piquans se dressent en dehors. On examina aussi la structure particuliére de la langue, qui paroît garnie de plusieurs petites dents, & du muscle massatére qui sert à mouvoir la mâchoire inférieure, & est fait comme une bourse.

Voyez les Mémoires Tom. 3. part. 2. p. 235.

2. Dans la Civette il montra les poches qui fournissent la liqueur odoriférante; & fit remarquer deux glandes qui sont aux côtés de l'anus qui s'ouvrent en dehors, & fournissent une liqueur très-puante. Il montra quelque tems après l'épiploon de cet Animal, & les ramifications des conduits adipeux, où il y a des veines, des artéres, & de petits sacs. Cette graisse s'amasse dans le mésentére aux côtés de la vessie; on n'en trouve point dans la dure-mére, dans la pleure, ni dans la membrane des Poumons.

3. Quelque tems auparavant il avoit fait voir dans un ventricule de Cochon, que la partie convexe de la seconde membrane étoit parsemée de glandes dont les trous paroissent dans la partie intérieure; mais dans le ventricule de la Civette on ne voit pas les glandes, on ne voit que les trous; il y a donc apparence que cette membrane est glanduleuse, & qu'elle suinte une humeur dans l'intérieur du ventricule.

4. Il fit voir enfin les vaisseaux limphatiques qui ont leurs racines dans les membranes des muscles, & dans les viscéres mêmes, & qui se déchargent dans les glandes conglobés, d'où ils renaissent pour se décharger, les uns dans le reservoir du chile, & les autres dans l'axillaire. Les premiers, c'est-à-dire ceux qui vont au reservoir du chyle, sont ceux des extrémités inférieures & du bas-ventre; tous ceux de la poitrine

1684. trine vont au canal thorachique, & ceux des bras, de la tête & du col vont aux veines axillaires.

5. Dans le Rat musqué on remarqua entr'autres choses la circonvolution des intestins, qui est à proportion aussi grande que dans les Animaux qui ruminent.

6. Mr. Du Verney fit aussi apporter un Singe qui étoit mort étique. Les dents se joignoient en forme de scie; on ne trouva point de luette dans ce sujet. La ratte étoit comme parsemée de petites glandes; celles du mésentére, le reservoir du chyle & le foye, étoient remplis d'une matiére plâtreuse.

7. Mr. Du Verney disséqua un Hérisson. Le cœur n'avoit point de péricarde; il y avoit un ovaire comme dans les Oiseaux, les intestins gréles étoient plus gros que les autres; cet Animal a un muscle qui fait mouvoir ses piquans comme le Porc-Epic.

Le même Mr. Du Verney disséqua une Lionne, & en fit une Description fort détaillée, qu'il lut à l'Académie.

## CHIMIE.

### *EXPERIENCE SUR LES COAGUATIONS, & sur les Effervescences.*

MOnsieur Borel fit pendant le cours de cette année plusieurs expériences sur la Coagulation & sur l'Effervescence de diverses Liqueurs.

1. Du Beurre d'antimoine rectifié & sans couleur mêlé avec l'huile de tartre a fait un coagulum blanc sans aucune chaleur.

2. Ayant versé peu à peu de l'huile de vitriol sur de l'huile de térébenthine, on n'apperçut aucune effervescence. Mais ce mêlange produisit par degrés une chaleur, & étant agité avec une baguette, la chaleur augmenta beaucoup sans aucun mouvement apparent, le tout prit une couleur rouge. Y ayant versé de foible esprit d'urine, le mêlange devint laiteux.

3. Un mêlange d'esprit d'urine & d'huile de vitriol produisit une forte effervescence à peu près comme celle de l'eau bouillante; & Mr. Borel assuroit que si on versoit un peu de cet esprit d'urine sur du verre, & qu'on y mêlât quelques gouttes d'huile de vitriol, cela produiroit un éclat aussi fort & un mouvement de vibration ou de radiation aussi violent que si on en jettoit à froid sur un fer rouge.

4. De l'esprit d'urine mêlé avec une forte solution de vitriol, produisit une coagulum de couleur verte. De l'huile de vitriol fit avec des fécu-

fécules de régule d'antimoine mises en dissolution dans une cave, un 1684.
coagulum de couleur rouge. Enfin l'huile de vitriol mêlée avec une décoction de chaux vive & d'arsenic, en produisit un d'une très-belle couleur jaune.

5. La teinture de mars faite avec l'esprit acide de la rosée, & mêlée avec la même décoction de chaux vive & d'orpiment, se coagule en couleur noire, & devient fort puante.

6. La teinture de la mine de plomb tirée à la longueur du tems avec du vinaigre radical, mêlée avec le beurre d'antimoine de la première distillation & gardée long-tems, se coagule en blanc.

---

Mr. Bourdelin a continué de travailler aux Analyses des Plantes, dont il a fait cette année un très-grand nombre.

Ayant mis cinq livres de feuilles d'ozeille ordinaire sécher à l'ombre sur du bois, elles se réduisirent à 19. onces & demie; on les mit ensuite macérer dans 61. onces d'eau de Fontaine, & on les laisa digérer pendant deux jours au bain-marie. Les premiéres portions rendirent laiteuse la solution de sublimé, & jaunirent le vitriol. On mit ensuite le reste dans la cornuë, & la liqueur qu'on en tira fit une très-grande effervescence avec l'esprit de sel. On eut neuf gros d'huile, & six gros quarante-cinq grains de sel très-lixiviel.

Le Pourpier ayant été séché, puis humecté de cinq livres d'eau, on le remit sécher pendant 35. jours. Il se réduisit à 5. onces 7. gros. On lui ajouta de l'eau jusqu'à ce que le tout pesât encore 5. livres, & on en distilla 73. onces. Les liqueurs qui en vinrent avoient une odeur desagréable, & rendirent laiteuse la solution de sublimé. La derniére portion étoit fort chargée de sel volatil. On tira près de 4. gros d'huile, & 6. gros 46. grains de sel.

On analysa aussi différentes liqueurs tirées du corps humain; cinq livres d'eau d'un hydropique tirées par la ponction, donnérent un liqueur fort chargée de sel volatil, d'huile deux onces. Tous les examens qu'on en fit, prouvérent que l'eau des hydropiques abonde en sel volatil, & même en sel fixe.

Ayant de-même examiné 3. livres de sang humain, elles donnérent près de 33. onces de liqueur. Les premiéres portions étoient chargées de sel volatil, & les derniéres encore davantage; on eut 4. onces d'huile, 3. gros de sel volatil concret. La tête-morte fort légére & spongieuse prit une couleur rouge après six heures de calcination; elle donna 2. gros de sel fixe.

La lymphe analysée au poids de deux livres & demie, parut aussi chargée de sel volatil.

MA-

1684. 

# MATHEMATIQUE.

## GEOMETRIE ET ALGEBRE.

MOnsieur de la Hire a lu deux Mémoires sur la construction des Equations.

Mr. l'Abbé de l'Annion a donné une seule Régle générale pour résoudre les trois cas du troisiéme degré, qui est la même que celle dont on se sert pour résoudre cette question, *connoissant le produit de deux grandeurs, & la somme de leurs cubes, trouver chaque grandeur.*

Mr. Rolle, quelque tems avant d'entrer dans l'Académie, y apporta des Remarques qu'il avoit faites sur une Régle donnée par Mr. Descartes au III. Livre de sa Géométrie, par laquelle il semble qu'on peut connoître combien il y a de racines vrayes & de racines fausses dans une Equation par la seule disposition des figures *plus* & *moins*.

Mr. Rolle prétendoit que cette régle n'étoit pas générale, & que Mr. Descartes n'en avoit point averti, & paroissoit l'avoir donnée pour générale. L'Académie ayant chargé MM. Cassini & De la Hire d'examiner cette critique, ils rapportérent que Mr. Schooten avoit fait la même remarque que Mr. Rolle, que la régle de Mr. Descartes ne devoit pas être prise généralement, & que Mr. Schooten prétendoit que Mr. Descartes ne l'avoit pas donnée pour telle.

## ASTRONOMIE.

Voyez les Mémoires, Tom. 10. p. 459. & p. 465.

LE 5. Mai à midi Mr. Cassini apperçut une Tache noire & oblongue assez proche du bord oriental du Soleil. Il en détermina la situation, tant par rapport au bord le plus proche, que par rapport au diamétre horizontal, c'est-à-dire, la différence en ascension droite, & en déclinaison entre la Tache & le centre du Soleil.

Cette situation de la Tache connuë, Mr. Cassini en déduisit la route apparente qu'elle devoit faire par le mouvement du Soleil sur son axe; il trouva, par exemple, qu'elle devoit passer le 11. du mois à une minute & demie du centre du Soleil, ce qui arriva en effet.

Le 17. elle parut au bord occidental du Soleil, & Mr. Cassini détermina la route qu'elle devoit tenir, si elle avoit assez de consistance pour

pour paroître encore faire une feconde révolution; ces deux routes fe devoient croifer, quoiqu'on les fuppofe réellement les mêmes; cela vient de la diverfe expofition des Poles du Soleil au centre de la Terre, d'où il fuit que l'Equateur du Soleil & les Paralléles à cet Equateur, doivent changer leurs inclinaifons apparentes à l'égard de la Terre; car puifque les Poles du mouvement du Soleil fur fon axe, ou plutôt l'axe lui-même du Soleil fait avec l'axe de l'orbite de la Terre ou de l'Ecliptique un angle d'environ 7. degrés & demi, la Terre par fon mouvement fur l'Ecliptique doit voir les Poles de la révolution du Soleil décrire des cercles autour de ceux de l'Ecliptique, marqués fur le bord du difque du Soleil. Ainfi quand la Terre fe trouvera dans le point de l'Ecliptique, où paffe un grand cercle mené par les Poles de l'Ecliptique, marqués fur la circonférence du Soleil, & par ceux de la révolution du Soleil fur fon axe, ce qui arrive lorfque la Terre eft environ au huitiéme degré de la Vierge ou des Poiffons, elle verra l'un des deux Poles fur le difque apparent, tandis que l'autre fera de l'autre côté, l'un & l'autre éloigné du point de la circonférence le plus proche d'une quantité égale au finus verfe de 7. degrés & demi mefurés fur un grand Cercle du Soleil; & les Taches du Soleil paroîtront alors décrire des lignes courbes qui feroient des Ellipfes, fi la Terre ne continuoit pas alors de fe mouvoir fur fon orbite. Les convexités de ces courbes regarderont toujours le Pole du Soleil, qui eft de l'autre côté du difque apparent. 1684.

Quand au-contraire la Terre eft au 8e. degré ou environ des Gemeaux & du Sagittaire, c'eft-à-dire à 90. degrés des lieux précédens, les deux Poles de la révolution du Soleil fe trouvent fur la circonférence de fon difque, & fon Equations coupe l'Ecliptique tracé fur ce difque au centre même, fous un angle de 7. degrés & demi, & les traces apparentes des Taches font des lignes droites paralléles à l'Equateur du Soleil. Ce qu'il faut encore entendre, en fuppofant que la Terre ceffât alors de continuer fon mouvement; car à la rigueur, & à caufe du mouvement continuel de la Terre autour du Soleil, les Poles de cet Aftre ne font qu'un inftant dans la même fituation à l'égard de la Terre.

Le premier Juin fuivant, jour auquel on attendoit le retour de la Tache au bord oriental du Soleil, on obferva cet Aftre dès le matin, & on vit effectivement la Tache reparoître, mais fous une forme un peu différente. On s'affura par la fuite des Obfervations, que c'étoit la même, & elle répondit parfaitement à la prédiction que Mr. Caffini avoit faite de la route apparente qu'elle devoit tenir dans cette feconde apparition.

Mr. Caffini remarqua que les Taches du Soleil font fujettes à diverfes inégalités dans leurs mouvemens; elles en ont une analogue à l'inégalité

1684. té que l'on obſerve ſur terre dans le lever & le coucher des Aſtres à différentes latitudes ; ſecondement, elles participent à l'inégalité du mouvement annuel de la Terre autour du Soleil ; il y en a une troiſiéme qui ſuit de la premiére, & qui dépend de la différente inclinaiſon de leur trace apparente à l'égard d'un diamétre déterminé & toujours le même ſur le diſque apparent du Soleil, & encore de la diſtance de cette trace à ce diamétre, ou du plus ou moins de longueur de cette trace. Ces inégalités toutes Aſtronomiques ont leurs régles, & on peut aiſément déterminer leur effet ; mais les Taches en ont une autre dont il n'eſt pas poſſible de diſcerner les cauſes. C'eſt un mouvement de parties qui fait qu'elles changent continuellement de figure, & cauſe de la variation dans leur centre, qui eſt le point dont on obſerve toujours la poſition. Et peut-être ces Taches ont-elles encore un mouvement particulier par lequel elles ſont tranſportées çà & là par quelque cauſe qui nous eſt inconnuë, de-même à peu près que nous voyons les nuages agités par les vents au-deſſus de la ſurface de la Terre : cette penſée aura plus de vraiſemblance ſi l'on conſidére que la Tache dont nous parlons étoit beaucoup plus groſſe que la Terre, & l'air qui l'environne, pris enſemble, puiſqu'elle occupoit ſur le diſque du Soleil un eſpace de plus d'une demie minute, au-lieu que la Terre ſeule n'y occuperoit qu'environ 10. ſecondes par ſon diamétre.

---

## *SUR LES ECLIPSES DE CETTE ANNÉE.*

DANS l'eſpace de 15. jours il devoit arriver deux Eclipſes, une de Lune le 27. Juin, & l'autre de Soleil le 12. Juillet, toutes deux viſibles à Paris.

Les Aſtronomes de l'Académie ne manquérent pas de profiter d'une ſi belle occaſion ; elles furent obſervées par MM. Caſſini & Sedileau d'un côté, & par MM. De la Hire & Pothenot dans un autre endroit, afin de mieux voir l'accord ou la diverſité qui peut ſe rencontrer entre des Obſervations faites par divers Aſtronomes, & ſouvent par diverſes méthodes.

Voyez les Mémoires, Tom. 10. p. 467. & ſuiv.

Comme les Obſervations mêmes ont été imprimées, nous n'en ajouterons rien ici ; nous nous contenterons ſeulement de rapporter des points de pure Théorie qui furent remarqués à cette occaſion.

Ces deux Eclipſes ſont arrivées près des moyennes diſtances de la Lune à la Terre. Dans la premiére la Lune alloit vers ſon apogée, & dans la ſeconde elle alloit vers ſon périgée. Pendant cet intervalle la Lune a parcouru ſon demi-cercle ſupérieur, dans lequel ſa diſtance à la Terre eſt plus grande, & ſon mouvement plus lent. Les Obſervations des

des deux Eclipses ont fait connoître la quantité de ce retardement. Car 1684.
à proportion de 29. jours 12. heures 44'. qui est le tems moyen du retour de la Lune au Soleil, l'intervalle entre les deux Eclipses auroit dû être de 14. jours 18. heures 22. minutes, au lieu qu'on l'a trouvé de 15. jours 13. heures & environ 7. minutes : il y a donc eu un retardement de 18. heures & trois quarts à l'égard du moyen mouvement, ce ce qui s'accorde assez bien avec les Tables Astronomiques.

La premiére de ces Eclipses, qui arriva le 27. Juin à 2. heures & demie du matin, étoit très-propre à déterminer la latitude de la Lune, qui a grande part au Calcul des Eclipses. Tous les Astronomes n'étoient pas d'accord qu'elle dût arriver. Par les Tables Rudolphines elle ne devoit durer qu'une demie-heure, & n'étoit que de 13. minutes de doigts. Les Tables de Riccioli donnoient sa durée d'une heure 47. minutes, & sa grandeur de deux doigts 36. minutes. Par celles d'Horoccius, estimées en Angleterre comme les plus exactes, on avoit calculé que la Lune devoit passer sans toucher l'ombre véritable de la Terre, & qu'elle en devoit être éloignée à son passage de deux minutes & deux tiers, & ne devoit être éclipsée que par la pénombre ; ces différences rendoient l'Observation plus importante, & elle étoit seule en état de décider la Question.

Il est vrai qu'on ne connoît pas d'abord en quoi consiste précisément le défaut. Dans celle-ci, par exemple, on ne voit pas si c'est parce que la latitude de la Lune est trop grande, ou parce que le diamétre de l'Ombre & celui de la Lune sont trop petits ; & si l'erreur se trouve dans la latitude, il n'est pas possible de déterminer si c'est parce que le nœud de la Lune, d'où la latitude commence, est mal placé, ou si cela vient de ce que l'angle de l'inclinaison de la Lune à l'Ecliptique est mal limité ; mais la rencontre de ces deux Eclipses si proches l'une de l'autre donne le moyen d'éprouver si les corrections faites pour représenter la premiére, s'accordent encore à représenter la seconde, autrement on essaye d'autres corrections qui s'accommodent à l'une & à l'autre.

A l'occasion de l'Eclipse de Soleil, Mr. Cassini traita des Connoissances nécessaires pour prédire ces sortes d'Eclipses, qui ont plus de difficultés que celle de Lune, à cause qu'elles sont sujettes à parallaxe ; car elles dépendent des diverses maniéres dont elles sont vuës des différens points de la superficie de la Terre, ce qui est une recherche si difficile, qu'il ne faut pas s'étonner si l'on n'est pas encore arrivé à la derniére précision dans le calcul de leurs phases. Le mouvement annuel du Soleil ou de la Terre, celui de la Lune affecté de cinq ou six irrégularités différentes, qui font varier tant sa longitude que sa latitude, le rapport

 des

1684. des grandeurs du Soleil, de la Lune & de la Terre, celui des diſtances de ces corps entr'eux, qui varie continuellement, ſont tous des Elémens très-difficiles à bien établir dans les Eclipſes; celles du Soleil demandent en particulier une connoiſſance de la Géographie & de la ſituation des lieux plus exacte qu'on n'a droit de l'eſpérer; car il eſt néceſſaire de fixer la longitude & la latitude des lieux auxquels on veut en rapporter l'apparence; par exemple ſi l'on veut ſavoir quels ſont ceux auxquels l'Eclipſe doit paroître totale, le calcul en eſt ſi délicat, que la différence d'une minute, particuliérement dans la latitude d'un lieu, peut détourner la totalité de l'Eclipſe pour ce lieu. Deſorte qu'une Eclipſe de Soleil pourroit bien être totale au milieu de Paris, & ne pas l'être aux deux extrémités oppoſées, comme à l'Obſervatoire & à Montmartre. Ainſi quoi qu'on hazarde de prédire en quelles Villes l'Eclipſe paroîtra totale, ce ſeroit une eſpéce de merveille, ſi l'événement étoit conforme à la prédiction: on avoit prédit par exemple que celle de cette année ſeroit totale à Rome; cependant en comparant les Obſervations qui ont été faites à Paris & en divers autres lieux, Mr. Caſſini trouvoit qu'elle n'avoit dû être à Rome que d'environ 9. doigts. Mais on peut déterminer avec plus d'aſſurance les Régions entiéres auxquelles l'Eclipſe paroît d'une grandeur déterminée, par exemple totale, ſans fixer les lieux particuliers de cette Région, qui ſont des limites trop étroites pour fonder un calcul exact.

Une Eclipſe ayant été obſervée dans un certain lieu, on peut en examinant l'Obſervation déterminer plus préciſément la véritable valeur des Elémens qui concourent à la repréſenter telle qu'elle a été en effet obſervée, & alors on eſt en état de trouver quelles phaſes auront paru en divers lieux de la Terre dans les différens momens de ſa durée, & cette recherche ne ſervît-elle qu'à indiquer les lieux qui auront vu telle ou telle phaſe, ne ſeroit pas inutile; mais elle a d'autres uſages, elle ſert, par exemple, à s'aſſurer davantage des Elémens du calcul, elle fait connoître ſi les Obſervations faites dans les lieux dont la poſition eſt connuë d'ailleurs, ont été faites avec exactitude, & ſi l'on ſuppoſe cette exactitude dans les Obſervations faites dans des lieux dont la poſition eſt inconnuë, Mr. Caſſini donnoit la méthode d'en tirer la différence en longitude entre ces lieux-là & un autre lieu déterminé, par exemple, l'Obſervatoire Royal, ce qui rend l'Obſervation des Eclipſes de Soleil très-importante pour la Géographie.

Mr. Caſſini ayant corrigé le calcul de cette Eclipſe ſur l'Obſervation qu'il en avoit faite, il calcula les longitudes & les latitudes des lieux de la Terre où elle avoit dû paroître totale ou centrale; & il marqua ces

ces lieux sur le grand Globe terrestre de Blaew, qui est celui qui s'éloigne le moins des Observations Géographiques faites par ordre du Roi: il les appliqua aussi à la grande Carte terrestre tracée sur le plancher de la Tour occidentale de l'Observatoire, afin de voir la différence entre cette Carte & le Globe, lequel augmente un peu trop les différences en longitude des lieux fort éloignés de notre méridien. L'une & l'autre méthode lui donnérent les lieux où l'Eclipse avoit dû paroître totale, ou centrale; & il en dressa une liste qu'il communiqua à la Compagnie, en attendant que l'on pût recevoir de quelques-uns de ces lieux mêmes, les Observations qui y auroient été faites. 1684.

La troisiéme Eclipse fut une de Lune, qui arriva le 21. Décembre, & fut observée de-même, & par les mêmes Personnes que les précédentes. Les Péres Fontanay, Visdelou, Bouvet & Tachard Jésuites, qui se disposoient à partir pour la Chine en qualité de Missionnaires & de Mathématiciens du Roi, assistérent à l'Observation qu'en fit Mr. Cassini.

---

## *SUR DEUX NOUVEAUX SATELLITES de Saturne.*

L'ANNE'E 1683. nous a fourni une nouveauté d'Astronomie, la lumiére du Zodiaque; celle-ci nous en donne un autre qui n'est pas moins considérable; Saturne, cette Planéte singuliére à laquelle on ne connoissoit que trois Satellites, en a présentement cinq, & les deux qui furent découverts cette année par Mr. Cassini, & qui sont les plus proches du corps de la Planéte, demandoient plus que les autres pour être découverts, & des objectifs excellens, & de très-longs foyers, & un Observateur habile; cette découverte a mérité qu'on en frappât une Médaille dans l'Histoire du Roi, qui représente le systême de Saturne, avec cette Légende, *Saturni Satellites primùm cogniti.*

Au mois de Mars 1684. Mr. Cassini voulant éprouver un Objectif de 100. pieds travaillé par Campani, il chercha une Planéte propre à être observée par ce verre placé sur le haut de l'Observatoire. On ne pouvoit employer de tuyau, c'est pourquoi il falloit un Astre qui fût dans sa hauteur méridienne justement assez élevé pour que le rayon pris depuis l'objectif jusqu'à l'oculaire, & qui devoit avoir 100. pieds de longueur, fût compris entre le haut de l'Observatoire, & le pavé de la Cour Septentrionale; il falloit prendre un Astre à son passage par le méridien, parce qu'alors sa hauteur ne varie pas sensiblement pendant plusieurs minutes, & tous les Astres ne pouvoient pas servir à cette épreuve; car le haut de l'Observatoire étant élevé de 14. toises ou de 84. pieds au-dessus du pavé de la Cour Septentrionale, il falloit que l'Astre se

1684. ſe trouvât dans un rayon oblique de 100. pieds, ou plutôt de 104. pieds de longueur, afin de poſer l'œil commodément à l'oculaire.

Saturne ſe trouvoit alors heureuſement dans ces circonſtances, ſa hauteur méridienne étoit de 54. degrés, ce qui donnoit juſtement 104. pieds pour le rayon oblique par lequel il étoit vu à ſon paſſage par le Méridien, & ſur une hauteur perpendiculaire de 84. pieds.

Mr. Caſſini obſerva Saturne pendant pluſieurs jours avec cet Objectif, qui étoit excellent, & il découvrit deux nouveaux Satellites à cette Planéte. Le premier ou le plus proche du centre ne s'en éloigne jamais plus que de la diſtance d'un diamétre, & un ſixiéme de l'anneau; il fait autour de Saturne une révolution en 1. jour 21. heures 18. minutes. Le ſecond ne s'éloigne jamais du centre de Saturne, que d'un diamétre & un quart de l'anneau, & fait une révolution entiére en 2. jours 17. heures 41. minutes.

Ces deux Satellites étant découverts, & leurs périodes étant connuës, on voit clairement qu'ils devoient être fort difficiles à découvrir, & même après cela à être diſtingués l'un de l'autre. Le premier fait en moins de deux jours deux conjonctions avec Saturne, une ſupérieure & une inférieure, & la durée de ces conjonctions eſt fort grande, car dans pluſieurs circonſtances l'anneau cache une partie conſidérable du cercle de ce Satellite, ce qui fait quelquefois durer ſes conjonctions près de 9. heures, ainſi qu'il ſe rencontra dans cette année: d'où il arrive que quand ces longues Eclipſes ſe trouvent aux heures commodes pour obſerver la Planéte, on ne ſauroit voir le Satellite, & pour peu que le mauvais tems ſe joigne à ces difficultés, on eſt 22. jours environ ſans pouvoir obſerver ce Satellite une ſeule fois.

Le ſecond eſt ſujet aux mêmes difficultés, quoiqu'un peu moins, à cauſe qu'il décrit un cercle plus grand; mais ces deux Satellites en ont une autre qui leur eſt commune, c'eſt qu'il eſt fort difficile de les diſtinguer dans leurs plus grandes digreſſions; car la différence en eſt ſi petite, qu'on doit dans ces termes prendre ſouvent l'un pour l'autre. Mr. Caſſini après un grand nombre d'Obſervations, détermina le rapport des digreſſions du premier à celles du ſecond, comme 17. à 22.

Le tems de la révolution de ces deux Satellites comparé avec leur diſtance au centre de leur révolution, confirme de-nouveau la Régle admirable de Képler, comme les autres Satellites, tant de Jupiter que de Saturne, avoient fait auparavant; il n'y a rien, pour nous ſervir des termes de Mr. Caſſini, qui faſſe mieux connoître l'harmonie admirable des ſyſtêmes particuliers dans le grand ſyſtême du Monde, & qui manifeſte davantage aux hommes la ſageſſe infinie qui les a formés.

DE

## DE LA MERIDIENNE DE L'OBSERVATOIRE prolongée du côté du Midi.

1684.

POUR prolonger la Méridienne de l'Obſervatoire du côté du Midi, Mr. Caſſini employa la diſtance entre l'Obſervatoire & la Tour de Mont-l'héri, donnée par Mr. Picard de 11757. toiſes, & ayant connu par diverſes méthodes & par pluſieurs Obſervations céleſtes que cette ligne tirée de l'Obſervatoire à la Tour de Mont-l'héri, faiſoit avec la Méridienne de l'Obſervatoire un angle de 11. degrés 58′ vers l'Occident, on prolongea la Méridienne juſqu'à Saint Sauvier en Bourbonnois par le moyen de 21. triangles.

On obſervoit les angles de ces triangles avec un Inſtrument ſemblable à celui dont Mr. Picard s'étoit ſervi, & on y trouvoit la même exactitude; par exemple, on trouvoit quelquefois la ſomme des trois angles préciſément de 180. degrés, quelquefois moindre ou plus grande que 180. de 10. ou 15. ſecondes; alors on rejettoit cette différence ſur l'angle le moins certain, ou lorſqu'ils l'étoient tous également, on la diſtribuoit également entr'eux.

Sur ces Obſervations faites depuis l'Obſervatoire Royal juſqu'à S. Sauvier, éloignés l'un de l'autre d'environ 139950 toiſes, MM. Sedileau & Chazelles avoient calculé, non ſeulement les côtés des triangles dont on avoit obſervé les angles, mais encore la diſtance de chacun des lieux obſervés, à la Méridienne, & la diſtance entre le Parallele de l'Obſervatoire, & ceux de ces lieux, meſurée ſur la Méridienne même.

---

## DIVERSES OBSERVATIONS ASTRONOMIQUES.

### I.

MOnſieur Caſſini a lu ſes Obſervations de la Parallaxe de Mars lorſqu'il étoit périgée, & à une diſtance de la Terre beaucoup moindre que celle du Soleil. Il trouvoit à Mars une Parallaxe horizontale de 25. ſecondes, d'où il concluoit celle du Soleil de 9. ſecondes, & ſa diſtance à la Terre de 21600. demi-diamétres terreſtres, celle de Mars étant de 8100 des mêmes demi-diamétres.

### II.

Mr. Caſſini a encore lu ſes Remarques ſur le voyage de Mr. Richer en Cayenne; il a fait voir l'accord des lieux du Soleil obſervés en Cayenne hors des réfractions avec les mêmes lieux calculés par ſes Tables, & publiés dans les Ephémérides du Marquis Malvaſie, les Calculs & les Obſervations donnant la même obliquité de l'Ecliptique.

III.

1684. III.

Mr. l'Abbé de l'Anion a rapporté qu'il avoit vû un Phénoméne extraordinaire le 17. Novembre vers les 10. heures du matin étant proche de S. Aubin en Bretagne : c'étoit une flamme en forme de larme, groſſe comme la main, qui deſcendit du Ciel aſſez lentement pendant l'eſpace d'environ 7. à 8. minutes. On voyoit cette flamme aſſez clairement, elle paroiſſoit un peu bleuë; la queuë jettoit des eſpéces d'étincelles, & elle étoit oppoſée au Soleil.

---

Mr. Blondel a lu divers morceaux de ſon Traité du Calendrier Romain.

---

## MECHANIQUE.

### *SUR UNE MACHINE CAPABLE d'augmenter l'effet des Armes à feu.*

Monſieur Perrault qui communiqua cette Invention à l'Académie, prenoit pour principe, que tout l'effet des Armes à feu dépend de la vîteſſe que les Machines qu'on y employe peuvent donner au boulet qu'elles pouſſent : d'où il ſuït que ce qui peut augmenter la vîteſſe que la poudre a coutume de produire dans les canons, doit beaucoup augmenter leur effet.

Pour augmenter cette vîteſſe, Mr. Perrault imagina un Canon ordinaire, auquel outre l'ouverture de la lumiére il y en avoit une autre beaucoup plus grande ſituée un peu au-delà du milieu de ſa longueur du côté de l'embouchure. Le bout de ce canon ſe montoit à vis, & portoit intérieurement en cet endroit un rebord en forme d'anneau. En dedans de ce premier canon il en introduiſoit un autre, dont la culaſſe qui ſe montoit à vis étoit percée en ſon milieu pour former la lumiére; ce canon avoit à cette extrémité un collet fixe, & vers ſon autre extrémité un collet mobile, *tous* deux à l'extérieur; un fil d'acier à reſſort, & tourné en ſpirale autour de ce canon s'attachoit par ſes deux bouts aux deux collets, leſquels devoient être de même diamétre que l'intérieur du premier canon. Pour introduire le ſecond dans le premier, il falloit démonter le bout du premier, & après que le ſecond canon étoit entré, on remettoit le bout du premier, & alors le canon intérieur ne pouvoit plus ſortir entiérement, à cauſe du rebord ou anneau que nous avons dit qui étoit placé en dedans à l'extrémité tarodée du bout du premier canon, ce rebord ayant une ouverture moindre que le diamétre des anneaux du canon intérieur.

La

La Machine étant ainsi préparée, & le canon intérieur étant tiré en 1684. dehors autant qu'il étoit possible, on mettoit de la poudre par la grande ouverture latérale faite au canon extérieur, & on laissoit retomber le second canon, qui servoit de bourre au premier; on chargeoit ensuite ce second canon à l'ordinaire, de poudre & du boulet; le feu étant mis au premier par la lumiére, la poudre qui y étoit contenuë s'enflammoit, & poussoit le canon intérieur en même tems qu'elle allumoit la poudre qu'il contenoit, & par-là donnoit au boulet dont il étoit chargé une plus grande vîtesse qu'il n'auroit euë s'il n'avoit été poussé que par la poudre de son propre canon: cette vîtesse résultoit de celle du second canon poussé par la poudre du premier, & de celle que lui imprimoit la poudre du second.

Par les précautions que Mr. Perrault avoit prises, ces deux charges ne pouvoient faire aucun effet capable de rompre la Machine; car le feu du premier canon sortoit par la grande ouverture laterale, & l'effort du second canon venoit à cesser aussi-tôt que son collet mobile étoit pressé par le collet fixe contre celui qui étoit en dedans du gros canon, ce collet fixe étant contraint de s'approcher de l'autre en pliant le ressort, par le mouvement du canon entier; ce qui, suivant Mr. Perrault, rompoit suffisamment le grand effort, & ne diminuoit que fort peu la vîtesse.

---

## *SUR UN NOUVEAU SABLIER POUR LA MER.*

MOnsieur De la Hire ayant remarqué que l'on a un très-grand besoin sur Mer d'Horloges qui marquent au moins les minutes de tems, soit pour estimer le sillage, soit pour plusieurs Observations Astronomiques utiles à la Navigation, & que l'on se servoit d'ailleurs d'horloges à sable, il songea à rectifier ces sortes d'horloges, & à leur faire marquer distinctement au moins les minutes. Pour cela il appliquoit un tuyau de verre d'environ 20. pouces de longueur à la place de l'une des phioles des horloges à sable dont on se sert ordinairement. Ce tuyau étoit bouché par son extrémité. Il montoit ce Sablier sur une planche, comme on monte un Thermométre, ensorte que la boule & le tuyau fussent à demi enchassés dans le bois.

Voyez les Mémoires, Tom. 10. p. 473.

Pour diviser le tuyau, Mr. De la Hire se servoit d'un Pendule à secondes, & suspendant son Sablier ensorte que la boule fût en-haut, il marquoit sur la planche l'endroit où le sable arrivoit dans le tuyau après la premiére minute, & de-même après la seconde minute, & ainsi de suite jusqu'à ce que le tuyau fût plein, ce qui sauvoit les inégalités de l'intérieur du tuyau. Il retournoit ensuite la machine, ensorte que la

1685. la boule fût embas, & il marquoit de la même maniére de l'autre côté du tuyau les points où parvenoit la superficie supérieure du sable qui tomboit du tuyau dans la boule.

Comme les grains de métail fort petits & fort ronds seroient très-utiles pour ces sortes de machines, on parla dans l'Académie de la maniére de faire cette sorte de poudre. Mr. l'Abbé Gallois dit qu'un Chartreux de sa connoissance en faisoit de très-propre à cet usage, en mêlant du plomb fondu avec de la cendre, & le remuant fortement dans un gros sac.

---

Mr. De la Hire a fait voir un modéle pour faire des Tuyaux de bois aussi gros qu'on voudra pour la conduite des Eaux.

# ANNE'E MDCLXXXV.

## PHYSIQUE GENERALE.

### *DIVERSES OBSERVATIONS de Physique générale.*

I.

MOnsieur de la Chapelle a rapporté qu'il a vu dans le Cabinet du Roi un Poisson qui fait l'effet d'un Barométre. Il est enfermé dans une bouteille pleine d'eau avec du sable au fonds. Lorsque le tems est calme & serein, cet Animal est sans mouvement; mais aussi-tôt que le tems est prêt à changer, il se remuë, & si c'est quelque tempête qui doit arriver, il s'agite d'une maniére extraordinaire. Ce Poisson ressemble à peu près à une Truite. Mr. Cassini en fit voir quelque tems après un autre semblable, & qui faisoit les mêmes effets.

I I.

Mr. Thevenot a rapporté que nos Sauvages guerriers de l'Amérique Septentrionale étant revenus du Nord, où ils avoient pénétré beaucoup plus avant depuis qu'ils avoient des fusils, qu'ils n'avoient osé faire avant que d'en avoir, ils avoient rapporté, qu'étant entrés dans une grande Riviére, & monté jusqu'à un Lac d'eau douce, ils avoient trouvé sur les bords de ce Lac les pistes d'un Animal qui leur étoit inconnu; quelque tems après ils apperçurent deux de ces Animaux qui se retiroient vers le Lac; ils en tuérent un à coups de fusil, l'autre s'étant jetté dans l'eau où il s'enfonça. L'Animal tué avoit le corps de la grosseur de celui d'un Buffle; il étoit couvert d'un poil noir de 15. à 16. pouces de de long, mêlé d'un autre poil blanc de même longueur. Ses jambes étoient courtes & grosses comme celles du Buffle; les pieds étoient faits comme ceux d'une Oye. Sa tête ressembloit assez à celle du Sanglier, & étoit au moins aussi grosse; au-lieu de nez il avoit deux trous qui lui servoient de narines, les oreilles étoient courtes, & les yeux petits & enfoncés. Il avoit deux cornes au haut de la tête chargées d'andouillers comme le bois de Cerf; l'extrémité de ces cornes étoit faite en forme d'une pierre ovale grosse comme un œuf d'Oye, & brillante comme de l'acier poli. La chair de cet Animal étoit fort rouge, & sentoit si extraordinairement le musc, que quelque besoin qu'en eussent les Sauvages, dont les provisions n'étoient pas considérables, ils ne purent jamais en manger. 1685.

Les coups dont il avoit été tué firent découvrir nos Sauvages à leurs ennemis, qui se sauvérent épouvantés du bruit qu'ils avoient entendu; ils ne laissérent après eux qu'une femme, qui n'ayant pu les suivre fut faite prisonniére par nos Sauvages, & emmenée parmi eux. Mr. Thevenot qui l'a vuë, dit qu'elle est assez bien faite, excepté qu'elle a les jambes plus grosses que les autres femmes ne les ont ordinairement.

III.

Mr. Cassini rapporta d'après Mr. Durasse, qui avoit été en Ambassade à Constantinople, qu'on trouvoit dans des pierres fort dures plusieurs petits Animaux qu'on nomme Dactyles, qui étoient bons à manger; & qu'ayant mis une meule de moulin dans la Mer, & ensuite retirée & cassée, il avoit trouvé en dedans plusieurs de ces Animaux vivans. Mr. Blondel ajouta qu'on en voyoit à Toulon de semblables, & qu'on y en vendoit publiquement.

IV.

Mr. De la Hire a fait voir une Pierre fort dure qu'il a trouvée dans l'endroit où l'on fouilloit alors le lit pour le Canal de la Riviére d'Eure. Il croit que c'est une espéce de Poisson qu'il nomme une Chataigne de Mer, ou *Echynus Marinus*, dont la coquille aura été entourée de tous côtés de vase. MM. Thevenot & Galloys en ont trouvé d'une autre espéce dans d'autres lieux, tout fort éloignés de la Mer.

Mr. Sedileau a fait voir aussi plusieurs autres Pierres prises dans le même Canal. Les unes sont appellées *Casques*, elles sont coupées en six pans réguliers. D'autres enferment en-dedans une espéce de vitrification. Il en a montré une autre ronde & blanche comme l'albâtre, enfermée dans un caillou qui étoit plein d'eau.

1785. V.

Au mois de Juin de cette année, le feu prit en plusieurs Villages autour d'Evreux, par des feux souterrains qui crevoient la terre & s'attachoient aux corps combustibles qu'ils rencontroient. Mr. Etienne, Chanoine de Chartres, donna avis à Mr. De la Hire d'un semblable feu qui prit de la même maniére dans un Village du Perche nommé *la Berchére*; ce feu prit tout d'un coup, & on ne put pas l'éteindre.

V I.

Comme on parloit des Remédes capables de guérir les Porreaux, Mr. Bourdelin dit qu'il les falloit toucher deux fois par jour & légérement d'un peu d'esprit de Vitriol. Mr. Perrault ajouta que le suc de Pourpier faisoit le même effet.

Mr. Perrault dit encore que les feuilles de Laurier pilées & mises sur les piquures de Mouches ou de Guêpes les guérissent aussi-tôt. Mr. Bondel assura la même chose de la corne de Chamois mise en poudre.

Mr. Thevenot dit qu'ayant fait venir de l'Euphorbe, deux Personnes qui en goûtérent s'en trouvérent fort mal. Mr. Thevenot leur donna du jus de Citron qui les guérit parfaitement.

V I I.

Mr. De la Javaniére Videl a envoyé à Mr. Perrault, & par lui à l'Académie, plusieurs Observations suivies qu'il a faites à St. Malo sur la hauteur de la Marée. Il a communiqué en même tems la Machine dont il s'étoit servi dans ses Observations.

Mr. De la Hire a dit à cette occasion, que par plusieurs semblables Observations qu'il avoit faites, il avoit remarqué que le mouvement de la Mer suivoit le moyen mouvement de la Lune, & non pas le vrai, comme plusieurs Philosophes l'ont pensé.

V I I I.

Mr. De la Garouste a présenté à l'Académie un Miroir de métal de cinq pieds deux pouces de diamétre. C'est le plus grand qu'on ait vu jusqu'à-présent. Il n'est pas également poli, & il y a une piéce ajoutée vers le milieu où le métal a manqué. Il n'a pourtant pas paru que cela diminuât de sa force.

On en fit plusieurs essais dans l'Académie par ordre de Mr. De Louvois. On trouva son foyer à cinq pieds de distance, un peu plus loin qu'il ne devoit aller à proportion de la grandeur du Miroir. On fut assez content de ses effets, & l'on crut qu'ils auroient été plus grands si le Miroir avoit été monté sur un pied & qu'il eût été mieux poli.

I X. 1685.

Mr. Caffini trouva au mois de Juin de cette année la déclinaifon de l'Aiguille aimantée de 4. degrés vers l'Occident.

## ANATOMIE.

### DIVERSES OBSERVATIONS ANATOMIQUES.

I.

A l'occafion de ce qu'on avoit remarqué, qu'il n'y avoit point de cœcum dans le Chamois diffequé dans l'Académie, Mr. Dodart a dit qu'il croyoit que l'ufage du cœcum étoit de fournir une liqueur qui caufe une nouvelle fermentation aux matiéres, & les épaiffit. Mr. Du Verney a dit que le cœcum étoit fort petit dans l'Homme & dans les autres Animaux qui vivent de chair, & fort grand dans ceux qui vivent d'herbes & de grains: il ne croit pas que le cæcum contribuë à la confiftance des matiéres, mais il donne cet ufage aux glandes du colon, qui fourniffent une liqueur plus épaiffe que les glandes qui font dans les inteftins grêles: c'eft pourquoi dans l'Homme le colon environne les autres inteftins, & eft attaché à plufieurs parties.

Mr. Du Verney a ajouté, qu'il croit que les inteftins grêles ont un mouvement périftaltique.

On voit ce mouvement dans la Grenouille, dans le Mouton, & dans quelques autres Animaux.

I I.

Quelque tems après, à l'occafion d'une Expérience propofée par Mr. Mery, qui avoit rapport à l'obfervation précédente, Mr. Du Verney a fait voir dans l'inteftin d'une Poule, que les matiéres vont dans le rectum avant que d'entrer dans le cœcum.

III.

Mr. Du Verney a diffequé un Vautour qu'on a envoyé de Verfailles. Il lui a trouvé un jabot, contre l'ordinaire des Animaux carnaffiers. Le géfier étoit très-mince & le cœcum fort court. On a examiné l'organe de l'odorat de cet Animal.

IV.

Mr. Du Verney a fait la diffection d'un Singe femelle, & Mr. Mery celle d'un Singe hermaphrodite, de l'efpéce où l'Animal eft proprement femelle; le feul allongement du clitoris paroît lui donner les parties du mâle: dans celui que Mr. Mery fit voir, cet allongement avoit une conformation particuliére, en ce qu'il étoit creufé par-deffous en forme de gouttiére.

 V.

1685. V.

Mr. Mery a fait voir aussi le cœur de l'Oiseau Royal. On remarqua à la base du cœur en dedans un trou rond qui faisoit la communication du ventricule droit au gauche; il y avoit à son embouchure une valvule sigmoïde.

VI.

Le même Mr. Mery a apporté un lobe ou sac des poûmons d'une Tortuë de mer, il étoit rempli de vésicules qui faisoient l'effet d'un rayon de miel: ce sac étoit divisé en deux parties par une cloison membraneuse, & ces deux parties communiquoient ensemble à la base par le moyen des vésicules. Il a fait voir encore les mâchoires de la Tortuë, que sont d'une construction singulière.

VII.

Mr. Sedileau ayant pressé un Cristallin tout frais, il s'est séparé en quatre parties.

---

Mr. Du Verney a donné la Description de la Pallette.

## BOTANIQUE.

OUTRE les Travaux ordinaires de Botanique, Mr. Marchand a donné la Description du *Gelsiminum Indicum flore phœniceo*; de la *Lactuca Sativa*; de la *Lychnis umbellifera, montana, helvetica*; de l'*Hesperis seu Viola matronalis flore pleno*; de l'*Hesperis hortensis*; & de la *Clematis Americana trifolia*.

Mr. Blondel a apporté une Gousse de Cacao. Elle contenoit 25. Amandes qui avoient le goût de Chocolat. Mr. Marchand l'a conservée dans son Cabinet du Jardin Royal.

## ASTRONOMIE.

### *SUR LA MANIERE D'EMPLOYER des Tuyaux pour les Objectifs fort longs.*

NOUS rangerons dans l'Article de l'Astronomie ce qui fut proposé cette Année pour se servir des Verres objectifs de très-long foyer.

Outre les Machines inventées par Mr. Perrault & par Mr. Bouffart de Toulouse, dont nous avons fait mention plus haut, Mr. Cassini, Mr. De la Hire, le P. Sébastien Religieux Carme, & Mr. Cusset, qui fut peu de tems après reçu dans l'Académie, en proposérent d'autres.

Celle du P. Sébastien consistoit en une vergue ou antenne de la longueur

gueur à peu près du tuyau de la Lunette. Cette vergue étoit composée de plusieurs piéces de bois assemblées les unes aux autres, & assujetties par des liens de fer. Elle étoit suspenduë en son milieu à une chape par le moyen d'un boulon qui traversoit la chape & l'antenne, ensorte qu'elle pouvoit tourner autour de ce boulon. De vingt en vingt pieds il y avoit des poulies de six pouces de diamétre enchassées dans l'épaisseur de la vergue, sur lesquelles passoient des cordes attachées aussi de vingt en vingt pieds au tuyau de la Lunette. Toutes ces cordes alloient se rendre au bout du tuyau du côté de l'oculaire, & se replioient chacune sur une cheville particuliére que l'Observateur pouvoit tourner d'un sens ou d'un autre, & par-là redresser les différentes parties du tuyau, & le conserver toujours exactement en ligne droite. 1685.

Mr. Cusset avoit imaginé une suspension toute différente, & fort ingénieuse; il en fit imprimer la Description dans les Journaux des Sçavans de cette année, ce qui nous dispense d'en rien dire ici de plus.

Mais malgré toutes les précautions que l'on avoit prises dans chaque Machine en particulier, elles étoient toujours, ou fort composées, ou fort pesantes, ou du-moins embarrassantes dans l'usage: & de-plus il en falloit une pour chaque objectif, ce qui seroit devenu assez incommode à l'Observatoire, où l'on avoit des Verres excellens depuis 20. pieds jusqu'à près de 200.

C'est pourquoi Mr. Cassini songea à quelque moyen aisé & général d'employer ces différens objectifs dans toutes les occasions qui seroient nécessaires, sans l'embarras des tuyaux. Il crut qu'un simple mât suffiroit, pourvu qu'en y adaptant le Verre objectif on pût l'élever plus ou moins, & l'incliner aussi plus ou moins de tous les sens.

Au-lieu de mât il se présenta un support, & plus solide, & d'une hauteur plus considérable; ce fut la Tour de bois de Marly haute de 120. pieds. On examina en particulier l'usage dont elle pourroit être, & l'ayant jugée très-propre au dessein qu'on avoit de continuer les Découvertes Céléstes par le moyen des plus longues Lunettes, ou qu'on avoit, ou qu'on pourroit rencontrer dans la suite, l'Académie pria Mr. De Louvois d'obtenir du Roi la permission de la faire transporter à l'Observatoire, ce qui lui fut accordé, après quelques épreuves que Mr. Cassini en fit pendant deux ou trois nuits de suite à Marly même.

Mr. Cassini fit faire aussi-tôt un support pour loger l'objectif, & lui laisser la liberté de tourner en tous sens: ce support & le verre qui y étoit enchassé, pouvoit s'élever à volonté le long de deux coulisses appliquées aux angles de la Tour: la méchanique étoit d'ailleurs à peu près la même que celle que Mr. Huygens avoit employée lorsqu'il s'appliqua

aux

1685. aux Obſervations de Saturne avec des Verres qu'il avoit taillés lui-même, & qui lui firent découvrir le Syſtême de l'Anneau, & un Satellite de cette Planéte.

Ce fut avec ces nouveaux ſecours que Mr. Caſſini continua ſes Obſervations ſur les Satellites de Saturne, & qu'il ſe trouva bientôt en état d'en préſenter au Roi une Théorie complette.

---

## *SUR L'ECLIPSE DE LUNE DE CETTE ANNE'E.*

Voyez les Mémoires, Tom. 10. p. 498.

L'ECLIPSE de Lune arrivée le 10. Décembre 1685. & obſervée en divers lieux, a été fort importante pour les Aſtronomes, principalement parce qu'elle eſt arrivée lorſque la Lune étoit à très-peu près dans ſon apogée, ce qui rend l'Obſervation très-propre à déterminer le moyen mouvement de la Lune, qui eſt le premier & le plus conſidérable élément des Tables Lunaires.

L'apogée de la Lune fait une révolution par le Zodiaque ſelon la ſuite des Signes en 9. ans, & ſes Nœuds près deſquels elle ſe trouve dans les Eclipſes font une révolution contre la ſuite des Signes en 18. ans; l'apogée & le nœud ſe rencontrent donc au bout de 6. ans, mais dans des points différens du Zodiaque, & à diverſes diſtances de la Lune au Soleil: d'où il ſuit que les conjonctions & oppoſitions écliptiques qui reviennent dans le même mois à la même diſtance de l'apogée & du nœud arrivent à diverſes heures du jour, ce qui empêche d'en pouvoir obſerver pluſieurs dans le même lieu.

Mr. Caſſini a examiné toutes celles qui ont été obſervées dans les deux derniers ſiécles, plus féconds en Obſervations que tous les précédens, & il lui a été impoſſible de les accorder enſemble, & avec les meilleures Tables, à un quart-d'heure près, quoiqu'il dût raiſonnablement eſpérer cet accord, en ne comparant que des conjonctions & oppoſitions faites à très peu de diſtance de l'apogée; car dans d'autres où cette diſtance étoit plus grande, une plus grande différence qu'il trouvoit ne l'étonnoit pas à cauſe des autres inégalités de la Lune, & de leur diverſe combinaiſon: l'embarras que cela cauſe devient encore plus grand, en ce qu'on ignore ſi la différence qu'on trouve vient de l'incertitude des Obſervations, ou de quelque inégalité encore inconnue dans le mouvement de la Lune. C'eſt pourquoi Mr. Caſſini attendit avec impatience l'Eclipſe du mois de Décembre de cette année, pour en pouvoir déduire une poſition exacte de l'apogée de la Lune, telle que la donneroient les Obſervations les plus exactes qu'on en pourroit faire; & parce que ſuivant ſon hypothéſe particuliére du mouvement de la Lune, ne, la durée de cette Eclipse devoit différer de celle que les autres Astronomes lui attribuoient, Mr. Cassini en fit le calcul suivant son hypothése, & le communiqua à l'Académie dès le 24. Novembre; selon lui, la durée de l'Eclipse ne devoit être de 3h. 55'. au-lieu que d'autres Tables la faisoient de 4h. 18'. différence exorbitante, mais qui tourna à l'avantage de Mr. Cassini, comme il est aisé de le voir par les Observations mêmes de cette Eclipse faites dans un grand nombre de lieux par différens Observateurs. 1685.

A Paris MM. Cassini & De la Hire ne purent voir le commencement de l'Eclipse à cause des nuages, mais à cela près elle fut bien observée dans tout le reste de sa durée; & les Observations de ces deux Messieurs s'accordérent entr'elles & avec le calcul à une minute près.

Mr. De Chazelles l'observa aussi à Marseille, les Péres Jésuites de Lyon & Mr. Regnaud l'observérent à Lyon. MM. Gallet & Beauchamp, & le P. Bonfa à Avignon, Mr. Gauthier à Aix en Provence; elle fut encore observée à Génes, à Toulon, à Madrid, à Nuremberg, & même à Siam, ce qui donna les différences en longitude entre ces lieux & l'Observatoire Royal.

Mr. Cassini remarqua dans cette Eclipse une portion d'Ombre plus dense que le reste, ce qu'il expliqua par l'interception des rayons du Soleil rompus dans l'Atmosphére, & qui éclairent toujours un peu la Lune dans ses Eclipses. Car s'il se trouve dans le bord de la Terre vu du Soleil au tems d'une Eclipse de Lune quelques continens plus élevés que le reste du Globe, ils empêcheront ces rayons rompus de parvenir jusqu'à la Lune, & par conséquent l'ombre sera moins éclairée en cet endroit que par-tout ailleurs. Dans celle-ci les Continens élevés de l'Asie & de l'Amérique se rencontroient justement au bord de l'Ombre, au tems que Mr. Cassini vit cette partie plus noire, qui fut aussi remarquée par Mr. Gallet à Avignon.

## *SUR QUELQUES OBSERVATIONS D'ECLIPSES faites à Goa, ou sur la Longitude de cette Ville.*

MOnsieurs Thevenot communiqua à l'Académie quelques Observations d'Eclipses de Lune faites à Goa, & qui lui avoient été envoyées par les Missionnaires. Mr. Cassini les ayant examinées, les trouva assez exactes & d'accord avec celles qui avoient été faites en Europe.

Le 15. Mai 1650. ces Missionnaires observérent à Goa la fin d'une Eclipse de Lune à 14h 22'. A Majorque Vincent Mut observa la même phase à $9^h\ 32'\ 24''$. ce qui donne $4^h\ 49'\ 36''$ de différence entre ces deux Villes, ou $72^\circ\ 24'$. mais la différence entre Majorque & Paris étant de $9'\ 45''$ de degré environ, celle qui est entre Goa & Paris sera de $72^\circ\ 34'$ environ.

 En

1685. En 1612. le 14. Mai on avoit observé à Goa le milieu d'une Eclipse de Lune à $14^h$ 45'. Wendelin l'observa à Liége à $9^h$ 56'. la différence est de $4^h$ 49' ou 72° 15' entre Liége & Goa; mais Liége est 3° 45' plus oriental que Paris, donc Goa sera de 76. degrés plus oriental que Paris par cette Observation: si l'on se sert du milieu de la même Eclipse observée à Munich par Scheiner à $10^h$ 26' on trouvera entre Munich & Goa une différence de $4^h$ 19'. ou 64° 45'; mais Munich est plus oriental que Paris de 9° 15'. donc Goa sera plus oriental que Paris de 74. degrés; mais il ne faut pas trop se fier à l'Observation de Goa, à cause que le tems n'en fut pas marqué précisément; on se contenta de dire que l'Eclipse avoit été observée deux minutes plus tard qu'elle n'avoit été marquée dans les Ephémérides d'Origan.

L'Eclipse du 21. Décembre de l'année derniére fut encore observée à Goa, & , comme nous l'avons déjà dit, assez exactement pour donner la différence en longitude à un degré près.

Le milieu de l'Eclipse fut trouvé à Goa à $15^h$ 43' 30", à Paris il fut observé à $10^h$ 57' 50". La différence est donc de $4^h$ 45' 40". ou de 71° 25'. donc Goa est plus oriental que Paris. Les Cartes modernes faisoient cette différence de 23. degrés plus grande.

On reçut une autre Lettre de Goa qui contenoit diverses Observations sur la déclinaison de l'Aiguille Aimantée & sur les Etoiles Australes.

On y disoit que ceux qui naviguent d'Occident en Orient connoissent s'ils approchent des Terres, & de quelles Terres à peu près, par certains Oiseaux qu'ils rencontrent; mais ils en jugent beaucoup mieux par la déclinaison de l'Aiguille aimantée; car s'ils savent la quantité de cette déclinaison, par exemple, au Port de Lisbonne lors de leur départ, ils connoissent aussi-tôt de combien elle doit être dans les différens lieux de leur route, & cela par les Observations qui ont été faites longtems avant.

Par exemple, ils savent que lorsque l'Aiguille aimantée n'avoit aucune déclinaison au *Cap des Aiguilles*, elle déclinoit à Lisbonne de 7. degrés & demi vers l'Orient. Mais si partant de Lisbonne la déclinaison s'y trouve de 6. degrés & demi vers l'Orient, ils concluent qu'elle décline alors de 1. degré vers l'Ouëst au Cap des Aiguilles, & elle augmente ensuite chaque année. Depuis le Cap des Aiguilles jusqu'à l'Ile St. Laurent, ou de Madagascar, la déclinaison vers l'Ouëst augmente de 13. degrés, ensorte que supposant toujours l'exemple précédent, lorsqu'elle est d'1. degré au Cap des Aiguilles, elle est de 14. à l'Ile St. Laurent. Depuis cette Ile jusqu'aux Côtes de Mozambique & d'Ajan, elle diminuë de 3. degrés, & depuis les Côtes de Mozambique jusqu'à Zocotora, elle reste à très-peu près la même sans augmenter sensiblement; mais depuis Zocotora jusqu'à Goa, la déclinaison Ouëst di-

diminuë de cette maniére: lorſqu'elle étoit *zéro* au Cap des Aiguilles, elle étoit de 17. degrés Ouëſt à Goa; & quand elle étoit venuë à 4. degrés vers l'Ouëſt au Cap des Aiguilles, elle avoit avancé d'autant de degrés vers l'Eſt à Goa, enſorte qu'elle n'étoit plus que de 13. degrés vers l'Ouëſt. 1685.

On trouve la variation annuelle de déclinaiſon de 9. minutes & demie, ou 10. minutes tout au plus, en ſuppoſant la même Aiguille, & qu'elle n'ait rien perdu de ſa force; & cette déclinaiſon ne parcourt pas le cercle entier, mais elle commence à retourner vers le Nord dès qu'elle eſt arrivée à un certain degré vers l'Eſt ou vers l'Ouëſt.

Le même Miſſionnaire qui avoit écrit cette Lettre, ajoutoit quelques Obſervations génerales ſur les Etoiles Auſtrales. Il les avoit comparées avec les Cartes du P. Pardies, tant dans le cours du voyage, que depuis ſon arrivée à Goa. Voici ce qu'il en marquoit.

*Canopus* eſt preſqu'auſſi beau que Sirius, il a la même couleur & la même ſcintillation. Seulement il paroît un peu moindre.

L'Etoile qui eſt à la cuiſſe de derriére du Cheval du Centaure, & qui eſt marquée de la premiére grandeur, n'eſt que de la ſeconde, mais un peu plus belle à-la-vérité qu'une autre de la ſeconde grandeur, qui en eſt fort proche.

Celle qui eſt au pied du *Cruzéro* eſt à très-peu près de la premiére grandeur, elle étincelle beaucoup, & celle qui eſt au haut du *Cruzéro*, eſt preſqu'auſſi belle, mais elle paroît rougeâtre à peu près comme le cœur du Scorpion, qu'elle ſurpaſſe en brillant, quoiqu'elle ſoit un peu plus petite.

Celle du Croiſon gauche ou méridional du *Cruzéro* eſt certainement de la premiére grandeur, quoiqu'elle ſoit marquée de la troiſiéme dans les Cartes. Celle du Croiſon droit n'eſt que de la troiſiéme.

L'Etoile qui eſt au pied de devant le plus avancé du Centaure, reſſemble parfaitement à *Arcturus* en grandeur, en couleur & en ſcintillation. Celle qui eſt à l'autre pied de devant, qui eſt marquée de la ſeconde grandeur, eſt abſolument ſemblable à celle du pied du *Cruzéro*.

Le Triangle Auſtral eſt formé par trois Etoiles des plus petites de la ſeconde grandeur, ainſi que les trois qui ſont à la tête, au dos, & à l'aile droite de la Gruë.

L'Oeil du Pan eſt une belle Etoile fort brillante.

Les 4. principales Etoiles du Toucan, qui ſont marquées de la ſeconde grandeur, ſont tout au plus de la troiſiéme.

Celle du Col du Phénix eſt une des petites de la ſeconde grandeur.

Celle qui eſt à la ſource de l'Eridan, nommée *Acarnar*, eſt de la premiére grandeur, & ſemblable par ſa couleur & par ſon brillant à la Lyre, mais elle paroît un peu plus petite.

L'Etoile de la gueule de l'Hydre eſt trop petite pour être de la ſeconde grandeur; elle eſt tout au plus de la troiſiéme.

1685. *DIVERSES OBSERVATIONS ASTRONOMIQUES*

I.

A la fin du mois de Mars Mr. Caſſini revit la grande Tache ancienne de Jupiter, qui n'avoit pas paru depuis ſix ans. Mr. Caſſini l'avoit obſervée pour la premiére fois en 1665; elle fait une révolution entiére en $9^h$ $55'$. $52''$. Elle peut ſervir commodément à déterminer les Longitudes Terreſtres, en employant pour l'obſerver une Lunette de 16. ou 18. pieds.

II.

Mr. Caſſini a continué d'obſerver la Lumiére Zodiacale le matin & le ſoir dans les différentes ſaiſons de l'année, & il a établi de plus en plus la Théorie qu'il en avoit conçuë dès les premiéres Obſervations; il en a lu pluſieurs morceaux à la Compagnie. Il a fait part auſſi des Obſervations du même Phénoméne faites par Mr. Facio.

III.

Mr. Sauveur a fait voir un Calendrier pour pluſieurs années qui marque les Jours de la Semaine, du Mois de la Lune, les Eclipſes, les Fêtes mobiles, &c.

Mr. Du Hamel a lu une Lettre de Mr. Huygens, où il parle d'un Traité qu'il vient d'achever, qui regarde les Obſervations Aſtronomiques.

IV.

Mr. De la Hire a fait voir la Machine pour prédire les Eclipſes du Soleil & de la Lune, dont le Roi a deſſein de faire préſent au Roi de Siam.

V.

Mr. Caſſini a commencé la lecture d'un Traité de la Libration de la Lune.

## MECHANIQUE.

### *SUR LES CONDUITES ET LA PENTE, &c. des Eaux.*

LE 10. Mars Mr. Thevenot apporta à l'Académie une Lettre de Mr. de Louvois, par laquelle il ſouhaitoit que la Compagnie travaillât à la Traduction de l'Ouvrage de Frontin, des Aqueducs de Rome, qui a paru juſqu'à-préſent très-difficile à entendre. Pluſieurs perſonnes de la Compagnie, au fait de ces matiéres, partagérent entr'eux le travail, qui fut entiérement achevé le 19. du même mois. On y fit un grand nombre de Remarques, & on lut le tout dans les Aſſemblées; après quoi on le remit entre les mains de Mr. Sedileau, qui avoit fait une étude particuliére de cette matiére; & enſuite à Mr. Thevenot, pour y donner la derniére main, & le mettre en état de voir le jour, ce qui ne ſeroit pas ſans utilité.

La

La Conduite d'Eau que le Roi fit faire alors donna occaſion à cet Ouvrage. Sa Majeſté ayant deſſein de faire venir l'eau de la Riviére d'Eure à Verſailles, Elle fit l'honneur à l'Académie de la conſulter: cette Riviére a ſa ſource dans le Perche, & entre dans la Béauce à Pontgouin. On étoit en peine de ſavoir à quelle hauteur elle pourroit venir à Verſailles, & à quel endroit il falloit la prendre. Mr. De la Hire en fit les nivellemens, & il trouva qu'en la prenant vers Pontgouin, à 10. lieuës environ au-delà de Chartres, elle étoit de près de 81. pieds plus haute que le Reſervoir de la Grotte de Verſailles. Sur la foi des Nivellemens on travailla à creuſer un lit à la nouvelle Riviére depuis Pontgouin juſqu'à l'Aqueduc qui commence à 2. lieuës en-deçà de Chartres. Mr. De la Hire, ou plutôt l'Académie entiére, décida ſur la pente qu'il falloit donner à l'eau pour la faire venir de cette diſtance, qui eſt de 60000 pas, & pour en avoir environ 500 pouces à l'extrémité du Canal. 1685.

Pendant les travaux, Mr. De la Hire, Mr. Sedileau, & d'autres Académiciens y firent de tems en tems des voyages, afin que tout fût exécuté ſuivant les vuës de l'Académie, & le 25. Août, jour auquel l'eau devoit entrer dans le Canal, Mr. De la Hire & Mr. Caſſini ſe trouvérent à Pontgouin par ordre de Mr. de Louvois.

Cela donna occaſion de faire pluſieurs Expériences & pluſieurs raiſonnemens ſur les Conduites d'eau, & ſur la pente néceſſaire pour qu'elle puiſſe couler, & encore ſur la pente effective de quelques Riviéres.

Mr. Caſſini fit voir comment le Pô, qui paſſe par Ferrare, ſe diviſe en pluſieurs branches, & de quelle maniére les Ferrarois avoient détourné la Riviére de Réne qui venoit chez eux, juſqu'à 7. milles au-delà, & l'avoient enſuite fait revenir à Ferrare par un autre chemin, quoiqu'il n'y ait en tout que 5. pieds de pente.

Mr. De la Hire nivella la Riviére de Seine depuis les Invalides juſqu'au-delà des Minimes, & il trouva 10. pouces de pente ſur 1000. toiſes de longueur. Quelque tems après la Seine étant à ſon plus bas devant le Cours, il trouva qu'elle faiſoit dans le plus fort de ſon courant 100. toiſes en 5. minutes, c'eſt-à-dire 120. pieds en une minute; c'eſt pourquoi ſi l'on ſuppoſe que deux pouces & demi d'eau donnent un pied cube en une minute, ce qui eſt la même choſe que 14. pintes d'eau pour un pouce en une minute, il s'enſuivra que par une ouverture d'un pied quarré, l'eau de la Seine qui y paſſeroit avec la même vîteſſe, obſervée par Mr. De la Hire, donneroit 300. pouces d'eau. Il trouva encore dans le même tems par d'autres nivellemens très-exacts, que la Seine entre le milieu du Cours & Paſſy avoit 10. pouces de pente ſur 1000. toiſes de longueur.

1685. MM. Caſſini & De la Hire rapportérent une autre Expérience qu'ils avoient faite, pour ſavoir quelle quantité d'eau étoit employée à faire aller un Moulin des Gobelins de la maniére dont il va ordinairement; ils avoient trouvé qu'il falloit 1500. pouces d'eau.

Mr. Perrault donna la Deſcription d'une Machine qu'il avoit fait conſtruire pour connoître la pente que prend l'eau dans un Canal qui eſt de niveau.

Ce Canal étoit fait de bois goudronné, il avoit dix toiſes de long ſur un pouce & demi de largeur, & autant de profondeur; il retournoit ſur lui-même, de maniére que ſon entrée & ſa ſortie étoient proche l'une de l'autre. A l'entrée, le Canal étoit fermé par le bout de la même hauteur d'un pouce & demi, & à la ſortie il y avoit une eſpéce de petite digue haute ſeulement d'un pouce, qui tenoit le canal plein partout de la hauteur d'un pouce. On avoit placé à un pouce & demi de l'entrée une autre petite barre de niveau avec celle de la ſortie, & qui traverſoit le Canal, mais qui le laiſſoit libre par le fonds; elle ſervoit à arrêter le bouillonnement de l'eau à ſon entrée dans le Canal, ce qui auroit empêché de bien juger de ſa hauteur.

L'eau entroit dans le Canal par une communication qu'il avoit avec un autre vaiſſeau mis à côté, dans lequel l'eau étoit verſée par un Siphon qui nageoit ſur celle du Reſervoir où il la prenoit, enſorte que ce Siphon étoit toujours également élevé ſur la ſurface de l'eau du Reſervoir: ces précautions avoient été priſes, afin qu'il entrât toujours une même quantité d'eau à la fois dans le Canal, pendant tout le tems des Expériences. Pour avoir plus ou moins d'eau dans les différentes Expériences, on mettoit au bout du Siphon des ajutages de diverſes grandeurs. On en avoit par exemple un d'un pouce, qui empliſſoit une meſure connuë en douze ſecondes & demie, un autre d'un demi-pouce empliſſoit la même meſure en 25. ſecondes.

Voici les Expériences qui furent faites.

1. Le Canal étant plein juſqu'au haut de la petite digue, c'eſt-à-dire à la hauteur d'un pouce, lorſqu'on s'eſt ſervi du petit ajutage, l'eau a commencé de paſſer par-deſſus la digue après 1. minute 15. ſecondes; & lorſqu'on s'eſt ſervi du grand ajutage, elle a commencé de paſſer après 38. ſecondes.

2. Ayant jetté de la ſciure de bois ſur l'eau quand elle a été en train de couler, les premiers grains de cette ſciure ont été 5. minutes 50. ſecondes à paſſer d'un bout du Canal à l'autre lorſqu'on ſe ſervoit du petit ajutage, & lorſqu'on ſe ſervoit du grand ils n'ont été que 3. minutes 30. ſecondes.

3. On a laiſſé courir l'eau aſſez longtems pour faire qu'elle s'élevât autant qu'il étoit poſſible ſur la ſurface qui étoit à niveau depuis l'entrée du

du Canal jusqu'à la petite digue, & l'on a connu qu'elle étoit autant élevée qu'elle pouvoit l'être, lorsque mesurant l'eau qui sortoit on la trouvoit égale à celle qui entroit: alors en se servant du grand ajutage, on a observé que l'eau étoit élevée à l'entrée du Canal de six lignes au-dessus de la surface à niveau, & qu'à la sortie elle étoit élevée au dessus de cette même surface seulement de deux lignes, & lorsqu'on se servoit du petit ajutage, l'eau étoit haute de deux lignes à l'entrée, & d'une ligne seulement à la sortie. 1635.

D'où il suit que la premiére eau avoit besoin de 4. lignes de pente pour 10. toises, ce qui fait 2. pieds 9. pouces 4. lignes pour 1000. toises, & qu'une ligne de pente suffisoit à la seconde eau pour les mêmes 10. toises, ou 8. pouces 4. lignes pour 1000. toises.

---

## *SUR UN MOYEN D'ARRETER ET DE LACHER aisément les Cables sur lesquels on tire.*

TOUTE puissance qui tire ou qui pousse agit en deux maniéres, ou par une action continuë & non interrompuë, telles sont la Pesanteur, les Ressorts, &c. ou par une action interrompuë, telles sont le Vent, l'Eau, l'effort des Animaux, &c. Or il est certain que dans le second cas, c'est-à-dire dans le tems que l'action est interrompuë, la puissance agit toujours, mais agit inutilement par rapport à l'ouvrage, pour ainsi dire, qu'elle doit faire: si c'est un poids qu'elle doit attirer, dans l'interruption de son action elle ne l'attire pas, cependant tout son effort est employé à retenir ce poids à l'endroit où elle l'a déja fait venir: il est très-utile de pouvoir retenir le poids dans le même état, sans que la puissance y soit employée.

Mr. Perrault a donné un moyen fort simple, & en même tems fort sûr de soulager entiérement ces sortes de puissances qui tirent à plusieurs reprises. Il fait passer pour cela le cable sur lequel la puissance tire par une piéce de bois, ou une espéce de pieu percé pour cet effet d'un trou dans toute son épaisseur. A côté de ce trou & dans l'épaisseur même du bois, il y a une mortaise dans laquelle on met une piéce de bois ou de fer qu'on pourroit appeller un pied de retenuë, elle est mobile par une de ses extrémités sur un axe, & l'autre extrémité vient rencontrer la corde qui passe par le trou, ensorte qu'elle la peut presser contre les parois du trou, parce que cette piéce est plus longue que la plus courte distance du centre de son mouvement au côté opposé du cilindre creux qui forme le trou. Au-dessous de cette piéce, c'est-à-dire vers la face du pieu qui regarde la puissance qui tire, il y a un ressort qui pousse ce rayon, & tend à le mettre dans une situation perpendiculaire au côté opposé du cilindre creux par où passe le cable, ou ce qui est la même chose

1685. chose à la direction du cable, il tend donc à lui faire presser le cable de plus en plus contre le même côté de ce cilindre; la mortaise a une communication en-dehors du même côté que le ressort est posé, par une petite conduite où passe une corde qui tient au pied de retenuë, & sert à le retirer quand on veut de maniére qu'il cesse de presser le cable contre son trou.

Par cette méchanique il est évident que lorsque la puissance agit sur le cable & l'attire vers elle, le cable frotte contre le pied de retenuë, & le fait ouvrir en le poussant du même côté qu'il va, & en lui faisant presser le ressort qui l'empêche de s'éloigner trop; mais si la puissance cesse tout à coup d'agir, & que le poids tende à retirer le cable à lui, le même frottement du cable sur le pied de retenuë le pousse encore du même sens que le cable, & tend par conséquent à le mettre perpendiculaire à sa direction, c'est-à-dire à l'obliger de presser le cable même, & de l'arrêter contre le dedans du trou, & cela d'autant plus que le cable est tiré avec plus de force, ce qui procure à la puissance un véritable repos. Mais si l'on vouloit que le cable allât librement vers le poids, il faudroit tirer la petite corde qui tient au pied de retenuë, & par-là on le feroit cesser de presser le cable.

Mr. Perrault laissa un petit modéle de cette machine, que l'on mit en dépôt avec les autres Machines de l'Observatoire.

---

Mr. Sauveur a proposé un nouveau systême sur la résistance de l'air au mouvement des corps qui tombent ou que l'on jette enhaut.

Le même Mr. Sauveur a lu un Examen de l'Ouvrage de Mr. le Chevalier Morland pour l'Elévation des Eaux.

Mr. Blondel a commencé la lecture d'un Traité du Ressort des Montres.

---

Mr. de Baufre, Maître Horloger à Paris, a fait voir une Montre dont le Balancier a de très-grandes vibrations, & fait plusieurs tours; ce qui vient de ce que son pivot a un pignon remué par une rouë dont le pivot porte les pallettes sur lesquelles agit la rouë de rencontre. Mr. Cassini qui fut chargé de l'examiner, trouva qu'elle ne s'arrêtoit point, qu'elle s'accordoit fort bien avec les Pendules de l'Observatoire pendant les premiers jours, & qu'elle retardoit au bout de huit jours d'un demi-quart d'heure.

Mr. Joué, Ingénieur, a présenté différentes Machines, une Forme pour les Vaisseaux, une nouvelle Porte d'Ecluse, une nouvelle Construction des Quais, & un Escalier. Il en a donné toutes les proportions pour les construire en grand. La Compagnie les a fort approuvées.

Mr. Classen, Flamand, a présenté une Machine pour l'Elévation des Eaux.

FIN DU TOME PREMIER.

www.ingramcontent.com/pod-product-compliance
Ingram Content Group UK Ltd.
Pitfield, Milton Keynes, MK11 3LW, UK
UKHW012159240726
13966UKWH00002B/445